孩子，CHILD 让我陪你一起成长

从生命孕育到青春期的心理发展历程

[美] 加布里埃拉·马托雷（Gabriela Martorell）◎ 著

寇彧 ◎ 译

人 民 邮 电 出 版 社

北 京

图书在版编目（CIP）数据

孩子，让我陪你一起成长 ：从生命孕育到青春期的心理发展历程 / (美) 加布里埃拉·马托雷 (Gabriela Martorell) 著 ; 寇彧译. -- 北京 : 人民邮电出版社，2016.9
ISBN 978-7-115-42884-4

Ⅰ. ①孩… Ⅱ. ①加… ②寇… Ⅲ. ①儿童心理学－发展心理学 Ⅳ. ①B844.1

中国版本图书馆CIP数据核字(2016)第134051号

内容提要

《孩子，让我陪你一起成长：从生命孕育到青春期的心理发展历程》基于弗洛伊德、皮亚杰、达尔文等心理学家、社会学家及生物学家有关发展的科学理论，从精神、学习、认知、环境和社会生物五大观点出发，分别介绍了受孕、孕期和胎儿期、分娩和新生儿期、婴儿期、幼儿期、学龄期及青少年期的成长与发展。

作者按照个体发展的时间顺序，结合大量理论、案例和数据，通过对孩子的生理发育、认知发展、心智成长、能力发展、道德形成及社会影响的深入解读，引领我们认识生命不同阶段的特点和养育方式，从而帮助孩子获得身体和心智的成长。

本书可以帮助广大心理学人士、儿童心理咨询师、教师、医护人员、师范类院校师生，以及关心孩子成长的家长全面了解孩子的发展状况，发现他们在不同时期的优势和危机，减少影响其成长的不利因素，为孩子未来的人生打下坚实的基础。

◆ 著 [美] 加布里埃拉·马托雷 (Gabriela Martorell)
译 寇 彧
责任编辑 郭咏雪
执行编辑 田 甜
责任印制 焦志炜
◆人民邮电出版社出版发行 北京市丰台区成寿寺路 11 号
邮编 100164 电子邮件 315@ptpress.com.cn
网址 http://www.ptpress.com.cn
北京捷迅佳彩印刷有限公司印刷
◆开本：787×1092 1/16
印张：21 2016 年 9 第 1 版
字数：320 千字 2016 年 9 月北京第 1 次印刷
著作权合同登记号 图字：01-2014-5788 号

定 价：98.00 元
读者服务热线：（010）81055656 印装质量热线：（010）81055316
反盗版热线：（010）81055315
广告经营许可证：京东工商广字第 8052 号

推荐序

时下，图书市场上有关育儿、教育方法类的书籍品类繁复，但是精品却很少，很多书的内容大同小异，鲜于创新。所以对于教育领域的书籍，我本着书不在多，精读就好的原则进行挑选。《孩子，让我陪你一起成长：从生命孕育到青春期的心理发展历程》一书无论是在专业性、可读性，还是在实用性、趣味性方面，都给我带来了惊喜。我在阅读中能够明显感到这是一本充满爱和温暖，并且兼具理论高度和实操性的读本。本书帮助家长以及教育行业的从业者跨越对专业知识的畏难情绪，寻找到能够助力孩子身体和心智成长的理念和方法。

作为投身于教育行业的一员，东方剑桥教育集团在全国开设了100余家幼儿园，每年服务近50万个家庭，我们始终将对孩子的关爱放在首要位置。我始终相信，每个生命都是独特的，每个孩子都是可育之才。教育是一门深而活的学问，如何能够让更多的孩子健康、快乐、幸福成长，并为他们未来的人生打下更好的基础，是我从未停止思考并坚持为之实践的命题。

生命的成长是一个复杂而缓慢的过程，而立之年，我有幸成为两个孩子的父亲，参与和体会生命的孕育与成长。从迎接新生命的到来，到陪伴这两个小生命探索和发现世界，惊喜和兴奋之余，我常想，许多父母，是否同我一样期待对新生命有着更加充分的了解和认知？是否有足够的心理准备引领孩子正确地建立自己和周围世界的关系？是否认同孩子成长的经历和所接受的教育将极大影响他们将来与世界相处时所呈现的状态？是否注重激发孩子探究式学习的源动力，而不是一味地进行知识灌输？

在本书中，作者写道："成人需要引导和组织儿童的学习，随着时间的推移，儿童的能力逐渐提高，引导和修正学习的责任逐渐由成人转向儿童自己。"对于这一点，我非常认同，无论是家长还是老师，我们永远没有办法让子女沿着我们设定的人生轨迹生活。举个简单的例子，当我们在教孩子游泳的时候，刚开始，大人会在水中支撑着孩子漂浮，当孩子的肢体逐渐放松至水平状态，继而能够手脚配合向前游动的时候，大人们便会逐渐放手。教育也是一样的，更多的时候，我们是孩子成长过程中的支架。对于孩子，我们的作用更多地体现在不让他们在一个没有节制的状态下成长。如同树木的生长需要修剪掉无用的枝干，我们应该尽可能为孩子提供对其成长有益的因素，同时剔除不利因素。

除了强调理论高度，本书还提供了许多简单且实用的操作方法，我相信这些经验会让许多成年人的教育意识有所改善。需要注意的是，我们要认识到孩子们的个体差异，同样的教育方法不一定会产生同样的预期效果。所以，本书最大的启示首先在于，它让我们先了解孩子，然后再找到适合孩子的教育方法。其次，方法固然重要，但是再多的方法都无法解决我们所遇到的所有教育问题，所以，在陪伴孩子成长的过程中，我们的教育理念更为重要。

每个孩子的成长都离不开引导，也离不开在特定阶段内对成人行为的模仿。所以，正确地引导孩子，在很大程度上要求我们更好地修炼自己。浸入式教育本身就是一个漫长的过程，与其费尽心思过早地为孩子开发智商、培养特长，不如赋予孩子们用理性来认识自己、改变自己的能力，并让孩子在遇到问题时能够作出积极反应并逐步完善自己。爱在孩子的成长过程中，比任何情感都更有力量，因此，爱的教育并不仅仅是一种情感投入，更应该是一种能够长期坚持且不带任何偏见的行动。无论是家长还是教育从业者，在陪伴孩子成长的同时，也是提升自我的过程。只有当我们将自己变得更好的时候，孩子才可能拥有让我们惊喜的人生。

社会对人才的需求前所未有的全面和苛刻，学习将成为一种生活方式，每个人都将拥有与人生共始终的终生教育。愿本书所播撒的启迪的种子，能够让更多的家长和孩子从中受益。

我相信，能够陪伴孩子成长，给予孩子合适的教育，对于孩子和我们来说，都是一种幸福。让孩子拥有获得幸福的能力，是我想一直坚持做下去的事情。愿我们与孩子牵手，更好地和这个世界相处。

东方剑桥教育集团总裁

于越

于越，北京大学教育学院教育管理学博士、英国华威大学组织行为学硕士、北京大学光华管理学院经济学学士、中华全国青年联合会委员、中国民办教育协会学前教育专业委员会副理事长。于越曾在西门子（中国）有限公司、中信资本控股有限公司任职，2006 年进入东方剑桥教育集团担任集团总裁，负责集团战略发展和全面管理。

译者序

《孩子，让我陪你一起成长：从生命孕育到青春期的心理发展历程》是一本兼具学术性与实用性的心理学读物。本书适合心理学专业的学生和教师学习和研究儿童心理发展，同时也适合普通的家长和幼儿园、小学、中学的教师了解儿童心理发展过程与各阶段的心理特点，从而得到专业指导。本书有三个主要特点。

第一，本书以专业视角描述了个体从胎儿期到青少年期的心理发展过程。从宏观角度出发，作者从遗传与环境两个方面论述了影响个体心理发展的因素；从微观角度出发，作者论述了个体发展的各个年龄阶段的特点，以及家长和教师的应对策略。例如，对于胎儿的发展，本书详细介绍了从受精卵到胎儿的形成过程，并介绍了母体因素和父体因素对胎儿发展的影响，还介绍了如何调节家庭环境与父母的心理状态来迎接一个新生命的到来；对于新生儿阶段，作者介绍了出生的过程和健康新生儿的特征，也对父母如何与新生儿相处给出了建议；从第 5 章到第 16 章，作者分别就婴儿期、儿童早期、儿童中期、青少年期成长的生理发展过程、认知发展过程、社会性发展过程展开介绍和讨论，在每一个成长阶段，都对其焦点问题进行了深入的分析。例如，婴儿期的身体运动发展、大脑发育、认知的萌芽和发展阶段的相关理论、亲子依恋和自我概念的发展等；儿童早期的自主运动发展、语言发展、性别意识及游戏活动的发展等；儿童中期的睡眠模式、行动的安全性、入学适应、自尊与同伴关系的发展等；青少年期的青春发育特点、冒险行为、道德发展、自我认同的探索与获得、亲子冲突与同伴冲突、反社会行为及青少年犯罪等。这些焦点问题反映了个体在相应发展阶段的核心问题，是各个年龄阶段心理发展中提纲挈领的关键。这样的分析讨论，对于心理学专业学生的学习以及教师的教学参考具有重要价值。

第二，本书针对上述个体发展过程中的核心焦点问题，在各章中都给出了相应的指导。因为孩子成长发展的不同阶段会表现出不同的特点，也会受不同环境的影响。所以，孩子的健康成长，除了受到其自身的成长特点影响之外，也会受到他人和成长环境的影响；同时，孩子也会影响其成长环境和他人。确切地说，这些影响实际上是相互的。与孩子密切相关的人和成长环境，如果能及时根据孩子的成长特点和成长需求提供必要的支持，就会促进孩子的健康成长；相反，如果不能及时、有效地提供孩子成长的必要养分，就会抑制孩子的成长，或者促使孩子的不健康成长。例如，许多家长和老师都有这样的体会和烦恼，三岁左右的孩子变得越来越不听话，什么事情都做不好，还固执地什么都要自己做。如果家长或老师不了解三岁左右孩子的成长特点，此时当然会感到烦恼和困惑，不知该怎么应对孩子的行为。为了不使孩子惹出更多的麻烦，很多家长或老师就采取了强制手段，来限制孩子的各种尝试。但是，当你理解了孩子的成长特点之后，就会知道此时的限制会适得其反。那么，我们该怎样做呢？本书给出了可行的、有效的建议。对于儿童中期的学校适应问题、同伴关系问题、学习困难问题，对于青少年期的逆反心理、亲子冲突和同伴冲突问题、与异性的交往问题等，本书都有讨论，并提供了从实际出发、针对具体问题的建议。因此，对于非心理学专业的家长及教师来说，这些建议都是非常实用的、有效的育儿策略的指导。

第三，本书的每章都包含两个特定的、有趣的专栏。其中一个专栏叫作“多元化视角”。在当下这个全球化的社会，无论是成长中的孩子，还是在孩子成长中扮演教育者角色的家长或教师，尽管在各自的生活环境中被独特的文化特异性所影响，但同时要有放眼世界的、全球化的、长远的、未来的眼光与视角以及多元文化的胸怀，这样才能在培养或引导孩子的过程中，给他们提供适应性的支持。另一个专栏是每章最后面的“测试一下”。在这部分，作者将各章讨论的主要问题、相关研究发现、研究者的主要观点、各种问题在孩子身上可能的表现、成人的应对要点等进行了总结。此外，作者还根据各个问题所涉及的研究文献提供了延伸阅读或资料查找的途径。对于思考题，本书给出了参考答案。这部分内容对于读者的学习，不仅可以起到强化巩固的作用，也起到了引发深入反思的作用。

本书是我在教学科研之外的业余时间翻译的，我的一些研究生参加了本书的初译，他们是李沛沛、苑明亮、杨莹、张梦圆、余俊宣、李贞。他们一边学习讨论，一边查找资料进行翻译，都从中学到了很多知识，也被书中的理念激发了许多研究的灵感。我们共同感到，理解孩子的成长是一个有趣的过程，伴随孩子成长是一个重新体验自我、发现自我的个人成长过程。我将它推荐给对孩子成长的奇妙和精彩过程感兴趣的人，也希望借此与更多的朋友们一起交流陪伴孩子成长的经验。

北京师范大学教授

寇彧

目录

第1章 >> 儿童发展导论 2

第2章 >> 怀孕、遗传与环境 28

第3章 >> 孕期和胎儿期的发展 48

第4章 >> 分娩和新生儿 64

第5章 >> 0至3岁婴儿的生理发展与健康 84

第8章 >> 幼儿期的身体发育与健康 150

第9章 >> 幼儿期的认知发展 166

第10章 >> 幼儿期儿童的心理社会性发展 186

第11章 >> 学龄期儿童的身体发育与健康 208

第12章 >> 学龄期儿童的认知发展 224

第13章 >> 学龄期儿童的心理社会性发展　244

第14章 >> 青少年的身体发育与健康　264

第15章 >> 青少年的认知发展　282

第 1 章

儿童发展导论

本章要点

1877年，一位年轻的爸爸，凝视着新出生的儿子，细致地记录下孩子的行为："出生的第七天，我的宝贝表现出了许多反射动作，他能打喷嚏、打嗝、打哈欠、伸懒腰，还能吮吸和哭闹。第七天，我用小纸片碰了下他的小脚掌，他竟猛地踢开了，小脚趾蜷了起来，就像小孩子被咯吱的时候那样。这种反射动作说明，他的自发动作是不成熟的，这些动作并不是由肌肉或协调中心导致的，而是因为意愿的位置就在那里。"

年轻的查尔斯·达尔文（Charles Darwin），这位对自己儿子运动能力进行理论总结的父亲，是最早对儿童发展领域进行研究的成员之一。尽管当代的研究者更喜欢用电极去观看婴儿脑活动的模式，给婴儿看那些用计算机呈现的虚拟事件的情景，或是从录像带中分析那些微表情，但他们和达尔文一样，对孩子们以惊人的速度和组织方式出现的改变很感兴趣。这一章，我将概括儿童发展领域的基本内容。我还将讨论"发展"这一概念是如何形成的、什么会影响发展以及这个领域中被反复讨论的议题。最后，我将介绍主要的理论观点以及科学地收集数据的方法。

>> 关于儿童发展的研究

儿童发展领域关注的是儿童发展的可变性和稳定性的系统性过程，并对其展开科学的研究。发展科学家既考察个体从受精卵到青少年的变化，也关心那些相对稳定的特征。儿童发展的研究是人类发展研究的一部分，后者范围更广，围绕不同的发展阶段和领域，覆盖了从受精卵到死亡的人类生命全程。

发展的阶段

将生命全程划分为发展的不同阶段，是一种**社会建构**（social construction），即特定社会或文化所创造的概念与实践。在本书中，我按照西方工业社会普遍接受的方式，将儿童发展划分成了五个阶段。在探讨生命的第一个阶段（出生前）的关键变化后，我从婴儿期或学步期、幼儿期、学龄期到青少年期，对个体的生理、认知和心理三个方面的发展进行一一探索（见表 1-1）。

儿童发展像一张被多重影响因素复杂交织着的蜘蛛网，要想了解这些影响因素，我们就要拥有多重视角。就像被蜘蛛网的一根细线绊住的苍蝇，会使整体的结构发生变化一样，发展是一个会在所有领域产生涟漪的话题。例如，一个经常患耳病的孩子，他的语言发展速度会比那些没有疾病的儿童慢，并且这种语言发展的缺陷可能会导致他体验到因为和他人交流困难而产生的挫折感。因此，儿童发展领域的学者需要和许多学科（包括心理学、精神病学、社会学、人类学、生物学、遗传学、家庭科学、教育学、历史学和药学等）的学者进行合作。因此，这些领域的研究成果也被纳入了本书中。

发展的领域

发展科学家在不同的发展阶段都关注有关自我的三个领域——生理、认知和心理。**生理发展**是指身体、大脑、感觉能力、运动技能和健康的发展；**认知发展**包括学习、注意力、记忆、语言、思维、推理和创造性的发展；**心理发展**包括情绪、人格和社会关系的发展。如何进行研究以及研究何种行为，都能反映研究者所立足的发展的基本议题。本书是基于每个不同阶段以及各个领域的内容组织起来的。

>> 影响发展的因素

“从我对我的孩子的观察来看，我很肯定，在某些能力发展阶段，不同婴儿的表现是相当不同的。”达尔文这样写道，他所说的其实就是**个体差异**，即儿童表现出的人格特征、影响因素和发展结果上的差异。儿童在很多方面表现不同，如性别、身体发育程度、能力水平以及人格等。遗传、环境、成熟度、生活背景、规范性及非规范性的因素都会影响儿童的发展，这些变量出现的时机也是影响发展的一个因素。

遗传、环境和成熟

科学家们已经发现如何在某个群体内测量遗传、先天特质与环境因素、后天特质对特定特质发展的影响。例如，尽管遗传因素在很大程度上影响着智力水平，但诸如父母的引导、接受的教育和同伴的影响等来自环境的

你的工作是什么？

从事早教工作的教师

早教教师通常在教室里从事支持儿童早期发展（主要关注婴儿和学步儿童）的工作。这些教师通过教学规划鼓励儿童的探索和学习能力，引领并指导孩子们进行那些有利于发展的活动。私立或公立学校里都可能有这些教师岗位，尽管领队老师一般要求要有学士以上的学位，但是在私立学校里，一般教师的要求是具备大专文凭就可以。而成为公立学校的早教教师必须通过相应的资格认证，包括获得相关领域的学士学位、通过实习和国家相关考试。若要了解更多有关儿童早教教师的信息，请登录 www.naeyc.org。

表 1-1 儿童发展的五个阶段

年龄阶段	生理发展	认知发展	心理发展
出生前（怀孕到出生）	■由自然或其他方式受孕。基因和环境从一开始就产生相互作用 ■出现基本的身体结构和器官的形态；大脑开始迅速发育；是一生中生理发展最快的时期 ■对环境影响很敏感	■对感觉刺激的学习能力和记忆能力在发展	■胎儿对母亲的声音有反应，并且形成偏好
婴儿期或学步期（出生至3岁）	■感官和身体系统开始变化，大脑开始变得复杂且富有影响力 ■运动技能的发育和发展迅速	■学习能力和记忆能力出现，甚至是在刚出生的前几周就开始出现 ■运用符号和解决问题的能力发展至两岁末 ■语言理解能力与运用能力发展迅速	■产生对父母和其他人的依恋 ■自我意识发展 ■开始发生依赖——自主的转变 ■对其他儿童的兴趣增长
幼儿期（3岁至6岁）	■发展平稳；身体比例更像成人 ■食欲减弱，出现常见的睡眠问题 ■左/右利手出现；精细动作和大动作技能发展、力量增强	■思维仍带有自我意识，但是理解他人观点的能力在发展 ■认知的不成熟导致对世界的不合逻辑的看法 ■记忆、语言能力增强 ■智力变得更可预计 ■学前经验越来越丰富，幼儿园经验更多	■自我概念及对情绪的理解变得更为复杂；自尊是整体性的 ■独立性、创造力和自控能力提高 ■性别认同发展 ■游戏更具想象性且更精细和更社会化 ■出现常见的利他、攻击、畏惧现象 ■家庭仍是社会生活的焦点，但是其他孩子也开始变得重要
学龄期（6岁至11岁）	■成长速度减慢 ■力量、运动技能增强 ■虽然常患呼吸疾病，但是此阶段是整个人生中健康状况最好的时期	■自我中心性减少，儿童开始有逻辑地、具体地进行思考 ■记忆力和语言能力提高 ■认知发展使得儿童从正式的学校学习中获益；一些孩子展现特殊的教育需要	■自我概念变得更为复杂，影响自尊 ■共同调节反映着父母对孩子的控制逐渐转为孩子的自我控制 ■同伴变得越来越重要
青少年期（11岁至20岁左右）	■生理发育及其他变化迅速而明显 ■生殖成熟 ■主要的健康风险来自于行为问题，比如饮食障碍和药物滥用	■抽象思考、运用科学推理的能力发展 ■在某些态度和行为方面仍表现不成熟的思考 ■教育集中在对大学和就业的准备	■寻求自我认同成为了生活的中心，也包括性别认同 ■与父母的关系大体上良好 ■同伴群体可能产生积极或消极的影响

因素也会影响智力发展。争论哪个因素对于发展更重要是没有意义的，当代的理论家和研究者对解释先天因素和后天因素如何共同作用的话题更感兴趣。

婴儿和幼儿早期的许多典型变化，如行走和说话能力的出现，都依赖于身体和大脑的成熟，即生理变化和行为模式出现的普遍而自然的结果。成熟的过程体现出遗传和环境的共同影响，在婴幼儿早期尤为明显。当儿童逐步成长为青少年，再到成人时，其适应内外界的各种条件所表现出的内在人格特征（遗传）和生活经验（环境）上的个体差异就显得越来越重要了。

发展的背景

在英国的维多利亚时期，父亲一般不参与照料孩子这件事。然而，达尔文不同，他是一位潜心照料孩子的父亲。他的女儿将他描述成“最开心的玩伴、最完美的靠山”。现在，美国的父亲在照顾孩子的参与度上有很大不同：有一部分父亲完全远离家庭生活；而另一部分则全身心参与孩子的照料工作，有一些甚至扮演着“全职照顾者”的角色。

对孩子来说，最直接的成长背景就是家庭，家庭又受到广泛、持续变化的邻里、社区以及社会的影响。达尔文的孩子们受到了家庭环境怎样的塑造？更为广泛的社会规范又是如何与直接的家庭环境交互作用的？

家庭

你成长在一个什么类型的家庭？如果你与父母一起生活，那就是核心家庭。**核心家庭**是指那些通常由父母与他们的孩子（无论是亲生的、收养的或寄养的）组成的家庭单元。历史上，父母双方都在的核心家庭是美国和其他西方国家最常见的家庭构成。然而，当代家庭结构变得越来越多样化，单亲或离异家庭很常见，这些家庭的孩子和爸爸或妈妈单独生活，或与继父（或继母）以及同父异母（同母异父）的兄弟姐妹一起生活。此外，领养孩子的未婚家庭或同性恋家庭也很常见。

对于亚洲、非洲、拉丁美洲的人，以及跟随祖先迁移到美国的这些国家的人来说，**大家庭**是传统的家庭组成形式，包括几代亲属关系，如祖父母、叔叔阿姨、外甥侄女及一些远房亲戚。由于一些发展中国家正在经历工业化和城镇化，现在的大家庭已经变得没有以前那么典型了。然而，当前的美国，由于经济压力、住房紧缺以及非婚生育等原因，又正在出现三代甚至四代同堂家庭增多的趋势。2008 年，超过 4900 万的美国人生活在这种大家庭中，这个数字从 20 世纪 80 年代早期开始，一直保持着持续稳定的增长。

文化、种族和人种

文化、种族和人种也影响儿童的发展。**文化**是指群体或社会的整体生活方式，包括习俗、传统、法律、知识、信念、价值、语言和物质产品，从工具到艺术作品。在一个社会群体中，所有被学习、被分享、被传播的行为或态度，都是文化的表现。文化在持续变化着，这种变化通常是通过和其他文化的联系而发生的。今天，计算机和现代化电子通信工具促进了成人与孩子之间的文化联系；电子邮件和社交网络提供了即时性的全球化联系。

民族是由独特的文化、祖先、宗教、语言或国籍组合成的一群人，他们有共享的认同感、态度、信念与价值观。在一些大的社会中，民族常常被看作少数民族群体。少数民族是那些在民族性与文化传统方面与大多数人口具有差异的群体，他们常常受到偏见和歧视。到 2050 年，由于移民的增加和移民人群的高生育率，少数民族（2008 年占人群的 1/3）将会变成美国的多数群体。随着地域分散、对当地条件的适应以及持续增长的跨种族婚姻（比 2000 年高了 5%），人口中也产生了多样化的生理和文化特征。根据 2007 年的估计，1.6% 的美国人口有两种以上的种族特点。

种族和文化的模式通过影响家庭成分来影响儿童的发展，这些成分包括经济社会资源、家庭成员对他人的反应方式、他们吃的食物及孩子做的游戏、孩子的学习方式和在校表现、成年后的职业选择以及家庭成员感知世界的方式等。虽然部分移民家庭仍会坚持他们独特的文化行为和价值观，但大多数则倾向于及时学习优势文化的语言、习俗和态度，与占统治地位的文化和谐相处。观点的多样性影响着美国移民家庭的特点。

所有的人类都属于同样的分支——智人。然而，不同地域间的人们在外表上却有着重要的差异，例如，北欧国家和非洲国家的人的肤色就明显不同。这些显著的差别使得人们作为不同人种的个体而说着不同的语言。然而，对于人种的定义尚未有清晰的科学共识，也不可能准确地测量。人类的基因变异发生在一个宽泛的连续集合中，90% 的变异发生在由社会性所决定的人群中，而不是发生在不同的人种层面。换句话说，如果两个人分别来自同一人种分布的对立两极，那么他们之间的差异比来自不同人种的两个人的差异要大。虽然如此，人种作为一种社会分类，仍然是研究的一个重要因素，因为

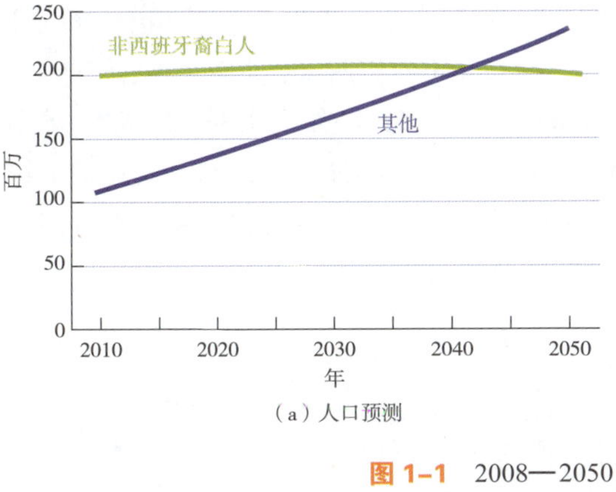

（a）人口预测

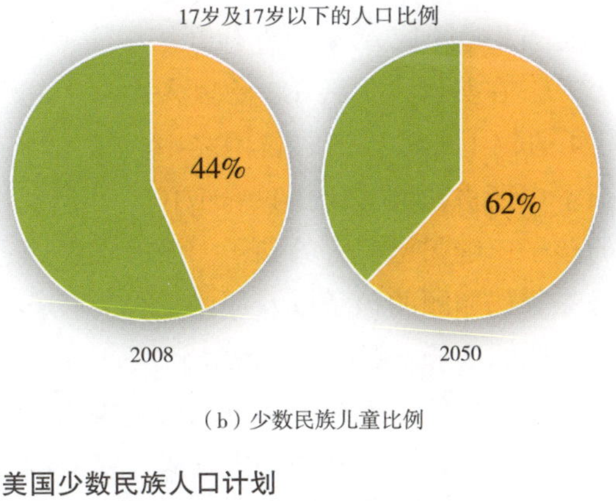

（b）少数民族儿童比例

图 1–1　2008—2050 年美国少数民族人口计划

注：(a) 据美国人口普查局预测，2050 年美国少数民族群体将达到美国总人口的 54%，超过美国非西班牙裔白人群体。
(b) 到 2050 年，美国 18 岁以下少数民族儿童将达到美国儿童群体的 62%。

资料来源：美国人口普查局，2008a。

多元化视角

移民家庭的孩子

美国是一个移民和多种族国家，移民种族的来源最初是欧洲和加拿大，现已转移为拉丁美洲、加勒比海、亚洲及非洲。2009 年，大约 80% 的孩子出生于来自拉丁美洲和亚洲国家的家庭。2007 年，接近 1/4（大约 24%）的美国孩子生活在移民家庭。移民家庭的孩子人数比其他美国群体人数增长得更快，这使得少数种族群体正在向多数群体转换。早期的移民浪潮中，几乎全部是白种人及基督教徒，但是现在已经有超过 1/3（37%）的移民家庭中的孩子的父母不是白种人。来自墨西哥的移民最多（30%）（www.census.gov）。在美国，大概有 500 万孩子的父母是墨西哥人或祖父母是墨西哥人。大约一半（49.7%）的移民家庭中的孩子生活在贫穷中；尽管他们有资格，尽管他们的父母努力地工作，但还是有许多孩子没有医疗保障。

由于移民引发了美国人口的戏剧性巨变，所以影响这些移民家庭孩子的发展性问题，在研究领域得到了越来越多的关注。

资料来源：除非引用，版权来自 Hernadez，Denton，& Macartney，2008。

它会影响个体是如何被对待的、他们生活在哪里、他们的就业机会和健康医疗的质量、他们怎么参与社会生活等问题。

社会经济地位和邻居

一个家庭的**社会经济地位（SES）**取决于家庭收入、家长的教育水平和职业层次。在本书中，我们会介绍许多将 SES 和发展过程联系在一起的研究，如妈妈与孩子间的语言交流，及其与发展的结果（如健康和认知表现）之间的关系。SES 通过家庭和邻居、营养质量、医疗保障和教育等因素间接地影响发展的过程和结果。

美国儿童的贫穷从 90 年代开始增加（见图 1-2）。在美国，大约 1/3 的黑人小孩、超过 1/4 的拉丁小孩生活在贫困之中，而白种人孩子中所占的贫穷比例只有 1/10。单亲家庭的孩子、继父母养育的孩子、没有父母而由爷爷奶奶照顾的孩子以及那些父母受教育水平很低的孩子，更可能陷入贫穷。

贫穷带来的压力很大，可能会损害孩子及其家人的生理、认知和心理健康。贫穷的孩子比其他孩子更可能经历饥饿，更可能发生疾病，更少地拥有医疗健康的保障，更可能发生意外、暴力以及家庭冲突，并产生情绪和行为问题。他们的认知潜力和学校表现也会受挫。贫穷通常是通过父母的情绪状态和行为制造某种家庭氛围，进而间接地损害孩子。假如一些风险因素（增加消极结果产生可能性的因素）出现了，威胁健康的因素也就会增多。

邻居的构成也会影响儿童发展的方式。生活在一个周围人都是穷困的邻居的环境中，儿童的生理健康、心理健康和对学校教育的准备就会受到影响。这些风险因素尽管存在，但也可能产生积极结果。例如，电视节目明星奥普拉•温弗瑞（Oprah Winfrey），歌手兼作曲家仙妮亚•康恩（Shania Twain），音乐家兼制作人杰斯（Jay-Z），歌手贾斯汀•比伯（Justin Bieber），以及美国前总统比尔•克林顿（Bill Clinton），都是在贫困家庭里长大的。

历史背景

曾经，发展科学家并不关注**历史背景**，即人们所生活的时代；但后来，随着儿童的纵向研究扩展到成年阶段，研究者开始关注那些与个人成长的时代和地点相关联的特定

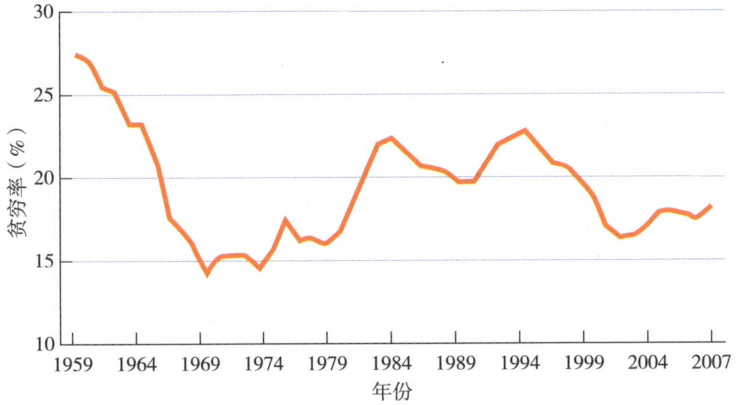

图 1-2 1959—2007 年美国儿童贫穷率

注：20 世纪 60 年代，美国儿童的贫穷率骤降，80 年代初期又出现显著上升，这一趋势归功于当时强有力的经济状况。90 年代末，儿童的贫穷率有了显著的改善和进步。然而，2007 年，儿童的贫穷率比 21 世纪初期还高。儿童贫穷状况与经济状况显著相关，在经济萧条时期显著恶化。

资料来源：儿童保护基金会（Children's Defense Fund），2008b。数据来自美国人口普查局。

经历对人类生活的影响。例如，随着持续的经济萧条，搬到亲戚家居住的人越来越多，于是多代同堂的现象在当代历史上出现了大幅度的增长。这种家庭结构的转换影响儿童的成长环境。在如今的儿童发展研究中，历史背景是一项重要的内容，我们会在下一章中讨论这一点。

常规的和非常规的影响因素

想要了解发展的相似性和差异性，我们需要考察**常规的影响因素**，例如通过相似的途径影响社会中人们的生物因素或环境事件。同时，我们也要考察那些**非常规的影响因素**，例如只对特定个体产生作用的事件。

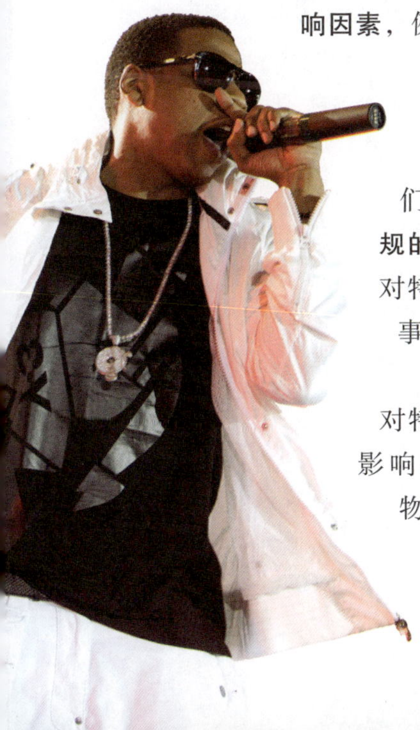

常规的年龄等级对特定年龄群体的人的影响是高度相似的。生物事件所发生的时间在正常范围内通常具有相当的预测力。例如，儿童不会在 3 岁经历青春期，更不会在 12 岁经历更年期。

常规的历史等级的影响是指那些能够塑造一代人的行为和态度的重大事件（如 Katrina 飓风或日本海啸），整个一代人都在他们的生活中经历过发生在特定时期的某个事件。例如，经历过第二次世界大战和经济大萧条时期的一代人，会有更强的社会相倚感和信赖感，而近代人中的这种特性则有所减少。

历史的一代并不等同于同龄人，后者指的是在相同时期出生、经历过相似影响的人群。历史的一代可以发生在不同年龄群体之间，但不是所有的同龄人都是历史的一代，除非他们在生命的形成期间经历过重大的、塑造性的历史事件。

非常规的影响因素是指那些不同寻常的、对个体生活有重要影响的事件，因为这些事件扰乱了生命轮回本来被期望的顺序。它们可能是发生在生命的非典型时期的典型事件，如年幼儿童的夭折，也可能是非典型事件，如从一场撞机事故中存活下来。

总起来说，有三种影响因素导致了人类发展的复杂性，并增加了人们在努力建构生活时所面临的挑战：（1）常规的年龄等级；（2）常规的历史等级；（3）非常规的影响。

影响的发生时机：关键期或敏感期

奥地利动物学家康拉德·洛伦茨（Konard Lorenz）让刚出生的小鸭子像跟随它们的妈妈一样跟随他，从而发现了新孵化的小鸭子会跟随它们第一眼看到的移动物体的现象。这种现象被他称作“印记”（imprinting），它是自动形成而不可逆的。通常，这种本能的联系只针对母亲，但是假如这种本来自然形成的事件的过程被扰乱的话，其他形式的依恋，如像鸭子对洛伦茨的那种依恋，就会发生。据洛伦茨说，印记是一种学习的易感倾向，是在生命早期的关键期获取特定信息的一种机体神经系统的准备状态。

关键期是某种既定事件发生的特定时期，这种事件的出现或缺失都对发展有特殊的影响。如果这种必需的事件在个体成熟的关键期没有发生的话，个体的发展就会不正常，而且由此产生的不正常发展模式也是不可逆的。

婴儿也会像小鸭子一样在发展的早期经历关键期吗？举一个发生在妊娠阶段关键期的事例，如果孕妇在特殊时期接受过 X 光照射，吃过某些药物，或是感染了某些疾病，就可能会对胎儿造成负面影响，其影响程度取决于这些事件的实质和发生的时间。例如，在胎儿心脏形成的时期，感染麻疹病毒会损害胎儿的心脏结构。然而，这种类型的损伤不会发生在心脏结构已经发育完成之后。许多孕期环境因素对发展的影响是不可逆的。如果儿童在发展早期的关键期，将双眼聚焦在同一物体上的能力以及与此相关的肌肉问题未得到协调发展的话，便可能导致日后深度知觉的发展不正常。

人类关键期这一概念颇受争议。因为发展的许多不同方面，乃至在生物学 / 神经学领域都具有**可塑性**，或是表现出可修复性。因此，我们更倾向于使用**敏感期**这个概念，它是指发展中的个体对某种经历的特定应答反应。

>> 与发展有关的议题

是什么在驱动发展？先天与后天的因素哪个更重要？发展是主动的还是被动的？是连续的还是阶段性的？针对这些议题，各种各样的解释与模型纷纷涌现。

发展更多地取决于遗传还是教养

一些影响发展的因素源自遗传（天生），即遗传自儿童生父和生母的特质或特性，这些是先天的特质或特性；而另一些影响大多来自于内部和外部的环境（教养），自我以外的世界是胎儿在子宫中就开始从经验中获得了。在这些影响因素中，哪些对发展产生了更大的影响呢？当今大多数研究者认为，天性和教养总是协同合作的。例如，高个子的父母会将“高个子”的基因传给他们的孩子，因此倾向于生出高个子的孩子，而童年期摄入的营养状况也会影响孩子最终的身高。

你知道吗？

茧，是皮肤反复摩擦的结果，是个体经历环境经验的结果，它们的存在为刺激提供了保护。但是，如果没有指导身体“遇到刺激时在皮肤上产生厚的皮层”的基因，茧也不会产生。那么，茧到底是先天的还是后天的？答案应该是，两者皆有。如果两个因素不同时存在，茧也不会产生。

发展是主动的还是被动的

一些发展的模型显示，发展是被动的，这种观点把人看作对环境输入进行反应的机器，而机器由各个部分组成。为了更好地了解它，我们先将机器分解为最小的结构成分，然后再将其重新组合。就如同给一辆汽车加满油，用车钥匙打着火，再踩加速器，汽车就前进了。这种观点认为人类行为也是如此，是生物体对外部和内部反应的结果。如果我们对人类这部“机器”是如何组成的、驱动人类“机器”的力量是什么这些问题足够了解的话，我们就可以预测人类的行为。所以，发展是反应性的、外界驱动的，而不是主动的、内部驱动的。

另外一些发展的模型则显示，儿童是主动的、不断成长的有机体，个体能够主动驱动自身发展。个体不仅仅是对外界作出反应，他们还会发起事件。因此，驱动变化的力量是内部的。环境的影响可以加速或减慢发展，但它并不能成为发展的原因。人类行为应被看作一个有机整体，将它分解成对环境刺激的简单反应的做法并不能预测人类的行为。

你知道吗？

孕期是观察量变与质变的好例子。怀孕三个月和怀孕六个月之间是量变，它们本质上没有区别，只是后者时间上更长些。你不能也不会认为这是一个质变。

发展是连续性的还是阶段性的

发展可以被看作连续的，即累积的、渐增的；也可以被看作不连续的，即突变的、不均匀的。一些学者将发展看作连续的，就像在斜坡上走或爬那样（见图 1-3a），这是**量变**过程，即数量上的改变的过程，如身高、体重、词汇量、交流频率等。一个婴儿在 12 个月大的时候可以说 3 个词，到 15 个月能说 20 个词时，他就经历了量变。

但是，另一些学者强调**质变**，即在类型、结构、组织上的改变。质变是不连续的，它以新现象的出现作为标志，这些现象在先前机能的基础上不容易被预测。当一个孩子由不会说话的状态转变为能理解词意，并能用语言和他人进行交流的状态时，他所发生的就是质变。

持这种观点的学者将发展看作一系列阶梯般上升的独特阶段（见图 1-3b）。孩子在每个阶段要应对不同的问题，发展不同的能力。每个阶段都建立在前一阶段的基础上，并且为下一阶段做准备。

所有阶段观的理论都蕴含着质变的思想。任何一个发展阶段取向的理论，无论是弗洛伊德、皮亚杰，还是科尔伯格的，都认为每个阶段与其他阶段有着本质的区别。

逐渐形成的基本共识

尽管儿童发展的研究有许多不同的观点，但是，随着该领域的成熟，在一些基本问题上，业界的意见已经趋于统一。

1. 发展的所有方面都是相互联系的。不同方面的发展（如生理、认知、心理）通过一系列复杂的交互作用彼此影响。
2. 个体差异广泛存在于正常的发展过程中。每个孩子从一开始就不同于其他人。某些影响个体发展的因素是天生的；有些则来自于经验。大多数情况下，这些因素是共同作用的。
3. 影响是双向的。儿童对其周围环境的影

a　　连续性发展　　　　b　　阶段性发展

图 1-3　连续性发展和阶段性发展

响与环境对他们的塑造是同样的。

4. 历史与文化背景在很大程度上影响发展。每个孩子都是在特定时空限定的环境中成长的。
5. 早期经验非常重要，但儿童也有很强的可塑性。创伤性的事故或极度贫困的童年经历可能会引起严重的情绪问题，但这些痛苦经历（如贫穷或父母双亡）的影响通常也是可以克服的。
6. 儿童期的发展会影响生命全程的发展。人生那么长，他们有朝积极或消极方向发展的潜能。

现在你已经对儿童发展的领域和基本的概念有了一个简单的了解。接下来，我们可以更深入地了解发展学家思考的那些问题以及他们是怎么从事工作的了。在接下来的部分里，我们将讨论那些有影响力的关于发展是怎么发生的理论，以及研究者通常采用的研究方法。

你知道吗？

从科学术语上说，理论提出了比法律更强的证据。法律是观察性的，如我们知道一些事情发生了，但是我们不知道其为什么发生。理论包括因果解释，如我们知道一些事情发生了，并且我们认为我们了解个中缘由。

>> 儿童发展的理论

艾哈迈德凭借在数学和科学方面的优秀表现，从高中毕业了，他杰出的工程师父亲满意地笑了。“苹果不会落到离树很远的地方，”他父亲这么说道。这样的说法是不正式的、直觉性的，关于儿童为什么发展的理论也是一样。这与理论家的建构没有根本的区别。正像普通人那些非正式的理论一样，科学理论其实并不枯燥、抽象、神秘。它们探究真实生活的实质，并尝试对我们所处的世界进行解释。

有关发展的科学理论是一系列逻辑上相互关联的概念或陈述的集合，旨在描述或解释发展，并对在特定条件下会发生什么样的行为进行预测。理论组织着并解释着数据，即那些由研究搜集到的信息。本书从不同角

表 1-2　人类发展的五种观点

观点	重要的理论	基本立场
精神分析	▪弗洛伊德性心理学理论 ▪埃里克森心理社会理论	▪行为是由强有力的无意识驱力控制的 ▪人格被社会影响并通过一系列的危机得到发展
学习	▪行为主义、传统学习理论（巴甫洛夫、斯金纳、华生） ▪社会学习（社会认知）理论（班杜拉）	▪人类是反应者，环境在控制行为 ▪儿童通过观察和模仿榜样在社会环境中学习；儿童是学习的主动构建者
认知	▪皮亚杰认知阶段理论 ▪维果斯基社会文化理论 ▪信息-加工理论	▪思维在婴儿到青少年期间发生了质变；儿童是发展的主动发起者 ▪社会相互作用是认知发展的核心 ▪人类是符号的加工者
环境	▪布朗芬布伦纳生态理论	▪发展发生在个体与五种环境的交互作用中，环境系统相互联系，从微观系统到时间系统
进化 / 社会生物	▪约翰·鲍尔比依恋理论	▪人类有着适应生存的机制；关键期或敏感期是紧张的；行为的进化或生物基础及学习的易感性非常重要

你的工作是什么？

发展心理学家

发展心理学家关注生命全程或从受精卵开始直至死亡的发展性议题，通常专攻生命全程的某个阶段。发展心理学家可能在医院、私立机构或在家照顾青少年，或负责照顾老年人的临床工作。发展心理学家可能在大学做研究或教书，或者为政府或其他私人公司服务。例如，对婴儿感兴趣的发展心理学家可能从事早期干预项目，或在一家玩具公司负责策划适合儿童发展的玩具；对成年早期感兴趣的发展心理学家可能在大学对学生的风险行为进行研究；另外，发展心理学家也可以对改善老年生活进行研究，比如提高交通信号灯对老年人的效用，或是为老年人实施锻炼项目。要成为发展心理学家，硕士或博士的学历是必需的。想更多地了解发展心理学家在做什么，请访问 www.apa.org。

度探讨了不同的发展理论。儿童发展的理论有常见的五种观点，分别是精神分析观点、学习观点、认知观点、环境观点、进化/社会生物观点。

观点 1：精神分析

尽管精神分析观常常与弗洛伊德的理论连在一起，但是实际上它的范围更广一些，包括一系列相关的观点，通常的关注焦点有，童年经历的持续性影响、无意识的驱力与动机等。接下来，我们将介绍儿童发展的两个相关研究——以弗洛伊德为代表的性心理发展观和以埃里克森为代表的心理社会发展观。

弗洛伊德的性心理发展观

西格蒙德·弗洛伊德（Sigmund Frued，1856—1939）是维也纳的精神科医生，他提出了精神分析的观点。他认为无意识，即人人都具有的生物驱力，塑造了发展。他提出了人格的三个结构：本我、自我、超我。新生儿被本我掌控，本我遵循快乐原则，即寻求需要和愿望立即被满足的驱力。当快乐的满足被延迟，如婴儿需等待大人喂食时，婴儿就会感觉被外部世界所分离。个体的自我从一岁开始逐渐发展，它代表理性，遵循现实原则。自我的目标是，以一种现实的途径去满足本我，同时又能被超我接受。超我在 5~6 岁开始发展，包括良心成分，孩子会将那些社会认同的“应该”或“不应该”做的事情整合进自己的价值观系统中。超我总是苛刻的，如果未达到标准，个体就会感到内疚和焦虑。自我在本我冲动和超我要求之间

运用的技术	是否阶段取向	发展的原因	主动/反应
■临床观察 ■临床观察	是 是	■被经验修饰的先天因素 ■先天和经验因素的交互作用	■反应性的 ■主动的
■严格的科学（实验）程序 ■严格的科学（实验）程序	否 否	■经验 ■被先天因素修饰的经验	■反应 ■反应且主动
■灵活的访谈、精细的观察 ■跨文化研究、观察儿童与周围有能力的个体的互动 ■实验室研究、心理反应过程的技术模拟	是 否 否	■先天和经验的交互作用 ■经验 ■先天和经验的交互作用	■主动的 ■主动的 ■主动的
■自然观察和分析	否	■先天和经验的交互作用	■主动的
■自然观察和实验室观察	否	■先天和经验的交互作用	■主动的/反应性的（依据理论不同而不同）

你的工作是什么？

儿童心理学家

儿童心理学家直接针对不同年龄的孩子工作，他们帮助孩子获得认同，处理心理和行为问题，克服创伤性事件。例如，当孩子出现心理发展延迟，或离异的父母想要给孩子提供额外的支持时，他们就会带着孩子寻求儿童心理学家的帮助。儿童心理学家也会开展研究或指导社会的工作。儿童心理学家一般在医院、私立机构或学校工作。成为一名儿童心理学家一般需要博士学位，包括相应的实习经历。想更多地了解儿童心理学家在做什么，请访问 www.apa.org。

起着调和作用。

弗洛伊德提出，发展总是要经历五个不变的性心理发展阶段（见表 1-3），这五个阶段所感受到的快乐从一个身体区转移到下一个身体区在每一个阶段，影响快乐或挫折的主要结果的行为发生着改变。根据弗洛伊德的理论，如果在每个阶段，孩子接收到过多或过少的满足感时，都会产生一定的风险，并且可能会在其成年时的人格上出现发展中的停滞。例如，如果一个处于口唇期（哺乳是快乐的主要来源）的婴儿的需要没有得到很好的满足，那么其长大后可能成为爱咬指甲或吸烟的人。

弗洛伊德的理论做出了历史性的贡献，激励了整整一代的追随者，这些人从新的角度提出了心理分析理论。然而，弗洛伊德的许多观点被很多人认为是过时的，因为它不能被科学所检验，也不能为研究所支持。但他的一些关键主题还是能经得起时间检验的。弗洛伊德让我们懂得了无意识想法、感受和动机的重要性；童年经历对人格塑造所起的作用；情绪反应，尤其是对父母的情绪反应的矛盾性；在建立亲密关系时，自我和他人的心理表征的作用；从不成熟、依赖性的状态发展成独立个体的通常路径，等等。在这些方面，弗洛伊德给精神分析和发展心理学留下了不可磨灭的印记。

埃里克森的心理社会发展观

爱利克·埃里克森（Erik Erickson，1902—1994）修正并扩展了弗洛伊德的理论，他强调社会对人格塑造的影响，并以首次强调生命全程观而闻名。

埃里克森的**心理社会发展观**认为，生命全程的发展包括八个阶段（见表 1-3），每一个阶段都包括一个所谓的人格“危机”——对该阶段特别重要的心理社会发展的主要问题。

每个阶段都寻求在一个积极特质和相应的消极特质之间取得平衡。例如，婴儿期的关键问题是基本的信任对基本的不信任。人们需要对世界及世界中的人产生信任，但是他们也需要学会不要过于信任以保护自己不受伤害。这种危机的成功解决方法是使儿童处于一个合适的位置上，以顺利进入下一阶段，这样的过程在生命全程中发展的每一个阶段都要反复多次出现。

埃里克森理论的重要之处在于他强调了社会和文化的影响，强调了发展潜在的、积极的可能性，以及青少年期以后的生命发展。

> 儿童有爱的能力，也渴望被爱，他们更喜欢战胜失败所产生的快乐。
> ——爱利克·埃里克森

观点 2：学习

19 世纪 50 年代，发展领域的主导取向是学习的观点，它试图把心理学作为一种客观的科学。该观点关注那些可量化、可观察的行为。两个主要的分支理论是行为主义和社会学习取向。

学习理论 1：行为主义的取向

行为主义是一种强调行为和信念都是环境强烈影响下的可见产物的心理学取向。行

表 1-3　弗洛伊德、埃里克森和皮亚杰的发展阶段论

性心理发展阶段（弗洛伊德）	心理社会发展阶段（埃里克森）	认知发展阶段（皮亚杰）
口唇期（出生至 12~18 月）：婴儿的主要快乐来源于嘴巴定向的活动（比如吮吸和哺乳）	**基本的信任对不信任**（出生至 12~18 月）：婴儿发展出世界是否安全的感觉 品质：希望	**感知运动阶段**（出生至 2 岁）：婴儿通过感觉和运动活动，逐渐发展出在相关环境中组织活动的能力
肛门期（12~18 月至 3 岁）：儿童的快乐来自于控制和排便。快乐区是肛门，如厕的训练是重要的活动	**自主对羞愧、怀疑**（12~18 月至 3 岁）：儿童发展出在独立和自主对抗羞愧与怀疑的平衡 品质：意志	**前运算阶段**（2~7 岁）：儿童发展出表征系统，运用符号来表征人、地点和事件。言语和象征性的游戏对于这个阶段很重要。思维仍然是没有逻辑的
性器期（3~6 岁）：儿童对异性父母的依恋以及之后产生的对同性父母的认同。在超我发展时期，儿童的快乐满足区转移到了生殖器部位	**主动对内疚**（3~6 岁）：儿童尝试新活动时发展主动性，活动不足则产生内疚感 品质：目的	**具体运算阶段**（7~11 岁）：儿童可以运用逻辑来解决问题，但只关注此时此刻，还是不能抽象地思考
潜伏期（6 岁至青春期）：与其他狂风暴雨状态相比相对冷静	**勤奋对自卑**（6 岁至青春期）：儿童必须学习社会技能，否则将面临自卑 品质：技能	**形式运动阶段**（11 岁至整个成年期）：人们可以抽象地思考，也可以解决假设情景并思考问题的可能性
生殖期（青春期至成年）：性器期性冲动的再现，转换成成熟的成人性满足	**自我同一性对同一性混乱**（青春期至成年早期）：青少年必须确定自我的感觉（我是谁？）不然会体验到角色的混乱 品质：忠诚	
	亲密对疏离（成年早期）：人们寻求对他人的承诺，否则便经历疏离感和孤独感 品质：爱	
	生殖对停滞（成年中期）：成熟的成年人需要生育和培养后代，不然会感到个人的贫乏与停滞 品质：关爱	
	自我整合对绝望（成年晚期）：老年人要接纳自己的人生，包括接纳死亡，否则会因为不能重新体验生命的无能感而产生绝望 品质：智慧	

为主义者认为，任何年龄段的人都会通过对他们周围环境的反应来认识世界，这些反应可能是快乐的、痛苦的或胁迫的，并且这种过程在发展的所有领域都通用。行为主义的研究更多地关注个体如何对两个事件建立心理联结的关联性学习。有两种典型的关联性学习，分别是经典性条件反射和操作性条件反射。

经典性条件反射。又称巴甫洛夫条件反射。巴甫洛夫（Pavlov，1849—1936）是俄国心理学家，他研究了唾液在狗的消化过程中所起的作用。巴甫洛夫把一块肉放在狗的面前，引发狗分泌唾液。他注意到，狗在听到盛肉的装置产生的"咔哒"声时就会分泌唾液。之后，他用铃声来检验他的观点。实验中，狗在听到铃声后、在肉出现之前，就开始分泌唾液了，这种现象被证实了。这种巧合性的突破就是发现经典性条件反射的基础。经典性条件反射是学习的一种形式（名词解释），当一个刺激（铃声）反复与引起正常反应的刺激（食物）进行联系之后，它（铃声）就会引发相应的反应（唾液分泌）。

美国行为主义者约翰•华生（John Watson，1878—1958）把刺激–反应理论运用到儿童身上，声称“他可以将任何一个婴儿培养成他想要的样子”。华生最早关于人类经典条件反射的实验闻名于世：他让一个叫“小阿尔伯特”的 11 个月大的孩子，产生了对大白鼠皮毛的恐惧。

在这个研究里，当阿尔伯特开始抚摸大白鼠时，给予他一个很吵的噪声刺激。这个噪声吓坏了他，他开始哭泣。当反复地将大白鼠与噪声配合联系后，阿尔伯特开始对白兔、猫和老年人的胡须都表现出恐惧的反应。尽管这个研究在今天看来是非常不符合伦理的，但是他确实展现了婴儿在条件操纵下，会对他 / 她先前并不害怕的事物产生恐惧感。

> 给我一打健康的、没有缺陷的婴儿，一个由我支配的特殊的环境，让我在这个环境里抚养他们，我可以担保我能够把他们中间的任何一个人训练成我所选择的任何一类专家——医生、律师、艺术家、商界首领，甚至是乞丐或窃贼，而无论他的天赋、爱好、倾向、能力，或他祖先的职业和种族是什么。
>
> ——约翰•华生

操作性条件反射。安吉尔躺在婴儿床里，当他开始咿呀学语地发出“ma-ma-ma”的声音时，他妈妈朝着他笑并且重复这样的音节。安吉尔开始学到，他的行为（儿语）可以产生期待性的结果（照料者对他爱意的关注），因此他学会了一直发出这样的声音来吸引妈妈的注意力。一个还是意外性的行为（儿语）就这样变成了条件性的反应。

这种学习被称为**操作性条件反射**，即个体从对环境“操作”的结果中获得学习。与经典性条件反射不同的是，操作性条件反射包括自发的行为，比如安吉尔的儿语，还包括操作的结果，而不是行为的预测因素。

美国心理学家 B.F. 斯金纳（B.F. Skinner，1904—1990）总结了操作性条件反射的规律，发现有机体倾向于重复那些被期望性结果强化的反应，并压制那些曾经被惩罚的反应。**强化**是指行为被加强的过程，在此过程中，行为发生的可能性增加。在安吉尔的例子中，正是妈妈的注意强化了他的儿语。惩罚则是行为弱化的过程，会使行为重复发生的频率降低。如果安吉尔的妈妈在安吉尔儿语的时候皱眉，那么他接下来儿语的可能性就会降低。斯金纳心理学很好地描述了诸如此类的学习联结，但由于他并不能很好地解释个体差异、社会文化影响，或归于多种因素联合作用所导致的人类发展的其他方面，因而在应用上存有一定局限性。

学习理论 2：社会学习（社会认知）的观点

美国心理学家阿尔伯特•班杜拉（Albert Bandura，1925—）发展了许多社会学习理论的准则，他认为人类行为是通过观察而学到的。行为主义者多认为，环境是推动发展的主要力量，而班杜拉提出，发展的推动力是双向的。他把这个概念称为交互决定论——儿童影响世界，世界也影响孩子。

经典的社会学习理论认为，人类主要是通过观察和模仿榜样来习得一种恰当的社会行为的，即观看别人、学习潜在的行为以及这种行为可能带来的结果。这种过程被称为观察学习或示范。观察学习在个体不刻意模仿观察行为的情况下也可能发生。

> 如果每个人都要经历每一种可能的选择并承受相应的结果才能解决问题，那么我们应对日常生活的要求将会非常地费劲。
>
> ——阿尔伯特·班杜拉

班杜拉后来将社会学习理论进一步修正为社会认知理论，这种名称上的改变反映了他更强调认知过程对发展的重要性。人类观察行为的榜样，学习行为“组块”，并在心理上将这些组块组成更加复杂的新的行为模式，这一系列都是认知过程在工作。例如，丽塔模仿舞蹈老师，学到了外八字的走法，而她的舞步又是从一位名叫卡门的更优秀的同学那里学来的。尽管如此，丽塔将她的观察以新的模式加以组合，发展出了她独特的舞蹈方式。当孩子经历功能上的成功体验之后，他们便逐渐形成了一种自我效能感，或者对他们的能力的自信心。

观点 3：认知

行为主义者不愿意研究内部的心理活动，因为他们相信不能被直接观察到的事件是不能通过科学的透镜观察的。然而，认知心理学家认为这正是研究应该阐明的地方。在接下来的部分，我们将介绍认知观点的三种理论：（1）皮亚杰的认知阶段理论；（2）维果斯基的社会文化理论；（3）信息-加工理论。

皮亚杰认知阶段理论

我们对儿童思维的了解在很大程度上受瑞士理论家让·皮亚杰（Jean Piaget，1896—1980）理论的影响。皮亚杰，这位生物学家和哲学家，将发展视为儿童主动地努力了解和改造世界的产物。

皮亚杰认为，认知发展最初起源于运动活动，如反射。通过吮吸奶嘴、触摸鹅卵石或探索一个房间的边界，幼儿第一次学会了如何控制他们的动作，学会如何用他们的身体来探索周围的世界。通过这种途径，他们发展出了对周围环境更细致的了解以及更好的应对能力。这种认知的发展发生在三个相互联系的过程中，即组织、适应与平衡。

组织。组织产生类别的倾向，如划分鸟类，就是通过观察这种类别的成员（如麻雀、红雀）的共同特点来完成的。根据皮亚杰的观点，人们创造着越来越复杂的认知结构，这被称为“图式”，或者叫作组织有关世界信息的途径。图式在本质上可以是运动的或心理的。以吮吸为例，一个新生儿在关于吮吸的简单图式之上，迅速发展成对乳房、奶瓶和拇指的不同的吮吸图式。婴儿可能会把嘴张得更大，把头扭向一边，或是用不同的力量吮吸。

适应。皮亚杰用“适应”来表示儿童如何根据已知知识来处理新信息。适应通过两个互为补偿的过程发生：

（1）同化，将新的信息纳入已有的认知结构；

（2）顺应，调节个人的认知结构来与新信息相匹配。

平衡。平衡是一个恒定的努力达成的状态，它驱动着从同化到顺应间的转换。例如，孩子知道鸟的概念后，当他第一次看见飞机时，可能会将飞机称为“鸟”（同化）。随着时间的推移，儿童发现了飞机与鸟的区别，这种发现让他感到某种不适（失衡感），因此激发他改变自己的认识（顺应），并给予飞机一个新的标签。如此，他又恢复了平衡。对这种平衡的寻求驱动着生命全程的认知发展。

皮亚杰将这种认知发展描述为四个有质的差异的阶段（见表 1-3，我们会在接下来的章节中具体探讨）。在每个阶段，儿童的心理都发展出新的操作途径。从婴儿到青少年，心理操作从基于简单的感官和动作的学习，发展到基于逻辑和抽象思维的学习。这也提醒我们，儿童的思维并不是成人心理的缩小版，他们在本质上和成人想的就不一样。

尽管皮亚杰在这个领域有很大的影响力，也提出了一系列有用的发展标准，但他低估了婴幼儿的能力。当代一些心理学家质疑他的那些明确划分的阶段，并用证据指出认知发展是逐渐而连续的。其他学者还指出，儿童的认知发展与特定的内容（他们在思考的内容）、问题发生的背景、信息的类型等密切相关，并认为文化在其中起着重要的作用。在接下来的部分，我们会进一步介绍批判皮亚杰理论的声音。

> 学校教育的主要目标是创造可以做新事物的人，而不是简单地重复上一代人已经做过的事情。
>
> ——让•皮亚杰

维果斯基的社会文化理论

俄国心理学家利维•维果斯基（Lev Vygotsky，1896—1934）关注引导儿童认知发展的社会和文化过程。他将认知发展看作合作的过程。他说："儿童在社会互动和共享的活动中学习。"维果斯基不相信发展的普遍性观点，他认为不同的文化和独特的经历塑造了多样的发展途径。

你的立场是什么？

维果斯基不仅关注一个人在每个特定的阶段知道什么，还关注这个人在他人的帮助下能够知道什么。他的观点得到了广泛的肯定。你同意这种观点吗？这是否意味着，只是评价个体已经掌握的知识的传统智力测验，其测量的是一些错误的东西呢？

> 通过别人，我们变成了自己。
>
> ——利维•维果斯基

根据维果斯基的观点，成人或能力更强的同龄人必须引导和组织儿童的学习。这种引导在帮助儿童跨越最近发展区时最有效，最近发展区是指介于儿童自己可以独立完成和他们借助他人的帮助所能完成的任务之间的心理空间。随着时间的推移，儿童的能力逐渐提高，引导和修正学习的责任逐渐由成人转向儿童自己。例如，一个成年人教孩子漂浮，开始时，大人在水里支撑着孩子，当孩子的肢体放松至水平状态时，大人便一点点地放手。我们把这种由家长、老师或其他人提供给儿童的暂时性的支持称作支架。

维果斯基的理论对教育和认知测试有很大的启示，注重儿童学习潜能的测验可以替代标准化的智能测验（智能测验所测的是孩子已经学会的东西），使许多孩子能够从维果斯基的专家指导中获益。

信息-加工理论

信息-加工理论试图通过分析参与有效理解输入信息及执行任务的过程来解释认知的发展。信息-加工理论并非单一的理论，而是由一系列理论和研究所支撑的理论框架。

常被用来描述这种理论的典范就是计算机。计算机有特定的输入（类似人的感觉或印象）和特定的输出（类似人的行为）。令信息–加工理论者感兴趣的是，输入与输出之间究竟发生了什么？大脑如何利用感知来重组世界？为什么相同的输入会带来不同的输出？人们又是如何集合、储存、提取并利用信息的？

信息–加工理论家把发展看作连续的。他们指出，随着个体年龄的增长，认知过程的速度、复杂性、有效性，以及记忆并存储材料的数量和多样性等都在不断地增强。

信息–加工理论的观点向我们展现了许多心理工作的机制，并证明了人们是可以了解内部认知过程的。

观点 4：环境

强调环境作用的观点认为，只有立足于社会背景，才能理解发展。持这个观点的研究者认为，个体不是与环境交互作用的独立单元，而是环境不可分割的一部分。我们在前面讨论的维果斯基的社会文化理论也属于这类观点。

美国心理学家尤里·布朗芬布伦纳（Urie Bronfenbrenner，1917—2005）的生态系统理论确定了环境影响的五种水平，它们的影响范围从非常个人化的到非常宏观的，依次是微观系统、中间系统、外部系统、宏观系统、历时系统（见图 1-4）。

根据布朗芬布伦纳的观点，一个人既是发展的结果，又是发展的塑造者。人们可以通过生物和心理特征、天赋、技能和气质来影响自己的发展。

通过观察各个系统如何在家庭内外影响个体的发展，我们可以发现，生态系统观点有助于人们从不同的视角来看待影响发展的因素。强调环境作用的观点还提醒我们，儿童在某个文化或文化群体内的发展的研究结果可能并不适用于其他社会文化群体的儿童发展特点。

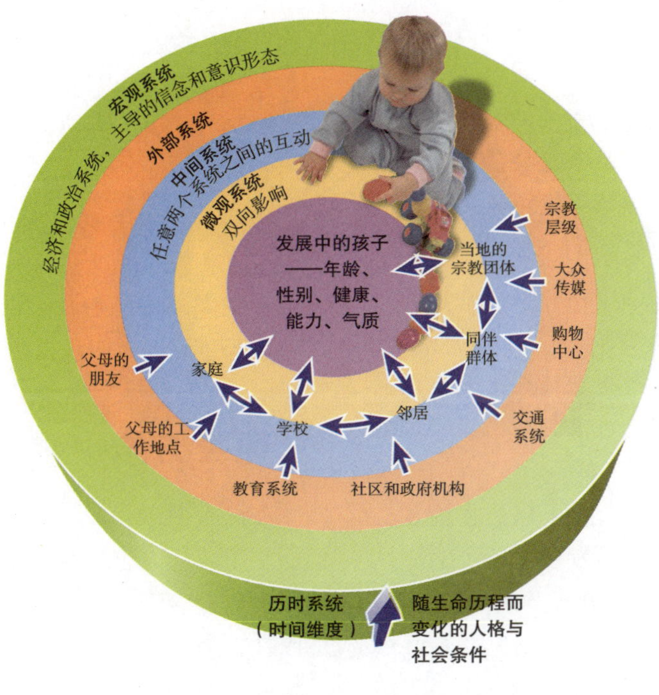

图 1-4　布朗芬布伦纳的生态系统观

注：同心圆呈现了环境对个体的影响的五种水平，它们的影响从微观到宏观，且发生在特定的时间维度。

你的立场是什么？

进化心理学是心理学界备受争议的观点之一。你认为进化可以解释动物行为吗？可以解释人类心理吗？动物行为与人类心理之间存在质的差异吗？

在遥远的将来，我看到一个为重要研究开放的领域。心理学将依赖于一个新的基础，它是心理力量和能力层级的必需品。

——查尔斯·达尔文

发展是儿童到另一个人之间的复杂的变化过程，这个人对儿童时的自己的情感影响尤其复杂。

——尤里·布朗芬布伦纳

观点 5：进化 / 社会生物

进化 / 社会生物的观点是由 E.O. 威尔森（E.O. Wilson，1975）提出的，该观点注重行为的进化与生物基础。受达尔文进化论的影响，此观点还结合了人类学、生态学、遗传学、动物行为学和进化心理学的多种观点，来解释适应性的、有利于存活的、有价值的人类或物种的行为。

根据达尔文的观点，物种的发展要经历自然选择的过程。那些具备良好的环境适应遗传特质的个体往往能够存活下来，生殖率远高于携带适应不良特质的个体。因此，那些有更多适应性特质的个体将自己的特质更多地遗传给后代。通过这种方式，“适应”的特征便得以被自然选择性地传递下去，而其他特征则趋于消亡。这种机制在历经漫长的时间后，便产生了新的物种。

特质可以是生理的，也可以是行为和心理层面的。进化的机制是发展出解决适应性问题的行为。例如，孕妇在怀孕的前三个月，即胎儿最脆弱的时候，显现出对某些食物的厌恶，这种厌恶在原始的进化设计中，可以保护胎儿免遭有毒物质的侵害。即便不再服务于有益的目的，或者需要进一步进化来应对环境条件的挑战，这种进化的机制也依旧存在。大部分进化机制是针对特定问题专门出现的，但也有一些，如人类智力的出现，则被认为是帮助人们解决各式各样问题的。

动物行为学 是研究动物物种独特的适应性行为的学科。动物行为学家认为，每种动物特定的先天行为都增加了其存活的概率，例如松鼠在秋天埋松果、蜘蛛织网等。动物行为学家通常在自然环境中观察动物，并在不同物种之间进行对比，借此识别出哪种行为是普遍的，哪种行为是特定物种所独有的或是被文化所修正的。

进化心理学 是运用达尔文进化的观点来理解人类行为的学科。正如人类心脏的进化是为了泵压血液，肺的进化是为了换气一样，部分脑结构也是为了解决特定的适应性问题而进化的。因此，自然选择将我们的大脑塑造得更容易把特定的面孔看成更具吸引力且更具优势的，也更能够发现那些聪明伶俐的孩子。这种与生俱来的知觉和动机会帮助我们应对特定环境的影响、做出行为决策并逐渐发展为更好的生存与繁殖能力。

》研究方法

理论有助于我们构建想法，它们阐述了什么是重要的、怎样发现重要的东西以及如何开展研究。理论产生假设与猜想，这些都可以在未来的研究中加以检验。有些研究会支持假设及据此形成的理论。但有时，科学家们则需要修正其理论来解释意想不到的数据。这种过程就是科学的方法（见图 1-5）。接下来的部分，我们将带你一起回顾研究者

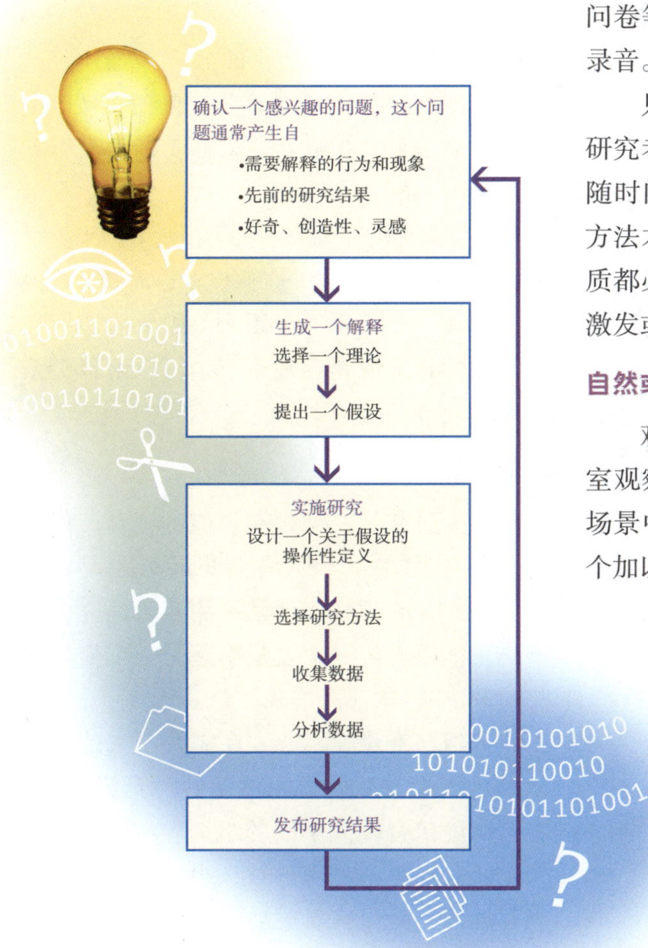

图 1–5　科学方法

收集数据、设计实验的主要方法。

收集数据的形式

在发展研究领域，收集数据的形式主要有两种：第一种是自我报告（日记、录像技术、访谈、问卷等）；第二种是自然或实验室观察。

自我报告

自我报告是指向人们询问信息。研究者在研究幼儿时通常采用父母的自我报告——日记、文章、访谈、问卷等，也与其他方法结合使用，如录像或录音。

只有同时具备了效度（所测量的确实是研究者想测量的特质）和信度（测量的结果随时间的变化保持一定的稳定性），测量的方法才具有意义和作用。另外，测量任何特质都必须谨慎操作，即要单独地界定某个想激发或测量一个现象的操作或程序。

自然或实验室观察

观察有两种形式：自然情境观察和实验室观察。自然情境观察是研究者在真实生活场景中观察儿童；实验室观察是研究者在一个加以控制的情境中观察并记录儿童行为。

基本研究设计

发展领域的研究者通常采用的研究设计包括个案研究、人种志法研究、相关研究和实验研究。

个案研究

个案研究是一种针对单独的个案或个体的研究。个案研究包括细致的观察和解释，或使用行为的、心理的测量，以及使用传记、自传、或记录性的资料等展开研究。

灵活是个案研究的优势。然而它的短板

在自然状态的观察中，研究者可以采集在真实环境中有关真实事件的行为数据。例如，研究者可以通过观察老师与学龄儿童是如何互动的来得出有用的数据。

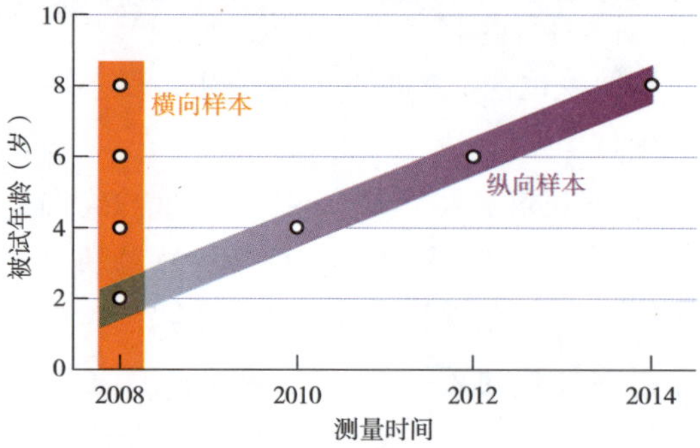

图 1-6　研究设计的发展

注：横向研究中，2 岁、4 岁、6 岁、8 岁这四组不同年龄的孩子，都在 2008 年这个时间点上被测量并给研究者提供了数据。纵向研究中，只有一组 2 岁的孩子于 2008 年接受第一次测量，然后每隔两年，即当他们 4 岁、6 岁、8 岁时，都要再次被测量与年龄有关的行为变化。

在于，我们可以对一个儿童的发展进行深入研究，但不能保证这种信息普适于所有儿童。

人种志法研究

人种志法研究是关于文化案例的研究。它试图描述那些组成整个社会的生活方式的关系、风俗、信念、科技、艺术以及传统的模式。它运用了多种方法，包括随意的非结构性访谈和参与观察法。参与观察法是自然观察的一种形式，研究者加入到他所观察的社会或小群体之中，并且总是持续一段比较长的时间。由于这种方法能够更近距离地参与文化，所以研究结果一般更具有观察者的偏差。

相关研究

相关研究是一种试图发现两个或更多变量间的相关性，或是统计上的联系的方法。相关研究通常通过方向（正或负）以及程度（关联有多强烈）来描述。两个正相关的变量会一同增加或减少。例如，开车时，一个人发的短信越多，相应地他发生车祸的可能性就越高。

相反，如果两个变量存在负相关，一个变量的增加则伴随另一个变量的减少。研究显示，学生花在 Facebook 上的时间与其成绩呈现负相关，即使用 Facebook 的时间越长，他们的成绩就越低。

相关通过从 +1.0（完全正相关）到-1.0（完全负相关）之间变化的数字来描述。越接近于 +1.0（或-1.0），变量之间的关系（正或负）就越强。0 相关意味着变量间没有关系（见图 1-6）。

尽管强烈的相关关系可能预示着因果关系的存在，但这仅仅是一个假设，还需要严格检验和验证。相关不等于因果，因果可能意味着其他的含义或是存在第三个可以解释关系的变量。

实验研究

相关研究是一种很有价值的工具，但是它的局限性在于不能建立变量间的因果关系。因此，心理学家通常采用实验研究。唯一一种能够确定一个变量引起另一个变量变化的方法就是实验。

分组与变量。实验程序需要严密的控制以揭示因果关系。常用的实验设计方法是，将被试随机分配到不同的组别中。实验组由接受实验操纵和处理的被试组成——实验操纵和处理正是研究者想要研究的现象；控制组的被试在其他方面都与实验组相同，只是他们不接受实验处理或接受其他处理。你可以把他们想象成原始状态，即假如感兴趣的变量不存在时，会发生什么？

例如，在最近的一项研究中，研究者感兴趣的是哪种方式可以激励孩子，这种方式是否能有效影响儿童吃蔬菜的行为。在这项研究中，约 400 名 4~6 岁的孩子被分成两个实验组和一个控制组。一个组使用贴纸来激励他们吃那些他们最不喜欢的蔬菜；另一个组用言语来激励他们吃蔬菜；而剩下的一组

你的立场是什么？

保险公司运用相关性，例如一个人发短信和发生意外的关系，来计算保险费用。你认为这公平吗？

不采取任何激励方式。你猜结果如何？两周过后，给予贴纸和口头言语激励的儿童都比控制组的儿童更喜欢吃蔬菜了，这种喜欢甚至持续到“激励物品”撤销之后。研究者得出结论：激励可以促使儿童食用蔬菜。

在这项研究中，激励的类型（贴纸、言语表扬、不激励）是自变量，研究结束时孩子们食用蔬菜的多少则是因变量。**自变量**是研究者直接操纵的变量，旨在检查它对另一个变量的作用。**因变量**可以在最终告诉研究者，他们的假设是否成立。

实验室研究、田野研究和自然实验是在实验室中进行研究，被试被带到实验室中接受实验者的实验条件。这种方法可以使研究者建立因果效应关系并且可以重复检验。但并非所有的实验都可以在实验室中进行。有时候研究者会设计田野实验，即在日常情境中，如家庭或学校中进行实验控制。

当出于现实或伦理方面的原因而不能设计真正的实验时，自然实验也可以为特定事件提供解释的途径。自然实验，又称准实验，例如比较那些被生活意外地分为不同组别的人们，如一组孩子曾经历过饥荒，而另一组孩子则没有，研究者可以在自然情境中比较这两组孩子的成长。抛开名字的误导，自然实验的实质是相关性研究，因为它并不能实现对变量的控制性操作和对实验组的随机分配。

你知道吗？

科学的过程基于一个假设，人们无法证明任何事情是绝对正确的，但人们却能证明它的错误。爱因斯坦的话很好地概括了这一点：“如果我对了，再多的实验也无法证明我是完全正确的；但如果我错了，仅仅一个实验就可以证明我是错误的。”

发展研究领域的研究设计

对于发展研究领域的研究者来说，首要的任务就是研究随着时间而发生的变化。但正如组合螺母和螺丝的方法各不相同那样，发展的理论取向也是多种多样的。横向和纵向的研究是研究儿童发展的两种主要策略。正因为这两种设计都有缺陷，研究者又设计了序列研究（见图 1-7）。

在横向研究中，我们在同一时段测量不同年龄段的儿童。研究者向 3~11 岁的儿童呈现如下情境：主人公在美术课上抄袭了另一位同学的作业，然后让孩子们对主人公的行为作出判断。3~4 岁的儿童并不认为主人公是错误的，然而 5 岁的儿童会更负性地评价主人公。这些结果说明，儿童对于智力产权的观点是逐渐变成熟的，如观点能否被剽窃。然而，我们还不能够确切地下结论，因为我们还不知道这些 5 岁的小朋友在他们 3 岁时所意识到的心理活动是否与本研究的 3

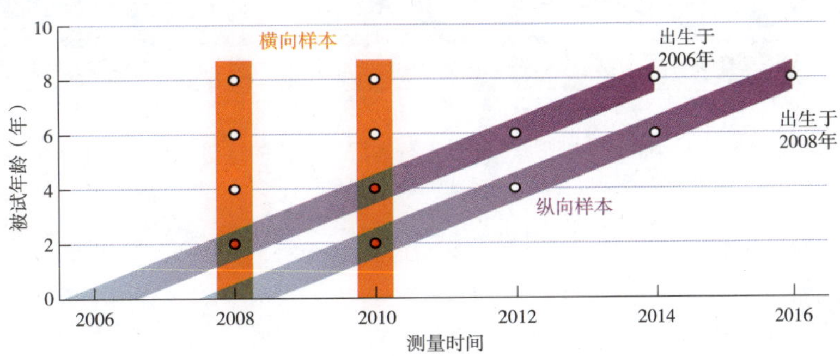

图 1-7　序列设计

注：在 2008 年和 2010 年，如果研究者对 2 岁、4 岁、6 岁和 8 岁四组儿童都进行测查，那么从横向上说，研究者就有了几组可比较的数据；同时，对于在 2008 年时 2 岁的孩子来说，他在 2010 年就 4 岁了，以此类推，研究者又有了可比较的纵向数据。这种方法就是序列设计。

岁被试一致。要了解这们的变化是否随年龄而发生，唯一的方法就是对特定的个体或群体开展纵向研究。

在纵向研究中，研究者需要多次研究同一个个体或同一组群体，有时要间隔数年的时间。例如，在一项研究中，研究者关注网络使用是否与个体的孤独感有关，且这种关系是否随时间的推移而发生变化。研究结果表明，在持续一年的自我报告中，那些一开始就感到孤独的个体，增加网络使用时间之后，也就是一年之后变得更加孤独了，他们的生活满意度也更低了。

横向设计和纵向设计各有优劣（见表 1-4）。序列研究是一项旨在克服这两种研究的缺点的更复杂的策略。运用序列技术，研究者可以了解不同年龄段的人们（类似横向研究）随着时间（类似纵向研究）变化而发生的变化。结合横向研究和纵向研究，序列研究相比于单独使用横向研究或纵向研究，能提供关于发展的更完整的画面。

研究的伦理

大学、学院和其他接受联邦基金资助的机构，其机构审查委员会必须从伦理的角度去审核研究。美国心理学会（American Psychological Association）的基本准则包括知情同意、避免欺骗、保护被试以及被试的尊严不受伤害、保证隐私和保密、在任何阶段都可以有退出或终止实验研究的权利，以及研究者应该对不良结果（如被试出现焦虑或内疚）进行补救等内容。

知情同意权

在被试自愿参加研究的前提下，知情同意是指被试有同意的能力，能够意识到潜在的风险与收益并存且不受利用等。国家生物医药和行为人体保护研究委员会建议，7 岁及以上的儿童在参与研究时，要征得其同意，只有当研究许诺能使孩子直接受益时，才可驳回其反对意见。

避免欺骗

伦理纲要还要求只收集对研究有用的信息；研究者应该避免可能引起被试疼痛、焦虑和伤害的方法。实验者有必要对被试给予简要的说明，使他们了解研究的实质，向他们解释欺骗的必要性，并确保他们没有因此遭受痛苦。

隐私和保密的权利

参与研究的被试需要知道他们的信息和反应会被严格保密。然而，某些情况可以打破保密原则，例如发现虐待的迹象。因此，研究者需要告知被试，他们有法律义务去报告他们发现的虐待、疏忽和其他的非法活动，否则必须严守保密原则。

表 1-4 横向、纵向和序列研究

研究类型	程序	优点	缺点
横向研究	数据是在同一时间，从不同年龄段人群中收集到的	可以展现不同年龄段的差异；快速、经济；不会使被试产生疲劳或重复测量方面的问题	不能解释年龄效应；掩盖个体差异；可能会掺杂年代效应
纵向研究	数据是针对同一个体或群体，在不同时期收集到的	可以展现与年龄相关的连续变化；避免年代效应对年龄的混淆	耗时，费钱；疲劳效应或重复测量效应；结果可能只对特定一代人或特定的样本有效
序列研究	数据是在连续的横向和纵向样本中收集到的	可以同时避免两者的缺陷	需要大量的时间和精力，数据的分析非常复杂

测试一下

CHAPTER 1 儿童发展导论

学习目的	自测 ☐ LearnSmart ☐ connect+ Chapter 1 Quizzes	你在哪里可以找到答案
学习目的 1.1 描述发展的概念 	1. 儿童发展的研究包括（　）。 a. 儿童和成年人的发展 b. 身体成长和情绪发展 c. 人类和其他物种的发展 d. 发展中的变化和稳定性 2. 儿童发展的阶段可以被最好地描述为（　）。 a. 永远随时间变化的生物曲线 b. 人类生命全程中重要内容的社会构建产物 c. 人类共享的发育成熟过程 d. 目前研究和理论中的受争议的概念 3. 如果我对婴儿的记忆能力随年龄的增长如何变化，以及这种变化会如何影响他们学习新的知识感兴趣，那么可以说我是对发展的________领域感兴趣。	关于儿童发展的研究 4 页
学习目的 1.2 请总结个体的差异、环境变量和时间因素如何影响个体的发展  	4. 9 个月大的莎莉是一个活跃、爱笑的婴儿，而她的同伴约翰总是安静的、害羞的，他们行为上的差异属于（　）。 a. 情绪差异 b. 社会性情绪的差异 c. 个体差异 d. 成熟方面的差异 5. 下列哪些进项可以最好地描述成熟的过程？（　） a. 学着阅读 b. 长牙 c. 了解另一个人的悲伤情绪 d. 学会怎么玩滑板 6. 重要的环境影响包括（　）。 a. 种族 b. 家庭环境 c. 邻里 d. 文化 e. 以上所有 7. 常规性影响的一个例子是________________； 非常规性影响的一个例子是________________。 8. 儿童在童年期逐渐学会阅读，文盲的成人也可以在人生的较晚阶段开始学习阅读。但是，许多针对成年人的教育计划的成功率却很低，这是不是意味着童年期是学习阅读的关键期或敏感期？为什么？________________ ________________________________	影响发展的因素 4~10 页

学习目标 1.3

请概括发展研究领域中被经常讨论的哲学议题和共识性观点

9. 如果你是一个对发展的遗传因素感兴趣的研究者，你会站在先天论一边，还是站在教养论一边？如果你感兴趣的是大众媒体对攻击的影响，你又会站在哪一边？
10. 下列例子中，哪一个是被动发展的最佳例子？( )
    a. 一个叫乔的婴儿与其他人互动并且对每一个目光接触的人都报以微笑
    b. 杰西卡是一个极具攻击性的女孩，这些负性行为是由她周围的人所引发的
    c. 阿瓦习得了一个行为，在妈妈与其他大人聊天时不去插嘴，原因是每次她打断妈妈说话时，妈妈都会冲她皱眉
    d. 索菲一直缠着妈妈直到她答应给她报名芭蕾课程
11. 小狗越长越大，这是 ________ 变；毛毛虫变成蝴蝶是 ________ 变。
12. 下面哪个关于发展的议题还没有取得共识？( )
    a. 不同领域的发展是相互联系的
    b. 儿童发展的影响因素都源自于环境对儿童的作用
    c. 历史和文化影响着发展
    d. 发展发生于从受精卵到死亡的生命全程中
    e. 早期经验虽然很重要，但是儿童具有心理弹性

与发展有关的议题
10~12 页

connect+

视频链接

Continuity and Change

学习目标 1.4

请描述主要的理论观点

13. 所谓理论，就是( )。
    a. 关于某种事物的观察
    b. 一个被证明的事实
    c. 对观察到的现象所进行的描述或解释
    d. 两个变量之间的统计关系
14. 如果我认为，在你成年后所体验到的焦虑是源于妈妈在哺乳期对你的严格和挑剔，那么我很可能是 ________ 学派的。
15. 当我家的狗进到垃圾箱内时，我冲它大喊并制止它。那么这是( )的一个例子，它可能来自( )理论的观点。
    a. 适应；认知
    b. 惩罚；行为主义
    c. 驱力满足；精神分析
    d. 跨物种比较；动物行为学
16. 3 岁的阿瓦从没有见过斑马，一次到动物园游玩时，她指着斑马说“马”，这说明她处于( )。
    a. 最近发展区
    b. 平衡
    c. 顺应
    d. 同化

儿童发展的理论
12~20 页

connect+

MILESTONES

计划和组织，科林

17. 布朗芬布伦纳认为社会变化是女权运动的结果，这是（ ）。
   a. 微系统
   b. 中系统
   c. 外系统
   d. 宏系统
   e. 时间系统
18. 进化心理学家将会对下面哪项研究感兴趣？（ ）
   a. 电视显像和身体图像是什么关系
   b. 你与异性父母早期的关系对将来的浪漫关系有什么影响
   c. 生理吸引力和资源的数量是如何影响男人和女人的择偶倾向的
   d. 邻里结构如何影响儿童发展

学习目标 1.5
讨论收集数据的主要方法和发展研究领域采用的方法

19. 研究者通过问卷调查收集到锻炼和健康的关系属于 ________ 研究；研究者对人们锻炼 / 不锻炼的原因进行访谈属于 ________ 研究。
20. 我相信服用维他命可以提高能力，便设计了一个研究：实验组吃维他命，控制组吃安慰剂，并测量这两组所感受到的活力水平，自变量是？（ ）
   a. 维他命
   b. 安慰剂
   c. 处理（维他命 / 安慰剂）
   d. 能力水平
21. 苏珊在每年女儿生日时都和她拍一张照片，这很像发展研究的哪种设计方法？（ ）
   a. 横向
   b. 纵向
   c. 序列
   d. 相关
22. 如果我设计的研究使小孩变得害怕并尖叫"不！不！不！"，当我想要进一步收集数据时，我停下进程，决定不再继续此项研究，这时我主要考虑的是 ________ 规则。

研究方法
20~24 页

connect+

视频链接
Research on Infants: Charles Nelson

答案
1. d
2. b
3. 认知
4. c
5. b
6. e
7. 常规性影响的例子包括生物性事件（如青春期）和社会性事件（如开始接受正式教育）；非常规性影响的例子包含影响个体生活的非同寻常的重大事件、非典型时机（如早婚、父母早亡）或非典型事件（如生理缺陷、经历一场坠机事故）。
8. 大多数成年期"读写计划"没有成功不意味着学习阅读的关键期或敏感期的存在，关键期或敏感期的发展确实会对一个人有长远的改变。虽然这项计划没有成功，年长一点的成年人也可以通过学习获得阅读能力。
9. 先天性；教养论
10. c
11. 定量；定性
12. b
13. c
14. 精神分析
15. b
16. d
17. e
18. c
19. 定量；定性
20. c
21. b
22. 尊重原则

第 2 章

怀孕、遗传与环境

本章要点

- 受孕与不育
- 遗传机制
- 基因与染色体异常
- 遗传和环境影响的研究
- 受遗传和环境影响的特质

塔妮娅和保罗在结婚前曾讨论过生孩子的话题，他们决定在经济和心理上都做好准备后再生孩子。结婚三年后，他们认为自己已经做好了为人父母的准备，塔妮娅仔细留意着日期，在每次月经期结束后都数着日子，留心记录她的“可受孕”的日子。当计划了两个月都没有受孕时，塔妮娅开始思考是不是出了什么问题。她和保罗都没有意识到的问题是，即使是在女人通常可以受孕的月经期过后的第6~21天，受孕的时间也是不可预测的。这意味着，尽管受孕可能发生在某个特定的时段，但是在一个月中的任何时候也都是有可能的。反过来，即使在某个时段更可能受孕，但并不意味着那个时候总能成功受孕。实际上，女人要成功受孕，通常要花六个月的时间。

本章我们先探讨如何孕育生命；然后探讨遗传这个影响发展的先天因素的机制和影响模式，以及遗传咨询如何帮助夫妻决定是否可以成为父母；最后讨论遗传和环境如何共同作用并影响生命的发展。

受孕与不育

新家庭成员的到来会使照料者的生活产生巨变。它会带来无眠的夜晚和匆忙的白天，以及脏乱的尿布和随处可见的婴儿连体装。大多数父母会倾注全部的爱去照料经常哭闹和乱动的小家伙。在本章中，我们将阐述家庭新成员是如何被孕育的。有些家庭的受孕很容易；但也有一些家庭可能需要人工受孕技术；还有一些父母，他们是通过领养而得到孩子的。但对所有家庭来说，抚养孩子长大成人的过程，都是一段充斥着大量沮丧与欢乐，并且是建立新关系的过程。

受精

受精或受孕指的是精细胞和卵细胞结合的过程，两者结合而创造出一个单细胞，就是受精卵。受精卵形成之后通过细胞分裂、反复的自我复制，进而产生并组成新生儿的所有细胞。女性在刚出生时，两个卵巢内大约有 200 万个不成熟的卵细胞，每一个卵细胞都在卵泡中。当她在性发育成熟之后，大约每 28 天排卵一次，直到更年期停经。每一颗卵细胞从卵巢排出，再通过细小的毛细胞（称为纤毛），经过其中一支输卵管，被输送到子宫。

成熟男性的精细胞在睾丸（又称为生殖器）内产生，以每天几亿个精细胞的频率产生，在性高潮时喷射精液。精液在阴道内沉积，然后通过宫颈（子宫口）奋力地游向输卵管，但是只有很少的一部分精细胞能够到达那么远的地方。精子和卵子的结合就预示着新生命的孕育。

受精通常发生在卵子通过输卵管的时候。如果受精没能发生，卵细胞和精细胞就会在女性的身体中死亡。精细胞被女性的白细胞吸收，卵细胞经过子宫后，最后由阴道排出。

不育

塔妮娅和保罗在一年的时间中努力尝试怀孕，但结果还是让他们失望，最后他们去看了助孕医生。在年关到来时，他们成为美国 15 ~ 44 岁年龄段中，10% 的不孕不育夫妇中的一员。他们在接受了多项测试后，医生发现，保罗的精细胞活力比较健康，而塔妮娅的卵细胞可能存在一定问题，即便使用当下最先进、最流行的药物，也不能保证他们怀孕。

最常见的男性不育原因是男性精子数量少或活力不足。如果一次射精的精子数量少于 6000 万至 2 亿的标准，则很难使女性受孕。某些男性的不育似乎是基因上的问题。例如，有一些男性基因突变，影响了他们产生的精子数量和质量。相比于女性，男性的生殖能力更少受年龄的影响，但在生命最后 30 年也会显著下降。

女性的不孕原因通常包括不能产生卵细胞或不能产生正常的卵细胞；宫颈堵塞导致精细胞不能穿透；子宫内膜的疾病导致受精卵不能在子宫内着床。女性在 30 岁之后，卵细胞质量的下降是导致其生殖能力下降的主要原因。然而，最主要的不孕原因是输卵管堵塞导致卵细胞不能到达子宫，这可能是性病产生的疤痕组织的结果。

辅助生殖技术

除非存在确切的导致不育的原因，一般情况下，男女在婚后 18 个月至 2 年的时间内还是很容易受孕的。如今的科学也为那些与

你的工作是什么？

助孕专家

助孕专家为那些面临怀孕和生育困难的女性提供诊断、咨询和治疗。助孕专家在诊断的基础上，为患者开一些受孕的药物和处方，或为他们实施人工受孕。助孕专家服务于医院、临床和私人机构，需要有医学博士的学历。作为医学博士，他们需要完成医学学业，并经历医师实习和资格考试。

多元化视角

关于受精（受孕）的民间信仰

有史以来，关于生命起源的民间信仰非常普遍。早在19世纪，欧洲北部和中部地区，就有孩子是从井里、泉水和石头里蹦出来的说法。宇宙力量也被认为可以影响受孕。在新月的时候受孕的新生命会长成男孩；在下弦月时受孕的生命则会长成女孩。时至今日，很多传统的部落依然相信，灵性的力量影响受孕。澳大利亚的瓦尔比利人（Warlipiri）认为，假若新生儿的受孕地点与某种特定的灵魂有关，则会被认为他是被那种灵性赐予的生命。即使是在当今像美国这样的西方国家，人们也相信孩子出生的月份会影响其人格，正如许多报纸和杂志所说的占星学那样。

同样，人们对不育的担忧也是由来已久的。为了促进生育，古代的医生建议男性吃茴香，女性喝羔羊的唾液或戴蚯蚓做的项链。并建议在每次性行为后，女性要将腿交叉着平躺，同时要避免生气。到文艺复兴时期，促进生育的食物种类从乳鸽、麻雀，到公鸡鸡冠、牛鞭等。在17世纪早期，法国女王的助产士建议使用由甘菊、锦葵、墨角兰、猫薄荷等与白酒一起熬煮后的液体清洗阴道。

从古至今，人们总是责罚生女婴的女性。但极具讽刺的是，父亲的精子才是决定孩子性别的关键因素。在尼泊尔的许多村子里，如果妻子在一段时间内没有怀上男孩，丈夫就会娶第二个妻子。英国的亨利八世（Henry Ⅷ）国王砍掉他妻子的头，部分原因就在于她没能怀上男孩来继承王位。即使是当今的美国，民俗观念也依然存在，人们建议女性吃红肉或站着进行性行为，以便能怀上男孩。

这些关于怀孕的各种民俗观念的盛行，显示出人们对生命成长的强烈好奇。直至今日，即便我们通过超声波技术就能看到孩子出生前的样子，通过产前基因检测检查就知道胎儿是否具有缺陷，但婴儿如何获得了独一无二的基因组合，以至于塑造为一个全新的个体？这其中的详情与细节仍旧有很多是未知的。

不孕不育做抗争的夫妻提供了一些做父母的替代途径。

辅助生殖技术（ART），即通过人工手段受孕的技术，可以提高那些不孕不育夫妇的受孕可能性。这种技术于1978年首次试用，目前世界上超过300万的儿童是通过ART怀上的。

最简单的ART形式是人工授精，就是将精子注射到女性的阴道、子宫颈和卵巢中。针对精子数量太少的男性，这种过程能促发受精。假若男性不能生育，夫妻会选用捐献者的精子来实施人工授精。

另一种常见的方法是体外受精（IVF），女性服用促进排卵的生育药物，产生大量的卵细胞。之后通过手术将这些卵细胞取出，使之在培养皿里受精，然后再将受精的卵细

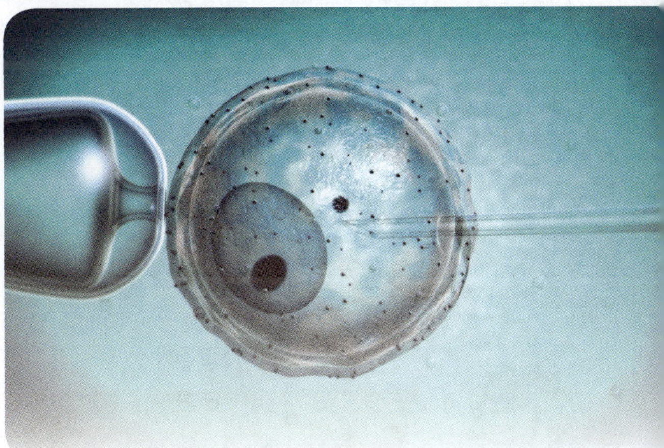

胞植入女性的子宫。因为植入的受精卵很难在子宫里形成，因此更容易导致流产。为了提高成功的概率，通常的做法是移植多个受精卵，但是这种做法很可能会导致多胎，尤其是早产现象。2006年，几乎一半（48%）

的通过ART技术出生的婴儿都是双胞胎甚至多胞胎。而多胞胎的诞生使母婴都面临更高的风险。

体外授精也可以处理一些男性不育的问题。一项叫作细胞质内精子注射（ICSI）的技术可以将一颗单独的精子植入卵子的细胞质内使其受精。现在大多数体外授精都采用了这种技术。一般情况下，尽管婴儿罹患心脏缺陷、唇裂、胃肠缺陷等疾病的可能性很低，但通过IVF或ICSI技术怀孕的婴儿，上述疾病发生的可能性，相比于自然受孕的婴儿，高出了2~4倍。

如果一个女性的卵细胞质量差，或者她的卵巢被摘除了，那么她可以尝试卵细胞移植。由有生育能力的年轻女性所捐献的卵细胞在实验室内受精，然后再植入准妈妈的子宫。运用捐献的卵细胞的IVF方法很成功。还有一种方法，卵细胞可以通过人工授精的方式植入捐献者体内，得到胚胎之后，再从捐献者体内取出并移植到接受者的子宫中。

尽管人工受孕的成功率有所提高，但是在2005年尝试ART的女性也只有35%的人顺利生产。随着女性年龄的增长，这种通过使用母亲自己的卵细胞的IVF技术成功的可能性会急剧下降。

ART技术可能会陷入一系列法律、伦理和心理的两难处境。孩子们需要知道他们的血缘父母是谁吗？我们可以对捐献者或代母进行基因检测吗？当通过IVF产生多个受精卵时，可以舍弃其中的一些以提高健康受精卵的存活概率吗？是否应该限制移植到母体里的胚胎数量？目前的科学超越了我们的法律体系，一些重要的伦理和法律疏漏还未得以有效处理。许多人呼吁要立法限制植入母体的胚胎数。

如果考虑代理孕母，问题会变得更复杂。准爸爸通过人工受精的方法使有生育能力的女性受孕而成为代理孕母。代理孕母怀着孩子直到妊娠期满，然后把孩子交给准爸爸和准妈妈。那么，到底谁才是真正的母亲呢？是代理孕母，还是生育孩子的女性？假如像曾经轰动的那些案子一样，代理孕母想要留下孩子呢？假如准爸妈拒绝履行先前的协议呢？代理怀孕的方法是否会导致一些地位较低的妇女，因为需要赚钱而替一些小康家庭代孕，进而产生一群代孕者阶层呢？

大多数行政州的法院都将代孕合同视作不可强制执行的合同，还有一些州则明令禁止它的实施，或者规定了很严格的条件。美国儿科学会（American Academy of Pediatrics，AAP）的生物伦理委员会建议，应将代孕视为一种试验性的、预想性的收养合约。委员会还建议，因为代孕者可能坚持父母的权利，所以应签署产前合约。法国和意大利等一些国家明令禁止商业性质的代孕。在美国，代孕在有些州是非法的，在有些州是合法的，各州之间根据情况会有所调整。

收养

因为无法自然生产而收养一个或几个孩子并不是一个偶然的打算，这确实是不育家庭的一种选择。假如一个女性无法自然怀孕，她不愿或不能通过ART技术怀上自己的孩子，这时收养孩子就是另一个选择。在美国，收养的孩子既可以是国内的也可以是国际的。2000年的人口普查第一次收集了有关收养的信息，当时有将近160万18岁以下的被领养儿童。2008年，大多数收养是通过公开的收养机构（46%）或是通过跨国收养

你的工作是什么？

社会工作者

社会工作者通过不同的途径帮助人们。从实践方面看，社会工作者可能帮助一些夫妻从美国以外的国家收养孩子，为患有发展障碍的儿童协调服务，对失去家庭的人提供指导和支持，或是帮助怀孕的青少年制订生活计划。要想成为一位社会工作者，必须取得社会工作的学士学位。然而，许多社会工作者为获得提升和发展，还会进修社会工作的硕士学位。社会工作者一般在机构、学校、医院和研究所工作。想了解更多，请访问www.socialworkers.org。

（13%）的。从 19 世纪 70 年代中期以来，由于社会对不婚女性态度的宽容，很多独身主义的女性采取收养孩子的办法获得孩子，这使得孩子的出生率从 9% 左右降到了 1% 以下。由于收养儿童所产生的特殊需求的比例（39%）高于普通人群（19%），大多数被收养的孩子身体健康，在社会性和精神健康方面也一切顺利。

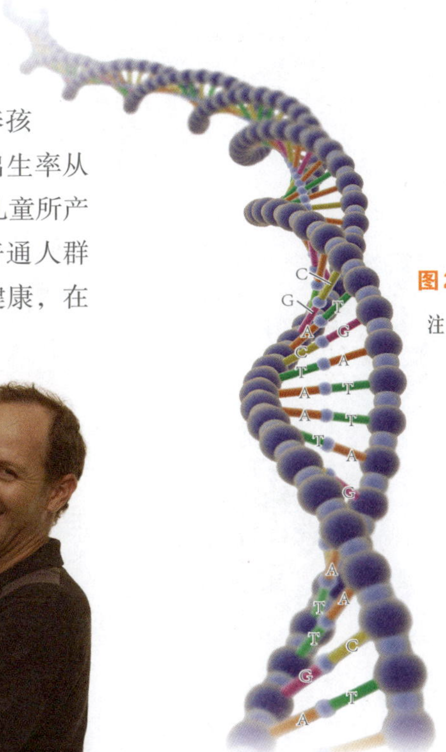

图 2-1 DNA：基因编码

注：脱氧核糖核酸是所有活细胞的遗传物质。它由四种化学单元组成，称为“碱基”。这些碱基是以 DNA 的字母命名的。A（腺嘌呤）和 T（胸腺嘧啶）配对，C（胞嘧啶）和 G（鸟嘌呤）配对。在人类的 DNA 中，大约有 30 亿个碱基对。

>> 遗传机制

基因科学是研究遗传的科学，遗传是指从亲生父母身上获得的、影响发展的先天性因素。当卵细胞和精细胞结合时，它们就赋予了新生儿一套影响个体从头发颜色、健康水平到智商、人格等许多特征的基因结构。

基因编码

遗传的原料是一种叫作脱氧核糖核酸（DNA）的化学物质。DNA 的双螺旋结构像一个螺旋状的长梯，每一步都由配对的化学单元（碱基）构成（见图 2-1）。染色体是 DNA 的线状物，它由更小的叫作基因的物质组成，存在于人体的每一个细胞内。每个基因在染色体上都有其特定的位置，包含数以千计的碱基。基因内碱基的序列指引着细胞如何生成发挥特定功能的蛋白质。人体内完整的基因序列构成了人类基因组。

普通的人体细胞有 23 对（46 个）染色体，但性细胞（卵细胞和精细胞）除外。通过减数分裂（Meiosis），每个性细胞只剩 23 个染色体。因此，当精细胞和卵细胞结合成受精卵时，它们产生了 46 个染色体的受精卵：23 个来自母亲，23 个来自父亲（见图 2-2）。

在受孕成功的那一刻，仅为单细胞的受精卵接收了所有所需的生物信息。这些信息指引它成为一个独立的个体。通过有丝分裂（Mitosis），DNA 进行复制，这样每个新生成的细胞都是拥有相同遗传信息的基因拷贝物。它们在细胞分开时开始分化，因一系列复杂的、确保儿童能够成长发展的身体机能而不同。

性别决定

在 23 对染色体中，有 22 对为常染色体，它们并不能决定我们的性别。第 23 对染色体是性染色体（一个来自父亲，一个来自母亲）它们决定着孩子的性别。女性拥有两条 X 染色体（XX），而男性则各具一条（XY）。每

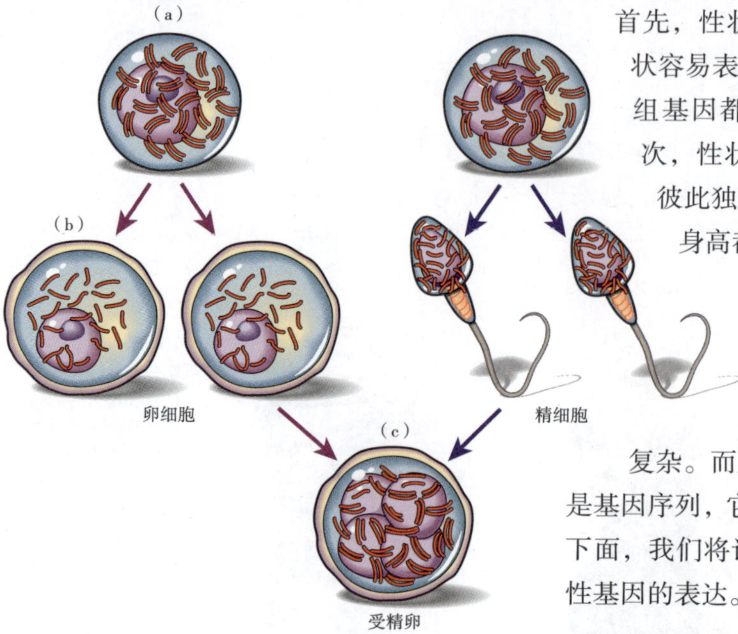

图 2–2　受精卵的遗传组成

注：(a) 男性和女性的体细胞包含 23 对染色体，它们携带着遗传的基本单位——基因。(b) 每个性细胞（卵细胞和精细胞）因减数分裂的缘故只有 23 个染色体，这种特殊的细胞分裂使得染色体数目减半。(c) 在受孕的时候，来自精细胞的 23 个染色体与来自卵细胞的 23 个染色体结合，所以受精卵拥有 46 个（或 23 对）染色体。

个精细胞携带一条 X 或 Y 染色体的概率是相等的，所以是父亲决定了孩子的性别。

最初，男女胚胎的原始生殖器官看起来几乎一模一样。让人惊讶的是，性别差异并非与生俱来。男性的发展需要 SRY 基因的激活。否则，男性的性发展就不会开始，而且胚胎会出现女性的生殖器官。正常情况下，男性胚胎在受孕后 6~8 周的时间内，开始生成睾丸素。这些激素能够确保男性胚胎发展出男性的生殖器官。女性的生殖系统同样复杂，它依赖于一些基因变异，包括 HOX 基因和一系列像 Wnts 这样的信号物质。

基因传递模式

在 19 世纪 60 年代，一位奥地利的修道士孟德尔（Gregor Mendel），奠定了我们对于遗传模式的理解。通过将不同品种的豌豆交叉繁殖，他揭示出基因学的两条基本准则：首先，性状有显性和隐性之分。显性性状容易表现出来，而隐性性状只有在两组基因都为隐性时才会表现出来；其次，性状在向下一代传递的过程中是彼此独立的。举例来说，头发颜色和身高都是互不相关的遗传性状。

孟德尔开创性的见解开启了基因学的研究。然而，我们现在知道，人类的基因图谱远比他所想象的要复杂。而且，决定我们是谁的，并不只是基因序列，它还依赖于基因与环境的互动。下面，我们将讨论显性传递过程如何影响隐性基因的表达。

显性和隐性遗传

决定一个性状的选择性表达，如是否有酒窝的基因，被我们叫作等位基因。等位基因是一种特殊基因的不同版本。对应每个性状，每一个人从其母亲和父亲各自获得一条等位基因。如果两条等位基因一致，这个人性状对该性状而言成为纯合子。如果不同，就是杂合子。在显性遗传里，当后代接受了一条以上的显性性状基因，这个性状就会得以表现。而当后代从父母那里各得到一条隐性基因，才能导致隐性遗传，隐性性状也才能得以表现。

以酒窝为例，酒窝是显性性状，也就是说，如果你从父母那里遗传了至少一条显性基因（D），你将拥有酒窝。如果你从双亲那里各遗传了一条酒窝等位基因，你就是这个酒窝性状的纯合子，且拥有一个或多个酒窝。如果你遗传了一条酒窝基因（D）和一条无酒窝基因（d），你就是杂合子。在以上两个例子里，你的表现性状就是你拥有酒窝。你没有酒窝的唯一情形，就是你从父母那里各自获得一条隐性基因（d）。

性状还会受突变影响，它是指基因物质发生的永久性改变。正如软骨发育不全这种自然突变会导致侏儒症，突变一般是源于基因的复

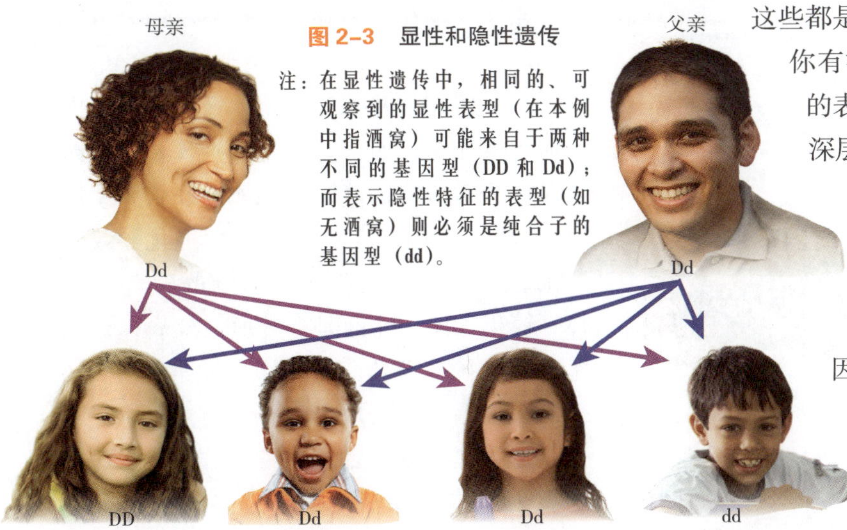

图 2-3　显性和隐性遗传

注：在显性遗传中，相同的、可观察到的显性表型（在本例中指酒窝）可能来自于两种不同的基因型（DD 和 Dd）；而表示隐性特征的表型（如无酒窝）则必须是纯合子的基因型（dd）。

制过程发生了错误，并且这些错误具有危害性。

多因素传递

由单一的显性或隐性基因所决定的特质相对较少，大多数特质都是由多基因遗传的，即许多条基因交互作用的结果。例如，皮肤的颜色就是由来自于三个不同染色体上的三个或一组基因所决定的。这些基因一同工作，产生不同数量的棕色色素，形成数百种渐变的肤色。我们把这种现象称为多因素传递。一些生理特征，包括身高、体重，以及大多数心理特征，比如智力、音乐能力等，也都是这种过程的产物。

你知道吗？

眼睛颜色通常被视为显性隐性基因传递的例子，一般来说，它遵循显/隐性遗传的模式，棕色眼睛与蓝色或绿色眼睛相比，它是显性特征。然而，事实证明，眼睛的颜色决定过程还要更复杂，并且受至少三种不同的基因影响。

渐成说：基因表达的环境影响

你的基因和你所接触的环境共同决定了你是谁。你的基因型是指基因的编码，它是组成你的秘方，它有着各种各样的表达方式。哪些东西被表现出来，你实际上是什么样的，这些都是你的表现型。例如，如果你有酒窝，这个性状就属于你的表现型，它是通过基因型或深层的基因构成表达出来的可观察的性状。除了那些由一个受孕的卵细胞分化的同卵双生子外，世上没有两个人有相同的基因型。表现型是基因型表达的结果。基因型和表现型之间的区别，可以解释为什么克隆（对个体基因的复制）或同卵双胞胎不可能完全是另一方的复制品，原因是环境也在起作用。因此，表现型的差异也可能发生在基因完全相同的双胞胎之间。

越来越多的证据表明，基因表达受可逆化学反应控制，这些化学反应使基因根据需要打开或闭合，但不会改变它们潜在的基因编码。这种主张被称为“渐成说”。渐成通过附在基因上的化学分子或“标签”起作用，影响细胞读取基因 DNA 的方式。因为每个体细胞遗传了相同的 DNA 序列，这些化学标签的作用是区别不同类型的体细胞（如脑细胞、皮肤细胞和肝细胞），就像粘在你的书本背后的标签一样，它们告诉你从哪里可以寻找到有效的信息。这种标签在胚胎形成阶段通过“转化”特定基因的开 / 关而起作用。通过绘制人类的基因图谱，国际科学家们汇聚力量来揭开表观基因组的秘密。

表现型的改变可以发生在一生中的任何阶段，它是对环境因素（如营养、睡眠习惯、压力和生理影响）的体现。有时甚至会产生错误，因而导致新生儿出生缺陷或疾病。表现型改变也可能产生一些常见疾病，如癌症、糖尿病或心脏病。另外，它们可以解释为什么同卵双胞胎中的一人可能容易染上诸如酗酒的毛病，而另一人则不容易染上，也可以解释一些双胞胎在不同的年龄染上相同疾病

你知道吗？

细胞在青春期或孕期这样的关键期特别容易发生渐成的改变。渐成的改变或许是可以遗传的。因此，在女性生育的时间段内，形成健康的生活习惯对于子辈和孙辈的健康都是非常重要的。例如，经历过饥荒的女性，她们的孙女在母亲子宫内的生存时间也会相应地更短。

的原因，等等。

尽管双胞胎的表观基因组拥有相同的基因，但由于受不同的环境影响，随时间的变化，他们的表观基因组有可能是不同的，这就使得他们相同的基因出现了不同的表现。

>> 基因与染色体异常

塔妮娅和保罗在两次失败的IVF尝试后，终于怀上了孩子。幸运的是，早期的超声波检测说明，只有一个胚胎移植到了塔妮娅的体内，她怀了一个孩子。怀孕20周的时候，塔妮娅到产科医生那里进行了怀孕中期的剖析扫描。此时她可以看出孩子的性别，也可以看出表示某些缺陷的软指标。所谓的软指标，就是那些可以通过超声波观察到的生理缺陷，它们的出现通常暗示着孩子有基因缺陷的可能性增高。通过观察不同种类的软指标，如短腿、厚的颈部透明带（颈后部皮下组织内液体积聚的厚度）以及心脏异常，塔妮娅的医生可以告诉她，孩子是否具有某些特定的基因障碍或发展性障碍。

大多数出生障碍是鲜有发生的，大概只占新生儿的3%。然而，根据美国2005年的调查发现，出生障碍是导致新生儿死亡的主要原因，第一年死亡的新生儿里大约有19.5%是由于出生障碍引起的。最常见的缺陷是唇裂、腭裂，接下来是唐氏综合征，它是一种染色体疾病，之后我们会讨论唐氏综合征。其他方面的异常还包括眼睛、脸、嘴、循环系统、消化系统和肌肉骨骼系统等方面的问题。

不是所有的基因和染色体异常都会在出生时显现出来。表2-1列出了一些由基因或染色体异常产生的障碍。例如，家族黑蒙性白痴病是一种中枢神经系统发生退化导致的致命性疾病，多见于东欧血统的犹太人群体；镰形细胞贫血症是一种血液疾病，常见于非裔美国人群体。这些疾病通常在婴儿6个月大之后才会表现出来。然而，囊性纤维化病通常在4岁以后才会表现出来，这种病的表现是肺部和消化道有过多的积液沉积（常见于北欧裔人群）。还有一些疾病出现的时间更晚，比如青光眼（眼部液压过高所产生的疾病）、亨廷顿病（神经系统退行性疾病）等，多发病于中年期或以后。

通过基因缺陷和疾病，我们对于显性或隐性传递、变异、伴性遗传等现象的发生过程的了解更为清晰了。在本书的后面我们将讨论这些问题。

有缺陷的显性遗传与隐性遗传

大多数情况下，正常的基因相比携带异常特质的基因是显性的，但有时后者也会是显性的。在这种情况下，单是一个“坏”基因的复制品就会导致孩子对这种疾病的表达。所幸的是，在已知的1800多种疾病中，只有软骨发育不全（侏儒症的一种）和亨廷顿病是显性遗传的。与通过隐性遗传传递的缺陷相比，尽管通过显性遗传传递的缺陷造成的后果可能很严重，但它们在早年阶段致命的风险性更低。这是因为，如果显性基因在早年阶段更致命，染上疾病的孩子很可能在成年前就会死亡。因此，这些基因在人群中就会更快地消亡。

只有在孩子的缺陷基因是纯合子的时候，隐性缺陷才会表达出来，即孩子要从父母双方的基因中都遗传到缺陷基因才会致病。换句话说，如果父母中有一位是杂合子，隐性基因是不会表达的。有时候，父母双方

表 2-1 出生缺陷

问题	疾病特征	风险人群	措施
α-1 抗胰蛋白酶缺陷症	蛋白酶缺乏导致新生儿出现肝硬化，中年期出现肺气肿或肺功能老化	占白人新生儿的 1/1000	没有治疗措施
α 地中海贫血	严重贫血，血液运输氧气的能力减弱；几乎所有患病的孩子是死胎或在出生后不久死亡	马来西亚、非洲、东南亚裔后代	频繁输血
β 地中海贫血（库利氏贫血）	严重贫血，导致个体衰弱、疲劳、经常生病；在青春期和成年早期是致命的，一般存活至青春期或成年早期	地中海裔后代	频繁输血
囊性纤维化	黏液生产过剩，在肺部或消化道堆积；儿童不能正常生长发育，且一般活不过 30 岁；是白种人当中常见的致命性遗传病	占白人新生儿的 1/2000	日常生理治疗，清理黏稠的分泌液；使用针对肺部感染的抗生素药物；补充帮助消化的胰腺酶；基因治疗（目前还处于试验阶段）
杜氏肌营养不良症	这种致命的疾病常见于男性，表现为肌肉无力，一般伴随轻度精神发育迟滞；呼吸困难，通常死于成年早期	占新生男婴的 1/3000 至 1/5000	没有治疗措施
血友病	出血不止，通常发病于男性，严重时可导致成年期罹患瘫痪性关节炎	患有血友病历史的家族的 1/10000	频繁输入含有凝血因子的血液
神经管畸形	脑组织缺损；婴儿出生时是死胎或出生后不久死亡	1/1000	没有治疗措施
脊柱裂	脊椎管不完全闭合，导致肌肉无力、麻痹、大小便失禁，通常伴随脑积水，且脊髓液在脑部积聚可能引起精神发育迟滞	1/1000	通过手术闭合脊椎管防止再次损伤；在脑部安放轨道排除多余的脊液，从而防止精神发育迟滞
苯丙酮尿症（PKU）	代谢病，会导致精神发育迟滞	1/15 000	在生命的前几周要通过吃特定的食物，以防精神发育迟滞的发生
多囊肾	婴儿型：肾脏肿大，导致一系列呼吸问题和充血性心力衰竭 成年型：肾脏疼痛、肾结石、高血压，最终导致慢性肾脏衰竭	1/1000	肾脏移植
镰形细胞贫血症	变形、脆弱的血红细胞导致血管堵塞和血液失氧，其综合征包括剧痛、生长迟缓、频繁感染、腿部溃烂、胆结石、易患肺炎和中风	1/500 的非裔美国人	止痛药、应对贫血的输血，预防中风；抗菌素
家族黑蒙性白痴病	脑神经退行性病变，于 5 岁前死亡	历史上主要发病于东欧犹太人群体	没有治疗措施

资料来源：Adapted from AAP Committee on Genetics, 1996; NIH Consensus Development Panel, 2001; Tisdale, 1988, pp. 68–69。

有可能都是携带隐性致病基因的杂合子，而他们并不曾意识到这一点，这时孩子得到双方的隐性致病基因并表达出来的可能性是25%。通过隐性基因传递的缺陷在早年更致命，而显性致病基因的个体可能只是携带者，将基因缺陷传递给下一代。例如，家庭黑蒙性白痴病就只在父母双方都是致病基因的携带者时才会发病，这种情况下，孩子一般在4~5岁时就死亡了。

某些特质是呈部分显性或隐性的。在不完全显性中，特质不会完全表达。例如，一个有镰形细胞基因和正常等位基因的个体，就不会患上镰形细胞贫血症，但是他可能会展现出这种病的某些现象，比如在高海拔地区呼吸短促。

与性别有关的遗传缺陷

特定的隐形障碍是由伴性遗传传递的。这种遗传与性染色体上的基因相关，对男女患儿的影响各不相同（见图2-4）。人类的Y染色体比X染色体更短，携带的基因也更少。男性的性染色体是XY，而女性的性染色体是XX。也就是说，女性会得到两份X染色体上复制的信息，而男性只有一份。所以我们认为，男性更有可能染上由X染色体携带的致病特质，因为他们只有一次机会遗传到正常的性状。

如果母亲是这种伴性遗传障碍的携带者，也就是说，她是一个杂合子，有一个等位基因携带着致病基因，那么她会有50%的可能性将这种基因传给她的孩子。男孩得到这种致病基因的概率是50%，因为他没有其他替代品；而女孩即使从母亲那获得这种基因，但是她可以从父亲那得到另一部分正常的等位基因。红绿色盲就是这种情况的伴性遗传障碍。血友病（凝血障碍）的遗传也是如此。

有时，伴性遗传也会发生在女性身上。例如，如果女孩的父亲是血友病患者，而母亲恰好是这种疾病的携带者，那么这个孩子就有50%的概率遗传到双方异常的X染色体，从而患上血友病。

你知道吗？

你曾经好奇过为什么玳瑁猫（三色猫）几乎都是雌性的吗？这是因为决定毛色的基因存在于染色体X中。如果一只雌猫得到了一份红色基因和黑色基因，之后通过一种名为“X染色体失活”的工序，以随机的方式使一两个基因关闭。这样，玳瑁猫就有了斑驳的红色和黑色皮毛。

染色体异常

染色体异常的发生通常源于细胞分裂的问题。例如，在男性身上发病的克兰费尔特综合征（先天性睾丸发育不全就是由于患者多了一条女性染色体XXY）。有些男性携带者并没有表现出症状，然而另一些则面临生育能力受损、语言和阅读障碍等症状。一般来说，患此病的人体型较高、下肢细长而躯干短小。克兰费尔特综合征在男性身上的发生率大约是1/500。另一种只见于女性的疾病是特纳氏综合征，这是由于一条染色体缺失所致（XO）的。患病的女孩会出现颈蹼、低位耳和身矮，她们通常也是不育的。据估计，特纳氏综合征的发病率大约是1/2000。还有一种变异是三X染色体综合征，这是由于多了一条X染色体，也可以称为三体综合征。患病的孩子语言和运动发展迟缓，这种病在女性身上的发病率约为1/1000。通常情况下，如果女性在超过35岁以后生育后代，基因发生错误的可能性会更大。

唐氏综合征是最常见的基因疾病，通过智力测验发现，大约40%的唐氏综合征患儿出现中到重度的精神发育迟滞现象。这种情况又叫21-三体综合征，其典型特征是：

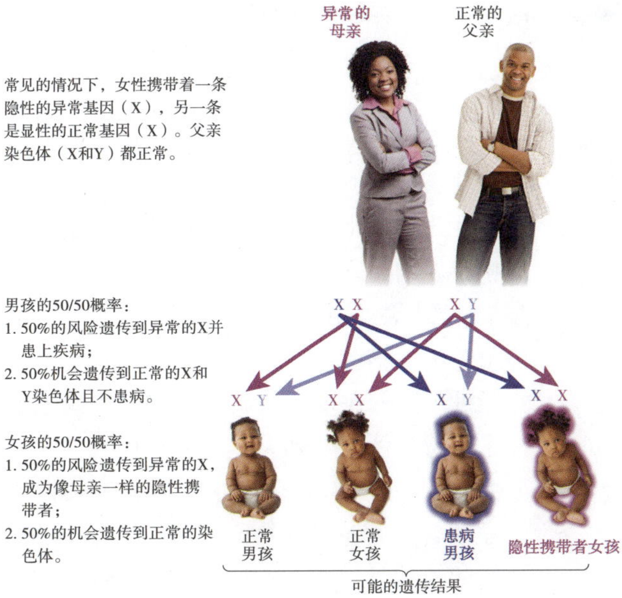

图 2-4　伴性隐性遗传

90% 以上的患者都有额外的一条 21 号染色体。唐氏综合征最明显的生理特征是内眼角有向下的内眦赘皮。患有唐氏综合征的孩子发育迟缓、肌肉松弛、伴有先天性心脏病、厚掌、耳部感染、听力受损，并在言语、交流、记忆和运动能力方面都有缺陷。

大约每 700 个新生儿里有 1 人患有唐氏综合征。尽管母亲的生育年龄增加会提高孩子的患病率，但是，由于母亲越年轻，孩子出生的比例也越大，因此，实际上有许多年轻的妈妈产下了患唐氏综合征的孩子。在所有患儿中，那条多出来的染色体 95% 是来自母亲的卵细胞，另外的 5% 则来自父亲的精细胞。

通过提前预防，患儿也可以变得比原来更聪明一些。与其他有缺陷的孩子一样，将患有唐氏综合征的孩子放在正常的教学环境中，比让他们接受特殊教育更有利于他们的认知、社会和情感发展，而且在普通学校中，还需要耐心的护理以帮助他们获得重要的技能。如果把成年患者组成一个小群体式的家庭，让他们彼此鼓励支持，那么他们就会在结构化的工作环境中表现得很好。超过 70% 的唐氏综合征患者能活到 60 岁，但是他们在早年因其他原因死亡的风险更高，这些原因包括白血病、癌症、阿尔兹海默症、心血管疾病等。

基因咨询和测试

塔妮娅的剖析扫描结果显示，她怀的孩子有唐氏综合征的两个软指标。医生告诉她，她有 1/23 的风险生出患病的孩子。塔妮娅和保罗需要下定决心，他们可以选择接受这样的风险，继续怀孕而不做任何干预，或者他们选择进行羊膜穿刺术——一种可以确切告诉他们孩子是否患病的基因测试，但是这种手术有一定的流产的风险。塔妮娅和保罗不确定应该如何选择。

基因咨询可以帮助像保罗和塔妮娅一样的准爸爸、准妈妈评估他们生育带有遗传和染色体缺陷的孩子的风险。如果夫妻已经有了一个带有遗传缺陷的孩子，或是他们有遗传疾病的家族史，或是自身遭遇疾病的遗传性和易感性，或是来自于某些特定疾病高危人群，那么他们就可以通过基因咨询师了解到他们生育一个患病孩子的可能性有多大。基因咨询师试图帮助来访者了解他们所遇状况的可能性，解释它的含义，为来访者进行

你的工作是什么？

基因咨询师

遗传学家是基因和遗传方面的专家。例如，基因咨询师是针对那些准爸、准妈工作的，帮助他们预估自己的孩子发生与遗传有关的疾病的可能性。咨询师帮助来访者绘出基因家庭树谱，衡量实施基因测试的必要性，帮助他们解释测试的结果，并根据相关的结果协助来访者作出决定。例如，一对都是东欧裔的夫妻，更可能会向基因咨询师询问家族黑蒙性白痴病的患病率。而如果一对夫妻已经生育了一个患有遗传疾病的孩子，那么他们在再次怀孕前也会向基因咨询师咨询。成为一名基因咨询师至少需要硕士学位，有研究生学历的人更具有获得此职位的竞争性。更多资讯请访问 www.nsgc.org。

你知道吗？

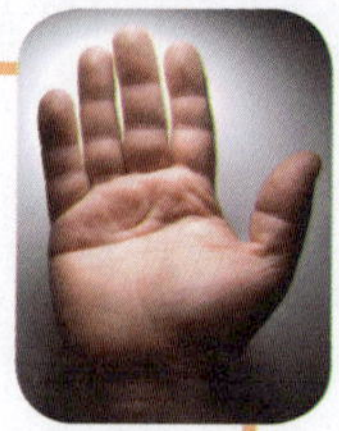

常人的手掌通常有三条分支线，而患有唐氏综合征的孩子通常只有一条穿越手掌的横线，这就是人们通常所说的“断掌”。这个特征有时也见于普通人群中，但患有唐氏综合征的孩子更常见。

选择提供信息。对疾病的扫描也可以在孕前进行，对隐性基因遗传的可能性进行检测，或者在怀孕后通过绒膜绒毛取样（CVS）和羊膜穿刺技术进行基因评估。这两种测试都需要从子宫中提取胎儿的细胞，并且在实验室中培养，以此进行基因测试。CVS 通常在妊娠的 11~12 周进行，而羊膜穿刺则要在怀孕的第 16 周进行。

遗传学家在预防出生缺陷方面作出了巨大贡献。例如，自从许多犹太人夫妇检测了自己的基因是否携带家族黑蒙性白痴病种（一种致命的心智和生理能力退化的疾病）之后，已经有很少的犹太儿童罹患这种疾病了。同样，地中海国家是 β 型地中海贫血症（对青少年和年轻人致命的疾病）的高发地，对这些国家的育龄女性的测查和咨询措施，不仅增加了携带者对这些风险的认识，还可降低患病婴儿的出生率。

>> 遗传和环境影响的研究

在我们成为什么样的人方面，多大程度是受到遗传的影响？又有多大程度源于环境的作用呢？尽管很少有 100% 遗传性的疾病，比正常特质更复杂的表现型特征，如与健康、智力、人格有关的特质，都是遗传和环境因素相互作用的产物。在本节中，我们将探索科学家是如何对环境和遗传因素进行研究的，看看这两种力量是如何共同起作用的。

遗传性的测量

遗传性（heredity）是在特定人群内表示遗传对特定特质变异的影响的统计学估计。遗传性并不是指遗传和环境对一个特定个体的相对影响。它仅仅象征一个群体内基因对某个特质影响程度的统计值。

表示遗传性的值在 0.0~1.0 的范围内变化，可用百分比表示，数值越大，说明这个特质的遗传性也就越大。当遗传性的估计值为 1.0 时，说明该基因对这个群体中某特质变异的解释率达到 100%。例如，如果眼睛颜色的遗传性接近 1.0，就意味着你的眼睛是蓝色还是棕色并不受环境的影响。鉴于遗传性不能被直接测量，行为基因学的研究者大多依赖以下三种类型的相关研究：家庭研究、收养研究和双生子研究。

这些研究都基于这样一个假设：如果我们通过了解基因的关系，得知人们在平均水平上共享的基因有多少，那么我们就可以测量他们在特质上的相似性（也就是他们的和合率），并决定相应的环境影响。

例如，直系亲属在基因上比旁系血亲更相似，养子女在基因上与生物学的亲属更相似，而与收养家庭的亲属更不相像；同卵双生子比异卵双生子（来自于两个卵细胞的双胞胎）在基因上也更相似。因此，假如遗传对某个特定的特质影响很大，亲生的兄弟姐妹应该比表兄弟姐妹在这个特质上更相像；养子女应该与他们的亲生父母更相似；同卵双胞胎应该比异卵双胞胎更相像。同样的逻辑，如果环境对这个特质有很大的影响，那么在这个特质的表现上，生活在一起的人应该比没有生

你的立场是什么？

超过35岁的孕妇通常被建议进行基因测试。在接受基因测试的孕妇中，大约有90%都会被诊断可能怀了患有唐氏综合征的孩子，并且导致她们最终放弃这个孩子。这样做减少了美国唐氏综合征的患儿数量。这样做对社会的发展究竟是好还是坏呢？

活在一起的人更相像，而不管他们生物上的联系有多接近。

在家庭研究中，研究者测量血缘亲属共享特定特质的程度，考察亲戚关系上的亲密程度与相似度之间是否存在联系。换句话说，如果某个特质确实是遗传影响的，那么两个人的关系越近，他们也会更相像。因此，研究者用该特质上的和合率来推测基因的影响。通常，和合率被定义为双胞胎共享同样特质的概率。

收养研究考察被收养的孩子和收养家庭之间、收养孩子和血缘亲属之间的相似度。当被收养的孩子与亲生父母或兄弟姐妹在某些特征上（如肥胖）上更相像时，我们将之视为遗传的影响。当与收养家庭更相像时，我们将之视为环境的影响。

双生子研究比较的是同卵双生子和同性异卵双生子。一般来说，同卵双生子在基因上的相像程度是异卵双生子的两倍。当在某个特质的表现上，同卵双生子比异卵双生子更像，或者说更一致时，我们将其视为遗传的影响。作为延伸，还可以研究由亲生家庭或是收养家庭抚养的双胞胎之间的差异。

遗传与环境如何协同作用

如前所述，在现实中，基因的影响并非具有必然性，尤其是对行为特征的影响。即使某特征受到遗传的强烈影响，环境也会在其中起到重大作用。事实上，有时环境的干预甚至可以克服基因的状态。例如，在出生后立即提供特殊的饮食可以预防苯丙酮尿症（PKU，一种基因导致的代谢障碍）的孩子出现精神发育迟滞。

从受精卵开始，那些组织的（生物和心理的）、社会的、经济的、文化的因素就协同塑造着个体的发展，周围环境越有优势，这些经历促使个体良好发展的可能性就越大。这里我们将介绍环境和遗传共同起作用的一些方式。

遗传限（反应范围）与渠化

许多特质都是在不同的环境和遗传条件下，于有限的范围内变化的。遗传限和渠化这两个概念可以帮助我们想象这个过程是如何发生的。

遗传限（reaction range）这一术语指的是遗传特质潜在表达的范围。例如，个体的体格在极大程度上取决于生物过程，受基因调控。但体格的大小还可能依赖于环境提供的机会或限制，如充足的营养和个体自身的行为。此外，身高受到遗传的限制，无论人们小时候是如何被喂养的，我们不可能看到身高只有1英尺（约合0.3米）或高达10英尺（约合3米）的人。

遗传影响着反应的范围。换句话说，基因型限制了表现型的范围。例如，出生时伴有轻微认知缺陷的孩子，比出生就伴有严重缺陷的孩子，对后天良好的环境的反应更好。有轻微损伤的孩子的遗传限更宽。

某些特质的遗传限非常狭窄。渠化这一象征性的概念阐释了遗传是如何限制某些特质的发展范围的。一场暴雨过后，人行道上的雨水必须排放到其他地方才行。如果街道坑洼不平，雨水就会填满这些坑洞。如果沿街边挖一条深渠，这些水又会流到沟渠中。像眼睛颜色这样的人类特质，是被基因强烈设定的，我们称之为渠化；这时基因表达发生变异的机会很小。渠道的深度足以限制水不会溅开。

高度渠化的特质需要环境剧烈变化才会改变其路线。例如，一般的孩子动作发展遵循着可预测的顺序：在特定的年龄段，按照爬、走、跑的顺序发展。这个过程在不同经验、不同文化背景下都会发生。

基因－环境的交互作用

基因－环境的交互作用通常是指相似的环境条件对不同基因的个体的影响。先天和教养的交互作用有很多不同的方式。举个熟悉的例子，很多孩子都会接触到花粉与灰尘，但那些具有易感性基因的个体更容易产生过敏反应。交互作用也可以经由另一种方式起作用：基因上相似的儿童在他们各自的家庭环境中却发展迥异。生来带有困难型气质的孩子可能在这个家庭里产生适应问题，而在另一个家庭里却能健康成长。因此，是环境和遗传因素共同塑造着个体，而不是其中一个因素在起作用。在现实中，基因和环境的交互作用通过多种方式塑造了个体差异性。

基因型－环境的相关性

环境通常反映或强化了基因的差异，这种趋势被称为**基因型－环境的相关性**，它通过三种方式来加强基因型趋势的表现型表达。

（1）主动相关。儿童主动地选择与他们的基因型倾向相一致的环境。与外向的孩子相比，生性害羞的孩子更愿意花时间独自做事。假如条件允许，一个有着音乐天赋的青少年更愿意结交音乐方面的朋友，更喜欢上音乐课或听音乐会。这种寻找与自己基因型相匹配的环境的倾向称为“选窝”或“生态选择”（niche-picking）；它可以解释为什么在不同的环境中分开抚养的同卵双生子依然如此相似。孩子通常会主动参与建造他们生活环境的过程，而他们寻找自己的窝的能力也随着年龄和独立性的增加而增强。

（2）被动相关：在父母那里，你不仅获得了遗传的基因，还继承了他们的环境。例如，从事音乐行业的父母更可能创造这样的家庭环境：使孩子在日常生活中经常能听到音乐，让孩子去上音乐课，带孩子去听音乐会等。如果孩子从父母那里继承了音乐的天赋，那么他的音乐能力其实是基因和环境影响的结合。我们把这种相关的类型称作被动相关，原因是孩子并没有控制环境。被动相关对幼儿更实用，因为他们的父母极大程度地掌控着孩子的早期经历。另外，被动相关只在孩子与亲生父母一起生活时发挥效用。

（3）反应性或唤醒性相关：由不同基因组成的孩子也会引起成人的不同反应。如果孩子表现出对音乐的兴趣和能力，那么没有音乐天赋的父母也会被激发，进而努力为孩子提供多种音乐的体验。这种反应反过来又会强化孩子对音乐的基因倾向。

是什么导致兄弟姐妹如此不同

你可能会推测，既然兄弟姐妹共享了大约 50% 的基因，那么他们之间很可能非常相似。但其实兄弟姐妹在智力，尤其是人格方面区别巨大，而且这种差异会随着年龄的增长而产生进一步分化。基因差异可能是原因之一，这使得孩子需要不同的环境刺激，或对同样的家庭环境产生不同的反应。并且随着年龄增长，各自发展路径之间的距离也变得越来越远。例如，双生子的研究还发现，兄弟姐妹间的基因差异也会在一定程度上改变家庭所经历的冲突方向。

你的立场是什么？

你想要知道自己是否携带肺癌的易感基因吗？是否携带阿尔兹海默症吗？你愿意让自己的孩子接受这样的基因测试吗？

你知道吗？

每个人都有其独特的指纹，即使是同卵双胞胎，指纹也不会完全相同。同卵双胞胎指纹的拱、环、涡等基本特征均较为相似，但并非一模一样。

此外，每个孩子成长中独特的家庭环境所导致的非共享环境，也会导致兄弟姐妹之间的差异性。生活在同一家庭的子女有着共享的环境——他们居住的家庭场所、家庭成员、家人参与的活动。但即便是双胞胎，他们也会有并未与自己的兄弟姐妹一起分享的体验，父母和兄弟姐妹对每个孩子的态度、方法可能都是不同的；老大会得到父母全部的关注，但后续出生的孩子势必会与之竞争。例如生病、意外、在家庭以外的特异经历，都只影响经历过这个特殊事件的孩子。实际上，已经有研究者发现，尽管遗传解释了兄弟姐妹间大多的相似性，非共享的环境也能说明他们之间的差异性。但是，还有一些研究者采取了更加中肯的口吻，认为非共享环境的影响并不会大过共享环境，这两者之间更可能存在着某种平衡。

受遗传和环境影响的特质

塔妮娅和保罗夫妇在四年的努力之后，终于迎来了他们的第一个女儿。从在医院的第一天起，他们的女儿就在厌恶喜好和行为模式上表现出与保育室的其他孩子极大的差异。尽管她的能力和倾向要经历很多年后才能完整地表现出来，但是很多特征已经显露于婴儿阶段了。发展学家已经详细地研究了遗传和环境的交互作用，但人类永远无法完全揭示其中复杂的动态关系。尽管如此，一些有关生理和心理特质的普遍规律，如智力、人格和精神病，已经得到了足够充分的论证。

生理和心理特质

与异卵双生子相比，同卵双生子不仅在长相上更相似，他们罹患疾病的风险也更为一致，如高血压、心脏病、中风、风湿性关节炎、胃溃疡和癫痫等。他们的寿命也会受到基因的影响。

另一项有基因基础的特质就是体重。我们用身体质量指数（BMI，体重与身高的除数）来衡量肥胖。儿童的 BMI 指数如果超过其同性别、同龄群体的95%，就会被认为是肥胖的。研究指出，其中有 40%~70% 的肥胖风险是由基因带来的。已经证实有 430 个以上的基因或染色体与肥胖相关。

那些有肥胖家族史的孩子，其超重的风险比正常孩子要高出 2~3 倍。但这种高风险并不完全来源于基因。在特定生活的家庭、社会和种族环境中所吃食物的种类和数量，以及周围环境所提倡的运动量，都可以增加或降低孩子超重的可能性。西方国家肥胖愈加盛行，似乎源于过度进食、缺乏运动、易感性基因的交互作用。

智力

遗传对一般智力有强烈的影响，一般智力可以用智力测验测量。遗传对特殊能力（如记忆力、语言能力、空间能力等）有着中等程度的影响。虽然特定基因可能会对智力有一定贡献，但智力更多地受益于大量共同作用的基因。

遗传影响智力的间接证据来自于收养儿童的研究和双生子研究。收养儿童在标准智力测验上的分数，相比于他们的养父母或兄弟姐妹的得分，他们与生母的分数更为接近；同卵双生子的智力比异卵双生子的更为相似。

智力在一定程度上还取决于大脑的容量和结构，这大多是由基因控制的。经验同样也会产生影响，丰富或贫困的生活环境会对先天能力的发展和表达造成一定的影响。

气质和人格

气质是一种在新生儿身上就体现出来的对环境反应方式的特点，也是人格的先天倾向。它在很大程度上是先天的，并多年保持一致。兄弟姐妹的气质多趋于相似。一项对294对双胞胎的观察研究（同卵和异卵双生子各占一半）发现，基因对行为调节、活动性、社交能力和情绪能力方面有显著影响。

科学家已经鉴别了与特定人格表现，如神经质（可能导致焦虑和抑郁的）相关的基因。人格特质的遗传率为40%~50%，几乎没有证据发现共享环境的影响。

精神病

已经有证据表明，遗传对诸如精神分裂症、自闭症、酒精依赖症、抑郁症等精神疾病有强烈的影响。这些疾病都表现出明显的家族聚集性，且同卵双生子的同病率比异卵双生子的更高。但单独的遗传作用并不能产生这些疾病；遗传倾向是由环境因素促发的。

精神分裂症就是遗传与环境交互作用的一个典型例子。精神分裂症这种神经系统疾病，每年都影响着1%的美国人，其典型特征是：与现实缺乏联系；幻觉与妄想；思维过程缺乏连贯性和逻辑性；情感不协调。据估计，精神分裂症的遗传率高达80%~85%。然而，同卵双生子在精神分裂症的病程上是不一致的，这可能是由于后天的原因造成的。研究者也考察了潜在的非基因的影响因素，如胚胎期微小的脑损伤的影响。母亲在怀孕的头三个月如果感染了流感病毒，或者母亲经历了丧亲的应激事件，或是在第6~9月间感染了母体风疹或呼吸道感染，那么孩子受损的概率就会增加。在郊区出生和在晚冬、早春出生的婴儿患病的风险也更高，原因是这样的母亲会出现产科并发症；如果经历由战争、饥荒而引起的贫穷与饥饿，那么风险也会提高。当然，高龄父母也是精神分裂的风险因素。

测试一下 CHAPTER 2 怀孕、遗传与环境

学习目的	自测	你在哪里可以找到答案
	□ LearnSmart □ connect+ Chapter 2 Quizzes	

学习目的 2.1

概括受精发生的过程，并描述生育的其他途径

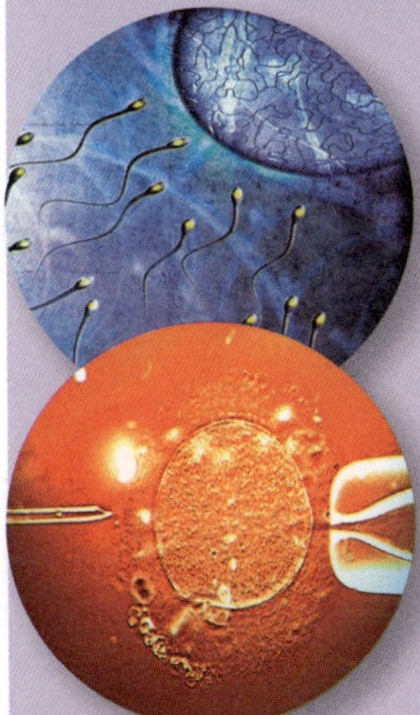

1. 在受孕过程中，基因互相结合并产生新的个体的那一刻是在（　）。
   a. 受精的卵细胞移植到母亲的子宫内的时候
   b. 精子冲破卵细胞并与之结合的时候
   c. 成对染色体通过减数分裂而减半并形成配子的时候
   d. 单细胞受精卵自我复制的时候
2. 在男性身上最常见的不育的原因是______；在女性身上最常见的不育的原因是_________。
3. 体外授精包括（　）。
   a. 将精子直接射入女性的阴道、宫颈或子宫
   b. 给女性注射多种荷尔蒙，促使卵细胞的生成
   c. 将女性的卵细胞取出并人工授精，再将之移植回女性的子宫
   d. b 和 c
   e. a、b 和 c
4. 在美国最大收养的趋势是？________________
____

受孕与不育
30~33 页

学习目标 2.2

解释特质是如何在代际间传递的

5. 下面的说法哪一个最好地类比了基因的工作？（　）
   a. 配电板上的一组控制开关
   b. 周期性地充气、放气的大气球
   c. 一套造人说明书
   d. 一块写满了经验的黑板
6. 人类有___对染色体；其中有_____对常染色体，_____对性染色体；男性染色体有___对、女性染色体有___对。
7. 在什么情况下会显现隐性特质？（　）
   a. 当成对基因都呈显性时
   b. 当基因中第一个呈隐形、第二个呈显性时
   c. 当基因中第一个呈显性、第二个呈隐性时
   d. 当成对基因都呈隐性时
8. 皮肤细胞和胃细胞在表达上是不一样的，因为（　）。
   a. 它们的基因编码不同
   b. 表观遗传的标记指导某些基因启动，另一些基因关闭
   c. 它们为了适应自身的环境随时间逐渐产生差异
   d. 不管各自的环境怎样，它们表达的途径是一样的，这种说法是错误的

遗传机制
33~36 页

connect+

学习练习
- 基因
- 基因和染色体
- 基因规律

学习目标 2.3

描述异常是如何通过基因表达的，准爸爸、准妈妈测试异常的选择

9. 设想一个由隐性基因编码的特质，它会在以下哪种人身上显现出来？（ ）
   a. 一个有着这个隐性特质的杂合子的女性
   b. 一个有着这个隐性特质的杂合子的男性
   c. 一个有着这个显性特质的纯合子的女性
   d. 一个有着这个隐性特质的纯合子的男性
10. 与性别有关的遗传特质（ ）。
   a. 通常由父亲传递给儿子
   b. 从不会出现在女性身上
   c. 可以由女性携带却不会表现出来
   d. 由显性基因携带
11. 表现为中度到重度的精神发育迟滞以及内眦赘皮的染色体异常称作（ ）。
   a. 囊性纤维化
   b. 家族黑蒙性白痴病
   c. 唐氏综合征
   d. 镰形细胞贫血
12. 下述哪一个选项最好地解释了羊膜穿刺和绒毛穿刺的所做工作？（ ）
   a. 在孕前对父母进行评估，检查他们是否携带可能导致异常的显性基因
   b. 安排父母去会见基因咨询师并告诉他们不同的基因疾病是什么
   c. 怀孕的妇女要接受血液检验，检查血液里荷尔蒙的水平
   d. 取出怀孕的母亲的胚胎细胞，在实验室中进行检验

基因与染色体异常
36~40 页

学习目标 2.4

描述研究者如何判断相应的环境和基因的影响，以及这些因素如何进行交互作用

13. 如果我们发现同卵双胞胎在某个特质上比异卵双胞胎更一致，我们认为这个特质受到__________的影响更强。
14. 乔的父母是运动员，给予乔运动天赋的基因。他们还给乔提供了方便参与体育活动的环境。得益于基因，乔能够更充分地利用父母提供的环境而发展。下述哪一个最适合描述这种遗传与环境的交互作用？（ ）
   a. 主动的基因型-环境相关
   b. 被动的基因型-环境相关
   c. 反应性、唤醒性基因型-环境相关
   d. 生态选择

遗传和环境影响的研究
40~43 页

学习目的 2.5
概述基因对生理、智力和人格发展及精神病的影响

15. 罗伯特的养父母身形矮小，但他的个子还是像他的生母一样高。从罗伯特的身高中我们可以推论出什么？（　）
    a. 它主要是受环境影响的
    b. 它主要是受遗传影响的
    c. 营养对他的身高不起作用
    d. 这在很大程度上是隔离的结果
16. 下列哪项描述能证明或支持基因影响智力这种说法？（　）
    a. 兄弟姐妹在智力上很少有相似的
    b. 同卵双生子的智力比异卵双生子更相似
    c. 基因对智力的影响随年龄而下降
    d. 领养的孩子与养父母的智力比他们与亲生父母的智力更为相似
17. 已确定受基因影响的两种气质特征分别是什么？

    ____

    ____
18. 下列描述中哪一项能证明精神分裂症不全受基因的影响？（　）
    a. 出生于郊区的婴儿有更高的风险
    b. 高龄父母也是一项风险因素
    c. 那些在近亲当中有罹患精神分裂症的兄弟姐妹有更高的风险
    d. 同卵双生子在罹患精神分裂症上的风险并不一致

受遗传和环境影响的特质
43~44 页

答案

1. b
2. 男性不育的最常见原因是精子数量太少，女性不育的最常见原因是输卵管堵塞。
3. d
4. 美国主要的收养趋势是：将自己的孩子送人收养的独身主义女性数量下降。
5. c
6. 23；22；1；XY；XX
7. d
8. b
9. d
10. c
11. c
12. d
13. 基因
14. b
15. b
16. b
17. 基因对气质的影响包括：行为调节、活动性、社交性、情绪性以及神经质。
18. d

第3章

孕期和胎儿期的发展

本章要点

>> 胎儿期的发展阶段

>> 影响胎儿发育的因素

>> 监控孕期发展

1971 年，作家迈克尔 • 多里斯（Michael Dorris）收养了一个 3 岁的苏族（印第安人的一族）男孩，他的妈妈在怀孕时曾大量饮酒。这个叫亚伯的男孩表现得比他的实际年龄更小——没有被训练如厕，只能讲大概 20 个单词。多里斯确信，如果这个年幼的孩子在一个良好的环境中成长，能够达到正常的发育水平。但很不幸，这种伤害其实非常严重。亚伯在 4 岁时依然需要尿布，而且只有 27 磅重。他记不住玩伴的名字，极度活跃，有严重的不明情况的惊厥发作。进入小学时，他学不会一些简单的任务，如数数、识别主要的颜色，他的智商只有 60 左右。即使学会了阅读和写字，他仍然不能做加减法、数钱，也无法完成生活中的一些基本任务。

当亚伯长成一个青少年时，医药团体确定了他病情的起因：胎儿酒精综合征。胎儿期大量接触酒精造成了脑损伤，也伤害了其他的身体器官。这种情况根本无法治愈。亚伯的故事以一种毁灭性的方式提醒我们，父母对于个体出生前关键性的发展负有重要的责任。子宫是孩子发展过程中的第一个环境。在这一章里，我们关注胎儿期的发展，追踪受精卵如何成为胚胎、继而成为胎儿的过程，哪些环境因素影响着即将成形的孩子，哪些技术可以检查胎儿的发展是否正常。

胎儿期的发展阶段

伊桑和索菲亚决定为怀孕努力。一个星期二的上午，索菲亚醒来后没觉得跟平常有什么不同。但事实上在她身体深处的输卵管里，一个细小的精子突破了卵子的防御，已经成功受精了！在索菲亚还不知道的这个时刻，受精卵开始了它9个月的孕育之旅，如果一切顺利的话，9个月之后，一个新生儿会被送到她的怀里。

生长的原则

胎儿发展期指的是卵子受精到新生儿出生这段时间，也称为妊娠期。妊娠期正常的跨度是37 ~ 41周。胎儿期的发展可分为三个阶段：胚芽期、胚胎早期、胚胎期。在这些发展阶段中，受精卵或合子成长为一个胚芽，然后成为胚胎（表3-1总结了胎儿期的发展过程）。

你知道吗？

女性天生具有一定数量的卵子，而男性一生中都可以产生新的精子。

出生前后的发展过程都遵循两个基本原则：从头至尾的原则和由近及远的原则。**从头至尾**（cephalocaudal）的原则，从拉丁文而来，意思是“从头部到尾部”，表示发展的顺序是从头开始逐渐到躯干低一点的部位。一个胚胎的头、大脑和眼睛的发展是最早的，并且大得不成比例，直到其他部分赶上来。在妊娠期的两个月后，胚胎的脑袋占身体长度的一半，出生的时候，脑袋仅仅是身体长度的1/4，但仍然是不成比例地大。**由近及远**（proximodistal）的原则也从拉丁文而来，意思是“从近处到远处”，发展的顺序是从离身体中心近的地方开始，然后到远的部分。胚胎的脑袋和躯干的发展先于四肢发展，而胳膊和腿的发展又先于手指和脚趾的发展。

表3-1 胎儿期发展的时间表

年龄	完成状况
3周	神经系统开始形成
4周	心脏开始跳动
5周	头部持续快速生长
8周	几乎分化出了身体所有的部分
12周	可以从外表上看出胎儿的性别
	头部生长变缓
	肝脏制造红血细胞速度变缓
14周	开始协调四肢的运动
16周	超声波检验可以显示出清晰的骨骼结构
20周	听诊器可以听到心脏跳动
	胎儿被细小的柔软的毛发（称为胎毛）覆盖
	妈妈感受到胎动即胚胎的运动
21周	快速眼动出现
	体重实质性的增加
24周	可以看见指甲
28周	眼睛可以开闭
	肺部可以呼吸
32周	皮肤粉嫩
	开始变得胖乎乎的
38周	神经系统开始实现一些综合性的功能
	对光有反应
	由于出生时的方式通常认为处于上下颠倒的位置

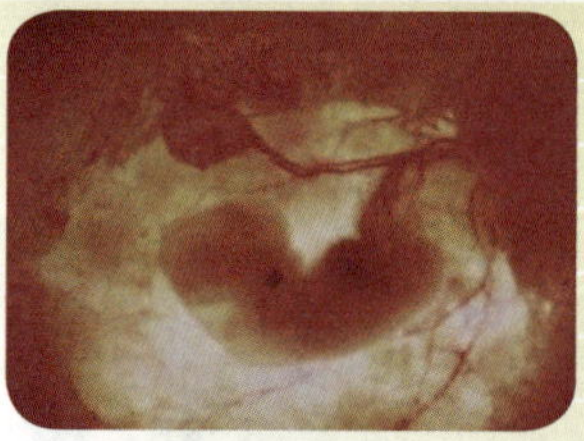
1个月

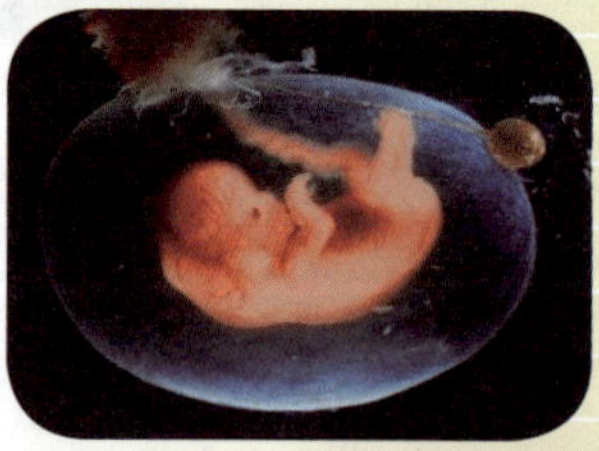
3个月

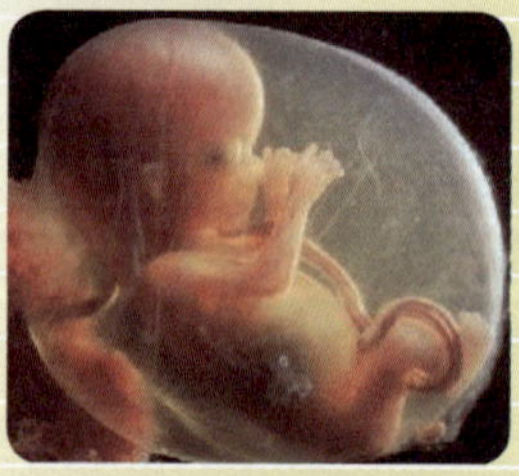
5个月

你知道吗？

怀孕检验能够检测到人类绒毛膜促性腺素——一种仅会被胎儿产生的激素。因此，怀孕检验不会存在错误的阳性结果。因为检测到自然产生的激素就表明受孕已经发生了，无论怀孕最终是不是能成功。

人类胚胎的早期发展

胚芽阶段指受精后的前两周。在这期间，受精卵不断地分裂，变得越来越复杂，着床于子宫壁上（见图 3-1）。

在受精后的 36 小时内，受精卵进行快速的细胞分裂、复制及有丝分裂。受精后的 72 小时，它将分裂成 16 ~32 个细胞，再过 24 小时后成为 64 个细胞。

受精卵在分裂过程中，同时也沿着输卵管下降到子宫内，这个过程持续 3 ~ 4 天。它的形状变成一个胚囊（一个充满液体的球体）自由地漂浮在子宫中，直到受精后的第 6 天它开始将自己植入在子宫壁上。只有 10% ~ 20% 的受精卵完成了着床的任务，能够继续生长。

在植入之前，细胞分化已经开始了，一些细胞围绕着胚囊的边缘在一侧聚集形成胚盘——一个增厚的细胞群，使得胚芽可以在其中开始生长。这个细胞群已经分化为两层。上面一层叫外胚层，将成为皮肤的外层、指甲、毛发、牙齿、感觉器官和神经系统（包括脑和脊髓）。下面一层叫内胚层，将发展成消化系统、肝脏、胰腺、唾腺和呼吸系统。随后长出的中间一层叫中胚层，将会发展分化成皮肤内层、肌肉、骨骼、排泄及循环系统。

胚囊的其他部分开始成长为养育和保护胚胎的器官（见图 3-2）。羊膜囊是一个充满液体的薄膜，它环绕着正在生长的胚芽，给其充足的运动空间。胎盘包含着母体和胚芽的组织，它在子宫中形成，使得氧气、营养物质和废物可以在母体和胚胎间传递。胎盘通过脐带和胚胎相连，营养物质通过母亲的血液传送到胚胎的血管中，然后经由脐带进入到胚胎中。反过来，胚胎产生的废物经由脐带中的血管携带至胎盘，在这里被母亲的血管所清除。胎盘还可以对抗内部感染，使未出生的孩子获得对抗疾病的免疫力，并且产生支持妊娠的激素。总之，它是发育中的孩子的一个复杂的生命支持系统。

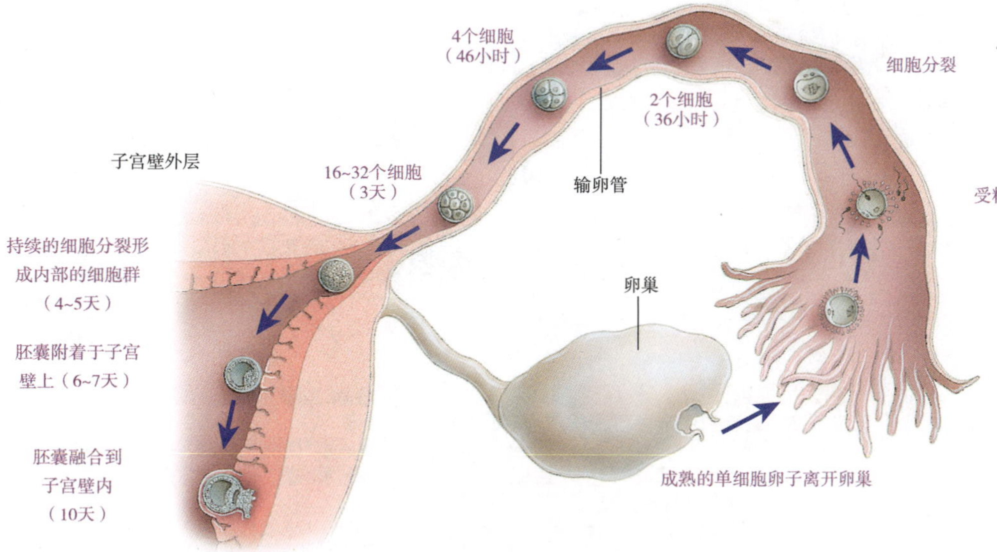

图 3–1　人类胚胎的早期发展

注：这个简化的图解显示了卵子离开卵巢、在输卵管中受精，然后边分裂边在子宫内层运动的过程。接着它形成胚囊，在子宫中着床，生长得越来越大、越来越复杂，直到将要出生。

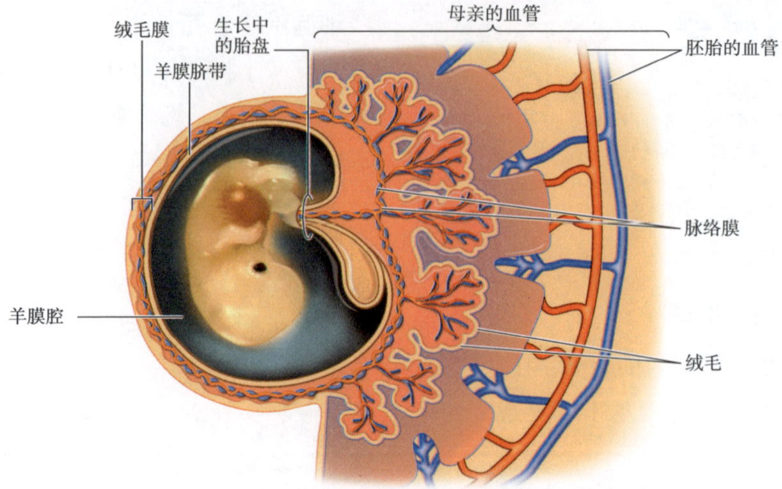

图 3–2　发育中的胚胎

注：在胚胎（接近于 6 周的胚芽阶段）的整个发展过程，它被可扩展的、充满液体的羊膜腔封闭包裹着、缓冲保护着。脐带生长出可以运输血液离开或进入胎盘的胚胎血管。透过脉络膜绒毛的扩散带走胚胎血液中的废物，增加营养物质和氧气，而这个过程并不需要混合母亲和胚胎的氧气。

胚胎阶段

索菲亚一天早上醒来感到乳房疼痛，令人奇怪的是，她平时喜爱的咖啡闻起来也并不香了，这味道甚至让她觉得有点反胃。过了几小时，她意识到这些可能是怀孕的征兆，接下来的怀孕检验证明她确实怀孕了。索菲亚这时已经进入了怀孕的胚胎阶段，大部分的女性是在这个时候意识到自己怀孕的。

在胚胎阶段（2~8 周），个体的器官和身体的主要系统（呼吸系统、消化系统、神经系统）快速地生长着。因为这些主要的身体器官系统和整体的结构都在形成过程中，所

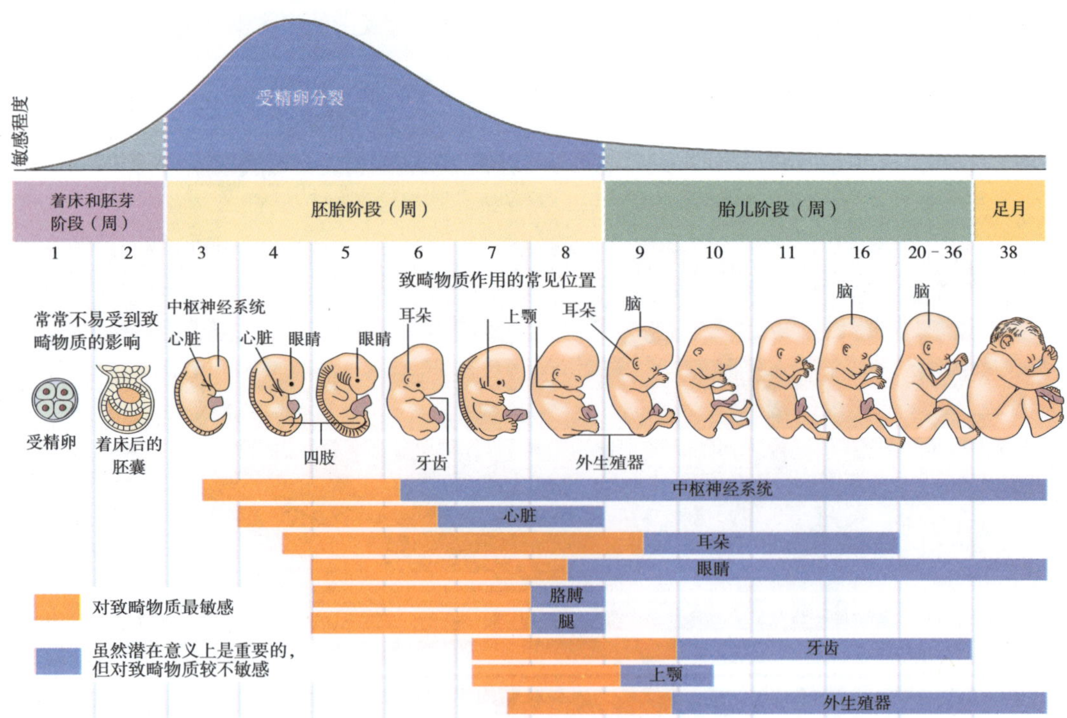

图 3–3　孕期的敏感阶段

以胚胎在这段时期是非常脆弱的（见图 3-3）。如果在孕期这个时候发生缺陷的话，就会比在之后发生的都更加严重。

大多数发生严重缺陷的胚胎通常无法安全度过孕期的前三个月。1/4 的已被确定的怀孕会自然流产，即子宫将一个无法存活的胚胎或胎儿排除出去。真实的数据可能是 1/2，因为很多自然流产在女性意识到怀孕前就发生了。大约 3/4 的流产是在前三个月发生的。不同文化中的流产率差异很小。

男孩比女孩更容易发生流产或死胎，即在受孕第 20 周或之后死亡。因此，尽管受孕每形成 100 个女孩就有大约 125 个男孩形成，但每 100 个女孩出生却只有 105 个男孩出生。男性的脆弱性会在出生后持续：他们更多地在生命早期夭折，在每个年龄段，他们都更容易感染各种疾病。结果是，在美国女性和男性的比例是 100 : 96。

你知道吗？

大多数的流产发生在怀孕早期——在心脏跳动可以被听到之前。女性常常在流产之后苦苦思索自己的选择和她们做过的或没做过的事情。其实大多数早期的流产（据估计大约占到 70%）都是由于染色体异常造成的，也就是说这些怀孕是注定无法保住的。怀孕晚期的流产更可能是由于吸烟、酗酒或药物使用不当导致的。

胎儿生长的敏感期

胎儿阶段开始于怀孕第 7 周，索菲亚和伊桑去产科医师那里做检查，第一次听到了他们正在发育的宝贝细微而快速的心跳。这个里程碑一旦过去，流产的可能性就会戏剧性地下降。索菲亚和伊桑现在知道他们有极大可能在大概七个月后拥有一个健康的婴儿了。这个宝贝已经进入了胎儿发育阶段。

在大约第 8 周时，胎儿的骨骼细胞首次出现，这标志着胎儿期的开始，也就是怀孕的最后一个阶段开始了。在这期间，胎儿快速生长到先前长度的 20 倍，器官和身体系统变得更加复杂了，而且胎儿还长出了一层脂肪，所有的一切都为出生做好了准备。一直到此时，“收尾工作”，比如手指甲、脚趾甲和眼睫毛也逐渐地形成了。

胎儿并不是母亲子宫内被动的乘客，他会呼吸、蹬踢、转动、弯曲身体、翻跟头、眯眼看、吞咽、握拳、打嗝和吮吸拇指。子宫壁和羊膜囊柔韧的薄膜被具有保护性缓冲作用的羊膜液体环绕，允许并且刺激着胎儿有限的运动。然而，接近孕期 16~25 周时，运动越来越强烈以至于准妈妈可以真切地觉察到了。胎动与之后的健康和发育结果有正相关性。胎儿在孕晚期（最后三个月）也可以感受到疼痛，但是不像其之前所感受的那样。

科学家常常在超声波检查中观察胎动，高频率的超声波使得科学家们可以探测到胎儿的轮廓。其他的工具可以监控到心跳、活动水平的改变、睡眠和觉醒的状态，以及心脏的活动性。

胎儿运动和活动的水平表现出显著的个体差异，他们的心跳在规律性和速度上有所差异。这一点在男性和女性上也有差别。男性胎儿无论个头多大都更加活跃，在整个孕期都比女性胎儿更加精力旺盛地运动。因此，部分新生儿中，男婴也倾向于比女婴更加活跃。

从孕期第 8 周开始，据估计每分钟会产生 250 000 个未成熟的神经元（神经细胞）。神经元的数量在第 25 周至出生后第一个月内增长得最快。起初的神经元是简单的细胞体和包含着 DNA 的细胞核，DNA 里面包含着细胞的基因程序。当脑部生长时，这些基本的细胞移动到脑的各个部位。在脑部较高级区域的大多数神经元是在孕期 20 周时到达恰当的位置，在接下来的 12 周里整体结构持续变得轮廓分明。

你知道吗？

有证据表明，胎儿早期暴露在不同味道的羊水中可能影响其之后的味觉偏好。

从受孕的第 12 周开始，胎儿会吞咽和吸入一些羊水。成熟的味觉细胞在大约 14 周时出现。嗅觉系统也会在出生之前发育好。羊水中包括从母亲的血液中通过胎盘进入胎儿血液的物质。

胎儿会对母亲的声音、心跳以及身体振动有反应，这就说明它们可以听和感知。不论被从哪边抱着，饥饿的婴儿会转向母亲声音传来的方向寻找乳房。因此，熟悉母亲的声音也许有进化上的生存功能：帮助新生儿定位食物来源。对声音和振动的反应从第 26 周就开始了，并逐渐增强，到 32 周时就表现得平稳了。接近足月的胎儿表现出了识别母亲声音和母语的基本能力。

胎儿似乎也可以学习和记忆。一项研究显示，在 3 天大的婴儿吮吸奶嘴时播放 3 段不同的录音，当播放到其母亲怀孕最后 6 周常常大声朗读的故事时，会激发更多的吮吸动作，而其他故事则没有产生这种现象。非常明显，婴儿能够识别他们在子宫里时听到的声音。类似的研究发现，出生 2 ~ 4 天的新生儿更喜欢出生之前听过的音乐。相比于其他女性的声音，他们更喜欢母亲的声音，而喜欢女性的声音甚于男性，并且比起其他外语，更喜欢母亲所说的母语。

>> 影响胎儿发育的因素

一般而言，我们理解的环境因素是那些在我们出生时发生的情况。而事实上需要了解的是，婴儿在出生之前就已经有 9 个月暴露在环境影响中了，并且这种暴露是在一个快速生长和非常脆弱且敏感的时期发生的。合理的营养和孕期护理能够促进发育，让新生儿处于一个最理想的路径中。然而，暴露于有害的物质或不太理想的孕育环境中，可能会导致婴儿出生时非常脆弱而处在危险之中。在此，我们将分析早期环境影响的主要来源——母亲，也分析父亲在怀孕中的影响作用。尽管后者在发展中没有那么关键，但是仍然会影响发育中的孩子。

母亲的因素

在传统社会里，怀孕被看作是对母亲和她未出生的孩子都是危险的一段时期。例如，在西非的科特迪瓦海岸，孕妇会被警告要远离尸体，以免她的孩子出生时患有疾病；孕妇也不能够冒犯那些可能会诅咒她怀孕的人；孕妇还不能吃某些食物，如甘薯，以免她生产困难。这些民间信仰中有的可能确实有一定的事实基础。胎儿在孕期的环境就是母亲的身体。事实上，从饮食到心情，影响母亲健康的一切事物都可能会改变她腹内孩子的环境，进而影响胎儿的成长和健康。酒精、变质食物中的细菌，甚至怀孕母亲的身体因为高的压力水平而产生的荷尔蒙，都会对发育中的胎儿造成负面的影响。一些致畸物质、环境因素（如病毒、药物或辐射）也会对怀孕产生干扰作用。致畸物质在发育过程中的某个时间会对身体系统产生严重的伤害性（见图 3-3）。换言之，在发展的敏感时期，暴露于这些致畸物质会导致一定程度的伤害。

并不是所有的环境危害对所有的胎儿都有同等的风险。有时，脆弱性取决于胎儿或母亲体内的一个基因。例如，在母亲孕期吸烟的情况下，有一种特殊的生长基因变体（转化生长因子 α）的胎儿，更容易患腭裂。接触致畸物质的时间点、接触量、持续时间以及与其他致畸因素的交互作用也会产生一定的影响。

营养和母亲的体重

除了额外的营养，孕妇通常每天需要多

你的工作是什么？

营养师

良好营养的重要性是贯穿一生的，建立良好的习惯、在婴儿期和学步期提供均衡的饮食是非常重要的。要实现这个目标，父母有时会寻求营养师的帮助。一位针对婴儿和学步儿童的营养师可能会对有过敏症、超重或体重不足的孩子提出营养方面的建议。另一些工作还包括在医院或学校为幼儿设计食谱。成为一位营养师的必要条件在每个阶段都有所不同。成为一位营养师需要完成的大学课程通常有生物学、营养学、食物科学、物理学、心理学和数据统计学。想要了解营养学领域更多信息，登录 www.nanp.org 和 www.eatright.org。

摄入 300 ~ 500 卡路里。正常体重并且增重 16~40 磅（8~20 公斤）的女性不太可能会有分娩并发症，孩子体重也不会特别低或高。但 1/3 的母亲的增重量与建议的有出入。如果一个女性没有增加足够的重量，胎儿可能会在子宫里发育不足、早产或者在分娩过程中遭遇不幸，甚至在生产过程中或快要生产时死亡。有意思的是，一些研究发现，在怀孕期没有摄入足够的卡路里可能会使孩子面临肥胖的风险，因为孩子可能通过降低新陈代谢来更少消耗卡路里。而如果一个女性增重太多，胎儿可能过大，这样在分娩时需要引产或剖腹产手术。同时，非常大的婴儿更有可能在今后的生活中超重或肥胖。

快要怀孕时或怀孕前几个月就超重或肥胖的女性，倾向于需要更长的分娩过程、更多的健康护理服务，也可能怀上有先天性缺陷的婴儿。肥胖还会提高发生其他怀孕并发症的危险，包括流产、分娩困难，且需要剖腹产的可能性更大。

准妈妈吃的东西也非常重要。例如，母亲如果吃了 DHA（一种在某些鱼类中发现的 Ω-3 脂肪酸）含量高的鱼，像大西洋鲑鱼和鲔鱼，相比于母亲的血液中 DHA 含量较低的情况，新生儿会有更加成熟的睡眠模式，而这是脑部发育良好的信号，并且在 12~18 个月时，婴儿的注意力也更加集中。

叶酸是一种在多叶蔬菜和强化谷物与面包中发现的维生素 B，它在怀孕妇女的饮食当中非常重要。叶酸摄入量不足使婴儿有产生神经系统缺陷的危险，如无脑畸形（脑部发育不完整或不合比例），脊柱裂（婴儿脊髓不能正常闭合）。生育年龄的妇女被鼓励补充叶酸的摄入量，通过吃大量新鲜蔬菜和水果来提高饮食中的叶酸量，而且要在怀孕之前就行动，因为叶酸缺乏甚至会在受精的早期就产生危害。如果所有的妇女在怀孕前和孕期前三个月每天摄入 5 毫克的叶酸，那么大约 85% 的婴儿神经系统缺陷可以避免。

营养不良

孕期营养不良会产生长期的影响。在西非的冈比亚农村，人们如果出生在先前收获的粮食被耗尽的饥饿季节，婴儿在成年早期的死亡率将比在同年其他时间出生的人高十倍。英国进行的一项研究表明，如果母亲在怀孕晚期的维生素 D 水平较低，那么其孩子在 9 岁时骨骼矿物含量就会较低，这潜在地增加了孩子日后患骨质疏松症的风险。

在怀孕早期对营养不良的诊断是非常重要的，这样就可以及早治疗。营养不良的妇女如果能在孕期接受膳食补充，就会有更大、更健康、更活跃、更具有视觉警觉的婴儿。体内锌水平较低的女性每天进行锌的补充，可降低生育先天体重不足和脑围小的婴儿的可能性。在一项大规模的随机研究中，给 347 个墨西哥低收入家庭的怀孕母亲在孕期或哺乳期进行了营养强化的膳食补充，结果，她们的婴儿倾向于发育得更迅速，患贫血症的可能性也更低。

身体运动和艰辛的工作

在西部的加罗林岛，妇女们被建议不要在怀孕前 7 个月收割玉米，因为通常认为此时正在发育的胎儿很脆弱，但是后 2 个月就要恢复体力劳动来确保顺利分娩。实际上，中等强度的锻炼在怀孕的任何时期都不会给健康孕妇的胎儿带来危害。有规律的锻炼能预防便秘，有益于呼吸、循环、肌肉张力和皮肤弹性，这些都有助于增加孕妇的舒适感，并且分娩时更加容易、安全。然而，艰辛的工作环境、职业疲劳还有过长的工作时间可能会使得早产的风险增大。

美国产科和妇科协会建议，低风险的孕妇要根据自己的能力和精力来运动。对于孕妇而言，最安全的方法是适度地锻炼，不要给自己太多压力，心跳不要超过 150 次 / 分，并且不管是哪种锻炼都要在每个部分的最后逐渐地减少，而不能突然停止。

母亲的疾病

准爸爸和准妈妈都应该尽力避免任何感染病，包括一般的感冒和流感。一个母亲如果感染了疾病要赶快治疗。能够对她的孩子造成严重影响的疾病有艾滋病、风疹、弓形体病和糖尿病。

获得性免疫缺陷综合征（艾滋病）是由免疫缺陷病毒（HIV）引起的，这种病毒破坏了免疫系统的功能。感染了该病毒的母亲会在怀孕期和分娩时通过胎盘，或在生产后通过哺乳将病毒传递到胎儿的血液中。HIV 病毒传播的最大危险是母亲没有意识到自己已经感染了病毒。在美国，从 1992 年开始新发生的艾滋病儿科病例已经稳定下降了，这是由于对孕妇和新生儿进行的常规检查以及对婴儿感染 HIV 预防、探测和治疗起到了作用。传播危险还可以通过剖腹产来进一步降低，特别是当一个感染 HIV 的女性还没有被治疗时。降低传播风险还可以在高风险女性中推广除母乳喂养之外的其他喂养方式。

温和、规律的锻炼对孕妇有利并且不会对胎儿造成伤害

如果一位女性在怀孕前 11 周患了风疹，几乎肯定会引起她的孩子耳聋及心脏缺陷。在欧洲和美国，自从 20 世纪 60 年代后期开始，怀孕期间得风疹的概率大幅度下降了，因为当时发明了一种疫苗，并且现在按常规仍会接种到婴儿和小孩身上。最近欠发达国家开发风疹疫苗的努力也使得报告的风疹病例从 2000 年至 2009 年下降了 80% 之多。

一种叫作弓形体病的感染病是由一种住在牛、羊、猪的体内或猫的肠道内的寄生虫引起的。典型的情况是无症状或像普通感冒一样的症状。对于一位准妈妈而言，特别是在孕中期和孕晚期时，感染这种疾病会导致胎儿脑损伤、视力严重受损、失明、癫痫、流产、死胎或婴儿的死亡。如果婴儿活下来了，也可能会有后续的问题，像眼睛感染疾病、失聪及学习障碍等。如果在生命的第一年使用抗寄生物药剂进行治疗，会降低脑和眼睛受损的程度。为了避免感染，准妈妈不应该吃生的或半熟的肉类，要在吃生蔬菜水果时削皮或彻底地将其清洗，也不要在可能焚烧过猫尸体的花园里掘土。养猫的女性要带猫做检查看有没有患病，还应该让其他人来倒垃圾。

患糖尿病的母亲所生育的孩子，会比其他母亲的孩子高出 3~4 倍的可能性发生一系列的先天性缺陷。用老鼠进行的研究表明，在怀孕前 8 周里胚胎的器官正在形成，而糖尿病中典型的表现——高的血糖水平剥夺了胚胎需要的氧气，导致了细胞损坏。因此，患糖尿病的女性要在怀孕前确保其血糖水平处在正常范围内。

母亲的焦虑和压力

孕期紧张和焦虑是很正常的现象，也不会导致分娩并发症的风险增加。适当的母亲焦虑甚至可能刺激大脑组织发育。一系列研究表明，母亲在怀孕期间表现出适度焦虑，其子女在 2 岁时，与那些母亲怀孕时没有表现出焦虑的同龄孩子相比，前者在行为和心智发展的测量中得分更高。

但是，母亲在孕期不寻常的压力可能会对未出生的孩子有伤害。一项研究表明，配偶或孩子死亡、因癌症或心脏疾病住院治疗的孕妇，生产出畸形孩子的风险也会升高，如唇裂、腭裂和心脏畸形。甚至怀孕前的压力也会造成长期的有害影响。一项研究里，研究者让雌鼠在交配前 7 天遭受持续的、不可预期的压力，比如 24 小时的隔离、食物和水的剥夺、经历恒定的光照、拥挤和电击。结果发现，这些雌鼠的后代相比于控制组会更少地进行社会交往，后代中的雌鼠也更加恐惧。还有研究显示，如果孩子的母亲经历过身体的伤痛、情绪低落或性虐待，他 / 她可能会承受永久的伤痛。

母亲的年龄

从 20 世纪 60 年代开始，美国妇女的生育率 30~40 岁时是最高的。部分原因是多胞胎生育治疗。在 1990—2006 年间，女性在 40~50 岁的生产数量翻了一倍还多，而女性在 45~50 岁的生产数量近乎翻了四倍。在 2006 年，大约 14% 的生产发生于 35 岁及以上的妇女中。

尽管在大多数的婴儿健康风险方面，年长母亲生的婴儿不会比年轻母亲生的婴儿高多少，但是随着母亲年龄的增加，流产和死胎的概率也在增长，甚至在母亲年龄在 45 岁及以上时达到了 90%。超过 35 岁的妇女更可能遭遇并发症，有更高的早产风险。她们的孩子也更可能表现出迟缓的胎儿发育、先天性缺陷和染色体异常，例如唐氏综合征。然而，由于在大龄准妈妈中进行的普遍筛查，现在出生的畸形儿已经较少了。

青少年母亲也可能会生产出早产儿或重量不足的婴儿。这些新生儿在出生第一个月里死亡、身患残疾或有健康问题的风险很高。第 16 章将进一步讨论青少年的怀孕问题。

外在的环境危害

空气污染、化学物质、辐射、极端的温度和湿度还有现代社会中其他的危害都会影响孕期的发育。例如，如果孕妇长期呼吸的空气中存在较高含量的与燃烧相关的细小粒子（如烟和气体烟雾），其更可能产生早产、体重低，甚至染色体变异的婴儿。暴露在高浓度消毒副产物中也会导致出生时很低的体重和缓慢的胎儿发育。

胎儿暴露在低水平的环境毒素中，如铅、汞、二恶英、尼古丁、乙醇，也许是解释哮喘、过敏和自身免疫性疾病（如红斑狼疮）在孩子身上病例突然增高的原因。一项长期的追踪研究关注在纽约市曼哈顿区和布朗克斯区交通繁华地区出生的孩子，这些地区的哮喘患病率高于其他地区 25%，并且属于全美最高的地区，出生前暴露在含碳燃料的副产物中的孩子们，在 5 岁前有很高的风险表现出哮喘的症状。

药物的摄入

在怀孕期间特定的药物摄入会影响发育

你的工作是什么？

咨询师

在人的一生中，在生活中遇到困难和挑战时，寻求咨询师的建议和指导有时可以获益匪浅。一个直接针对个人或夫妻的咨询师可以对一些具体的问题提供指导。例如，一个继父 / 继母可能跟他 / 她的配偶以及继子女约见一位咨询师来处理过渡期的问题。一个承受相当大压力的青少年可能与咨询师见面来决定如何能最好地处理这些压力。咨询师必须有心理学或社会工作专业的学士学位，然后朝着硕士学位努力，成为一名得到许可的咨询师（LC）或得到许可的临床专业咨询师（LPC）。咨询师可以在很多机构获得聘用，例如专科学院、大学、高中、健康鼓励组织或私人机构。登录 www.counseling.org 可了解更多咨询职业的信息。

中的孩子吗？我们首先来看医学药物；然后是酒精、尼古丁和咖啡因；最后是非法药物大麻、可卡因和冰毒。

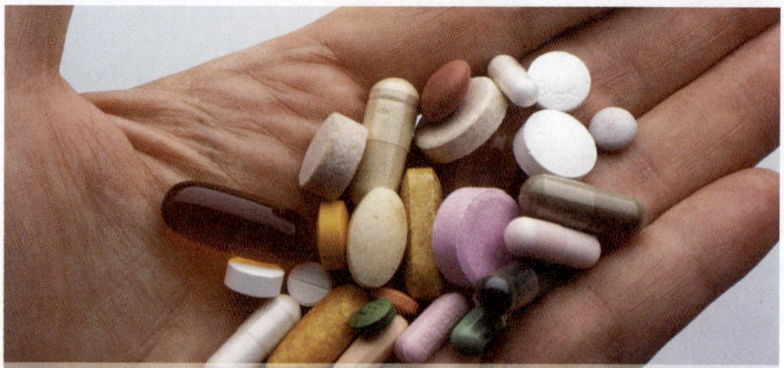

怀孕时期吃的任何一种药物都应该让妇产科医师知晓

医学药物。路易莎怀孕之后非常兴奋，因为她是在刚刚开始尝试怀孕的时候就成功了。然而她不久就因为严重的晨吐不能行动了，一天中要呕吐好多次。因为严重的恶心，她见了医生，医生给她开了反应停（这在当时是一种新药）。路易莎服药之后，恶心和呕吐就停止了，整个人也恢复过来了。然而，当她的婴儿伴随着畸形胳膊和缺失的腿出生时，一切再清晰不过了——药物的使用不是没有代价的。诞生于 20 世纪 60 年代后期、由于孕妇在胎儿发育敏感期摄入反应停而导致先天缺陷的婴儿数量大约有 12 000 人，而路易莎的孩子是其中之一。反应停灾难地使得医药界和社会大众开始敏感地关注怀孕时摄入药物的潜在危害。自从那时起，医生和孕妇都在孕期使用药物方面极其小心和谨慎。

被指明在孕期服用有伤害的药物有：抗生素四环素；某些巴比妥类药物、镇定剂及另外一些中枢神经系统抑制剂；几种激素，包括已烯雌酚（DES）和雄性激素；某些抗癌药物，例如氨甲叶酸；异维甲酸（一种常常被指定治疗严重痤疮和粉刺的药物）；用来治疗癫痫的药物；还有几种安定类药物。血管紧张素转化酶（ACE）抑制剂和非类固醇的抗炎药（NSAIDs），如萘普生、布洛芬，在怀孕前三个月无论哪个时候摄入都会导致先天性缺陷的发生。

AAP 药物委员会声明，任何药物都不能向孕妇和哺乳期妇女开具，除非它对她和孩子的健康是非常关键的。在实践中，要符合控制她的症状，一个妇女在怀孕前应该停止精神病治疗类药物的使用。如果母亲在怀孕期间服用抗抑郁药，如百忧解，婴儿可能会显示出混乱的神经行为活动，例如倾向于易受惊吓，很可能难以形成规律的睡眠周期，发生严重的呼吸困难的风险更高。某些药物（如锂盐）用来治疗重症的精神障碍可能会对胎儿有潜在的严重影响，包括出生时的戒断症状。如果必须使用药物，孕妇应该选择副作用最小、最有效的药。孕妇不应该在未咨询医生的情况下擅自服用非处方药。

研究表明，大多数哺乳期妇女服用的精神病类药物会在她的乳汁当中被检测到。浓度可能是低的，而且不太可能会影响婴儿。因此，现在似乎没有确定的证据可以让我们建议哺乳期女性不要服用精神病类药物。然而，我们必须强调，哺乳期的母亲如果仍然用药的话，应该时刻观察婴儿是否有药物反应症状。

酒精就像本章开头故事所讲的亚伯•多里斯，在美国出生的婴儿中，每 1000 人有 5 人罹患胎儿酒精综合征（Fetal Alcohol Syndrome，FAS），表现为生长阻滞、面部和身体畸形以及中枢神经系统障碍。胎儿期接

你知道吗？

虽然动物实验在药物实验中占有重要位置，但是也存在缺陷。反应停（萨力多胺，一种安眠药、镇静剂）在被规定为孕妇使用的药物前也在动物身上进行过检验，并且没有致病效应。然而用在人身上时就马上明确了，反应停与大多数先天性缺陷都有紧密联系。

你知道吗？

当喝酒的时候，许多哺乳期母亲会“抽出和倒掉”——用一个水泵抽取乳汁，然后倒掉这些乳汁。然而，当母亲可能想要通过抽出乳汁来避免肿胀或者维持供应，一旦不这么做，酒精就会从她们的乳汁中浓缩，就像它在血液中那样。

触酒精是智力发展迟滞的常见因素，也是美国主要的可预防出生缺陷的因素。

母亲喝的酒越多，对胎儿影响越大。在孕期饮用中等程度或大量的含酒精饮料似乎会妨碍婴儿的神经系统和行为功能；这可能会影响母婴之间的早期社会互动，而社会互动对婴儿情绪发展尤为关键。严重酗酒的人如果在怀孕后仍然饮酒，比起不饮酒的母亲和怀孕前停止饮酒的母亲来说，更可能会生产颅骨和大脑尺寸过小的婴儿。

总体来说，酒精综合征问题在婴儿时期表现为对刺激的反应性较低、反应速度缓慢、视敏度（视觉清晰度）受损。酒精综合征问题在整个幼年时期的表现包括短暂的注意力维持、注意力分散、焦躁、多动症、残疾、记忆缺陷和心境障碍，同时还有攻击性强和行为问题。一些酒精综合征问题会在出生后减弱；但是另外一些，例如发展阻滞、行为和学习问题以及多动症倾向于会一直持续。丰富这些孩子的教育或环境似乎不一定能够提高他们的认知发展水平。但最近一些干预研究旨在提高患酒精综合征孩子的认知技能，而且这些干预显示出了一些希望。患酒精综合征的孩子如果被及时诊断并在稳定而健康的环境中养育，会降低产生行为和心智健康问题的可能性。

哺乳期的母亲应该避免酒精饮品，因为已经显示出酒精会在乳汁中浓缩，而且会抑制乳汁的分泌。偶然一次的、酒精浓度低的饮品还可以接受，但是饮酒之后两个小时内不能进行哺乳。

尼古丁。母亲抽烟已经被确定是导致发展中国家婴儿出生体重不足的唯一且最重要的因素。在怀孕期间抽烟的女性比起不抽烟的女性来说，生产出低体重婴儿的可能性高了 1.5 倍——出生时不足 5.5 磅（约合 2.5 公斤）。即使是少量的抽烟（每天少于 5 根香烟），仍然有很大可能性会导致婴儿出生体重过低的问题。

怀孕时期使用烟草还会导致更高风险的流产、胎儿发育迟滞、死胎、过小的头围、婴儿早期的猝死、多动性障碍（过度的活动），以及长期的呼吸系统、神经系统、认知以及行为方面的问题。二手烟也会有类似的效应，也会导致婴儿出生时体重不足、呼吸缺陷、猝死，或幼年期成年期罹患癌症。

咖啡因。孕妇通过咖啡、茶、可乐或巧克力吸收的咖啡因会对她的胎儿有不良影响吗？研究结果有一些混乱。我们似乎可以明确的是，咖啡因并不是人类婴儿的致畸物质。一个针对 1205 位新妈妈和她们婴儿的控制性研究表明，报告的咖啡因使用并不影响出生时体重不足、早产或胎儿发育迟滞的问题。但是，另一项对 1063 位孕妇做的控制性研究却发现，如果孕妇每天食用至少两杯咖啡或五罐含咖啡因的苏打水，她们流产的可能性是没有食用咖啡因的孕妇的两倍。

大麻、可卡因、冰毒。关于孕妇吸食大麻的研究很少，结果也不一致。然而一些证据还是表明，大量的大麻吸食会导致先天性缺陷、出生时体重不足、出生时的戒断症状（过度的哭泣和震颤），以及之后生命中高风险的注意障碍和学习问题。

可卡因在孕期的摄入与自然流产、延迟的发育、早产、出生时体重不足、过小的头部尺寸、先天性缺陷、受损的神经性发育以及青春期前轻微的认知问题有关。在一些研究中，接触过可卡因的新生儿表现出严重的戒断症状和睡眠紊乱。其他研究却没有发现胎儿接触可卡因与身体、运动、认知、情绪

你的立场是什么？

至少有36个州颁布了禁止杀害胎儿的法律，将导致未出生婴儿死亡的行为判定为非法的；其中至少有19条法规应用在怀孕早期。这使得社会要求孕妇采取行动以确保婴儿的健康，并在她没有这样做的时候制止或惩罚她。但是她个人的自由怎么办呢？是否应该限制一个妇女的公民权利来保护未出生的孩子呢？

或行为问题之间存在特定联系，因为这些问题也可以被归因为其他的风险因素，例如出生时的体重不足，接触烟草、酒精或大麻，以及有贫困的家庭环境。许多与胎儿可卡因接触有关的效应来源于这些间接因素而非可卡因本身。

孕妇吸食冰毒在美国成为一个越来越受到关注的问题。一项关于1618个婴儿的研究发现，其中的84个婴儿接触过冰毒。接触过冰毒的婴儿更可能在出生时体重不足，或者比样本中其他婴儿在妊娠期时发育得慢。这个研究表明胎儿期接触冰毒会限制胚胎发育。

早期对酒精、尼古丁和其他物质滥用的治疗可以在很大程度上改善健康状况。参加一项怀孕早期的护理项目的2073个妇女，与控制组46 553个没有物质滥用的女性相比，发生死胎、早产、婴儿出生时体重不足和胎盘从子宫中分离的概率并无差异，而这些风险对于156个物质滥用但仍未治疗的女性来说是非常高的。

疾控中心估计约有13.8%的妇女在怀孕期间吸烟

父亲的因素

索菲亚在怀孕期间非常注重饮食健康，并且努力地避免酒精和她最爱的寿司餐馆。那么伊桑也需要做同样的事情吗？父亲在早期环境影响中扮演什么角色呢？

我们知道母亲接触致畸物质对胎儿有很大影响，那么父亲接触有害物质一样会导致不良影响。一个男性如果接触铅、大麻、二手烟、大量的酒精或辐射、DES杀虫剂或过高的臭氧含量，都可能会导致不正常的或质量差的精子。例如，在英国核加工厂工作的男性的后代，死亡率很高。如果婴儿的父亲曾经大量接触过铅，这个婴儿很可能会在出生时体重不足或在胎儿时期就出现胚胎发育迟缓。另外，抽烟的男性更可能将异常基因传递给他们的后代。

年长的父亲可能是导致先天性缺陷的一个重要因素，因为他带来的是受损或变质的精子。自从1980年开始，30~49岁父亲的生育率显著增长。增长的父亲的年龄也伴随着一些稀有状况风险的增加，如侏儒症等。父亲的年长也许是导致精神分裂症、双相型障碍和孤独症及相关障碍病例的数字比例失调的一个原因。

>> 监控孕期发展

由于现代产前评估工具已经发展到可以帮助准爸爸、准妈妈的阶段了，索菲亚和伊桑可以选择采用各种测试来评估他们婴儿的健康。由于索菲亚不到35岁，没有明显的危险因素，他们的医生建议使用超声波和血检来获得关于婴儿健康的风险评估。非常幸运，婴儿看上去很健康、活跃，所以年轻的父母决定不再采用更进一步的基因测试了。

在不久以前，大多数父母需要在他们的婴儿出生前做的几乎唯一一个决定就是关于分娩的。而在这期间发生的大多数事情都是他们控制范围之外的。现在科学家发明了一系列工具来检测婴儿的发育和健康状况。

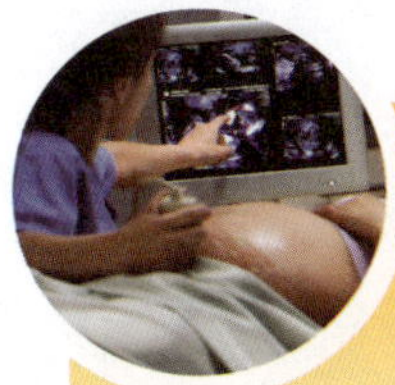

你的工作是什么？

超声波技术员或扫描师

超声波技术员通过操纵超声波仪器获得诊断性图像。一个超声波技术员可以给胎儿照相来监视其是否处在正常的发育中，也可以通过照相来诊断人们的身体状况，例如癌症。放射科医生会来评估超声波技术员获得的图像。要成为一名超声波技术员，需要完成超声波技术员或扫描师的课程，并且获得专业认证，这通常可以在社区大学中获得。

无创性程序取得了一定的进展，例如超声波和血检用来探测染色体异常。在孕期前三个月的筛检是非常有效的。一项研究表明，在受孕 11 周进行的三种无创性测试共同预测了唐氏综合征的存在，准确率高达 87%。当这些测试者在孕中期早期进行进一步的无创性测试时，准确率更是达到 96%。

其他测试技术包括羊膜穿刺术（通过抽取羊水样本来进行分析）和绒毛膜绒毛取样（获得包裹着胎儿的薄膜上的组织来进行分析）。这些程序都能提供基因问题的确定性证据，可以应用在怀孕早期。相比于无创性技术，它们导致流产的可能性略高一些。胎儿镜检查（将一个微型的观察镜通过腹壁插入到母亲的子宫中）可以用来直接查看胚胎发育情况，可以帮助诊断非染色体疾病。此外，脐带取样可以通过直接获得脐带血管中胎儿的 DNA 来进行诊断。

筛检缺陷和疾病只是怀孕早期护理非常重要的一个环节。很早地进行高质量的孕期护理，包括教育、社会和营养服务，有助于防止母亲和婴儿的死亡以及其他分娩并发症。它还能在第一时间提供给母亲怀孕、分娩和婴儿护理的信息。如果贫困的母亲能通过接触其他需要的服务来获得孕期护理的好处，他们也更可能会在分娩后为婴儿获得医药护理。

多元化视角

产前护理的差异

在发展中国家，1/4 的孕妇没有得到孕期护理，而超过 2/5 的人分娩时并没有专业接生人员。这些事实可能会帮我们解释，为什么 5 岁以下孩子死亡案例中 40% 是在出生后前 4 周内死于分娩并发症的。

美国的孕期护理是比较普遍的。然而还是缺乏全国统一的标准和鼓励孕期护理的资金保障。因此，孕期护理的好处并不是平均分配的。那些有较高风险会生产体重不足婴儿的妇女（青少年和未婚女性）、接受的教育很少的人以及一些少数民族妇女，能够接受孕期护理的可能性是非常小的。在 2006 年，就像早些年间一样，黑人和西班牙裔妇女比非西班牙裔白人妇女高出两倍多的可能性会受到较迟的护理甚至没有护理。

另外，在胎儿期和出生后的死亡率方面也存在着种族差异。在控制了一些风险影响因素（如社会经济地位、超重、吸烟、高血压、糖尿病）之后，出生前后的死亡率（怀孕 20 周至出生后 1 周之间的死亡）仍然存在，相比于白人来说，黑人的风险高达 3.4 倍，西班牙裔高达 1.5 倍，而其他少数民族有 1.9 倍之高。

良好的孕期护理可使得每个孩子尽可能地以一种良好的状态来到这个世界，进而面对子宫外生活的挑战，我们会在下一章对这些挑战进行探讨。

测试一下

CHAPTER 3 孕期和胎儿期的发展

学习目的	自测 □ LearnSmart □ connect+ Chapter 3 Quizzes	你在哪里可以找到答案
学习目的 3.1 描述胎儿发展的三个阶段	1. 由于由近及远的原则，我们会预期胚胎的发育将会是（　）。 a. 头部发育先于胳膊 b. 胳膊发育先于腿 c. 胳膊发育先于手指 d. 脚的发育先于心脏 2. 受精卵植入子宫壁中是在（　）。 a. 发展的胚芽阶段 b. 发展的胚胎阶段 c. 发展的胎儿阶段 d. 根据每个受精卵的不同可能是胚芽或胚胎阶段 3. 在胚胎阶段孩子的发育对致畸物质最为敏感，这是由于（　）。 a. 它还没有着床，因此没有长出脐带 b. 胎儿在这段时间变得更加活跃，因此有害物质代谢也更加迅速 c. 主要的器官系统和身体结构在这段时间正在形成 d. 这句话是错的，发育中的孩子对致畸物质最敏感是在胎儿期 4. 在发展的胎儿期，发育中的孩子（　）。 a. 没有能力感知到任何感官刺激 b. 能够感知到一些有限的感官刺激，并且似乎可以利用这些信息从中学习 c. 可以感知到感官信息，几乎已经接近成人水平了	胎儿期的发展阶段 50~54 页 connect+ 学习练习 ■胎儿发育 ■胚芽阶段

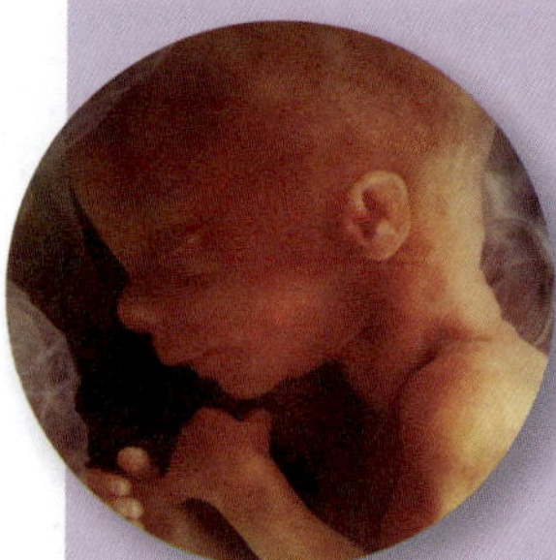

学习目的 3.2

列出能够对胎儿发育造成负面影响的不同物质和父母特征，并总结它们的影响

5. 列出至少三个可以对怀孕造成负面影响的母亲因素：

____

____

6. 个体的年龄在怀孕时是一个风险因素（　　）。
   a. 只对母亲来说
   b. 只对父亲来说
   c. 对父母而言都是
   d. 对父母而言都是，尽管母亲的影响程度大一些
   e. 对父母而言都是，尽管父亲的影响程度大一些

影响胎儿发育的因素

54~60 页

学习目标 3.3

总结准父母可选择的孕期监控方式

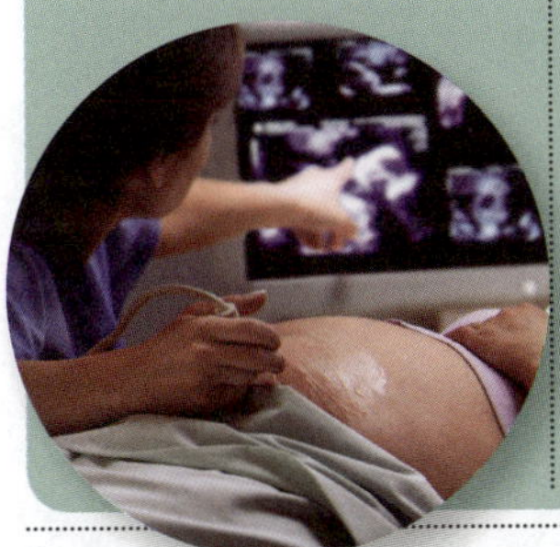

7. 下列哪个检测可以发现孩子的基因风险？（　　）
   a. 母亲的血检
   b. 绒毛膜绒毛取样
   c. 胎儿镜检查
   d. 羊膜穿刺
   e. b 和 d

监控孕期发展

60~61 页

答案

1. c
2. a
3. c
4. b
5. 接触致畸物质，营养和体重，身体运动和艰辛的工作，药物摄入，疾病，压力，年龄和环境危害。
6. d
7. e

第4章 分娩和新生儿

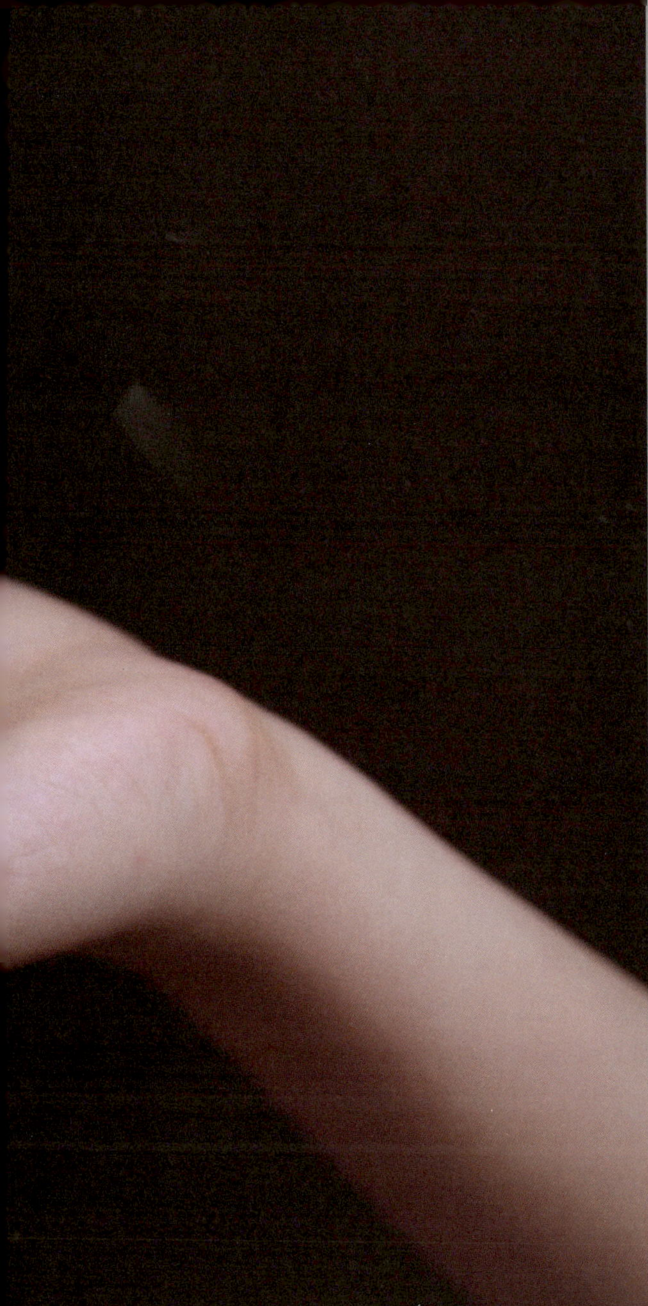

本章要点

- 分娩发生了什么变化
- 分娩的进程
- 新生儿
- 出生并发症及其后果
- 新生儿和父母

艾米丽摇晃着背部慢慢地向前走，翻阅着她刚买的一本讲述分娩过程和新生儿开始几个月生活的书。她若有所思地咬着嘴唇，边读边在书页旁边认真地记笔记，在她认为重要的段落下面画线。八个月前她意识到自己怀上了第一个孩子，她曾怀着无限的期待盼望着孩子的到来。九个月是那么漫长。但是现在，随着怀孕尾声临近，她感觉到一种既兴奋又恐惧的复杂情绪。在她怀孕后的长时间里，她已经厌倦了脚部的肿胀、胃痛、烧心和喘不上气。她期待着见到自己的孩子。但是分娩是怎样的呢？会不会很疼？拥有一个新生儿会是什么样的呢？她该做什么呢？艾米丽把手放在隆起的肚子上，边叹气边画着小圈抚摸着腹部。

在这一章里，我们将讲述孩子在子宫外开始生命之旅的第一步。我们描述婴儿是如何来到世界上的，他们看上去是什么样的，他们的身体系统如何运作。我们讨论检测婴儿健康的技术和分娩并发症对发育的不同影响。我们还会探讨婴儿的出生如何影响父母，以及婴儿的健康对其父母的重要性。

>> 分娩发生了什么变化

生产方面的习俗实际上反映了某种文化、价值观和资源。尤卡坦半岛的玛雅妇女是在她每晚睡觉的吊床上生产的，准爸爸和助产妇都会在场。为了躲避恶灵，母亲和婴儿还要在家里待一个星期才能出门。与之相反，东非的恩戈尼人则不许男人出现在生孩子的场所。在泰国的农村，一位新妈妈一般会在生产后几小时之内就开始正常活动。可见，如何对待生产这件事情是有文化差异的。在许多国家，随着时代的变迁，关于生产的观念和方式也发生着变化，生产和分娩变得越来越医学化，并从家里转移到了医院。

在早期，无论是对母亲还是对婴儿，分娩是一场与死亡的搏斗。在17~18世纪的法国，女性有1/10的可能性会在分娩中或之后不久死亡。数以千计的婴儿在生产过程中死亡，活下来的孩子中有1/4也会在接下来的一年里死亡。在19世纪末的英国和威尔士，一个准妈妈在生产中死亡的概率是现在妇女的近50倍。

在此时期的欧洲和美国，生产也遵循着类似的模式。母亲被女性亲属和邻居围绕着，坐在她的床上或桌子上，适当地披着床单；她可能还站起来、走动或蹲在一个生产椅上。墙上、门上和窗户上的裂缝都会用布塞满，防止寒气和恶灵进来。准爸爸和医生都不能在现场，而在场的通常是没有接受正规训练的助产妇。由毒蛇脂肪、鳗鱼半乳糖、驴蹄粉、变色龙舌头、蛇皮或野兔皮制成的药膏，可能会被涂抹在准妈妈的腹部来缓解疼痛或加速分娩。助产妇的帮助有时反而会造成伤害。一本16世纪的教科书指导助产妇拉伸和扩大外阴部的薄膜，并用她们的指甲切开或弄破它们，鼓励病人用肺的顶部尖叫着在楼梯间上上下下，通过按压她们的肚子来帮助生产，还要在生产后立刻把胎盘拉出来。

欧洲和美国的情况在20世纪发生了转变，至少在城市地区，生产开始变得专业化了。增多的妇产科医院给生产带来了更安全、更整洁的环境。在医院进行生产降低了产妇的死亡率，妇产科学这个新的领域开始发展了。在1900年，美国只有5%的生产在医院进行；到1920年，在一些城市里达到了65%；而现在99%的婴儿都在医院出生。内科医生参与的生产有91.5%，其余将近8%的生产是由助产士参与的，助产士常常是经过认证的护士。

在工业化社会，与怀孕和生产有关的风险都大大降低了，这在很大程度上是由于有效的抗生素、血液运输、安全的麻醉、改善的卫生条件和必要时使用的催产药物所带来的。另外，孕期检查和护理的改善也使得婴儿更有可能健康降生。母亲和婴儿在生产时的死亡率都显著降低了。例如，1950年每降生100 000个婴儿就会有83个死亡；2005年的这个数字下降到每降生100 000个会有15个死亡。

即使是这样，生产对妇女和婴儿来说仍不是无风险的。在1993年至1997年间，美国每年有近400万妇女生产，其中31%会出现医学问题。黑人妇女、肥胖妇女、有严重病史的人、有剖腹产史的以及已经有了几个孩子的人都面临更高的风险发生出血或其他危险的并发症。

现在，经济发达国家的一些妇女正在恢复私人家庭分娩，虽然只是一小部分妇女，但比例却在增长。一些研究显示，只要做好在需要时可以迅速转移到医院的准备，有计划的家庭分娩可以像在医院生产一样安全，并且有技能熟练的、被专业认证的助产士或护士助产士参与，也可降低分娩的风险。然而，美国产科医生和妇科医生学院和美国医药协会反对家庭生产，坚持认为即使是低风险的孕妇，并发症也会突然出现，而医院和公认的分娩中心有最好的设备来应对这些突发情况。

然而，作为对这些社会风潮的回应，医

院也在寻找将生产“人性化”的途径。分娩和生产也许能够在一个安静的、像家一样的产房里进行，有柔和的灯光，父亲可以在一旁充当教练，大一些的哥哥姐姐可以在生产之后前来探访。妇女如果需要可以接受局部麻醉，但是她可以观看并且清醒地参与生产过程，并可以在生产后立刻把她的孩子放在怀里。母婴同室的政策允许婴儿待在母亲的房间里很长时间，甚至一直在一起。

>> 分娩的进程

艾米丽醒来时感到肚子里有些异样的感觉。她一直都能感受到婴儿存在，从第一次动作一直贯穿到怀孕中期和晚期。但这次很不一样。她的预产期还有两周，她是不是感受到了曾听说和在书上读到的所谓的宫缩了？她是不是要分娩了？

分娩是关于生产过程的一个恰当的术语。分娩对母亲和婴儿来说都是一项艰巨的任务，主要是由于出生时胎儿的脑袋太大了。从进化的角度来说，较大的脑袋意味着更发达的大脑，这种优势大于由此带来的通过出生产道时的艰难。

分娩伴随着生产两周前开始的子宫、子宫颈的和其他部位的改变。但是，触发分娩产生的决定性因素至今还不明了，部分因素是胎盘和胚胎释放的激素的作用。子宫收缩一般开始于受孕后266天，通过绷紧子宫将胎儿排出去。孕妇可能会感到假性宫缩，所谓的布拉克斯顿•希克斯收缩，这可能发生在孕期最后一个月里。这些收缩可以增强子宫肌肉并提高胎盘血流速度，它们很温和、不规律，不会引发任何子宫颈的改变，而宫颈的改变正是分娩发生时需要的。相比而言，真实的宫收缩更加频繁、有节奏和疼痛感，并且其频率和强度逐渐增加。

你知道吗？

如果女性的骨盆太宽，她们就不能够直立行走了。

分娩的阶段

分娩发生有三个相互重叠的阶段（见图4-1）。第一阶段，宫颈扩张，这也是时间最长的一个阶段，对于生头胎的产妇来说，通常要持续12~14小时，而生后面儿胎时的第一阶段就会变短。在此阶段，规律且频率渐增的子宫收缩（开始时每次相距15~20分钟）使得子宫颈变短并扩张或变宽，这是在为分娩做准备。在第一阶段快结束的时候，宫缩频率是每2~5分钟一次。这个阶段一直持续到子宫颈完全打开（10厘米），这样婴儿才能够下降到出生管道里。

第二阶段，婴儿下降并出现，通常需要1~2小时。这个阶段初始，婴儿的头部开始通过宫颈进入阴道，最后完全从母体中出来。母亲经常在这个时候感到一种强烈的推动的愿望。如果这个阶段持续时间超过2小时，就表示孩子可能需要帮助，医生可能要用医用钳子抓住婴儿的头部，或者用真空的吸盘做的抽取器将婴儿从母体中拉出来。在这个阶段的末尾，婴儿虽然出生了，但是仍然通过脐带与母体中的胎盘相连，所以脐带必须

你的工作是什么？

助产士

助产士也被称为产期护士，通常是在分娩和生产期间照顾母亲和婴儿的医药与情感需求。她们常常负责照看生产前被医院接收的孕妇，监控可能发生问题的情况。另外，她们也帮助来医院生产的孕妇是否达到生产条件。在生产过程中，她们对产妇进行护理、监控子宫颈的变化、关注婴儿的心率、帮助产妇进行疼痛处理，并且在生产阶段协助医生。生产后，助产士要为婴儿做检查，有时会帮母亲开始哺乳。助产士通常是注册护士。为了成为一名注册护士，必须通过NCLEX-RN考试。而参加这个考试的人一般要完成4年的护士学位课程或护士课程中的相关学位。为了获得正常的教育证书，助产士需要独特的个人品质，例如分娩过程中以及产后的情感关怀。想要了解更多成为护士的信息请登录 www.nursingworld.org.

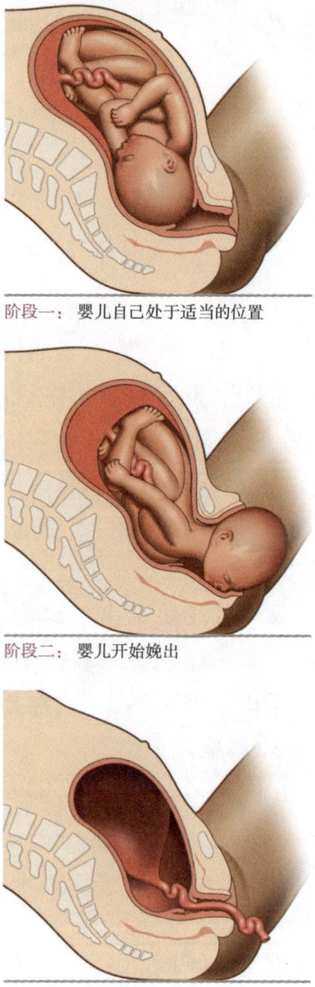

图 4-1　生产的阶段

被剪断和夹紧。

第三阶段，移除胎盘，持续 10~60 分钟。在这个阶段里，胎盘和残留的脐带一起从母体中排出。

关于分娩和生产的一些意见

随着医学技术的发展，分娩和生产已经拥有丰富的医学和非医学基础，帮助产妇在生产过程中取得一些优势。在下面的部分里，我们将讨论胎儿监视器的使用，并为准妈妈提供一些生产意见。

电子胎儿监测器

电子胎儿监测器可以记录胎儿在分娩过程中的心率，帮助探测一些严重的问题。在 2003 年，这个程序被用在美国 85.4% 的生产中。虽然电子胎儿监测器能够在高风险的生产中提供有用的信息，但如果常规性地用于低风险生产仍然有重大的缺陷：它的花费很大，在生产过程中限制了产妇的活动；最关键的是，它有非常高的假阳性误判率，也就是说会在胎儿并无危险时显示其有危险。这些警报可能会促使医生选择更有危险性的剖腹生产方式，而非自然生产的方式。

自然生产和剖腹产

通常的生产方式是通过产道自然生产。另一种是剖腹产，通过切开母亲的腹腔来将婴儿从子宫中取出。在 2007 年，美国的生产登记中有高达 32% 的剖腹产，比 1996 年增长了 53%。20 世纪 90 年代的欧洲，使用剖腹产的比例也在增加，而美国在全世界范围内是使用剖腹产最多的国家，尽管在 2008 年曾在一定程度地下降到了 30%。

剖腹产手术通常在分娩过程太慢的时候使用，通常是由于胎儿看起来处于危险中或者母亲发生阴道出血。如果胎儿处于“臀位”（脚或臀部向下）或“横位”（在子宫中横向躺着），或者头部太大而无法通过母亲的骨盆，通常就需要剖腹产了。另外，剖腹产在诱发性分娩中更有可能被用到，在孕期超过 40 周的生产中也很常用。

剖腹产比例的增长有很多原因。一个原

你知道吗？

在一段时间里，外阴切开术——一种在阴道和肛门之间进行的手术切割，曾被认为是合乎标准的，它的目的在于扩大阴道的扩张度，加快生产速度并且防止阴道被撕裂。这背后的假定是干净的切割会比自然撕裂更易痊愈。然而，许多研究表明，这个过程带来了更多的伤害而非帮助。现在大多数专家同意外阴切开术不应该被当作常规程序来使用。

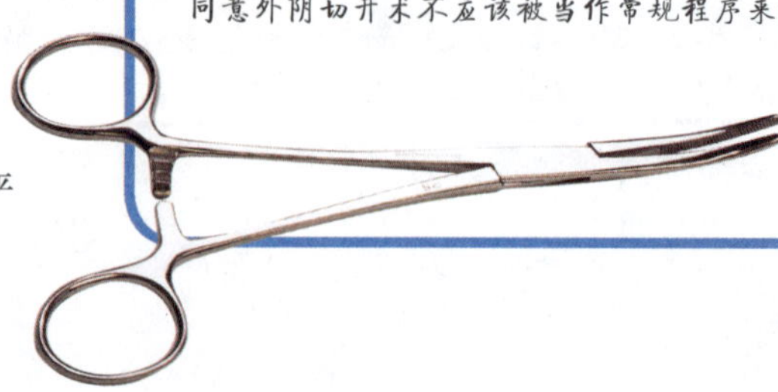

因是生头胎的大龄产妇增加了，她们更有可能生多胞胎或早产儿；另外，产妇的恐惧和偏好也起到了部分作用；还有一个原因是创收，医院为了增加收入而更愿意进行剖腹产而非自然生产。

剖腹产会给母亲带来严重并发症的风险，例如出血、感染、对骨盆组织造成伤害、术后镇痛，以及给下一次怀孕带来高风险。剖腹产也剥夺了婴儿从正常生产中获得的好处，包括分泌激素来清除肺部过量的水分、调动储存的能量来营养细胞，以及促使血液向心脏和大脑的流动。这些激素使得婴儿更加警觉，并且做好与另一个人接触的准备，这些激素可能也会提高婴儿与妈妈的联结。更进一步来说，剖腹产的母亲在哺乳时会更困难，而这可能又会妨碍母婴之间联结的形成。

一旦一个妇女有过一次剖腹产了，医生就会警告她下一次自然生产要小心谨慎，尽管这种比例仍然较低。剖腹产后的自然生产会带来更高可能性的子宫破裂、大脑损伤和婴儿死亡。现在，如果一个妇女经历了一次剖腹产，她在后续的生产中有 92% 的可能性仍然进行剖腹产。然而，全国健康组织（National Institutes of Health，NIH）最近的总结性报告的结论是，对于以前有过剖腹产，但是是在比基尼线以下的水平剖腹的妇女，第一次尝试阴道生产是合理的。

用药生产和无药生产

艾米丽和她丈夫在医院参加了一个分娩准备课程。该课程提供给准父母各种关于生产的意见。在生产之前，艾米丽对自己的第一次分娩感到非常困惑，不知自己该如何选择。她应该集中精力学习疼痛管理技术，进行无药生产吗？她应该拒绝硬脊膜外麻醉吗？这些不同的选择会对她和新生儿造成怎样的影响呢？

几个世纪以来，疼痛被认为是分娩过程中一个不可避免的部分。然而在 19 世纪中期，含乙醚或氯仿的镇静剂成为常用手段，这是因为越来越多的分娩是在医院进行的。

由于人们开始逐渐关注使用药物可能会对婴儿造成危害，且更多的准爸妈都希望参与一次自然的、有意义的生产经历，20 世纪发展出了几种备选的方式——自然生产或有准备的生产。最常见的自然生产是无痛分娩法（心理助产法），由法国妇产科医师费尔南德•拉美兹（Fernand Lamaze）于 20 世纪 50 年代末提出。这种方法训练产妇在宫缩强度加大的时候同步喘气或快速呼吸，把注意力集中在其他感觉上以减轻疼痛感。产妇还要学习放松肌肉的方法，而引导她做这一切的人是和她参加课程、参与生产，并能在这个过程中提供帮助的人，通常是准爸爸、好朋友或助产士。

现在，医药生产的进步使得很多母亲会选择减轻疼痛的方法。全身麻醉可使产妇完全失去意识，但也提高了母婴风险，现在已经很少使用了，甚至是在剖腹产时也很少使用了。接近 60% 的妇女会选择被称为硬膜外阻滞（无痛分娩针）的局部麻醉。在硬脊膜外麻醉中，麻醉剂被注射到腰椎（较低位置）部位的脊椎之间的脊髓里。这会阻止疼痛传输到大脑。硬脊膜外麻醉早些进行的话，能够缩短分娩的时间，而且不会增加需要剖腹产的风险，还能使产妇参与生产的过程。然而，这些药物会通过胎盘进入胎儿血液供给和组织当中，所以使用的时候相对来说还是有一些风险的。

你的工作是什么？

麻醉师

麻醉师是负责麻醉药物的医药医生。在分娩中，麻醉师会应要求进行硬脊膜外麻醉。麻醉师也会为进行剖腹产的妇女提供镇痛药物。麻醉师必须获得医药学位，完成住院医生实习，通过一个为了实习而进行的全面的考试。要了解更多成为一个麻醉师的信息，请登录 www.asahq.org。

在许多传统的文化里（一些发达国家里也有增长趋势），产妇生产过程中会有一个导乐（在生产时及生产后负责照料产妇及婴儿的女性）陪同，她应该是一个经验丰富的指导者、教练、一个能够给予情感支持并传递信息的帮手，且分娩过程中能够一直在产妇身边。在 14 个随机化的控制性研究当中，有导乐陪同的产妇比起没有导乐的产妇生产时间要短，需要的麻醉剂量也少，需要剖腹产的可能性也更小。一些准妈妈也会和导乐一起合作。尽管认证程序有一些改变，导乐一般都需要经过训练，能够在怀孕、分娩和产后阶段提供护理服务，也许还要为产妇提供哺乳帮助和其他主要的护理服务。

你的工作是什么？

导乐

一个经过认证的导乐要在分娩和孩子出生时给予产妇情感上的支持，她帮助母亲创建一个生产计划，在分娩和生产中支持母亲和她的伴侣。在孩子出生后，导乐要帮助家庭适应新生儿，做一些容易的家务和烹饪，还要在母亲恢复期间照料她。要成为一名导乐需要的认证包括参加工作坊和生产教育。要了解更多成为一个导乐的信息，请登录 www.dona.org。

>> 新生儿

艾米丽及其丈夫在她生下一个健康的 7 磅（约合 3.2 千克）的男孩 11 小时后，爱抚地搂抱着他们的宝贝。新生儿似乎在各方面都很无助——踢蹬着腿、蜷曲着拳头、用他深灰色的眼睛凝视着周围。另一方面，他似乎又完全知道要干什么。他一直都保持着精力充沛，当他饿的时候或需要变换姿势的时候会哭叫，被成人抱着的时候就安静下来。艾米丽因为照顾孩子精疲力竭了，但是她还是因为人生中的新角色兴奋不已，每一天都更加爱她的宝贝。

新生儿阶段，是指生命的前 4 周，也是从子宫里（在这里胎儿完全被母亲供养）到外界成为独立存在的个体的一个转换时期。新生儿的身体特性是怎样的呢？他们为了应对这关键的转换是如何准备的？

体型和外观

在美国，一个一般水平的新生儿大概有 20 英寸长 7.5 磅重（相当于 50.8 厘米，3.4 千克。）。刚出生时，绝大多数的足月婴儿的重量为 5.5~10 磅（2.5~4.5 千克），长度为 18~22 英寸（45.7~55.9 厘米）。男孩倾向于稍微比女孩长一些、重一些，头胎的孩子也会比后几胎的轻一些。当孩子出生后，母亲会产生一种特殊的富含蛋白质的乳汁，称为初乳。这给孩子提供了很重要的免疫物质，并且有通便作用，能够帮助婴儿开始排除体内的毒素。然而，比起母乳，初乳只含有很少的脂肪和能量。因此，在生命的前几天里，新生儿会失去体重的 10%。第 5 天母乳产生

你知道吗？

婴儿头上的囟门（前头孔）使得脑袋可以被塑造变形，这样就能顺利通过母亲的产道了。因此，通过自然生产的婴儿会有一个奇形怪状的脑袋，而且会保持到出生后一周左右，而通过剖腹产生产的婴儿的头就是圆圆的了。

你的立场是什么？

如果你和你的伴侣想要一个孩子，怀孕过程又比较顺利，那么你更倾向于选择 (a) 在医院、分娩中心生孩子，或是在家里生孩子；(b) 由医生或助产士帮助接生；(c) 采用医药分娩或无药分娩？为什么？

你知道吗？

有时，“女巫的乳汁”会从 3 天大的新生男孩和女孩肿胀的乳房渗漏出来。在中世纪时期，这被认为有着特殊的疗愈效果。然而，就像新生女婴阴道排出的发白的或带血的物质一样，它仅仅是由高水平的雌性激素引起的液体排放，是在出生前由胎盘分泌的。新生儿，特别是早产儿也可能会有肿胀的生殖器。

后，婴儿开始增加体重，一般会在 10~14 天时回到出生时的体重。

新生儿有很独特的特征，包括一个大大的脑袋、红红的皮肤、各种暂时性的皮肤问题或斑点、永久的胎记和向后缩的下巴（使得它更好被照料）。另外，婴儿头部有一个柔软的地方叫作囟门，这是婴儿头骨还没有闭合的地方。

许多新生儿的身体都呈粉红色，因为他们的皮肤太薄了，仅仅覆盖在血液流动的毛细血管上。然而，婴儿皮肤的颜色也会有非常大的差异，这取决于婴儿的年龄、种族、健康状况、温度、环境和婴儿是不是在哭。在刚出生的几天里，一些新生儿已经有很多毛发了，即胎毛，它是一种在肩膀、背部、前额和脸颊出现的绒绒的胎儿期毛发。几乎所有的新生儿都覆盖有胎儿皮脂（胎脂），这是一种白色的、油腻的、像干酪一样的物质，由胎儿脂腺分泌，在子宫中形成，用来保护婴儿抵御感染。这层包衣会在出生后被婴儿吸收。

条件反射

婴儿先天具有一系列的反射。例如，觅食反射（婴儿会把头转向一个柔软的接触脸颊的物体，并且开始寻找乳头）和吮吸反射都与生存相关。另一些是从人类的进化历史中残留下来的，例如婴儿会抓住放在他们手掌中的所有东西，就像小猴子会紧紧抓住母亲的皮毛那样。还有一些反射并不清楚作用何在。例如，当一个婴儿的脑袋转向一边时，一只胳膊往前伸，另一只向后弯，就像婴儿准备开弓射箭一样。这种使精神振作的脖颈反射的起源还不甚清楚。

这些反射正常的出现和消失与神经系统的组织有关，是健康状况良好的标志。许多反射随时间推移在慢慢减少，如果在应该消失的时候还持续存在的话，则可能是神经系统出现问题的迹象了。我会在第 5 章详细地介绍反射方面的问题。

身体系统

在出生之前，血液循环、消化、营养、废物排出和温度调节都完全通过母亲的身体来完成。而出生后，婴儿所有的系统和功能都必须自己运作了（见表 4-1）。大多数转变在分娩后 4~6 小时内发生。

胎儿和母亲有着各自的循环系统和心跳。胎儿的血液通过脐带进行净化，它会把使用过的血液带到胎盘然后输送全新的供给。新生儿的心跳在最初很快但不规律，血压也不稳定，一直到出生 10 天之后

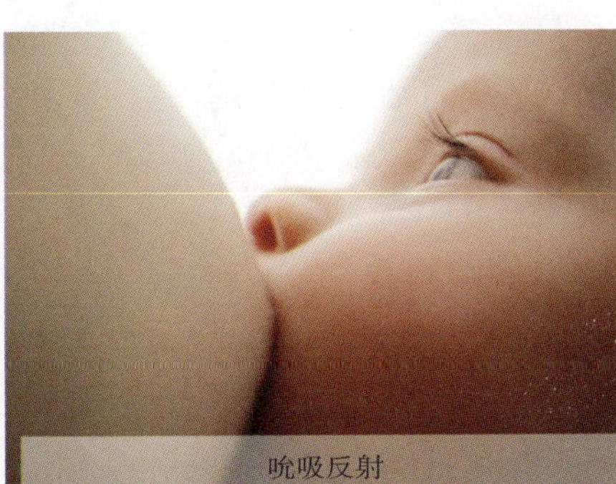

吮吸反射

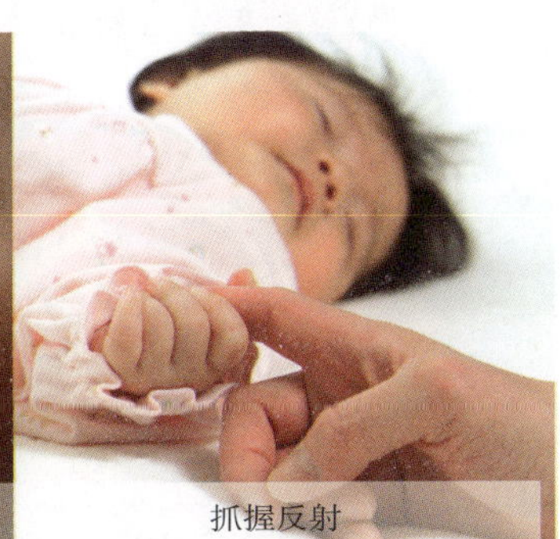

抓握反射

表 4-1　胎儿期和出生后的生活比较

特性	胎儿期的生活	出生后的生活
环境	羊水	空气
温度	相对稳定	随着环境波动
刺激	很少	所有的感觉都被各种刺激激发了
营养	依赖于母亲的血液	依赖于外部食物和消化系统功能
氧气供应	通过胎盘从母亲血液获得	从新生儿肺里进入到肺部血管中
代谢排泄	通过胎盘从母亲血液排出	从皮肤、肾脏、肺和消化道排出

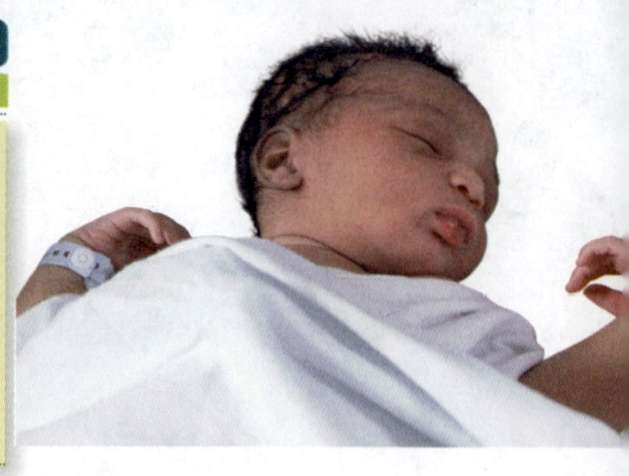

逐步稳定。

胎儿通过脐带得到氧气并送走二氧化碳。一旦出生，新生儿就开始自己呼吸了。大多数婴儿一接触到空气就开始呼吸了。如果一个婴儿在 5 分钟内还没有开始呼吸，就可能会因缺氧或氧不足发生永久性大脑损伤。缺氧或氧不足可能是因为分娩过程中胎盘和脐带在每次收缩中反复挤压，或者由于分娩后婴儿无法顺利吸入足量的氧气。婴儿的肺只有成人的 1/10 大小，易受到呼吸问题的影响，这就可能造成永久性大脑损伤，导致智力迟滞、行为问题，甚至死亡。

许多婴儿出生时就是清醒的，已经准备好开始进食了。足月的婴儿都有很强的吮吸反射，他们的肠胃分泌物可以消化乳汁。婴儿还必须独立地从身体里排出毒素。在出生后的几天里，婴儿会分泌胎便——一种线状、墨绿色的由胎儿肠道产生的废物。另外，婴儿开始小便，小便量与食物摄入量成比例。

胎儿期最后两个月生长出来的脂肪层使得足月的婴儿能够在出生后保持一定的体温，以抵御其所处的环境中空气温度的改变。新生婴儿也可以在空气温度下降时通过提高活动量来维持体温。

出生 3~4 天后，大概一半的婴儿（如果是早产儿的话这个比例更大）会出现新生儿黄疸：他们的皮肤和眼球看上去是黄色的。这种黄疸是由于肝脏并不成熟，不能够过滤胆红素（红血细胞降解时的一种副产物）而导致的。新生儿黄疸通常都不太严重，也不需要治疗，不会有长期的影响。但是，很严重的黄疸如果没有监测到并有效进行治疗的话，则会引起大脑损伤。

医学的和行为的评定

尽管绝大多数的分娩带来的是正常、健康的婴儿，但也有例外。出生最初的几分钟、几天和几周都对发育至关重要。尽快地了解婴儿是否有一些需要特殊护理的问题是很重要的。

阿普加量表

分娩后 1 分钟和 5 分钟，大多数婴儿要通过阿普加量表（Apgar Scale）评估（见表 4-2）。这个评估包括五个测试：（1）外观（颜色）；（2）脉搏（心率）；（3）怪相（反射的兴奋性）；（4）活动（肌肉紧张度）；（5）呼吸。新生儿在每个测量项目上被评为 0、1 或 2 分，最高分数是 10 分。2006 年，美国出生的婴儿 98.4% 进行了 5 分钟时的评定，分数为 7~10 分，表明这些婴儿的状态在良好到非常好之间。如果 1 分钟时的评定分数为 5~7，可能意味着婴儿需要一些帮助来稳定呼吸，并且测试应该每隔 5~20 分钟就重测一遍。

分数在 5 分以下是很少见的，这可能反映出很多问题。例如，心脏或呼吸系统可能无法正常运作。在这种情况下，应该在婴儿脸上戴上口罩将氧气直接压入肺部。如果呼吸仍然没有开始，应该在气管里插一根管子。另外，可以注射药物和液体使之通过脐带增强心跳。如果成功复苏了，会就把婴儿的分数据提高到 5 分或以上，就不会有长久的影响了。在 10 分钟、15 分钟和 20 分钟时，如果得分是 0~3 分，则可能有大脑性麻痹（由于产前或出生时大脑损伤造成的肌肉损害）或其他神经系统问题。早产、低体重、创伤、感染、先天缺陷、母亲摄入的药物和其他情况也会影响这个分数。

布雷泽尔顿量表

布雷泽尔顿新生儿行为评估量表（NBAS）用来评估新生儿对所处环境的反应，确定他们神经功能的好坏和易损性，且可以预测其未来的发育状况。这个测试适用于两个月大的婴儿，它包括：（1）运动组织，通过一些行为的活动水平和把手放在嘴上的能力来体现；（2）反射；（3）状态的改变，例如敏感性、兴奋性和烦躁过后安静下来的能力；（4）注意力和交流能力，通过普遍觉醒和对视听觉刺激的反应来体现；（5）中枢神经系统不稳定性的征兆，例如震颤和皮肤颜色的改变。NBAS 的评定需要进行 30 分钟左右，分数是基于婴儿最好的表现给出的。它还常用在研究当中，这个评价工具对于父母和医生来说，都是有用的指导性工具。

新生儿疾病筛查

在第 2 章我们提到，因遗传而得苯丙酮酸尿酶障碍或 PKU 的孩子，如果不能在出生后 3~6 周开始喂养一种特殊的食物，就会造成心智发育迟滞。如果在出生后尽快进行筛查测试，通常可以发现这些或其他的可修复缺陷。如果是 PKU 的情况，外界环境的干预可以预防疾病的显现。通常来讲，医院通过足跟扎入来获取新生儿的血液，然后用于疾病筛查。

你知道吗？

在进行会引发疼痛的测试（例如足跟扎入）时，给婴儿一些甜甜的液体来吮吸，能够有效地降低他们对疼痛的反应。

对所有新生儿的常规筛查主要是为了及时发现这几种少见的病症，如 PKU（15 000 个中有 1 个），先天性甲状腺功能低下（3600~5000 个中有 1 个），半乳糖血症（60 000~80 000 个中有 1 个），还有其他更少见的缺陷。但是这种筛查是非常昂贵的。可能普查了成千上万的新生儿，才探测到一种罕见病症的案例。但是，这个花费仍然要小于照料一个心智迟缓的人一生所需要的花费。现在，有了更精细复杂的血液测试，一个简单的血液样本就可以筛查 20 多种疾病，所以大约一半的州和许多发达国家都扩展了义务筛查项目。

表 4–2　阿普加量表

分数	0	1	2
心率	缺乏	缓慢（每分钟少于100次）	快速（每分钟100至140次）
呼吸速度	超过一分钟没有呼吸	不规律、缓慢	伴随正常哭喊的良好呼吸
肌肉紧张度	无力软弱的	虚弱的、不活跃，但手足弯曲着	强壮活跃的动作
身体颜色	蓝色和苍白	身体是粉的，但手足发蓝	整体都是粉色的
反射敏感性	无反应	怪相鬼脸	咳嗽、打喷嚏并且哭喊

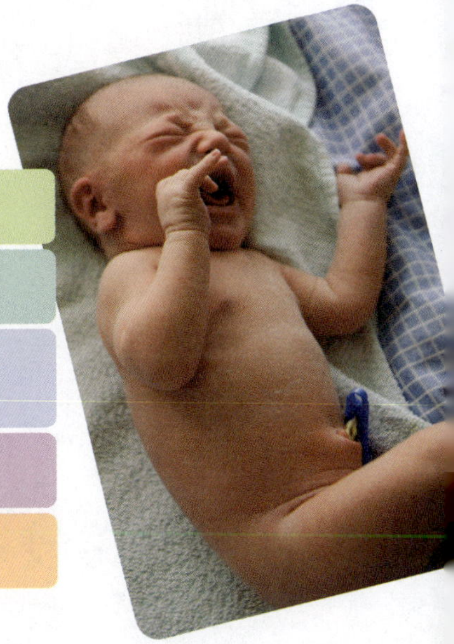

唤醒状态和活动水平

婴儿有一个内部的生物钟，可以调节他们每天进食、睡眠、排泄甚至心情。这些觉醒、睡眠和活动的周期性循环，决定了婴儿的唤醒状态，或者说觉醒程度（见表 4-3）。这个生物钟似乎是天生的，而且非常具有个体特色。婴儿唤醒状态的改变是由大脑多个区域共同协调的，并且伴随着全身重要系统功能的改变。“稳定而独特”的唤醒状态的建立，与新生儿健康和其他积极结果有关，因为它们是神经系统组织状态良好的标志。

多数的新生儿有 75% 的时间在睡觉，能够达到每天 18 个小时，但是每隔 3~4 小时就要醒来进食，不管是白天还是黑夜。新生儿的睡眠在安静（规则的）和活跃（不规则的）之间变换。活跃睡眠似乎相当于成人做梦那样的（快速眼动）睡眠。活跃睡眠的出现，规律性地呈现出大约 1 个小时的循环，占到了新生儿总体睡眠时间的 50%。在 3 岁时，活跃睡眠量下降到了不足每天睡眠总时间的30%，并且在一生当中持续稳定地减少。

从第一个月开始，夜间睡眠阶段会逐渐加长，婴儿在白天变得越来越清醒了。到 6 个月的时候，一个婴儿通常会在夜间一直睡 6 个小时，但是短暂的夜间觉醒在婴儿期甚至学步期都是常见的。一个 2 岁大的孩子典型的睡眠时间是每天13小时，包括打盹儿在内。

婴儿的睡眠时间表在不同文化中也是有差异的。特鲁克岛的密克罗尼西亚人的婴儿和儿童都没有规律的睡眠时间，他们什么时候困了就睡。肯尼亚农村的母亲也会很随意地照料她们的婴儿，4 岁大的孩子仍然在一段时间里只睡 4 小时。许多亚洲国家，相比于白种人国家，人们入睡时间较晚，总体睡眠时间较短。在美国，许多父母花费很多精力，通过抚慰一个不安分的婴儿睡觉来努力改变婴儿的状态，但这种尝试常常会失败。

>> 出生并发症及其后果

艾米丽和她的丈夫是幸运的，其孕期护理较好、整个怀孕过程是健康的，新生儿也没有并发症。就像艾米丽的例子一样，绝大

表 4-3 婴儿唤醒状态

状态	眼睛	呼吸	运动	反应性
规则的睡眠	闭着；没有眼球运动	规律的并且缓慢	没有，除了偶尔的普遍性的惊恐	不会被温和的刺激唤醒
不规则的睡眠	闭着；偶尔有快速眼动	不规律	肌肉抽搐，但没有大的运动	声音或光线引起睡眠中做鬼脸和微笑
困倦	睁着或闭着	不规律	一定程度上的活动	可能会微笑、惊恐、吮吸或自己产生对刺激的回应
警觉而不活动	睁着	平稳	安静，可能会在四处看的时候转头或四肢、躯干	一个有趣的环境（可看的人或事物）可能激发或维持这个状态
清醒并活动	睁着	不规律	很多活动	外部刺激（像饥饿、冷、疼、被约束或者被放下）会带来更多的活动。也许开始有一些轻柔的呜咽和温和的运动，转变成一种渐强的有节奏的哭喊或踢蹬，或者开始并持久的发出不协调的摆动和间歇性的尖叫

多数的产妇都能分娩正常、健康的婴儿。但也有一些不幸。一些婴儿早产或者出生时很瘦小；一些婴儿在子宫里的时间太长；还有一些出生时或出生不久就死亡了。我们来看看可能的分娩并发症，了解如何避免它们，以及如何通过治疗最大化其良性结果。

出生时的低体重

出生时体重低的婴儿重量达不到 5.5 磅（2.5 千克）。他们可能不足月（提前出生）或相对体型较小（相比于同龄的其他婴儿），或者二者兼而有之（见图 4-2）。超过 43% 的早产儿，也就是在怀孕 37 周结束之前出生的婴儿，会出现体重过低的情况。足月出生的小婴儿（妊娠期体型过小）的体重低于 90% 的同龄婴儿，则可能不是因为早产，而是因为孕期营养不足导致发育缓慢。

造成产妇生产低体重婴儿概率提高的因素有：

- 人口学和社会经济因素。例如孕妇生产时年龄低于 17 岁或高于 40 岁；贫困、未婚或未受到良好教育；婴儿出生在某些地区，如南方和平原地区等。
- 怀孕之前的医学因素。例如，孕妇之前没有生育过孩子或生育超过 4 个孩子；孕妇身材矮小且瘦弱；曾经生产过低体重婴儿或多次流产；产妇自身曾是低体重婴儿；产妇生殖器或膀胱畸形，或是慢性高血压患者。
- 身体状况。例如阴道出血、感染、高血压或低血压、贫血、体重增加太少、距离上次生产不足 12 个月或大于 5 年之久。
- 产前行为和环境因素。例如，产妇贫乏的营养供给；吸烟；摄入酒精或其他药物；处于长期的压力之下或生活在过高的海拔地区；接触有毒物质的环境。

据估计，世界范围内的婴儿中有 15% 出生时体重过低，而这个比例在经济欠发达国家还会更高。在发展中地区的低体重婴儿很可能是由于母亲糟糕的健康状况和贫乏的营养供给导致的。一项关于 8468 位坦桑尼亚孕妇的双盲研究发现，每天多种维他命的供给可降低低体重婴儿的发生。在工业化社会中，孕期吸烟是导致低体重婴儿的决定性因素之一。

在美国，2006 年出生的婴儿中有 8.3% 是低体重的，12.8% 是早产儿。出生低体重和早产的比例在过去 40 年里有显著增加，主要是推迟生育年龄、多胞胎、使用催孕药物、诱导和剖腹生产造成的。

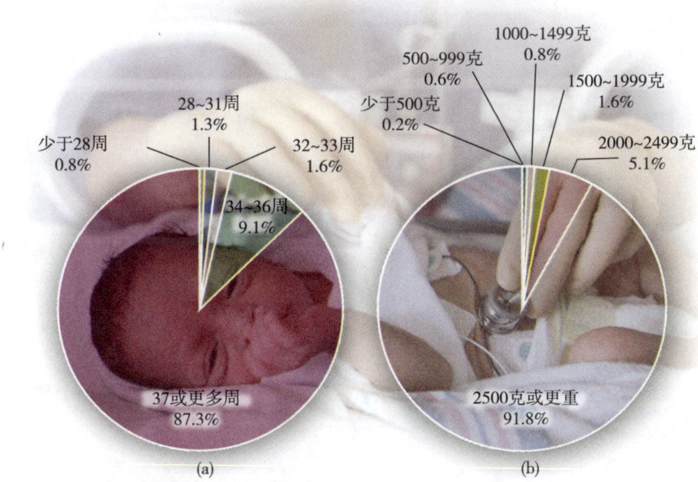

图 4-2 出生并发症

注：下列这些情况中，新生儿成活的比例：(a) 早产（早于怀孕 37 周出生）；(b) 出生时体重过低（小于 2500 克）。低体重的婴儿可以是早产或相对体型较小，或二者都有。转自 Mathews & MacDorman, 2008, figures 2 & 3。

先天畸形（如出生缺陷）是导致婴儿期死亡的最常见因素，然而出生时的体重和怀孕期的长短仍是预测婴儿是否存活及其健康状况的两个最重要因素，它们一起构成了引发美国婴儿期死亡的第二大原因，也是新生儿阶段死亡的主要原因。早产会涉及几乎一半的神经系统先天缺陷，例如大脑性麻痹，这将导致多于 1/3 的婴儿死亡。世界范围内，低体重是造成 60%~80% 新生儿死亡的潜在因素。

美国在救治低体重婴儿方面比其他国家成功许多，但是这些低体重婴儿的比例还是高于一些欧洲和亚洲国家。预防早产也会在很大程度上提高婴儿在出生第一年的存活率，但是另一些措施，例如改善产前护理、营养干预、在家里监控子宫活动、控制药物和卧床休养、给提前生产的妇女水分，则起的作用不大。

及时治疗与结果

出生时很小的婴儿可能会在婴儿期死亡。这是因为他们的免疫系统还没有完全发育好，极易感染，这可能会导致生长缓慢和发育延迟。此外，他们有时还需要许多侵入性的干预，例如肌肉注射或插管。这些程序会提高侵入性感染的概率。并且，这些婴儿的神经系统可能还未成熟到可以执行基本的生存功能，比如吮吸，所以他们需要侵入性地喂食（通过静脉）。因为他们还没有足够的脂肪来保护自己并产生热量，所以对他们来说，自身很难保持温暖。

表 4-4　联合国一些地区的出生低体重婴儿比例，1999—2006 年

	出生低体重婴儿（%）
世界范围	15
工业化国家	7
发展中国家	16
欠发达国家	17
非洲	
东非和南非	14
撒哈拉以南地区	14
西非和中非	14
北非和中东地区	16
亚洲	
东亚和太平洋地区	6
南亚	29
东欧（CEE/CTS）	6
拉丁美洲和加勒比海地区	9

数据涉及的是 1999—2006 年里最近一年可获得数据

数据来源：UNICEF，2008b

出生低体重的或早产且处于危险中的婴儿，常常被放置在不足月婴儿的人工抚育器中。这是一个抗菌的、控制温度的婴儿床，通过插管进行喂食。为了抵消在人工抚育中的感知觉刺激贫乏，医院工作人员和父母需要给这些小婴儿特殊的照顾。相比于足月的婴儿，不足月的婴儿更加警觉和易醒，并且安静睡眠的时间更长，在活跃睡眠时出现更多的快速眼动。然而，他们的睡眠更加零碎，因为睡眠和觉醒之间的转换更多。温和的按摩可以促进生长、增加体重、促进活动、激发警觉和行为组织，且缩短住院时间。袋鼠式护理，是一种皮肤接触的方式，让新生儿在出生后脸朝下躺在母亲乳房之间，一次大约一小时，能够降低中枢神经系统的压力并有助于睡眠和活动的自我调节。

呼吸窘迫综合征也称为新生儿肺透明膜病，是早产婴儿常见的一种病症，因为他们缺乏足够量的表面活性剂——一种包裹肺部的关键性物质，可以使得气囊不被压迫坍塌。这些婴儿可能会出现呼吸不规律或停止呼吸的问题。自从 1994 年开始给高风险的早产婴儿施加表面活性剂，他们的存活率大大提高了，并且提高了他们在 18~22 个月时的神经性和发展性水平。一项研究表明，极低体重婴儿未受损伤地存活的比例从 32% 上升到了接近 50%。

长期结果

即使低体重婴儿在出生后几天的危险期幸存下来了，他们的磨炼也还没有结束。例如，早产的和足月的体形过小的婴儿有更高的风险患成人型糖尿病，足月小体形婴儿还

你知道吗？

可以把肺想象成一个气球。表面活性剂是使得气球膨胀的物质。

更可能患心血管疾病。并且，早产还与幼年期的高死亡风险、成年期较低的生育率以及女性早产儿成年后生育早产婴儿也有关系。一般而言，孕期时间越短，更容易使婴儿患大脑性麻痹、心智迟滞、孤独症，成年后有较低的受教育程度及工资水平。

一项关于极其严重的低体重婴儿（出生时 0.5~1 千克）和在孕期 26 周之前出生的婴儿的纵向研究发现，这些幸存者比足月的孩子体型偏小，更可能出现神经性、感官、认知、教育和行为方面的问题。严重的低体重婴儿（出生时体重不足 1.5 千克）在 5~6 个月大的时候，可能出现认知缺陷，特别是在记忆能力和信息处理速度上的缺陷，会一直持续到幼儿期，乃至一直持续到成年期。严重的低体重婴儿的幼儿阶段和青少年阶段，也会比正常体重婴儿的同龄人有更多的行为和心理健康问题。

虽然如此，环境因素依然能起作用。在一项针对 296 个出生时平均体重只有 1 千克的婴儿的纵向研究中，尽管对他们的早期预测是发育迟缓，但在他们 8 岁时，则发现大多数孩子的智力状况处于正常范围内，特别是那些来自双亲家庭、母亲受过高等教育、没有发生大脑损伤和不需要职业疗法或语言障碍矫正等特殊服务的孩子

表现得最好。另一项充满希望的纵向研究发现，加拿大 166 个严重低体重婴儿，大多数都克服了早期的困难并开始了正常生活，后来还获得了高中文凭，成为能够工作的独立青年人。这些孩子主要是白人且来自双亲家庭，半数以上有着较高的社会经济地位。这些研究表明，婴儿有很强的弹性，高质量的产后环境能够在很大程度上弥补了出生瘦小的潜在影响。

过度成熟

在美国接近 6% 的孕妇在怀孕 42 周或更久还没有分娩。这种情况下，婴儿就属于过度成熟。过度成熟的婴儿会又高又瘦，因为他们还要继续在子宫里生长，但是随着孕期的持续，胎盘营养供给不足，这就导致婴儿的营养水平和氧气供给降低了。婴儿过大的体型也会使分娩发生困难，因为母亲要生下一个体型有满月孩子那么大的婴儿。

由于过度成熟的胎儿有大脑损伤甚至死亡的危险，医生有时会进行引产或剖腹产。这些技术使用率的提高可能解释了近年来过度成熟婴儿数量降低的原因。

死胎

死胎是指胎儿在怀孕 20 周或之后突然死亡，这是生与死两个对立面的悲剧性结合。有些胎儿的死亡是在产前被诊断出来的；另一些情况则是在分娩或生产过程中才发现的。世界范围内，每年约有 320 万胎儿是死胎。在美国，从 1990 年开始，死胎的发生率稳定下降，这可能是由于使用了电子胎儿监控器、超声波等方式确定胎儿是否处于发育受限的风险中，以及各种测量和在子宫里进行的胎儿矫正手术。但是情况仍然不容乐观，2005 年报告的死胎数为 25 894 个，也就是说每有 1000 个成活或出生后死亡的胎儿，就有 6.22 个死胎，这已经近乎所有婴儿死亡的总数了。

是什么引起死胎的呢？尽管原因常常是不明确的，许多死在腹中的胎儿相对于时间

来说都太小了，这就表示他们在子宫中是营养不良的。男孩比女孩更容易发生死胎，非西班牙裔的黑人胎儿比其他种族或民族的胎儿更有可能死胎，双胞胎和多胞胎也比单个的胎儿更易发生死胎现象。

>> 新生儿和父母

艾米丽和她的丈夫因孩子的降临感到非常激动，但是伴随着喜悦还有意料之外的问题。他们的婴儿就像其他新生儿一样，每隔几个小时就会醒来进食，需要持续照看。他还会在每天刚入夜的时候一直大哭，抓狂的父母却找不到任何让他如此难受的理由。艾米丽夫妇发觉自己越来越烦躁、疲倦，他们因此而毫无头绪。此外，他们对他人所提供的大量建议感到困惑。

生产是一个很重要的转折，不仅对婴儿，对父母更是如此。突然之间，夫妇所有的时间和精力都要放在这个新生命身上了。父母，也许还有哥哥姐姐慢慢才会和新生儿熟悉，并发展出情感联结。特别是头胎儿，一个新的生命会带来持续而迫切的要求，会不断挑战父母处理这些事情的能力，也许还会影响到他们的婚姻关系。

分娩和联结

母婴联结（母亲和新生儿之间亲密的、相互关爱的关系）是何时并以怎样的方式形成的？一些关注这个主题的研究者遵循着行为学的研究方法（详见第 1 章），他们认为人类或动物的行为是受到生理影响的，且某些行为的发展有着关键而敏感的时期。

查尔斯•达尔文认为，我们是预先被自然选择决定想要照看婴儿的。我们会发现他们很可爱，但是并不因为客观上他们某些地方非常可爱，而是因为我们的头脑这样看待。我们会在他们难过哭泣时帮助他们，因为只有好好照看婴儿的父母才会把他们的基因传递下去。换言之，通过进化我们从生理上已经准备好产生父爱和母爱。从这种进化的角度来看，父母与孩子的联结是一种机制，能确保父母会在需要时投入极大的精力和资源来帮助一个脆弱的婴儿生存下去。

一项使用磁脑成像的研究表明，父母与孩子间的联结是有生理基础的。成人大脑的前额皮层有一个与感觉到回报和喜悦有关的区域，对陌生的婴儿面孔显示出了几乎即刻的剧烈的反应活动，但对具有相同吸引力的陌生成人面孔却没有这种反应。

父亲就像母亲一样也会跟他们的婴儿建立亲密的联结。这也许会在生理层面上受到影响。有证据表明，称职的父亲会在妻子怀孕期间降低其睾丸素水平，这意味着他们的生理在帮助他们准备好投入到养育行为中去。孩子出生时在场的父亲常常会把这个事件看作是“巅峰的情感体验”或发生在他们身上最好的事情。但是一个男人无论在生产时是否在场，都能对他的新生儿产生情感承诺，尽管这种关系往往会受到母亲和父亲关系质量的影响。

母婴联结

在很多年里，心理学家认为，婴儿对父母的依恋是因为父母提供了婴儿天生喜欢的食物。经过一段时间，婴儿就会把父母与提供食物这件事联系起来，开始对父母表现出依恋。哈里•哈洛（Harry Harlow）和他的同事针对猴子做了一系列的开创性研究，结果表明，母婴联结不仅仅是喂养的缘故。在这些研究中，研究者把恒河猴和它们的妈妈隔离开来，在实验室中进行喂养。这些小猴子被放置在有两种替代“妈妈”的笼子里，一种“妈妈”是由铁线做成的呈简单的圆柱形网，上面绑着喂食用的瓶子；另一种“妈妈”则是由毛绒绒的、舒适的布作成的，但“她”却不提供食物。关键的问题是：小猴子会对哪个“妈妈”形成依恋呢？如果早期的理论家是正确的，那么小猴子应该对铁线“妈妈”产生依恋，因为她提供了食物。但事实上，

多元化视角

婴儿护理：跨文化的观点

护理婴儿的方式在世界不同地方有很大的差别。巴厘岛的朋族人认为，年幼的婴儿可以懂得所有的语言；但是艾弗鲁克珊瑚岛的密克罗尼西亚人相信，婴儿完全不能理解语言，所以成人不必和他们说话。

在一些社会中，孩子有多个照看者。例如，中非的埃费人的婴儿每小时都会受到五人或更多人的照料，常常由不是母亲的妇女来喂奶。肯尼亚西部的古斯人的婴儿死亡率很高，所以父母和婴儿很亲密，在他们哭泣时迅速作出反应，并根据需要喂养他们。中非的阿卡人也是这样的，他们以小群体的形式聚居，一起分享、合作和抵御危险。同一地区的恩甘杜农民住的则非常分散，他们在一个地方会住很长时间，也会更多地把婴儿一个人留下。

我们需要明白，我们理所当然采用的育儿模式可能具有文化基础。在生命最初的时候，我们如何对待婴儿的需求和愿望，其实开启了持续他们一生的社会化进程。

小猴子对柔软的、毛绒绒的布“妈妈”形成了依恋。当允许猴子和任意一个“妈妈”生活在一起时，它们多数时间是依偎着布“妈妈”的。

当然，一个仿制的母亲不会像真实的母亲那样为良好的发育提供多种刺激和帮助。但这些研究表明，食物不是婴儿从母亲那里得到的最重要的东西。至少从猴子身上我们可以看到，母亲的照料还包括亲密的身体接触及安抚，这满足了婴儿先天的依附需求。

父亲的角色

父亲的角色在不同文化中有不同的含义。它可能由非亲生父亲的人来承担，例如母亲的兄弟。在博茨瓦纳(非洲中南部国家)，年轻的母亲在其伴侣 40 岁之前都会跟自己原生家庭成员生活在一起；在越南，父亲这个角色可能是由祖父担当的。一些社会中的父亲会比另一些文化中的父亲更多地参与年幼孩子的生活，无论是经济上、情感上还是时间上。这也可能会随着历史时期的变迁而发生改变。

在中国，父亲一般比较严厉，孩子们很尊敬甚至害怕他们。过去，男人们很少抱婴儿。父亲虽然和学步儿童的交往会更多一些，但仍只是在母亲不在的时候才履行照顾孩子

你的立场是什么？

关于成为父母的研究一般性结果是，父母会比非父母表现更低的婚姻满意度。但是我们比较的群体是否合适呢？一些人没有孩子是因为他们不想生育孩子；但另一些是因为他们无法拥有孩子。这些差异如何影响关于育儿和情感的统计数据呢？

的义务。但是，城市化和母亲外出工作正在改变这些状态。父亲，特别是受过高等教育的父亲，正在试图与孩子建立更加亲密的关系。中非的阿卡人中，父亲就像母亲一样提供养育和情感上的支持。事实上，阿卡父亲提供给婴儿的直接照料比任何已知社会中的父亲都要多。

在美国和其他一些国家，自从1970年开始，父亲在看护和陪同婴儿玩耍上的投入大大提升了，这是由于越来越多的母亲开始外出工作，并且关于父亲的概念也发生了改变。从婴儿期开始，父亲经常积极地与孩子相处，会对孩子的健康、情绪、生理、认知和社会性发展产生直接的积极影响。

父母身份如何影响婚姻满意度

婚姻满意度通常会在养育孩子的这些年里有所下降。一项有关146个研究，涉及48 000个男性和女性的分析发现，成为父母的夫妻，比非父母的夫妻表现了更低的婚姻满意度，孩子越多，父母对婚姻满意度越低。这种差异在有婴儿的母亲身上尤为明显，38%的人报告了较高的婚姻满意度，而没有孩子的妻子中这个比例是62%，这可能是由于母亲的自由被孩子限制了，而且母亲需要调整自己来适应新的角色。两项具有前瞻性的纵向研究有类似的发现，有婴儿的年轻夫妻在婚姻满意度上表现了小幅度但是稳定的下降，而没有孩子的夫妻却并未出现这种情况。

什么原因可以解释这种常见的婚姻满意度降低呢？新父母可能会经历各种压力，这很可能影响他们的健康和心理状态。他们或许忽视了其他父母也同样面临着类似问题。男性和女性之间家务的分配也会成为一个问题。例如，如果一个先前在外有工作的女性现在在家里，家务劳动和照顾孩子的任务几乎都落到了她身上。一些简单的麻烦，像孩子哭泣这样的事情也会让父母一夜不得安宁。类似的小事就能在夫妻成为父母的第一年里降低双方的婚姻满意度。

实际上，一个婴儿的出生是一项重大的成就，标志着开启了一段充满挑战但完全值得的生命旅程。在第5章中，我们将了解有关快速增长的婴儿期和学步期心理发展的知识。值得我们注意的是，身体的、认知的和心理的发展往往是错综复杂而相互影响的。

》》测试一下

CHAPTER 4 分娩和新生儿

学习目的	自测	你在哪里可以找到答案
	☐ LearnSmart ☐ connect+ Chapter 4 Quizzes	

学习目的 4.1
分别对传统的和现代的分娩进行描述

1. 工业化社会的妇女如果在现在生产，怀孕和分娩时的风险显著降低了，这是由于（　）。
   a. 抗生素的使用
   b. 麻醉剂的使用
   c. 产前护理的实现
   d. 以上均有

分娩发生了什么变化
66~67 页

学习目的 4.2
总结分娩的各个阶段和常见的医学干预

2. 生产的三个阶段是什么？
   a.______________________
   b.______________________
   c.______________________
3. 关于分娩时疼痛管理的两种意见是什么？
   a.______________________
   b.______________________

分娩的进程
67~70 页

视频链接
Midwifery

学习目标 4.3
描述新生儿的外表和特性、如何进行健康评定

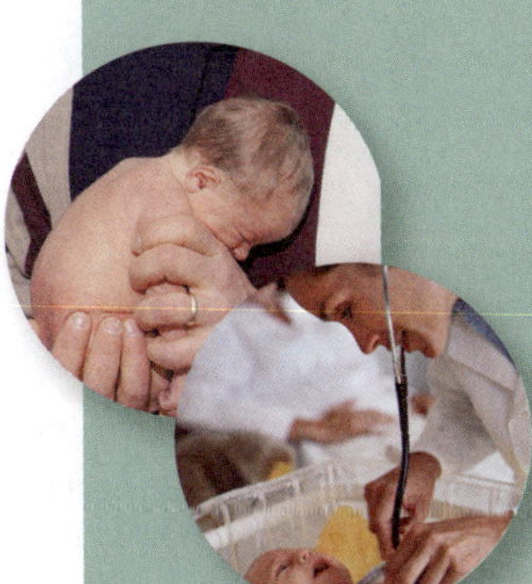

4. 描述新生儿的样子。
   ____
   ____
5. 反射是测查新生儿健康程度的一个好方法，这是因为（　）。
   a. 它们应该会在出生后迅速发展
   b. 它们是神经系统组织的标志
   c. 它们不需要任何的学习
   d. 说反射对新生儿的健康毫无用处是不对的
6. 出生后几天，一个婴儿的皮肤和眼球上开始出现淡黄色。这些症状显示出了（　），这是由于（　）的不成熟导致的。
   a. 缺氧症；肝脏
   b. 缺氧症；肾脏
   c. 新生儿黄疸；肝脏
   d. 新生

新生儿
70~74 页

视频链接
Crying

7. 哪个筛查量表能够测量婴儿在出生后 1~5 分钟时的健康状况？（　）
   a. 布雷泽尔顿量表
   b. 足跟扎入和抽血
   c. 阿普加量表
   d. 羊膜穿刺术
8. 什么是唤醒状态？（　）
   a. 婴儿在回应环境刺激时的兴奋或生气程度
   b. 新生儿睡眠的循环周期
   c. 婴儿醒来或瞌睡的时间
   d. 清醒、睡眠和活动的周期性循环

视频链接
Sleep

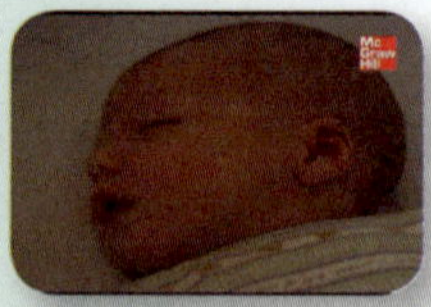

学习目标 4.4
总结低出生体重、早产和死胎的原因和结果

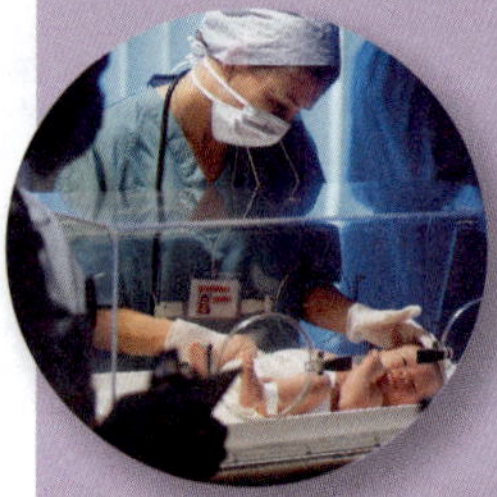

9. 一个婴儿如果在预产期或临近时出生，但是比同年龄出生的其他婴儿瘦小，这被称为（　）。
   a. 早产婴儿
   b. 足月小婴儿（妊娠时间足够但体型小的婴儿）
   c. 过度成熟的婴儿
   d. 死胎
10. 过度成熟婴儿会有哪方面的风险？（　）
   a. 羊水量多，以至于会压迫大脑
   b. 脑损伤
   c. 肺透明膜病
   d. 呼吸窘迫综合征
11. 下列哪项是发生死胎的最不可能的特征？（　）
   a. 非裔美国人
   b. 双胞胎之一
   c. 一个女孩
   d. 足月小婴儿

出生并发症及其后果
74~78 页

学习目标 4.5
描述联结的重要性以及一个新生儿的出生如何影响父母婚姻满意度

12. 根据行为学家的观点，父母爱他们的婴儿是因为（　）。
    a. 他们被自然选择预先设定了做好准备去建立和婴儿的依恋关系
    b. 他们担心如果别人觉得自己不爱自己的婴儿的话会有负面的影响
    c. 他们从自己文化中学到父母理应如此
    d. 他们在自己的婴儿身上留下了烙印
13. 根据对幼小灵长类动物的研究，母亲提供给婴儿最重要的是（　）。
    a. 对抗侵略者的保护
    b. 身体接触和温暖
    c. 食物
    d. 水
14. 从婴儿期开始，父亲经常地、积极地与孩子相处，可直接促进（　）。
    a. 孩子的教育成就水平
    b. 孩子的社会性、认知和身体的发展
    c. 婚姻满意度
    d. 孩子的自我管理能力
15. 婚姻满意度通常在养育孩子的几年里会（　）。
    a. 提高
    b. 下降
    c. 先提高，后下降
    d. 先下降，后提高

新生儿和父母
78~80 页

答案

1. d
2. 第一个阶段，宫颈扩张；第二阶段，婴儿下降并出现；第三阶段，移除胎盘。
3. 心理助产法；硬膜外阻滞
4. 健康的足月婴儿大概有 50.8 厘米长、3.4 千克重，大大的脑袋，各种皮肤问题，向后缩的下巴，还可能有奇形怪状的脑袋。他们身上覆盖着一层胎毛（柔软的绒毛）和胎儿皮脂（干酪质的物质）。他们还可能有肿胀的乳房组织和生殖器。
5. b
6. c
7. c
8. b
9. c
10. b
11. c
12. a
13. b
14. b
15. b

第5章 0至3岁婴儿的生理发展与健康

本章要点

- 早期成长与生理发展
- 大脑与反射行为
- 早期感知能力发展
- 动作发展
- 健康

威廉出生的时候身长49.5厘米，体重3.4千克。不管白天还是夜晚，每天的绝大多数时间他都是熟睡的，但每一段睡眠时间都不太长。他饿了、渴了、该换尿布或需要安抚的时候就会哭泣。接下来的12个月里，他身长长了将近25厘米，体重增加了9千克。虽然1岁的时候他还不会走路，但是他已经可以站立，而且能依靠着别的东西在房间里转来转去，甚至当他特别想移动的时候，他能够非常快速地爬行。他会使用手势，例如，他想被抱起来的时候会伸出双臂。他还掌握了一些单音节单词，这些能力使他能够清楚地表达自己的需求。让父母感到轻松的变化是，他现在可以整晚不醒而且白天有两次短短的睡眠。威廉是一个典型的处于学步期的婴儿。

婴儿期是指孩子从出生后到开始走路和能将词汇串起来之前的时期，这通常发生于12~18个月。准确的婴儿期指的是18~36个月，孩子们在这期间掌握更多词汇、开始独立并且能够自由行动。虽然本章我们重点关注的是婴儿的生理发展，第6章和第7章分别叙述认知发展和心理发展，但是我们会讲到很多这些领域相互交互发展的例子。发展的所有领域都是相互联系的，其模式是复杂又相互作用的。

在本章中，我们会介绍身体及大脑的基本发展模式以及丰富的环境对于两者的刺激作用。我们还会介绍探索感官知觉和动作技能是如何同步发展的，以及它们对于迅速发展的大脑的塑造作用。本章的讨论还包括如药物滥用等威胁婴儿发展的因素以及预防措施。

>> 早期成长与生理发展

生命初期的三年是成长和发展最快的时期。这样的发展变化不仅速度惊人，而且遵循固定的顺序和模式。为了保证最佳的发展，优质的照料和良好的饮食习惯显得非常重要。

早期成长与心理发展的原则

和身体的其他部位相比，婴儿的头是巨大的。假如一个成人的身体有着婴儿的比例，那么他的头会像西瓜那么大。这反映了儿童早期成长与心理发展的首尾原则。首尾原则是指发展总是自上而下展开的。因此，新生儿有一个不协调的大脑袋。婴儿1岁的时候，脑重已经达到成人脑重的70%，而其他躯体重量只有成人的10%~20%。随着身高的增长和头部以下部分的发展，儿童的头部与身体的比例慢慢变小且更加协调（见图5-1）。感知和动作发展也遵循首尾原则，婴儿的视物能力发生在控制躯体之前，他们更早学会使用身体上半部，对下半部分的控制则相对较晚。

第二个原则是近远原则，指成长和动作发展的进程是离中心较近的躯体开始的，而后到较远的四肢。例如，婴儿首先发展的是使用大臂和大腿的能力，然后是小臂和小腿，再之后是手和脚，最后才是手指和脚趾。

身体发育

出生后的几个月是人一生中生长速度最快的时期。2岁前都会以惊人的速度持续发展，到3岁之后发展速度会放缓。男孩与女孩表现出相同的发展模式，但是男孩一般会比女孩体重稍重，身高稍高。当儿童进入幼年期，身体形态和比例都会发生变化，一个3岁的儿童比肚子大大的、圆滚滚的1岁婴儿明显要更瘦高一些。

遗传基因显著地影响着儿童的身体形态，高或矮、胖或瘦，或者介于中间。这种基因影响与环境的交互作用决定了儿童的特质，例如教养和生活环境等。如今，许多发达国家的儿童比20世纪同龄儿童长得更高、更壮，这可能是因为更好的营养、更完善的医疗水平和照料，以及童工的减少。

营养

威廉像所有的婴儿一样，从出生开始就非常热衷于吃东西。不管是妈妈的母乳还是爸爸的奶瓶，吃东西都是他最快乐的时刻。

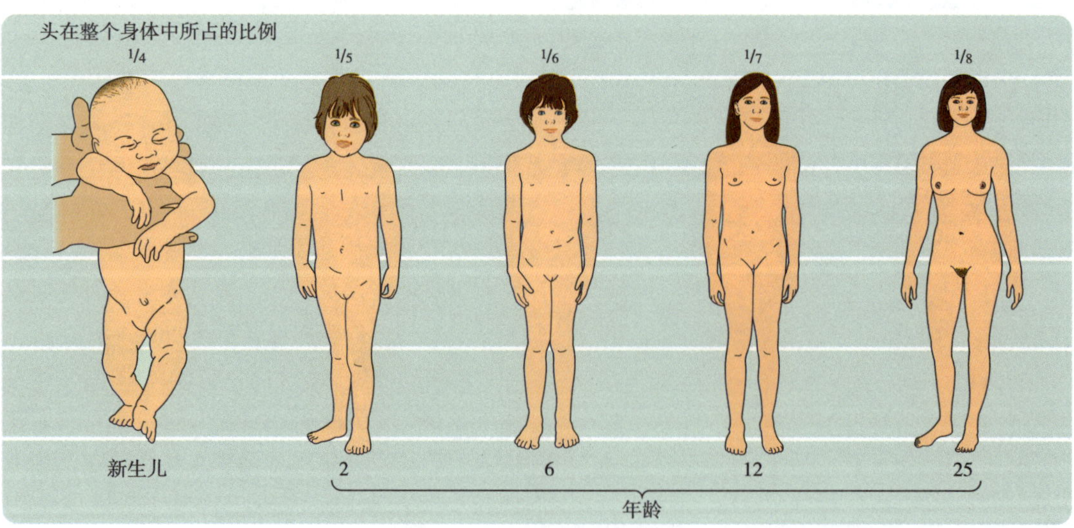

图5-1 身体比例的发展变化

一岁前，威廉的饮食中逐渐增添了谷物和别的固体食物，他很乐于适应这种新鲜的经验。当威廉进入婴儿期时，他开始自己挑选食物了。他会津津有味地吞掉他喜欢的食物，而把西兰花和青椒这些他不喜欢的食物扔在地上。

对于新生儿和婴儿期的儿童来说，良好营养的关键是不挑食。正常的身体成长和大脑发展需要适量的混合维生素、矿物质、热量以及高品质的蛋白质。如果不能保证全面的营养，那么这一点会对儿童发展产生深远的影响。这种影响的持续时间绝不仅仅是生命初期的那几年，而且这种影响存在于各个方面，例如认知发展、身体健康状况、工作能力以及生命活力等。小时候营养全面的孩子会更加聪明、强壮、健康且能更好地适应生活中的各种挑战。在我们了解了这一点后，接下来的问题就是，如何喂养婴儿以及喂他们吃什么？

母乳喂养

人类历史上，婴儿基本上都是由母乳喂养的。随着20世纪初先进的制冷技术和各种灭菌技术的出现，制造商开始用牛奶作为原料开发和生产婴儿食品。接下来的半个世纪里，在美国和其他几个工业化国家中，婴儿食品喂养变得更常见了。到1971年，只有25%的美国妈妈依然坚持母乳喂养。

说到营养，母乳喂养可以说是最有利于婴儿的喂养方式了（见表5-1）。母乳喂养应从出生后开始直至1岁。美国儿科医学会（American Academy of Pediatrics，AAP）母乳喂养部建议婴儿在0~6个月应完全由母乳喂养。2005年至2006年，婴儿母乳喂养率增长至77%，而1992年至1993年期间，这一比例为60%。一项列举了母乳喂养的优势的新近研究表明，如果研究中90%的美国妈妈按照AAP的建议在婴儿0~6个月时采用母乳喂养，那么每年约有911名新生儿可以免于夭折，且美国每年可以节省130亿美元。

在1991年联邦政府关于鼓励公共机构支持母乳喂养的草案生效后，美国医院及其他地方的母乳喂养率逐步提高。但是，复杂的社会因素会让妈妈们难以按照这个建议去进行母乳喂养。这些因素包括：只有短暂的甚至完全没有产后休假、缺乏宽松的时间安排、无法利用工作间隙进行相对规律的哺乳、没有恰当的场所进行母乳喂养等。

在一些情况下母乳喂养并不恰当。例如，妈妈感染了艾滋病（获得性免疫缺陷综合征，AIDS）病毒或者其他传染性疾病、身患未治

你知道吗？

2010年，Facebook妈妈们在自己的主页晒母乳喂养照片风靡一时。Facebook将这样的照片分类为“不雅的”，甚至还封了一些反复发母乳喂养照片的母亲的账号。你对此怎么看？这些照片是不雅的吗？

表5-1　母乳喂养的优势

母乳喂养，有利于孩子：

- 更少地感染传染性病菌，如痢疾、呼吸道细菌、中耳炎（中耳道感染）、葡萄球菌、尿路感染等；
- 婴儿猝死综合征和产后夭折风险较低；
- 患炎症性肠道疾病的风险较低；
- 婴儿拥有更好的视敏度、神经系统发展得更好、长期健康的心血管、较低水平的胆固醇含量；
- 不易患肥胖、哮喘、湿疹、糖尿病、淋巴瘤、儿童白血病、何杰金氏病等；
- 较少出现语言或动作发育迟滞现象；
- 从学龄期到青年期在认知测验上的成绩得分略优于非母乳喂养的孩子，但不清楚认知能力上是否有优势；
- 有更少病理性障碍，更活跃主动。

母乳喂养，有利于妈妈：

- 产后恢复更快，不易出现产后出血；
- 体重更容易恢复至产前水平，避免长时间的肥胖；
- 降低贫血风险及哺乳期再次妊娠的可能；
- 更加自信，更少焦虑；
- 不易患骨质疏松症、卵巢疾病和绝经前乳腺癌。

愈的结核病、曾经受到放射性污染以及正在摄入任何可能对婴儿造成伤害的药物等。虽然刚出生的两周内使用叠氮胸苷（一种治疗艾滋病的药物）和奈韦拉平（一种治疗艾滋病的药物）可以降低婴儿通过母乳喂养感染艾滋病的风险，但是母体所携带的艾滋病病毒（HIV）会通过喂奶持续地影响婴儿。

新生儿超重

肥胖者是指比人群中 95% 的人都重的那些人。在美国，肥胖婴儿的比例与其他年龄人群相比有所增长。2009 年，0~4 岁的儿童中超重的儿童占 14.7%，其中印度裔美国人（20.7%）和阿拉斯加原住民（17.9%）的比例最高。由于父母的肥胖能显著预测儿童的超重问题，因此如果孩子的父母中的一方或双方都肥胖，那么这个孩子也容易面临超重问题。

婴儿是怎么胖起来的呢？他们会不会营养过剩呢？儿科专家建议在 6~12 个月时才应该在婴儿的饮食中添加固体的富含铁元素的食物（通常是谷物）。可惜很多家长却没有听取这个建议。来自一项 3000 多人参与的随机电话采访的结果显示：29% 的抚养者会在孩子不足 4 个月时就添加固体辅食，17% 的孩子不足 6 个月就开始喝果汁，20% 的孩子在不足 1 岁的时候就开始喝纯牛奶。7~24 个月的婴儿平均食物摄取量高于正常值 20%~30%。19~24 个月的婴儿中，有 30% 的孩子饮食中缺少水果，而最常见的蔬菜也只是炸薯条。有 60% 的孩子都在吃烘烤类甜点，20% 的孩子会吃糖果，44% 的孩子几乎每天都喝含糖饮料。

在很多美国孩子们食物过于丰富的同时，有很多低收入国家的孩子们却遭遇着营养不良。超过一半的儿童死亡是由于营养不良（第 8 章中会详细论述）造成的，有很多孩子不足两岁就因为营养不良而早早离开了这个世界。

>> 大脑与反射行为

抱着一个新生婴儿就像是提着一袋重达 3 斤左右的玉米。即使新生婴儿还不能控制四肢、视力模糊、时常哭闹，但他的大脑已经开始飞速发展了，他已经开始观察环境、理解他所在的世界了。这些变化是如何发生的呢？婴儿是如何从不随意的（不可控）动作和反射行为发展到随意行为（自己可以控制的行为）的呢？这样的外显行为是否相应地反映在脑部结构的变化上呢？

建构大脑

大脑时断时续的发育被称为大脑生长突增。受孕后的三周起，大脑逐渐从一个狭长的管状物发展成一个球状细胞集群（见图 5-2）。新生儿出生的时候负责维持身体基本功能（呼吸、心率、体温、睡眠–唤醒循环）的脑干和脊髓已经基本发育完全。出生时的脑容积只有个体成年后的 1/3~1/4。负责保持平衡和协调活动的小脑会在出生后的一年中迅速发育。典型的三岁幼儿的脑重约为 1.6 千克，基本上达到成年人脑重的 90%。

大脑皮层像一个巨大的表面有皱褶的核桃，它是脑部最大的区域。大脑皮层分为左右半球，两侧功能各有不同。左半球负责语言和逻辑思维；右半球则负责处理视觉和空间信息，使我们能够看懂地图、会画画。连接左右两个半球的是一个硬质的带状组织，我们称之为胼胝体。从大脑的剖面图看，胼胝体像一个连接不同区域的菌盖。胼胝体就像一个连接左右半球的巨大纤维质转换器，使得两个半球之间可以共享信息、协调指令。胼胝体在儿童期迅速发展，10 岁的时候就能达到和成人一样的大小。

每个大脑半球都有四个脑叶：枕叶、顶叶、颞叶以及额叶，每一个脑叶都有不同的功能（见图 5-3）和发展速度。大脑皮层中负责管控我们的视觉、听觉以及其他感觉信息的区域在刚出生的几个月中发展迅速，并在约6个月的时候达到成熟。但是0~6个月期间管控抽象思维、心理联想、记忆和随意运动反应的脑部区域则发展缓慢，而且直到青少年期都是不够成熟的。大脑的发展是一个毕生的过程，是生理的、认知的和情绪发展的基础。

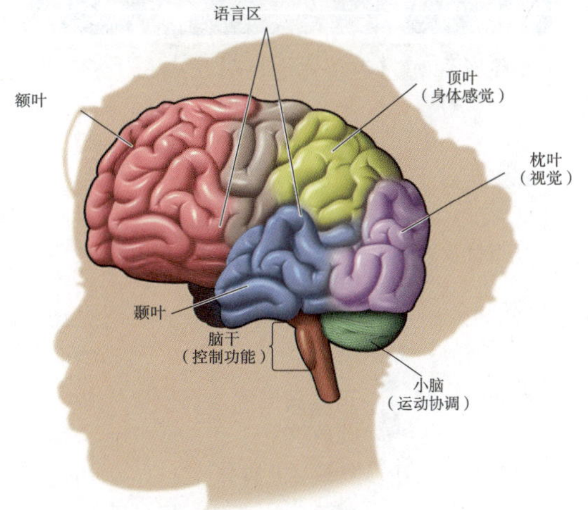

图5-3 人的大脑

早期条件反射

如果你把一个刚出生的新生儿放在泳池里，他不仅能够正常呼吸、不呛水，而且能够在水中协调而有力地摆动胳膊和腿，使他能够前进一小段距离。这就是我们所说的会出现在每一个神经发展正常的婴儿身上的游泳反射，也是许多令人迷惑的先天反射之一。

反射行为是人们自动的、无意识地对于刺激的反应，由控制呼吸、心率等其他先天行为的较低级中枢控制。反射行为的出现和非必要反射行为的消失都是神经系统发展的标志。最初的原始反射往往和本能的生存需要和安全需要相联系，例如吮吸反射、觅食反射、莫罗反射（受到惊吓或者掉落时的反应）等。原始反射中的一些可能是人类在进化中保存下来的。抓握反射就是一个例子，婴儿能够紧紧地抓住他们手掌中的任何物体可能反映了处于灵长类进化阶段的幼崽，需要在母亲在树林中跳跃攀爬时紧紧地抓着她的皮毛。

出生2~4个月，随着更高级脑区的活跃，婴儿会出现姿势反射——一种对于位置变化和平衡的反射。例如，当婴儿斜向下伸胳膊的时候，降落伞反射就会出现，它会本能地阻止继续下落。而像走步反射这样看起来像随意运动的运动反射会影响婴儿随意运动的发展。

绝大多数的早期反射会在婴儿6个月至1岁之间消失。但是具有保护功能的反射会一直伴随我们，例如眨眼反射、打哈欠、咳嗽、吞咽反射、打喷嚏以及颤抖等。

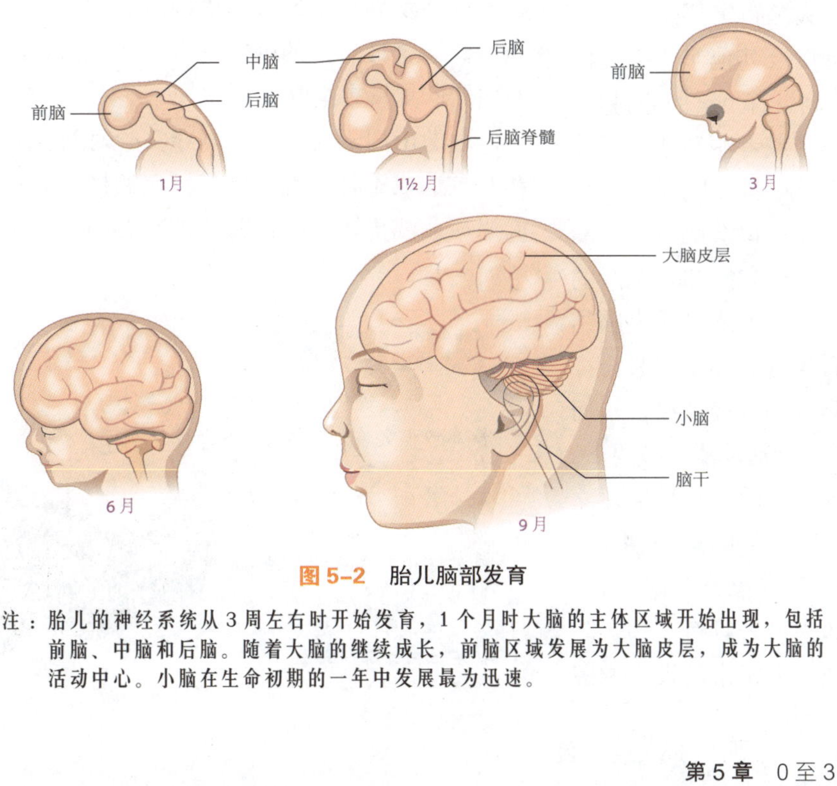

图5-2 胎儿脑部发育

注：胎儿的神经系统从3周左右时开始发育，1个月时大脑的主体区域开始出现，包括前脑、中脑和后脑。随着大脑的继续成长，前脑区域发展为大脑皮层，成为大脑的活动中心。小脑在生命初期的一年中发展最为迅速。

表 5-2 早期反射

反射名称	刺激	婴儿的反应	出现时间	消失时间
莫罗反射	坠落或巨大的噪音	伸直双腿、胳膊和指头，背部呈弓形，头部伸出	胎儿期 7 月	3 个月
抓握反射	按压婴儿手掌	拳头紧握，双手均处于抓握状态，可以被提起	胎儿期 7 月	4 个月
强直性反射	仰卧时	把婴儿头部转向一边，婴儿会做出“击剑”的姿势，头所朝向的一侧手臂和腿伸展，另一侧的则弯曲	胎儿期 7 月	5 个月
巴布金反射	迅速而突然地抚摸婴儿的双手	嘴巴张开、眼睛紧闭、颈部收缩头部向前伸	出生时	3 个月
巴宾斯基反射	抚摸婴儿脚掌	脚趾张开、脚掌向内扭	出生时	4 个月
觅食反射	用手指或者乳头轻触婴儿的脸颊或者下嘴唇	头部转向刺激源，嘴巴张开做吮吸状	出生时	9 个月
走步反射	从腋下托住婴儿，让其赤脚接触一个平面	婴儿交替抬起双脚，做踏步反应。	1 个月	4 个月
游泳反射	婴儿脸朝下浸于水中	四肢协调的游动	1 个月	4 个月

大脑的可塑性

虽然大脑早期发展在很大程度上是由基因控制的，但是其结构依然会受到环境的塑造，这种塑造的可能性被我们称之为可塑性。正因为可塑性的存在，婴儿的早期经验才会持续地影响大脑学习和存储信息的能力。

就像一辆车一样，大脑也需要燃气、汽油、刹车燃料、冷却剂以及其他东西来确保它能够高效工作。当大脑没有足够的养料时，就不能形成新的神经联结或者顺利地进行神经元轴突的髓鞘化。另外，有风险的药物、环境中的毒素以及心理压力也会威胁大脑的发展。例如，早期药物滥用和感知觉刺激的缺乏都会减缓神经系统的发展或者对大脑结构产生消极影响。没有丰富的环境刺激会抑制正常的细胞代谢和高效的神经联结，从而导致婴儿头部偏小以及大脑活动能力减弱。

如果神经元之间的联系没有在早期建立起来，那么相应的脑回路可能永远无法形成。例如，弱视的儿童在小时候没有及时干预，那么即使他们的眼部肌肉后来具有了调节眼球的能力，也永久性地失去正常的视力调节能力了。

如同不好的经验会对大脑形成消极的影响一样，积极的经验或丰富的环境也会促进大脑的发育甚至弥补先前的消极影响。研究发现，处于丰富环境的笼子中的动物比关在贫乏环境中的动物有更多的轴突、树突和突触。这些发现对于通过提供刺激促进早产儿和唐氏综合征患儿的脑部发展以及受损脑区的功能恢复具有重要意义。

科学伦理不允许环境剥夺实验对新生儿和儿童造成不良影响。但是，在拥挤的罗马尼亚孤儿院里，那些孤儿和被遗弃的孩子实

你知道吗？

反映大脑可塑性的例子之一是一个癫痫的儿童经药物治疗无效而进行大脑半球切除术（切除了大脑皮层的一个半球）。因为移除了一侧的大脑半球，虽然这个孩子受该半球控制的一侧身体应该完全瘫痪，但实际上切除后的几周他的身体只有部分瘫痪。

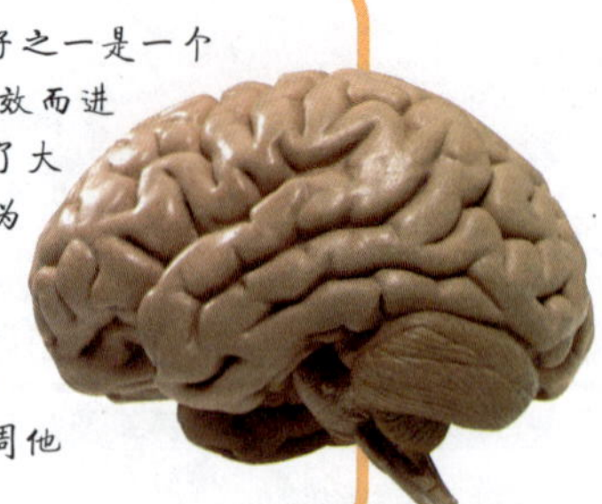

际上却处于环境剥夺的状态。布加勒斯特（罗马尼亚首都）早期干预项目（Bucharest Early Intervention Project，BEIP）对这些孩子进行了研究。孩子们分为两组，其中一组从出生起就被遗弃并进入福利机构，另一组也是从出生起被遗弃并进入福利机构的，不同的是他们后来被随机指定收养，对照组则是从小和父母生活在一起的儿童。研究结果发现，因长时间的机构抚养经历而导致的严重剥夺，对于儿童发展的许多方面均有负面影响，包括生理发育、认知发展、社会化情绪功能。而家庭收养则能够减少这些领域出现问题的可能性，被收养时的年龄、早期机构抚养年限以及机构抚养的特点是影响儿童在收养家庭中获得改善的重要因素。这一观点说明高质量的养育和照料可以调节机构抚养对儿童造成的不利影响。

>> 早期感知能力发展

在出生后的几个月中，负责处理感知信息的脑区会迅速发展，以确保新生儿知道他们触摸到的、看到的、闻到的、尝到的、听到的是什么。这个过程用不了多久，一个新生儿就会很快学会分辨出布料上妈妈乳汁的味道或是记住妈妈的声音。

触觉和痛觉

触觉是婴儿期最重要的一种感觉，任何时候要通过拍拍后背安慰一个正在哭泣的婴儿或者通过挠痒痒来叫醒熟睡中的孩子，你都会用到触觉。触觉是最先发展的一种感觉，在生命初期的几个月中，婴儿的触觉是发育最成熟的感觉系统。在孕期 32 周时，所有的胎儿都已经对触觉相当敏感，而这种敏感性会在出生后的 5 天中迅速提高。当婴儿的面颊被轻轻抚摸时，他会做出寻找乳头的反应，这一反射动作是进化而来的生存机制。

以往，医生在对新生儿做割包皮等手术时是不进行麻醉的，原因是他们错误地认为新生儿是没有痛觉的。他们认为婴儿只会短暂地感觉到，并且不会记住，也不会受到什么影响。但是有证据表明，在孕期 3 个月时，婴儿就已经有了痛觉。新生儿是能够且确实会感受到疼痛的，并且在刚出生的几天内更加敏感。对于婴儿来说，麻醉剂确实是危险的，但是其他能够减少疼痛的手段也正应用于割包皮手术的前期准备中。在吸奶或者含着甜甜的液体时，婴儿对于疼痛的反应会减少。

嗅觉和味觉

嗅觉和味觉的发展开始于胚胎期，有些味觉在很大程度上是由先天决定的。和酸味、咸味、苦味相比，新生儿更喜欢甜味。这可能也是一种遗传生存机制，因为母乳是甜的，而有毒的东西通常是苦的。

味觉的发展会从婴儿期一直持续到童年早期。有研究显示，用不同婴儿食物喂养的 4 岁和 5 岁的幼儿具有不同的饮食偏好。在母乳喂养期间让孩子多接触健康食品的味道，会使孩子在断奶后和长大之后更容易接受健康食品。

你知道吗？

在婴儿期，正常孩子都会挑剔食物。这一现象 78% 由基因决定，另外 22% 可以通过给孩子吃更多种类的食物来解决。

听觉

婴儿在出生前就有了听觉。一个孩子刚出生时就已经听过了妈妈低沉的声音、胃部消化食物的隆隆声及咀嚼的声音等。从进化的视角看，胎儿对于声音和语音的早期知觉是通过维持母子之间关系而获得更大存活几率的一种方式。

听觉区分能力在出生后迅速发展。刚出生 3 天的孩子就可以辨认出他们曾经听过的声音；2 天大的孩子就能够辨认出他们这一天中早些时候听到过的单词；1 个月大的婴儿已经可以区分从不同人嘴里发出的“ba”和“pa”这些发音相近的声音了。

由于听力是影响语言发展的重要因素，而且是引发语言发育迟缓的基本且常见因素，因此听觉缺陷应该尽可能早地得到确认，婴儿中失聪比例达到了 0.1%~0.3%。

视觉

在父母怀抱的时候，婴儿看到的世界是什么样子的呢？视觉是所有感觉中发展最晚的。从进化的视角解释这一现象，是因为其他感觉和生存的关系更加直接和密切。视觉和使用视觉信息的能力在婴儿更加警觉、更具活力时显得更加重要，例如认出自己的照料者、寻找食物以及避免危险。

新生儿的眼睛比成年人的稍小一些，其视网膜结构仍未发育完全，视神经也未发展好。新生儿最佳视力焦点约在 30 厘米左右，恰好是婴儿眼睛和抱孩子的人面孔之间的距离。这很可能并非巧合，这个有利于母子联结的距离很可能具有进化意义。

新生儿处于强光环境中会眨眼睛。他们的视野非常狭窄，在 2~10 周这段时间会发展为刚出生时的 2 倍。目光追随移动物体的能力和色觉会在出生后的第一个月迅速发展。

新生儿的视敏度只有 20/400，但其发展速度非常快，到 8 个月大的时候就能达到 20/20 的水平了。双眼视力（利用两只眼睛聚焦、估计深度和距离知觉的能力）直到四五个月时才开始发育。

早期筛查是发现视力问题、及时干预的必要措施。婴儿 6 个月时就应该接受视力检查，包括视觉定位偏好、双眼眼位和眼病检查。正式的视觉筛查应该在 3 岁时进行。医院的眼科部门会提供婴幼儿视力检查表，表中呈现的是供婴儿辨别的图形而非字母，如星星、心脏和圆圈。

你知道吗？

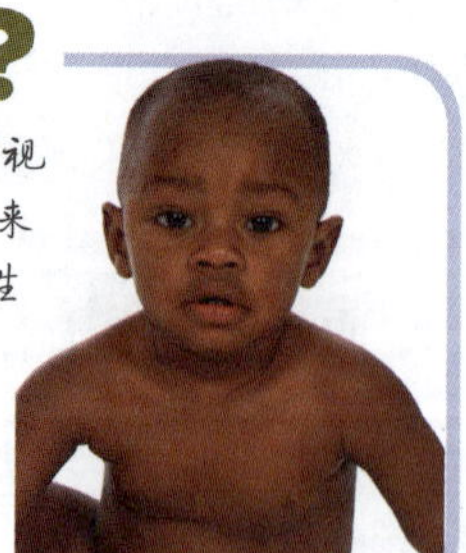

婴儿对于人的面孔有视觉偏好，从某种程度上来说，这一现象也是为新生儿母子的联系服务的。在知道人的面孔是什么之前，婴儿就会盯着面孔看了。

你的工作是什么？

听觉矫治专家

听觉矫治专家负责听力测验、诊断听觉障碍。他们面向的人群可能遭受听力、平衡以及其他相关问题的困扰。例如，听觉矫治专家可以鉴别出一个语迟障碍的幼儿是否是因为听力问题。不同级别的听觉矫正师需要不同的职业资格，硕士学历是必备的，而其中博士也越来越多。想了解更多关于听觉矫正专家的情况，请登录 www.audiology.com 和 www.asha.org。

>> 动作发展

威廉刚出生的时候只会在自己的小床上敲敲打打，抓东西时无力而不协调，他的父母发现他控制自己身体运动的能力正在持续而快速地发展。4 个月大时，威廉会翻身了，父母不能再让他自己待在床上了，因为他可能会从床上翻下来。六个月大时，他可以自己坐着了，虽然在伸手拿玩具的时候还会歪歪倒倒，而且不能自己坐起来。在他刚满 1 岁的时候，他独立地踏出了自己蹒跚的第一步。威廉的动作发展代表了一般婴儿的典型特征，世界上绝大多数婴儿都有着这样的发展轨迹。

动作发展的重要转折点

动作发展具有系统性，发展过程中有一系列的关键转折点（见图 5-4）。只要有空间和自由，婴儿就会自然地获得这些动作技能。

丹佛发展状况表给出了 1 个月至 6 岁的儿童动作发展进程。该测验考查了包括支配大肌肉群（如翻身、接球等）的大动作和需要精确协调小肌肉群（抓住一个玩具或者画一个圈）的精细动作。一般来说，大动作出现得比精细动作早，丹佛测验为我们提供了不同动作技能发展的大概时间表。婴儿的语言发展和个性发展同样存在一个时间表。当提及儿童所能达到的平均水平时，我们指的是丹佛发展表中 50% 儿童达到的状态。但是，需要强调的是，正常发展节点是一个时间段，而非某一个时间节点。

你的工作是什么？

全职治疗师

全职治疗师为患者提供心理、生理或发展性问题的治疗服务，目的在于让患者在日常生活和工作场合中有更好的任务表现。这些任务包括使用电脑、衣着打扮、进餐和烹饪。他们在多种场合工作，包括医院、康复中心、私人诊所、学校和心理健康服务机构。通常情况下需要硕士及以上学历，想了解更多关于全职治疗师的情况，请登录 www.aota.org。

儿童动作发展的速度有着不同文化的烙印。例如，在乌干达，婴儿平均 10 个月就能走路，美国婴儿平均会走路的时间则是 12 个月，法国为 15 个月。而亚洲儿童的这项技能发展得则更加缓慢一些。这些差异可能与不同的人种的个性或者不同文化中照看儿童的方式有关。正常的动作发展并不是严格的在某个时间达到某种状态，动作技能的发展和成熟受到多种因素的影响。0 至 3 岁的关键发展里程碑常常是控制头部、手以及自由移动。

控制头部

刚出生时，绝大多数婴儿能够在仰卧的状态下把头部扭向一边。而向下趴着的时候，他们也能轻轻地抬起头并转向一边。在最初的 2~3 个月里，他们抬头的幅度越来越大，甚至有时候会因此而失去平衡、整个后背也能跟着转动。4 个月大时，几乎所有的婴儿都能在坐着的时候保持头部直立。

控制双手

婴儿出生的时候就有抓握反射，如果轻抚婴儿的手掌，他们的手就会紧紧握住。大约在 3 个月时，大多数婴儿能够握住大小合适的东西，如一个会发出声响的玩具。但是他们还不能拿住更小的东西。接下来，他们能单手拿着东西传到另一只手上并且一直举着，但是还不能捡起小一些的东西。在 7~11 月，婴儿的双手已经能够协调地拿起一些很小的东西，如用指尖捏起一个豆子。

身体移动

3 个月大的婴儿一般能够自如地翻身，从仰卧翻到俯卧，再从俯卧翻回仰卧。6 个月大的时候他们能够不需要外力支持地坐着，8 个月的时候能够自己坐起来。

6~10 个月，婴儿开始尝试着爬来爬去。这种自主移动的成就对于婴儿的认知和心理都有好处。会爬的婴儿对于客观物体有更多的认识，东西在哪儿、有多大、会不会动、看起来是什么样的，等等，爬行还能够帮助婴儿更好地判断距离和深度。但是爬行并不是一个考察动作发展的指标，因为有些婴儿会直接从坐发展到走，跳过爬行这个环节。

婴儿 7 个月大的时候，能够扶着成人的手或者家具站立一小会儿。婴儿平均在 11 个月大的时候能够自如站立并且开始尝试走路，此时他们已经做好了学走路的准备。婴儿每天大约有 6 个小时左右的时间在练习站立和走路，断断续续地几乎能达到 29 个足球场边长的距离。在几个星期之内，婴儿就能够走得很好了。从此时起，他就进入了真正的婴儿期。

婴儿在 1~2 岁开始学习爬梯，开始是一只脚踏一个台阶，另一只脚再踏上这个台阶，后来就可以两只脚交替上台阶了。上楼梯之后学习下楼梯。2 岁的时候，婴儿开始跑和跳。3 岁的时候，几乎所有的婴儿都可以单脚站立保持平衡，并且开始练习单脚跳跃。

动作发展与知觉

动作经验会塑造和修正婴儿对自身行动的知觉和理解。发展中的大脑为这两者之间的连接提供了可能性，从而让婴儿获得了有关他们自身和周围环境之间的信息，并且从出生开始，这种联系就已经发展得很好了。

4~5 个月，婴儿开始尝试够东西，在 5 个月的时候，他们能够够到移动中的物体。通常情况下，绝大多数婴儿够物体时要依赖于视觉，但处于这个阶段的婴儿也能够根据感觉线索去拿到东西。他们能够根据声音判断看不到的发声玩具的位置，还能够在看不到自己双手的情况下在黑暗中捕捉到光源。婴儿甚至可以仅根据记忆而触到东西的位置。在稍微大一点的时候（5~7 个月），婴儿能够在黑暗中抓到一个移动的发光物，这可以说是一个了不起的行为，因为这需要觉察物体移动的轨迹和速度来预判要何时出手。

深度知觉是对于客观物体和表面的三维知觉，依赖于物体在视网膜上视觉感受细胞中的成像信息。这些线索信息包括双眼协调和动作控制。运动线索来源于物体的移动、观察者的移动或两者兼而有之。因此判断物体是否是移动的需要婴儿保持头部不动，而这种能力在 3 个月大时已经获得了。

5~7 个月，婴儿会根据相似或不同的质地和明暗对物体作出反应。这些线索依赖于触觉，婴儿要做的是接触这些物体，而不仅仅是看。在婴儿期我们常常能够看到孩子会把东西放进嘴里，这是他们收集触觉信息的一种方法。因为舌头会提供给婴儿多种多样的关于物体质地、纹路的信息。嘴巴里的触觉感受器自出生起就开始工作，但是抓握物体的触觉只有在婴儿的手眼协调能力充分发展到能抓住物体时才开始起作用。

动作发展的理论

关于动作发展，发展心理学家所感兴趣的不仅是标志性动作发展的先后次序和时间刻度，还对动作发展的潜在进程有深刻的理解。动作发展相当复杂，因此关于动作发展有众多理论解释框架是情理之中的。而此处我们将目光聚焦于两个最重要的理论：知觉生态理论和动态系统理论。

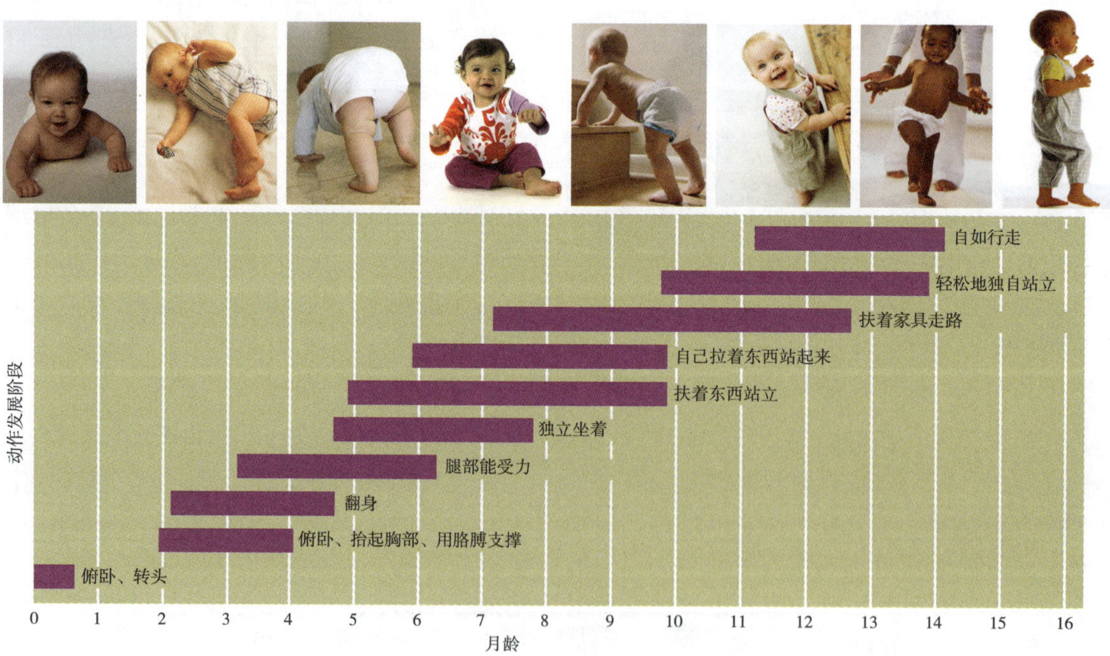

图 5-4　大动作发展的关键时间表

知觉生态理论

理查德•沃克（Richard Walk）和埃莉诺•吉布森（Eleanor Gibson）曾做过一个经典实验，实验的被试是6个月大的婴儿，研究者把他放在一个大玻璃桌板上，玻璃板下面是两边深度不同的棋盘格装置，由于不同的深度造成了视觉落差，因此桌子中间就形成了一个视崖。婴儿会知觉到这个实际上是错觉的深度吗？他们不仅能看出来“平地”和“低谷”的区别，而且即使他们看到“低谷”的一侧妈妈们张开怀抱呼唤他们，婴儿们也只在“平地”那一侧玩耍。

根据埃莉诺•吉布森和詹姆斯•吉布森的知觉生态理论，婴儿不断地估计着他们的能力和环境，并据此采取相应的行动，需要的时候还会发明新的策略。这一过程被称为“学着去学习”，包括视觉的和手部的探索、测验不同的待选方案以及灵活的解决问题的方式。在视崖实验中，会爬行的婴儿比不会爬的婴儿更可能回避视崖。同样，当面处于斜坡顶端的时候，刚刚会爬或刚刚会走的婴儿并不能意识到自己能力有限，而直直地冲下去。但是，他们的判断会越来越准确，而且通过练习新的技能和对怎样滑下斜坡才能不失去平衡的经验学习，他们的探索行为也更有效了。

根据吉布森的理论，动作发展并不存在不同的机能发展阶段。相反，每一个问题空间都有其特定的学习曲线。对于能拿到多远之外的玩具，婴儿坐着的时候会有一个判断，而到了会爬的时候则要重新学习这一知识。同样，即使会爬的孩子已经掌握了怎么下斜坡，他会走的时候又需要重新学习。

动态系统理论

关于典型动作发展的时序变化，传统的看法是基因序列的作用，是指由发育成熟的大脑直接控制的自动化的、有序的步骤。而现在，很多发展心理学家认为这一观点过于简单。根据埃斯特•西伦（Esther Thelen）的观点，动作发展是个体与环境交互作用的连续进程。

西伦集中考察了走步反射，所谓走步反射，是指当直立的婴儿双脚接触到某物的表面时会出现类似走步的动作。走步反射会在婴儿4个月左右消失，到1岁左右，类似的动作才会再次出现。对于走步动作的再次出现，通常的解释是随着大脑的发展，新的可控的动作技能代替了原始反射。但是，如同西伦所发现的，即使在走步反射消失后，婴儿在躺倒的时候会有类似走步反射一样的踢腿动作。为什么走步反射消失了但是踢腿还在继续呢？西伦认为，在刚出生的几个月里，婴儿的双腿会迅速变粗、变重，但是其肌肉强度还不足以支撑增加的重量，因此走步反射消失了。实际上，让走步反射已经消失的婴儿的双腿浸入温暖的水中，走步动作会再次出现，因为水的浮力帮助他们支撑了腿的重量。

西伦认为，没有任何一个单独的因素（如成熟）可以有效地解释动作发展。婴儿本身与环境构成了一个交互作用、持续变化的系统，这一系统包括婴儿的动机、肌肉力量和有效的环境支持等多种因素。**环境支持**（environmental affordance）指的是环境或环境中的客体所能为个体完成某种行为提供的可能性。例如，安全的环境可以提供探索的机会，一个球能够被抛来抛去。最终，婴儿会按照环境提供的可能性充分尝试各种行为并从中选择最

你的工作是什么？

身体治疗师

身体治疗师的工作对象是由生理缺陷或障碍而导致发展迟缓的人。他们首先对患者进行诊断，然后制订并执行治疗计划来帮助患者改善运动机能和其他的生理功能。例如，一个折断了腿的幼儿的康复方案中也许包含了身体治疗。身体治疗师需要很强的人际沟通能力来应对患者、家属、医生以及其他专业诊疗师。他们在多种场所工作，包括医院、诊所、私人诊室以及学校。身体治疗师需要本科或硕士物理治疗专业资质，同时也需要考取特殊执照，想了解更多关于身体治疗师的情况，请登录 www.apta.org。

有效的行为，而且这些行为一定是有调整空间且可塑的，因为婴儿的身体和其所处的环境本身都是持续变化的。成熟的大脑只是这些变化因素中的一个。

根据西伦的动态系统理论（Dynamic Systems Theory，DST），一般儿童的动作发展之所以会呈现出相同的顺序，是因为他们自身建构方式基本一致，以及他们面临着相似的生理挑战和需求。例如，他们最终都会发现，在绝大多数情境中，走比爬更有效。但是这一发现依赖于每个婴儿独特的生理特征和每个独特环境中的不同经验，这也就解释了为什么有的孩子走路早，而有的孩子走路晚。

>> 健康

在威廉出生的家庭里，父母为他提供了好的影响、丰富的环境和高质量的健康护理。更重要的是，父母的爱心、善良帮助他建立了对他人的信任和对自己小小能力的信心。威廉是幸运的，他生活在一个充满玩具和爱的阳光世界；而很多孩子并没有这样的生长环境，他们的幼年生活充满了生理的挑战和情感的危机。究竟他们面临着怎样的风险呢？

新生儿死亡率

与过去相比，婴儿保护工作已经有了跨越式的发展，但是这些改善并不均衡。世界上每 1000 个新生婴儿中有 47 个会在出生不满 1 岁时夭折，从全球来说就有 600 万婴儿。其中 60% 的婴儿夭折发生在出生 1 个月之内，而其中的一半是在出生 24 小时之内发生的。绝大多数的新生儿死亡发生在发展中国家，特别是南亚地区和西非、中非地区。

86% 的新生儿死亡是由败血症、肺炎、破伤风、痢疾等严重传染病（36%），早产（27%）和出生时的窒息（23%）引起的。这些由贫穷、孕妇保健和营养的缺乏、传染病以及医疗体系不健全而引起的死亡有很多是可以避免的。针对母亲和新生儿的社区基础产后照料能有效避免上述新生儿死亡率。

在美国，新生儿死亡率（不满 1 岁就夭折的儿童比率）自 20 世纪起持续下降，那时

表5-3　新生儿死亡率

地区	新生儿死亡率（1000 个新生儿中死亡的新生儿个数）			新生儿死亡个数	
	1990 年	2010 年	1990—2010 年下降率（%）	1990 年	2010 年
发达地区	7	4	43	106	53
发展中地区	36	25	31	4319	3019
北非	29	13	55	107	46
撒哈拉以南非洲地区	43	35	19	969	1123
拉丁美洲及加勒比海地区	23	11	52	265	117
高加索地区及中部亚洲	30	21	30	58	34
东亚	23	11	52	589	189
中国大陆	12	9	25	14	8
南亚	48	32	33	1875	1256
印度本岛	48	33	31	576	381
东南亚	28	15	46	335	169
西亚	28	16	43	116	79
大洋洲	26	21	19	5	5
全球	32	23	28	4425	3072

你的立场是什么？

医疗条件的改善有助于低体重早产儿的存活。但是这些孩子往往会受到后续发展性后果（包括心理发育迟缓或大脑性麻痹）的困扰。那么，无论婴儿出生的时候多么轻，都要帮助他们存活是否总是最佳选择？

候的新生儿死亡率是 10%。但是到 2000 年至 2006 年，这一数字趋于平稳，1000 名新生儿中死亡人数约为 6.69 名，这一现象很大程度上是由于这 5 年中早产率的升高（9%）造成的。超过一半的新生儿死亡发生在出生后一周之内，其中约 2/3 发生在刚刚出生之时。

在美国，出生时的先天缺陷是引发新生儿死亡的主要原因，其他原因包括与早产或低出生体重有关的紊乱、新生儿猝死综合征、母体妊娠并发症，以及胎盘、脐带、羊膜方面的问题。自 20 世纪 80 年代中期起，早产儿和低体重新生儿的概率呈现稳定增长的态势。2005 年的死亡新生儿中超过 2/3 为早产儿，超过一半都是超早产儿（月份很小的早产儿）。同年，美国新生儿中仅有 0.8% 体重低于 1 千克，但是他们却占到了新生儿死亡率的 48.2%。即使出生体重轻的婴儿比以往更多，但是预防新生儿猝死的措施、提高轻体重婴儿存活率的针对呼吸困难的有效治疗方法，以及医学进步都使得美国 1990 年后的新生儿存活率逐渐提高。即便如此，2008 年美国新生儿死亡率仍高于全球范围内的 44 个国家。在接下来的一节中，我们来讨论新生儿死亡率中的主要因素——新生儿猝死综合征和意外伤害事件的民族差异与种族差异。

新生儿死亡的民族差异与种族差异

虽然全美范围内新生儿死亡率均呈下降趋势，但是不同民族、不同种族的巨大差异仍然存在。黑人婴儿死亡率比白人婴儿和西班牙裔婴儿约高两倍，其重要原因是非洲裔新生儿出生体重过轻以及新生儿猝死综合征。美国土著婴儿和阿拉斯加本地婴儿的死亡率约为白人婴儿的两倍。

不同民族或种族婴儿死亡率的差异很大程度上是由少数民族儿童保健质量较差造成的。尽管如此，其他的行为因素同样有一定的影响。肥胖、抽烟、酗酒都对怀孕有不利影响。非裔美国人中肥胖者比例较高，而土著居民和阿拉斯加人中抽烟、饮酒的人更多。不同种族间孕妇保健的比例在 89%（非西班牙裔美国白人）至 76%（土著居民和阿拉斯加本地人）。因为造成婴儿死亡的因素存在民族差异，因此降低婴儿死亡率的工作需要针对不同群体的情况分别进行。

新生儿猝死综合征

新生儿猝死综合征是指 1 岁以内的婴儿突发性的、原因不明的死亡。在美国，新生儿猝死综合征是新生儿后期（出生 1 个月至 1 年）婴儿死亡的最主要原因。其发病率在 2~3 个月最高，且常见于非裔美国人与土著居民和阿拉斯加原住民婴儿，男孩、早产儿居多，以及母亲年纪较小、较晚得知怀孕或没有很好的孕期护理的情况。

新生儿猝死综合征往往是由多个因素共同作用导致的。潜在的生物缺陷会使新生儿容易受到特定环境因素或触发刺激（例如被确认为风险源的孕期接触烟草）的影响。潜在的生物缺陷包括负责从睡眠状态到觉醒状态（应对外界环境威胁）进行转换的神经网络发育迟缓、调节呼吸节律的脑部机制紊乱以及基因缺陷。

医生建议婴儿不要睡在柔软的枕头、被褥或沙发靠垫上，以免增加体温过高或吸入废物的危险。婴儿睡在不当地点时患婴儿猝死综合征的风险会增加 20 倍，如成人的床上、沙发、椅子或其他非婴儿用品等。研究表明，使用安抚奶嘴与较低的婴儿猝死综合征发生率相关。研究结果还显示，趴着睡与婴儿猝

多元化视角

睡眠习惯

在许多文化中，人们更接受与小孩一起睡。例如，在肯尼亚的古斯，婴儿会在成人怀里或由照看者背着睡。在很多社会中，为了方便晚上照顾婴儿，婴儿在刚出生的几年会和妈妈睡在同一个房间甚至同一张床上。玛雅人中妈妈会一直和孩子一起睡，直到下一个孩子出生。而且当听到有人让孩子自己单独睡在另一个房间时，他们会非常震惊。

虽然美国父母也会和孩子睡在同一个房间，但是并不是同一张床，同睡一张床是近几年开始流行的。1993 年至 2000 年，亲子同床睡的比例提高了约两倍。在两周大的孩子中，约有 42% 的孩子与父母同睡。

一些研究者认为亲子同睡是安全且可取的选择。生理上的亲昵会让哺乳、抚摸和母亲的回应更容易。

但是，在某些情况下，孩子和大人同睡一张床可能会增加婴儿猝死综合征和窒息的风险，特别是在婴儿不满 11 周的时候，或者双亲都和孩子同睡一张床、父母中有人抽烟或喝酒及过度疲劳的时候。

这些因素可能会造成一些孩子无法清醒过来或者因为被毯子盖着而不能转动头部以至于不得不呼吸二氧化碳含量过高的空气。因此，睡觉的时候周围有一个可以保证空气流通的电扇，能够使新生儿猝死综合征的发生指数降低 72%。

死综合征之间关系密切。由于听取了“要想孩子健康，就让他们躺着睡”的建议，美国婴儿猝死率在 1992 年至 2001 年下降了 53%。

意外伤害

在美国，意外伤害是引发婴儿死亡的第五大因素。1 岁前儿童意外伤害死亡比例中由窒息导致的占 2/3。在儿童 1~4 岁时，交通意外是意外伤害致死的首要因素，溺水和火灾紧随其后。坠落是非致死意外伤害中最常见的，婴儿中为 52%、幼儿中为 43%，紧随其后的分别是吞咽危险物品和烧伤。所有年龄段的男孩子都比同龄的女孩子更容易出现意外伤害甚至死亡。这些数据说明，具备儿童防护装置的家庭生活环境是很重要的，很多意外因素是可以避免的。

免疫

由于疫苗技术的发展，曾经肆虐一时的麻风、百日咳、小儿麻痹症等儿童常见的致命疾病都已经可以预防了。然而不幸的是，仍有很多儿童不能被完全保护。

世界上 78% 的婴儿会在出生后第一年接受常规疫苗接种。直到 2002 年，仍有 250 万 5 岁以下的儿童死于可以通过接种疫苗避免的疾病，其中有将近 200 万人是非洲人和东南亚人。

受益于美国免疫接种计划，2007 年，19~35 个月的各个种族的美国婴儿中，77.4% 接种了一系列儿童疫苗，90% 以上接种了核心的集中疫苗。然而仍有不少儿童，特别是贫穷家庭的儿童缺少一种或几种必须的疫苗，且不同地区情况参差不齐。

有些家长对接种疫苗持怀疑态度，原因

你的立场是什么？

疫苗只有在注射人口比例达到一定程度时才起作用。那些选择不给孩子接种疫苗的家长实际上依赖于接种的人。那么，这是道德的吗？

是担心疫苗的接种会导致孩子患自闭症，但是绝大多数研究显示，这种推论是没有理由的，并且科学界普遍怀疑这个观点来源的真实性。然而仍有许多家长出于担心而不给孩子接种疫苗。由于未接种的孩子中有 8% 感染了相应的疾病，在某些特定社区中，这些疾病有集中爆发的趋势，这使得孕妇和不满接种疫苗年龄的孩子处于病菌感染的危险中。

你知道吗？

声称疫苗和自闭症相关的原始论文被《柳叶刀》（*Lancet*）杂志于 2010 年 2 月正式撤回，原因是其原作者安德鲁·威克菲尔德（Andrew Wakefield）被指故意进行科学欺诈以及由于润色其实验结果而存在经济问题。

关于接种疫苗的另一个担忧是，婴儿是否接受了过多的接种而对自身免疫系统有危害，而实际上则恰恰相反。多种疫苗不仅加固了免疫系统、更好抵御细菌侵袭，而且降低了感染风险。在一个普通的儿童博物馆里，孩子们会接触到的细菌就远远超过注射疫苗的种类。

儿童虐待

虽然绝大多数父母对孩子都是慈爱、友善的，但是也有一些父母不能或者不会给孩子恰当的照顾，甚至有些父母还故意伤害孩子。虐待有几种不同的类型。

- 身体伤害：通过拳打、脚踢、火烧等方式伤害孩子的身体；
- 忽视：没有注意到儿童的基本需求，如饮食、衣服、健康、保护和监管；
- 性侵害：儿童和任何年长者发生的与性相关的行为；
- 情绪虐待：拒绝、嘲笑、威吓、孤立、压制、贬低、愚弄以及未能提供情感支持、爱护和欣赏。

2006 年，联邦政府和儿童保护组织在 600 万儿童中共接到 330 万儿童虐待的举报，其中确认的约有 90.5 万。将近 2/3（64.1%）被确认的儿童虐待案件属于忽视，16% 为身体伤害，8.8% 为性侵害，6.6% 为情绪虐待。约有 1530 名儿童死于虐待，而真实数字可能远高于此。受虐致死的孩子中，41% 是由于疏忽而造成的，22.4% 为身体伤害，31.4% 的孩子遭受了不止一种虐待。

婴幼儿期的虐待

儿童的每个年龄阶段都可能会被虐待或被忽视，由于虐待受害甚至致死率最高的时候是 0~3 岁。2006 年，受虐致死的儿童中有 19% 为婴儿，其中将近 1/3（32.7%）死于出生后的第一周，其中超过 2/3（68.5%）是由于疏于照顾所致的。

一些婴儿死于非器质性发育不良，即由于未知的药物因素导致的生理发育迟缓或停滞伴随心理及情绪功能缺乏。症状包括没达到应有体重、情绪易激动、睡眠过度和疲劳、回避目光接触、缺乏笑容或没声响以及动作发展迟缓。发育不良是由于营养不良、母乳喂养困难、不恰当的营养搭配和喂养，以及父母混乱的互动方式共同造成的。在全世界，贫穷都是造成发育迟缓的最关键的诱发因素。此外，母亲或其他主要抚养者因抑郁、酗酒或其他东西成瘾而承受着巨大的压力，以及不能给予孩子足够的温暖和关注，也会提高这种可能性。

在美国，因摇晃、坠落或磕碰导致的头部外伤是儿童受虐致死的主因。摇晃婴儿综合征常见于出生后两周内的婴儿。此时的婴儿颈部肌肉不够强壮且脑袋重，所以在晃动中婴儿的脑部会反弹到内侧颅骨。晃动造成的伤害与被扔到床上或磕到墙上相似，会引起瘀伤、流血、肿胀以及严重而持久的脑损伤、麻痹甚至死亡。

产生的原因

在婴儿虐待事件中，约 80% 的行凶者是孩子的家长，通常是母亲。父母施虐严重扰乱了婴儿的抚养，这一现象通常由家庭的其他问题衍生而来，例如贫困、低教育水平、

你知道吗？

与普通人相比，监狱中的囚犯（无论男女）有更多童年受虐经历。

酗酒、抑郁或反社会行为等。1/3 至 2/3 的虐待和忽视都与药物滥用相关。

特殊的家庭抚养环境与儿童可能受到的身体虐待密切相关。虐待常常在父母中的一方因焦虑、抑郁或粗暴地摆弄孩子的身体而开始，停止的时候已经在摇晃或打孩子了。虐待孩子的父母之间通常存在婚姻问题并且相互打架。他们的家是混乱无序的，他们比别的家庭承受着更多压力事件。

虐待和忽视是由不同层次的多个因素相互作用而导致的。除了家庭因素外，文化因素同样会增加儿童虐待的发生概率。社会暴力倾向和对儿童的体罚是两个与虐待相关的主要文化因素。例如，更多的体罚与社会犯罪率成正相关关系。美国许多州甚至允许在学校对学生进行体罚，而相应的谋杀、家庭暴力和强奸也很普遍。一项调查研究的结果表明，3~4 岁的儿童中，90% 的父母曾在家里使用过体罚，孩子 12 岁时，父母中的这一比例约为 50%。

如何帮助困难家庭

在虐待发生前实施预防措施是一个更有效也更经济的举措。一些干预活动（如公开服务声明）旨在提高一般人群的预防意识；另一些是针对虐待高发的特殊人群的措施，例如单亲妈妈课堂等。

如果有疑似儿童虐待事件发生，儿童保护机构会介入调查并决定进一步采取什么样的措施。儿童保护机构的工作人员会尝试帮助该家庭解决他们的问题或为受虐儿童寻求安全的安身之处。针对受虐儿童及其父母提供的服务包括收留、家长教育以及心理治疗等。父母互诫会（Parents Anonymous）以及其他组织会提供免费的、保密的支持团体。但是这些服务的容纳量常常是有限的。

当不得不把孩子从他的家庭中接出来的时候，通常的安置场所是收养中心。收养中心会接收有直接危险的孩子，但这不仅难以持续，还会让孩子和家庭隔绝，从而使受虐的孩子又陷入另一种虐待环境中。收养机构很难照顾到每个孩子的基本的医疗和受教育需要。

虐待的长期效应

在没有外界帮助的情况下，受虐儿童的成长常常伴随着许多严重的问题，并且可能陷入他们为人父母后继续虐待下一代的循环之中。曾遭受虐待和忽视的成年人中，约有 1/3 以同样的方式对待自己的孩子。

儿童期遭受的虐待和忽视会减缓或改变大脑发育，并且不断侵蚀情绪调节能力。虐待的长期效应包括较差的生理、心理和情绪，大脑发育受阻，亲密关系和社会交往问题，注意力和行为问题。青少年时期，曾遭受的虐待和忽视会使孩子更容易出现学业成绩差、犯罪、怀孕、喝酒、吸毒以及自杀。成年期后，他们的健康状况较差并且可能出现诸如中风、癌症和心脏病等严重的疾病。曾在很小的时候受虐的成年人，有更多焦虑和抑郁等情绪

你的立场是什么？

儿童保护机构的一个假设是只要能够确保孩子的安全，和父母待在一起将是最恰当的抚养方式。你是否同意这一观点？

问题，而受虐时稍大一点的人，则更容易出现攻击行为并且更有可能出现各种成瘾行为。

遭受过性侵害的儿童并表现出行为混乱、低自尊、抑郁、焦虑、忧伤或进食障碍，且他们会更早开始性行为。成年后，他们更多表现出焦虑、抑郁、愤怒以及疑虑情绪，对他人不信任，性行为失调以及酗酒或药物滥用，他们也会更多地感受到孤独和侮辱。有研究结果表明，童年期曾遭受严重性虐待的成人，在自己的恋爱关系中会更倾向于使用暴力。

不少受虐儿童的自愈力是惊人的，能够提供良好社会支持的成年长辈是保护受虐儿童的直接因素，还包括天性乐观、自尊、高智商、有活力、幽默和独立的人格特征。在第 14 章，我们会详细论述关于自愈力的影响因素。

值得庆幸的是，大多数孩子都能得到良好的照顾并且健康地成长。良好的生理发育为孩子们的认知与社会性发展提供了坚实的基础，让他们更自如地度过婴幼儿时期，具体内容我们会在第 7 章和第 8 章中呈现。

测试一下

CHAPTER 5 0至3岁婴儿的生理发展与健康

学习目的	自测	你在哪里可以找到答案
	□ LearnSmart □ connect Chapter 5 Quizzes	

学习目的 5.1

描述儿童早期发展的模式与恰当的抚养模式

1. 婴儿会使用胳膊比使用双腿早的原因是________；婴儿会使用胳膊比会用手够东西早的原因是________。
2. 下列年龄阶段中，恰当的婴儿食物有哪些？
   a.6 个月前________________
   b.6~12 个月________________

早期成长与生理发展

86~88 页

connect

MILESTONES

克莉丝塔的生长模式

阿特拉斯的进食习惯，Atlas

学习目的 5.2

概述婴儿期的大脑发育并解释反射行为与早期经验的重要作用

3. 一般来说，大脑中负责感知觉的区域是，负责更高级的特殊认知功能的区域是（　）。
   a.出生时并没有，在几年中会缓慢发展
   b.出生后的几个月发展迅速，直到青少年期仍在发展中
   c.出生前已经开始发育，出生后的几个月发展迅速
   d.出生前已经开始发育，出生后的几年中会缓慢发展
4. 衡量神经系统健康的指标有（　）。
   a. 应该出现反射行为时有反射行为
   b. 6 个月大时仍没有反射行为
   c. 反射行为按照发展时序消失
   d. a 和 c
5. 觅食反射是______反射的典型例子，走步反射是______反射的典型例子。
6. 什么样的环境和经验会对婴儿早期大脑发育有负面影响？

____

____

大脑与反射行为

88~91 页

connect

MILESTONES

科林的脑部发育

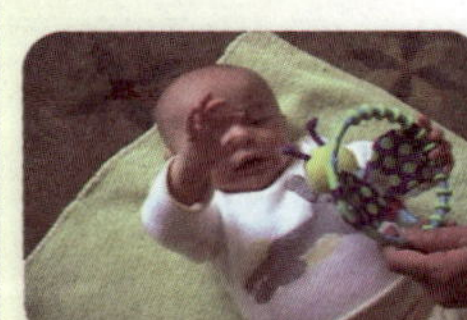

艾蜜莉亚的婴儿期条件反射

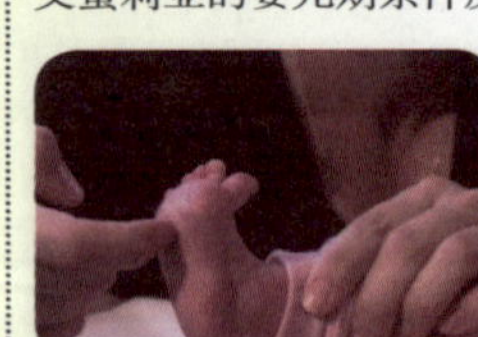

学习目标 5.3
总结婴儿早期的感知觉能力

7. 出生时最成熟的感知系统是：

____

8. 怀孕期间喜欢吃大蒜的母亲所生的孩子，出生后比那些孕期不吃大蒜的母亲所生的孩子更喜欢大蒜，这告诉我们（　）。
   a. 喜欢大蒜是先天表现
   b. 孩子出生前开始学习特定的口味或气味
   c. 孩子出生后开始学习特定的口味或气味
   d. 孩子必须被教会喜欢吃大蒜
9. 之所以在婴儿早期就要确认是否存在听力障碍非常重要的原因是（　）。
   a. 如果 6 个月前不确认，那么听觉神经通路的信息将会消失
   b. 婴儿对父母的反应很大程度上依赖听觉
   c. 听觉是语言发展的关键
   d. 听力障碍会导致发育不良
10. 婴儿的眼睛与成人眼睛的三个不同点是：

____

____

克里斯托的感知能力

早期感知能力发展
91~92 页

connect+
MILESTONES

尤尼亚的听觉灵敏度

阿玛利亚的味觉系统发育

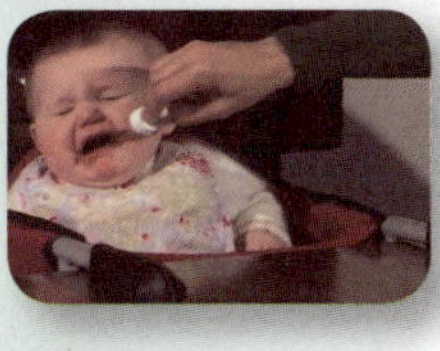

尤尼亚的感知运动阶段

费拉娜的日常情境

费拉娜的感知觉

科林的视敏度

学习目标 5.4
列出主要动作发展的重要时间点并总结动作发展的主要理论及文化的影响

11. 以下时间段分别对应哪种动作技能的发展？

    0~3 个月______________________________

    ____

    3~6 个月______________________________

    ____

    6~12 个月_____________________________

    ____

    12~24 个月____________________________

    ____

    24~36 个月____________________________

    ____

12. 下列说法中最能准确描述感知觉与动作发展关系的是（　）。

    a. 感知发展影响动作发展

    b. 动作发展影响感知能力的变化

    c. 感知发展与动作发展之间无关

    d. 感知发展与动作发展之间相互影响

13. 以下与知觉生态理论所认为的处于动作发展过程的孩子最为类似的是（　）。

    a. 一个谨遵成熟规律的人

    b. 一个挥舞魔杖施放法术的魔术师

    c. 一个探索世界的科学家

    d. 一个掷色子的赌徒

动作发展
92~96 页

connect+

MILESTONES

科林的动作发展

科林的肢体运动技能

尤尼亚的运动发育阶段

阿特拉斯的精细动作技能：阶段1

阿特拉斯的精细动作技能：阶段2

费拉娜的自我护理

学习目标 5.5

回顾婴儿发展中的主要危险因素，并讨论免疫疫苗接种在确保健康中的作用

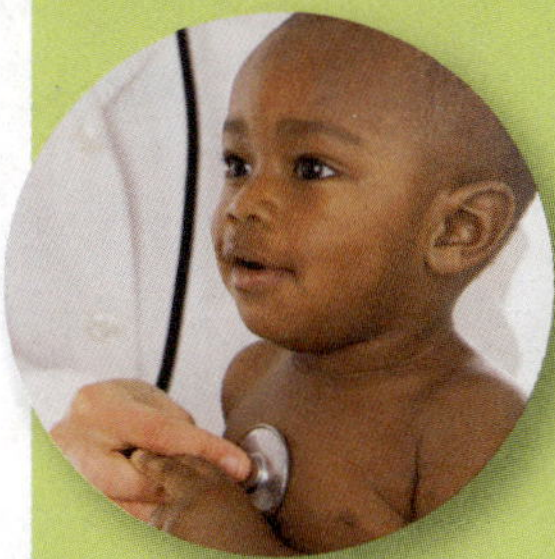

14. 相对于白人婴儿，非裔美籍婴儿死亡率更高的两个主要原因是：

____

____

____

15. 证明自闭症与疫苗接种之间的证据（　）。
    a. 并不存在
    b. 非常有力
    c. 存在，但仅限于麻风病
    d. 存在，但仅限于男孩
16. 写出三个引发儿童虐待的主要因素：

____

____

____

健康

96~101 页

视频链接

SIDS: Expert Interview

答案

1. 发展是从上到下的；发展是由中间到两侧的。
2. 母乳；含铁量丰富的固体食物。
3. b
4. d
5. 原始反射；运动反射
6. 药物滥用、环境中的毒素、母亲的心理压力、营养不良、早期的虐待、感知刺激的匮乏。
7. 触觉
8. b
9. c
10. 新生儿的眼睛比成年人要小，他们视网膜的结构还不完善，视觉神经还有待发展。
11. 仰卧、转头、抬头；保持头部直立、抬起胸部、用胳膊支撑、坐；爬扶着东西站立、自己拉着东西站起来；扶着家具走路、独立站立、自如行走；单脚站立保持平衡。
12. d
13. c
14. 因为在非洲裔美国人群中，患新生儿低体重和婴儿猝死综合征的婴儿比例更高。
15. a
16. 家庭因素，如贫穷、单亲、高压力；社区特点，如高犯罪率、缺乏社会支持网络、缺乏公共设施和社区服务；文化价值观，如认为体罚合理、社会暴力事件。

第 6 章

0 至 3 岁婴儿的认知发展

本章要点

- 行为主义取向：学习的基本机制
- 心理测量学取向：个体发展与智力测验
- 皮亚杰理论取向：感知运动阶段
- 信息－加工取向：感知与输出
- 认知神经科学取向：大脑的认知结构
- 社会情境取向：从照顾者身上学习
- 语言发展

艾娃出生后，最明显的变化是她的身体不断地长大以及动作技能的发展。但是，更大的变化正在她身体内悄然发生。像所有婴儿一样，她睁大眼睛盯着她觉得有趣的东西看，笨拙地把东西放进嘴里来探索。等到她会抓东西、会说话，她的世界也随着她一起变大了。她用双手、眼睛和耳朵去发现身边的世界，她摆弄玩具，她用手指向吸引她的东西，她开口说出第一个字，她用手指在杂志上划，好像杂志是iPad的触摸屏一样。在0至3岁，她从一个什么都不会的孩子变成了一个到处忙碌的幼儿，充满疑问和解答的世界在她周围展开。在这一章中，我们将学习认知发展这一支撑艾娃取得新成就、完成新任务的一系列基础内容。

在这个领域，多元的理论视角会帮助我们更好地理解这个问题。首先，我们会看到关于认知发展研究的六个不同的基本理论流派，为理解儿童认知发展提供了更加完整的理解。然后，我们会关注个体0~3岁认知发展的主要成就——语言，并且探讨影响语言发展的因素、语言发展的典型进程以及如何帮助孩子们来认字读书。

>> 行为主义取向：学习的基本机制

行为主义的认知发展观回答了“如何学习”的问题，即我们的行为反应如何改变。孩子天生就有从他们听到、看到、闻到、尝到、触摸到的事物中学习的能力，这种能力也是认知发展的一部分。对于“如何学习”，行为主义观点有两个重要研究发现，即经典条件反射与操作性条件反射。

2~6个月的婴儿就能够习得踢腿与玩具运动之间的联系，即使自己脚踝上的线已经拆除两周了，他们看到玩具时还是会踢动自己的腿。

经典条件反射

为了记录艾娃的成长瞬间，在她笑、爬或者表现出其他成就时，爸爸总是会按下快门。不管任何时候，只要闪光灯亮起，艾娃就会眨眼睛。艾娃 11 个月大的时候，当她看到爸爸举起相机她就会眨眼睛，比闪光灯还早。艾娃已经习得了相机和刺眼的光之间的联系，因此即使只有相机，她仍旧会眨眼。

艾娃的眨眼行为是典型的经典条件反射。**经典条件反射**是指人们学习对于一个并不引起反应的外界刺激（相机）形成了反射或是无意识反应（眨眼睛）的过程。由于建立了一般刺激和中性刺激之间的联系（例如照相机和闪光灯），经典条件反射使婴儿在刺激事件发生前就能够预见到，并作出反应。如果不反复强化刺激之间的联系，经典条件就会退化或者消失。因此，如果艾娃经常看到照相机而闪光灯没有同时出现，那么她会逐渐停止眨眼。

操作性条件反射

与经典条件反射相反，**操作性条件反射**是指学习者对环境进行操作或行动，即婴儿通过对环境刺激的特定反应（例如在父母面前咿呀学语）来获得一个特定的效应（例如父母的微笑）。操作性条件反射既可以通过强化来增加行为发生的概率，也可以通过惩罚来降低行为发生的概率。条件刺激既可以是正性的（在已有环境中增加刺激），也可以是负性的(在已有环境中移除刺激)。举例来说，奖励孩子的分享行为是典型的正强化，因为该行为增加了一个正性的刺激（奖励）并且带来了行为反应（分享）的增加。相反，安全带的突然蜂鸣在扣好安全带之后随即终止则是一个负强化，因为解除一个令人不舒适的刺激（蜂鸣）增加了目标行为（扣好安全带）。

我们可以在研究中通过条件反射来获知婴儿学习的程度。在一项系列研究中，卡洛琳•洛比-科丽尔（Carolyn Rovee-Collier）和她的助手们设置了一个操作环境：他们把婴儿的脚踝与一个会动的玩具连在一起，婴儿踢脚就能看到玩具在动。当重复上述装置几天或几周之后，2~6 个月的婴儿就会习得这种联系，即使脚踝上并没有线，看到玩具后他们也会踢动。婴儿的条件反射让研究者们可以清晰地知道婴儿是否记得这个玩具。婴儿的反应表现出玩具存在于他们的记忆中，进而表明婴儿有了再认的能力。

>> 心理测量学取向：个体发展与智力测验

心理测量学相关学者通过测验的方式考察了儿童发展的多种能力，测验包含了能力反应和预测这些心理能力的指标，各个能力的测验分数合成为智商。虽然关于智力没有统一的科学定义，但是研究者们广泛认可智

你的立场是什么？

市场上，电子阅览设备和其他多媒体设备的销售有激增趋势。我们知道，家庭存书量是孩子成长环境的重要指标，那么，新兴科技会如何影响这一变量呢？

力行为是有目标指向和适应功能的。智力使人们能够学习、记忆、运用知识、理解概念和关系，以及解决日常生活中的问题。

智力研究领域著名的理论取向就是心理测量。心理测量的目的在于测量人们智力的各个因素（理解和推理等）并预测其行为表现（学业成就等）。智商（Intelligence Quotient, IQ）测验通过一系列问题和任务来测试人的能力水平，通过比较受测者的表现与标准常模，得到其能力的水平值。心理测量学的观点是，在 0~3 岁婴儿认知发展研究中有三个方面的应用：智力测验、评估家庭环境的影响以及早期干预。

对婴儿的测验

测量婴儿的智力是一件困难的事情，因为婴儿不能告诉我们其知道什么、不知道什么。因此衡量婴儿智力的最外显的指标就是看其能够“做”什么。如果婴儿抓不住一个拨浪鼓，就很难说是其不知道该怎么抓住，还是不知道要做什么，或是意识不到其被期待做什么，也许只是不感兴趣而已。尽管如此，测量婴儿的发展性功能仍然是可能的。发展性的测验通常是把婴儿的表现与同龄婴儿的标准常模作比较，以此来考察这个婴儿的发展状况。

针对 1 个月至 3.5 岁孩子的贝氏婴幼儿发展量表，是被广泛使用的发展状况测量工具。贝氏婴幼儿发展量表的第三版的分数反映了儿童在认知、语言、动作、社会性和情绪、适应行为五个维度上的发展状况。每一个维度的分量表得分即该维度的发展商数（Developmental Quotients, DQs）。发展商数是应用最为广泛的筛查指标，适用于检测情绪性混乱、感知觉发展、神经发育以及环境贫乏等，能帮助父母和专业人员为儿童的发展提供适当的方案。

评估家庭环境的影响

众所周知，遗传和环境都会影响人的智力水平。在此前提下，早期家庭环境中的哪些特点会影响婴儿的智力和认知发展呢？

训练有素的观察者依照家用环境观察测验（Home Observation for Measurement of the Environment, HOME）对孩子的最主要抚养者进行面谈，并用二分法来记录所观察到的家庭提供给孩子的智力性刺激和支持。关于这个测验的婴幼儿版本（见表 6-1）的使用，大概需要持续 1 小时左右。研究发现，HOME 得分与儿童的认知发展水平显著相关。

影响儿童认知发展的重要环境因素包括父母的响应性、家庭存书量、有利于概念发展的玩具数量、父母陪孩子玩耍的时间和质量等。这些因素与婴儿的幼儿园表现、语言能力、动作发展和社会性发展之间具有显著的相关性。需要注意的是，HOME 得分只能描述相关关系，不能进行因果推论。因此，我们只能说这些因素与高智力水平、高学业成就之间是正相关的。智力水平和受教育水平高的父母可能更倾向于提供一个积极的、丰富的家庭环境。

你的工作是什么？

早期干预专家

早期干预专家的工作对象是那些在感知觉、生理或认知方面发育不良的孩子，或者面临情绪问题、发展迟滞的孩子。早期干预专家和家长、医生以及其他专家共同合作，为这些孩子提供支持。早期干预专家的工作地点可能是年幼孩子的家中、儿童中心或者是专业工作室。在美国不同的州，成为早期干预专家的要求也不尽相同，但是基本的要求是本科学历以及早期干预方面的资格认证。如需了解更多关于早期干预专家的信息，请访问 www.aahbei.org 和 www.naset.org。

表 6-1 婴幼儿家所用的环境观察测验计分表（0~3 岁）

分量表	描述	题项示例
主要抚养者情绪和语言的反应性（1~11 题）	抚养者与婴儿间的交流与情感互动	在一次家访期间，母亲至少有两次自发的对婴儿发声的回应 在一次家访期间，母亲至少有一次爱抚或亲吻孩子
对限制和惩罚的避免（12~19 题）	成人如何管理孩子	在家访过程中，主要抚养者没有呵斥过孩子 主要抚养者对孩子没有表现出明显的反感或怀疑
对物理环境和时序环境的安排（20~25 题）	孩子在户外的时间是如何安排的，孩子自己的空间是什么样子的	主要抚养者不在的时候，由三位固定的替代者之一来照顾孩子 儿童的游戏环境是安全的
有恰当的玩具材料（26~34 题）	有适用于儿童年龄的玩具	儿童有一个以上可以锻炼大肌肉动作的玩具或者设施 有适于儿童年龄的设施，例如婴儿座椅、婴儿摇椅、游戏围栏
父母对儿童活动的参与（35~40 题）	成人与儿童的肢体互动	主要抚养者会让儿童处于自己的视线之内，并且经常关注他 主要抚养者一边干活一边和孩子讲话
使儿童经历各种日常生活刺激的机会（41~45 题）	儿童的生活中含有参与母亲之外的成年人的聚会	父亲每天都会照看孩子。差不多每月都会与其他亲戚相聚

资料来源：Totsika & Sylva，2004。

早期干预

早期干预是为需要帮助的家庭提供的、制定好的系统方案，包含针对有特殊发展需要的婴儿、幼儿以及学龄儿童的治疗性与教育性服务。

CARE 计划和 ABC（Abecedarian）计划的数据表明，早期干预方案是有效的。在计划中，将 6 周至 5 岁的实验组儿童配对成不同的学习小组（控制组与实验组）进行合作学习，在一所大学的儿童发展中心全年进行全天候早期学习项目。控制组的儿童则会接受与实验组相同的儿科医生及社会工作者的服务，例如婴儿食品配方、家访等，但是控制组儿童没有参与合作学习活动。

结果发现，接受早期干预的孩子，12~18 个月的发展性测验得分普遍高于控制组孩子的得分。到 3 岁时，ABC 计划中的实验组孩子平均智商达到 101，控制组为 84；CARE 计划中实验组的孩子智商达到 105，控制组为 93。

这些研究结果表明，早期教育干预可以弥补环境中的不足，有着明显的益处。最有效的早期干预包括：（1）尽早开始并持续整个学龄前阶段；（2）密集地干预；（3）以儿童发展中心为基地，而并非只是培训家长；（4）采取综合的方法；（5）满足不同孩子的个性化需要。CARE 计划和 ABC 计划的结果还表明，干预的成果会因为后续环境支持的改变而消失。

>> 皮亚杰理论取向：感知运动阶段

认知发展领域的皮亚杰理论所关注的是儿童认知功能的质变，或者认知发展是否可以划分为典型的不同阶段，其主要内容是个体的心理结构如何运作并适应环境。皮亚杰将人的认知发展分为四个阶段，第一个阶段是感知运动阶段。感知运动阶段是从个体出生到 2 岁左右这个时期。处于这个阶段的婴儿，常常通过感知觉和动作发展来了解自己和世界。经历了这个阶段，儿童会从只有反射动作这样的基本反应，发展到能够完成具有目标指向的随意动作。

感知运动的亚阶段

感知运动阶段由六个亚阶段组成（见表 6-2）。在前五个亚阶段，婴儿会学着综合来自感知的信息，控制自身的行为来和环境建立联系。在第六个亚阶段，他们开始脱离尝试错误的问题解决方式，学习运用表征和概念。

表 6-2　皮亚杰认知发展论中的感知运动阶段所包含的六个亚阶段

亚阶段	年龄	描述	行为
1. 反射阶段	0~1 月	婴儿体验到自己的先天反射行为，并能略微控制。婴儿还不能协调知觉信息，不会伸手去抓所看到的物体	妈妈的乳头一放到多里嘴里，她就会吮吸
2. 初级循环反应	1~4 月	婴儿会重复那些令他们感到愉快的行为(如吮吸手指)。他们更关注动作对自己的身体的影响，而不是动作对环境的影响。开始出现第一个适应行为——用不同的方式吮吸不同的东西。他们开始协调各种知觉信息，开始伸手拿东西	当给经常吸母乳的迪伦一个奶瓶的时候，他也会吮吸橡胶奶嘴
3. 次级循环反应	4~8 月	婴儿开始对环境更感兴趣，他们开始重复那些会带来趣味的结果，延长产生有趣体验的行为（摇拨浪鼓）。行为初具目标，但第一次出现时仍是偶然的、随机的	一天，亚历山大把一些麦片推到宝宝椅上的盘子边缘，看着麦片掉在地上
4. 统合的次级反应图示	8~12 月	婴儿开始把学过的经验综合起来（一边看一边摇拨浪鼓），用学习过的行为达成目标（爬过房间找玩具），这使行为更加具有指向性和目的性，并且开始预期还没发生的事	安妮卡按下了音乐韵律书上的按钮，小星星的音乐就响起了。她为了听小星星而一次又一次地按这个按钮，并且忽略会播放其他歌曲的按钮
5. 三级循环反应	12~18 月	学步期的儿童开始表现出好奇心和探索性，他们会尝试不同的行为来观察行为的结果（摇晃不同的拨浪鼓来听声音）。他们活跃地探索世界，区分不同的物体、事件和情景。他们会尝试新的行为，并且用试误的方式解决问题	姐姐把比约恩最喜欢的书横放在他的床栏上的时候，他会去拿书。比约恩的第一次尝试却因为书太宽了而以失败告终。但他很快就把书翻成侧面而抱住了，并且显得很高兴
6. 心理的统合阶段	18~24 月	由于婴儿可以用心理图式来表征事件，他们不再使用尝试错误的方式解决问题。形象思维使学步期的儿童提前思考事情并预期结果，而不再完全依靠行动。学步期儿童开始表现出了洞察力，会运用手势和词语这样的象征	詹妮在玩形状盒子的时候，会小心地挑选不同的玩具块，并且成功地把它们放在正确的洞里

注：通过感知觉和动作活动来了解世界，婴儿的认知能力在皮亚杰所说的感知运动阶段得到了长足的进步。特别是在问题解决和对感知信息的综合方面。表中年龄均为近似值。

早期认知发展的成就，通常是源于“循环反应”。这些循环指的是儿童会对偶然出现的、伴随着有趣或令人高兴的结果的行为重复反应。最初偶然出现的行为经过一次次的重复，形成了一个新的行为模式。

在第一个亚阶段（0~1 月），新生儿以练习条件反射为主要活动。例如，不饿的时候，他们也会练习吮吸反射。

在第二个亚阶段（1~4 月），婴儿学习着重复偶然出现的身体感受（吸手指，见图 6-1a）。皮亚杰称之为初级循环。

第三个亚阶段（4~8 月），婴儿会出现新的对于操作物体的兴趣，并且了解这些物体的属性。婴儿开始次级循环：有趣的行为不再限于婴儿的身体感受。例如，这个时候的婴儿会一次又一次地摇晃拨浪鼓来听它的声音（见图 6-1b）或为了让友善的人在眼前停留更长久而发出“咕咕”声。

当婴儿达到第四个亚阶段时（8~12 月），他们就已经将那些与生俱来的图式建立起一些联系了。他们开始学习用过去的经验来解决新的问题。他们通过爬来爬去来得到他们想要的东西，并且会去抓住或者推开障碍物。为了达到目标，他们会反复尝试、修正并且统合已有的经验图式。这一亚阶段的标志是获得复杂的、有目的的行为发展。

在第五个亚阶段（12~18 月），婴儿会自发地尝试新的行为，来看看会发生什么事情。他们开始发展第三级循环反应：自发尝试多种行为来检验结果。例如，一个学步儿童会捏住一个偶然踩响的鸭子，看它是不是能再次嘎嘎地叫（见图 6-1c）。通过反复尝试错误，他们最终形成达到目的的最佳行为。

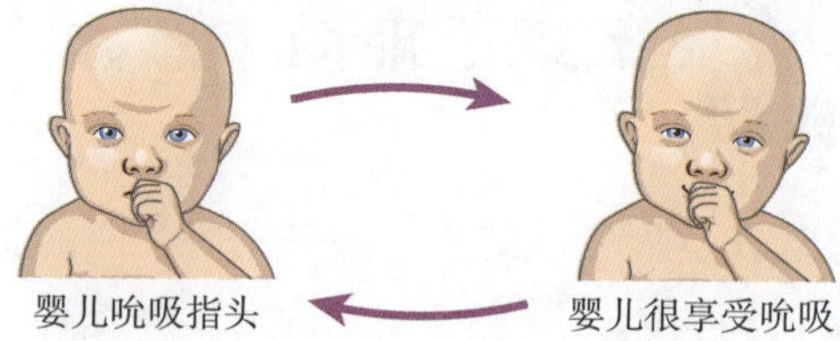

a. 初级循环反应：行为和反应都是关于婴儿自己身体的（1~4 月）。

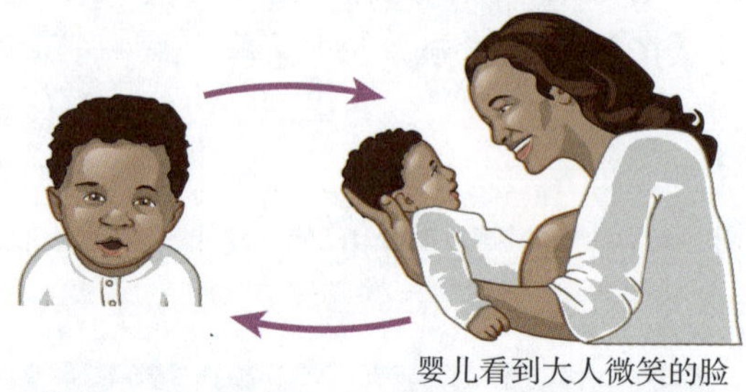

b. 次级循环反应：行为的结果来自他人或别的物体，导致婴儿重复原始行为（4~8 月）。

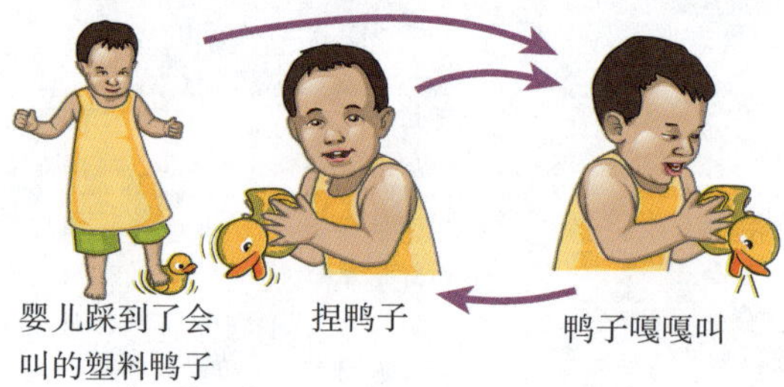

c. 三级循环反应：行为带来了一个有趣的结果，这个结果让婴儿去尝试相似的行为以寻求相似的结果（12~18 月）。

图 6–1　初级、次级、三级循环反应

第六个亚阶段是心理统合（18~24 月），这是到达下一个认知发展阶段——前运算阶段的过渡。心理表征能力让学步儿童能够脱离直接经验，即通过词语、数字以及形象去表征记忆中的客体和行为。他们这时学会了扮演，其心理表征能力让他们能够为自己辩解。他们也能够在开始行动前思考一下，无需再依靠盲目的尝试错误来解决问题。

你知道吗？

另一个最重要的标志是语言，语言能够说明儿童具有心理表征能力。因为词语是抽象的，例如“钥匙”这个词，代表了一个可以打开门的东西。

客体永久性

通过对儿童的近距离观察，皮亚杰发现，对于 8 个月以下的婴儿来说，当东西离开他们视线的时候，他们的表现就像这个东西已经不存在了一样。皮亚杰根据这一发现，提出了关于**客体永久性**的理论，即个体能够理解物体在空间中是独立存在的，有其特征和位置。

客体永久性概念的一种解释是客体恒常性，即意识到离开自己视线范围的客体仍然是存在的。最初，婴儿没有这个概念。如果你把有趣的玩具藏起来，婴儿不会有任何表明他们理解玩具还存在的外部表现。但是，18~24 个月大时，几乎所有的孩子都能理解客体恒常性了，他们会去找被藏起来的玩具。根据皮亚杰的观点，随着儿童心理表征能力的发展，客体恒常性在感知运动阶段逐渐形成。

关于客体永久性发展还有另外几个解释。例如，一些研究结果表明，儿童之所以没能找到被藏起来的东西，是因为他们还不能胜任一连串复杂的动作，如拿东西之前先打开盒子盖等。这种解释认为，婴儿其实知道东西在那，但不能组织自己的动作来表达出他们是知道的。

对于皮亚杰感知运动理论的评价

根据皮亚杰的说法，从反射行为到开始思考是一个漫长的过程，一岁半以前，婴儿不会在概念上有重要突破。更多运用简单任务和现代设备的研究结果表明，皮亚杰对于婴儿认知发展的观察是非常有限的，例如客体恒常性可能只是不成熟的逻辑和动作技能的反映。此外，皮亚杰一些研究结果是通过提问儿童获得的，而这也许只反映了儿童认知能力的一部分。

皮亚杰关于儿童在特定情况下会做什么，以及关于技能的基本发展过程的描述是正确的。但是，在某些方面，婴幼儿的认知能力比皮亚杰想象得更强。正如皮亚杰观察到的，不成熟的认知形式确实是先于成熟的。但是，他强调动作经验是认知发展的基本动力的说法似乎并不准确。其实，婴儿的感知发展远早于动作技能，现今的研究可以对这些感知觉进行观察和推论。感知觉与认知的关系是婴儿认知发展研究的重要方面，我们会在接下来的部分内容中讨论。

>> 信息 – 加工取向：感知与输出

信息加工的观点关注感知觉、学习、记忆以及问题解决。该理论致力于发现儿童从接受、加工和处理信息，到输出和使用信息的过程。信息 – 加工取向的研究者分析复杂任务中的每一个单独部分，尝试弄清楚每一个部分需要哪些必须的能力，而孩子们的这些能力会在什么时间获得发展。在这个过程中，研究者通常观察儿童的注意系统去探究他们到底知道些什么。与 0 至 3 岁儿童的信息加工过程紧密相关的重要部分，包括习惯化、视觉搜索能力、能预测智力的信息处理能力，以及这些能力与皮亚杰所说的能力发展之间的关系。

习惯化

6 周大的史蒂芬吸着奶嘴，安静地躺在窗边的婴儿床上。那天原本是阴天，但是太阳突然出来了，一圈光照在婴儿床尾。史蒂芬吸奶嘴的嘴巴停了一小会儿，紧紧地盯着婴儿床上的光影。然后他挪开了目光，继续吸奶嘴。在儿童发展的研究中，有相当多的结果都是通过分析这样的简单行为得到的。

很多以婴儿为对象的信息加工研究都是基于习惯化的。习惯化是指由于刺激（如光线）重复出现，婴儿会减少对其关注的一种学习方式。换一种说法，就是由于对刺激熟

你知道吗？

习惯化是我们神经系统的特性。你穿过不合脚的鞋子吗？你可能已经注意到，比起一直穿着不合脚的鞋子走路，坐一会儿再站起来更会让你觉得脚痛。这是因为一直在走路时，你逐渐习惯这种疼痛。当你坐下来，然后起身再走时，又要重新感受这种“习惯化”需要经历的疼痛，因为此时你已经“去习惯化”了。

悉了，因而也就厌倦了。研究者通过向新生儿重复呈现刺激来研究其习惯化过程。通常做的是，给一个视觉或者听觉信息，同时监测婴儿的反应，例如心跳、吮吸、眼动以及脑部活动等。如果发现一个新刺激出现的时候，婴儿会停止吮吸或吮吸变慢、吮吸的幅度变小（这样的反应类似于成年人看到一件有趣的事情而忘了说话），但是，过了一会儿，刺激就失去了新异性，婴儿会重新按照原先的节奏吮吸。这种恢复正常吮吸的行为，标志着婴儿对于刺激已经习惯化了。一个新的刺激或声响会再次吸引婴儿的注意，他会再一次停止吸奶嘴。研究者将这个对于新刺激的反应称为去习惯化。

研究者把习惯化、适应新刺激和观察新老刺激的时间作为衡量婴儿信息加工速度的指标。婴儿喜欢看新事物，并能很快对之习惯化的能力与后续认知能力的发展密切相关。事实上，习惯化的速度以及其他信息加工能力都是智力水平的指标。

视觉搜索能力

研究者假设，一个孩子看某样事物的时间越长，就表明他越喜欢那个事物。根据这一假设，研究者开发了视觉偏好研究范式。研究者一次给婴儿呈现两个刺激，观察婴儿看哪个更多一些。结果发现，刚出生两天的孩子在直线和曲线中更偏爱曲线，在复杂图形和简单图形中更偏爱复杂图形，在三维物体和二维物体中更偏爱三维物体。和其他图形相比，新生儿更偏爱人脸或者像人脸的轮廓。另外，新生儿更喜欢新东西而非熟悉的东西，这个现象被叫作新奇偏好。

我们可以使用类似的范式来考察儿童的视觉再认记忆。婴儿喜欢看新的东西，因此我们同时呈现两个刺激，一个是新异的，另一个是原有的，那么如果孩子看新异刺激的时间比较长，说明他已经能认出另外一个是曾经出现过的刺激。从另一个角度来说，因为新异刺激是新鲜的，对婴儿来说它是更有趣、更吸引人的。

与皮亚杰的观点不同，上述这些研究认为，婴儿在获得客体恒常性之前已经能够在记忆中表征事物了。另外，婴儿的信息加工效率存在个体差异。例如，当同时呈现两个物体的时候，能够快速将注意力从一个物体转向另一个物体的婴儿比看每一个物体时间都很长的婴儿，具有更好的再认记忆和更强的新奇偏好。加工速度本身也是会发展变化的，人的认知加工速度会在生命最初的三年中迅速改善。

对于共同注意来说，视觉是非常重要的基本能力。**共同注意**也被称为共享注意，即能够理解你和我共同注视着同一事物的现象。它对于理解社会交往、言语获得以及了解他人的意图和心理状态是至关重要的。在10至12个月大时，婴儿的共同注意开始发展，其标志是婴儿能顺着成人的目光看同一个方向。早期共同注意力强的孩子和能自发而准确地指出物体的孩子，在18个月至2岁时的词汇掌握也更好一些。

你知道吗？

对于一般的婴儿来说，他们可以通过手指的指点来调节共同注意，而无需专门去教他们。

作为智力预测指标的信息加工能力

除了习惯化、注意回复、视觉再认记忆等信息加工能力指标，婴儿的其他发展任务得分（如贝氏测验）与智力之间的相关是微弱的。在许多追踪研究中，根据婴儿一岁前的信息加工能力得分，能够在一定程度上预测其童年期的智力水平。

这些测量指标反映的是注意力、加工速度以及基于经验形成预期的倾向。因此，那些从一开始就能高效完成输入的知觉信息任务的孩子，在之后的智力测验中也通常会得高分。但是，如动作技能这样的其他指标，则与智商并无多大相关。

信息加工与皮亚杰所说的能力发展之间的关系

前面我们探讨过皮亚杰所提出的几种标志着感知运动阶段结束的认知能力都出现得很早。关于婴儿视觉方面的研究，为发展心理学家们提供了理解婴儿重要认知能力（如分类、因果联系、客体恒常性以及数认知）的新思路，这些认知能力的发展都依赖于心理表征能力的形成。

分类

把世界区分成一些有意义的类别，是思考客体或者概念及其之间关系的必不可少的环节。它是语言能力、推理能力、问题解决能力、记忆力等发展的基础，如果不会分类，世界就是混乱而无意义的。

根据皮亚杰的说法，在感知运动阶段的第六个亚阶段之前（18个月左右），婴儿的分类能力是不会出现的。但是如果以婴儿注视客体的时长为反映指标，3个月大的孩子就知道狗和猫的区别了。

最初，婴儿分类的标准是一些客体的外物特点，如形状、颜色、图案等，但是到了12~14个月，婴儿的分类能力开始概念化。这意味着他们开始使用现实世界的知识进行分类了，如利用客体的功能进行分类。随着时间的推移，婴儿的分类概念也从宽泛到特异。例如，7个月大的孩子能够把交通工具和家具进行分类，2岁的孩子则会在交通工具中划分出汽车、飞机等更详细的类别。

你知道吗？

在所有灵长类动物中，人类的巩膜面积最大。从理论上说，这可以有效地帮助我们更好地进行共同注意，让我们更容易知道周围的其他人正在看什么。

因果关联

因果关联指能够理解一件事情引发了另外一件事情。皮亚杰认为这种能力在0~1岁的婴儿身上发展缓慢。在4~6个月时，当孩子能够抓住一个东西的时候，他开始意识到他能够通过行动作用于环境。但是，皮亚杰认为，1岁前的婴儿并不知道，原因必须出现在结果前面，也不知道他们之外的力量可以改变环境。

新近的研究结果认为，对于因果关联的理解并不是到1岁的后半年才出现的。根据习惯化和去习惯化的研究结果，6个半月的婴儿已经可以区别一件事情会直接引发另一件事情（例如第一个砖块碰到了第二个砖块并且推倒了它），以及两件没有明显因果关系的事情（例如一个砖块被挪走了，但是没有碰到第二个砖块）（Leslie, 1984; 1995）。研究者把对于因果关系的理解归因于信息加工能力的逐渐改善。当婴儿掌握了更多关于客体行为的概念时，他们就能更好地理解因果关联了。

客体恒常性

违反预料。当婴儿熟悉了一个或一系列事件的发生过程时，就可以开展违反预料的研究了。因为婴儿对于某一过程已经熟悉了，习惯化了，因而当研究者操纵事件的结果，使其不同于婴儿根据常理所预料的结果（而且是与预料的结果相冲突的）时，看婴儿会花多长时间来关注这个奇异的结果。这就是违反预料研究，儿童对这个违反预料的事件的吃惊表情即表示他意识到了这个现象。

通过运用违反预料的研究放法，研究者发现，婴儿 3 个半月时已经有了客体恒常性。研究者向婴儿呈现一个移动的、高高的胡萝卜，让孩子们看着这根胡萝卜穿过一个等高的但有凹槽的屏幕。结果发现，当胡萝卜没有按照预料出现在屏幕的凹槽处时，婴儿会长时间地注视着屏幕，注视的时间相对于胡萝卜穿过没有凹槽时要长得多（见图 6-2）。因为婴儿记得胡萝卜应该在凹槽中出现，否则他们不应该对此感到惊讶。这个现象反映的就是婴儿具有了客体恒常性能力。

当然，对这些研究发现也是有争议的。婴儿注视其中一个屏幕时间更长，可能仅仅是因为他能区别两个事件，注视不可能事件更长的时间，可能只是反映了婴儿对于该事件感到不确定。还有一种解释是，婴儿之所以更久地看后一个事件的图片，是因为它与其之前已经习惯化的事件不一样，婴儿缺乏关于新事件的知识和经验而已。但是违反预料实验的支持者仍旧认为，概念性的解释依然是对于实验结果最恰当的解读。

数认知

采用违反预料范式的研究结果显示，婴儿对于数字的概念发展远远早于皮亚杰所认

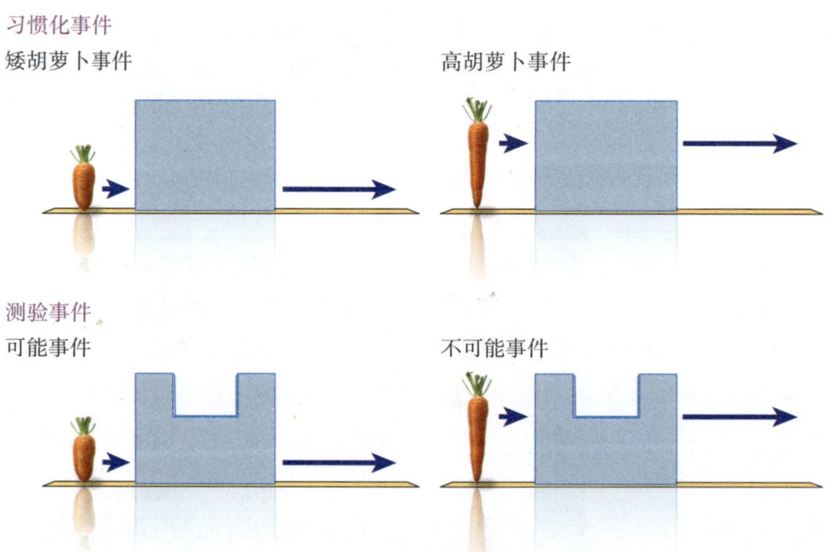

图 6–2　违反预料实验

注：婴儿在多大的时候具有了客体恒常性？在违反预料实验中，3 个半月的婴儿会先后看到一个矮胡萝卜和一个高胡萝卜在一个屏幕后面运动时消失掉，之后又重新出现的现象。当他们多次看了这个事件后，遮挡屏幕被换成了一个顶部有凹槽的屏幕。这时，矮胡萝卜在穿过有凹槽的屏幕时的确不会露出来，但本应该露出来的高胡萝卜却也没有出现。研究发现，这时婴儿会盯着高胡萝卜该出来的地方看很久。这表明他们对高胡萝卜没有出现在凹槽中感到吃惊。

资料来源：Baillargeon & DeVos, 1991。

为的婴儿开始使用符号表征的第六个亚阶段。卡伦·温（Karen Wynn）对5个月大的婴儿是否能够加减数量进行了测试。婴儿在屏幕中看到几个米老鼠，其数量可能增加也可能减少，每次动作后屏幕上会呈现正确的或者错误的玩偶数目。当结果是错误的时候，研究者发现，婴儿会惊讶地盯着屏幕看更久的时间，这表明他们内心实际上已经有正确的结果了。后续的实验表明，在观看错误结果的情景中，6~9个月的婴儿会有相应的脑区活动，这一发现有力地支持了违反预料范式的研究。

>> 认知神经科学取向：大脑的认知结构

认知神经科学取向关注中枢神经系统的物质基础，研究者致力于发现哪些大脑结构参与了特殊的认知领域的活动。脑科学的研究结果支持了皮亚杰的假设：神经系统的成熟是影响认知发展的重要因素。大脑的生长进发与皮亚杰所描述的认知行为改变几乎是同时发生的。

一些脑部扫描技术可以确定不同脑区的不同认知功能和发展路径。脑部扫描技术证明了人存在两个不同的长时记忆（内隐记忆、外显记忆）存储位置。从婴儿早期就开始发展的内隐记忆是指不需要认知努力，甚至无意识的记忆。内隐记忆与习惯、技能有关，例如知道怎么扔球。外显记忆则是有意识的或者需要特意搜集的，是关于事实、名称、时间或者其他可以陈述、表达出来的记忆。

在婴儿早期，负责记忆存储的脑区结构还没有发育完全，因此这时候的记忆经常是转瞬即逝的。这种婴儿期记忆缺失的情况与大脑发育紧密相关。位于大脑皮层颞叶的海马体的成熟使存储长时记忆的海马体能够发挥其应用作用。

前额叶皮层与多种认知加工相关，它比其他脑部区域发育得更为缓慢。在6个月到1岁这个阶段，婴儿前额叶以及相关的大脑通路才发展出工作记忆能力，也就是可以短时间存储大脑所接受的信息的能力。工作记忆是心理表征的基础。

虽然记忆系统在婴儿期以后仍持续发展，但是出生后第一个月的环境刺激对于婴儿早期脑部的记忆结构有着重要意义。社会情境取向的理论家和研究者们非常关注环境对于认知发展的影响。

>> 社会情境取向：从照顾者身上学习

认知发展研究领域的社会情境取向关注的是环境对于学习进程的影响，研究者受维果斯基的社会文化理论的影响，致力于研究文化环境如何影响婴儿的早期社会互动，进而影响其认知能力。在该过程中，指导性参与作用明显。指导性参与是指成人通过与儿童的社会互动来塑造儿童的行为模式，以缩小成人与儿童之间对于事物理解的差异。指导性参与常常出现在共同游戏以及日常活动中。在这些活动中，孩子们练习动作技能、获得知识和所在文化的核心价值观，就像一个学徒跟着师傅学习一样。

在一项跨文化研究中，研究者探访了4种不同文化中的14个1~2岁孩子的家庭。研究者就孩子的抚养问题对家长进行了访谈，并且观察家长如何帮助这些婴儿学习穿衣服、玩新玩具等。结果发现，文化差异影响了不同家庭的指导性参与方式。在危地马拉的一个城镇和印度乡村，小孩子通常是自己和大一点的哥哥姐姐一起玩耍，而母亲会在附近干活。在教系鞋带这些技能的时候，抚养者最初会用动作示范一下让孩子学习，然后继续在孩子们需要的时候提供帮助。在几乎所有孩子都有一个全职抚养者的美国，抚养者和孩子互动的社会情境通常都是游戏状态，而不是工作，成人会通过奖赏和鼓励激发孩子学习生活技能的动机。正处于从乡村

到城市的城市化进程中的土耳其家庭，采取的是介于上述两种方式之间的方式。

文化环境影响着抚养者对于儿童认知发展的塑造方式。但是，除去抚养者向儿童传递的重要生活技能，所有的孩子都需要学习的重要事情是成为一个合格的社会成员。

>> 语言发展

当艾娃还是一个完全不会说话的小宝宝的时候，她已经能够和父母沟通得很好了。通过微笑、哭泣、大笑、其他的面部表情和声音，艾娃能准确地告诉父母她的感受。但是当她对着窗外的小鸟发出人生的第一个词"ba"的时候，她跨越了一个重要的发展门槛。语言是以词汇和语法为基础的沟通系统，它和认知发展不可分割地交织在一起。语言的出现，需要认知发展到达一定的水平，而当语言开始发展时，认知也随之继续发展。一旦孩子们学会了掌握词汇，他们就可以用词汇代表客体和行为。他们可以用语言表达人、地方和东西，他们可以表达自己的需要、感受和观点，进而控制自己的生活。

这种言语能力是先天就有的，还是后天获得的？在20世纪50年代，有两个理论流派就这一问题展开了讨论：一个是以斯金纳（B. F. Skinner）为代表人物的学习理论，另一个是以语言学家乔姆斯基（Noam Chomsky）为代表的先天获得论。

斯金纳认为，像所有的学习一样，语言学习要基于经验。他认为孩子们学习语言和学习其他知识并无区别，都依赖于环境的影响。根据学习理论，婴儿对于语言的学习依靠操作性条件反射。最初，孩子会随机发出一些声音，其中偶然有和人类语言相似的音节（例如"ba"），接着父母就会用微笑、注意、奖励等方式强化孩子的发音。逐渐的，通过选择性强化让孩子的随机音节越来越接近成人语言（例如"爸爸"），因此父母就塑造了孩子的语言能力。另外，随着孩子的成长，他们开始很善于模仿词语，当然这也是因为父母的强化。随着时间的累计，这些过程最终使孩子们学会了讲话。虽然该理论承认孩子们可以主动选择模仿对象，但是整体上这仍是一个被动的语言发展观。

乔姆斯基的观点被称为先天机能主义，即强调学习者的主动性。乔姆斯基认为，人类大脑中存在一个先天的语言装置，孩子们学会说话就和学会走路一样是自然而然的过程，源于遗传。他认为，存在于孩子大脑中的先天语言获得装置（LAD）能够分析孩子们听到的语言，并且使其得出规则。先天论者们指出，全世界几乎所有的孩子都在差不多大的时候学会了母语。例如，绝大部分孩子都是先学会主动句，再学会被动句的。实际上，语言学习的过程是非常连续的，儿童几乎不需要结构化的教学就能轻松学会。这也提示我们，大脑是语言学习的重要保证。另外需要说明的是，新生儿已经具有完备的语言学习的感官基础了，这个特质可以让孩子更关注语言。最后，先天论者认为语言学习的敏感期也可以支持他们的观点。

现今几乎所有的发展心理学研究者都认

为语言是获得的，如同其他的发展方面一样，需要先天和后天的共同作用。儿童虽然有先天的语言获得机制，但后天的经验可以在此基础上塑造和影响语言学习。

现在让我们看一看语言发展的典型阶段(见表6-3)。接下来我们会根据语言发展的要素来考察婴儿究竟是如何获得语言能力的。

表6-3　0~3岁婴儿语言发展时间表

年龄（月）	发展状况
出生	能注意到说话的声音，会哭，对声音有反应
1.5~3	啊啊呜呜、笑
3	能进行语音游戏
5~6	能够辨认出经常听到的声音模式
6~7	能够辨认出母语中的所有音素
6~10	能重复一串元音和辅音
9	能用手势沟通而且能比划着玩
9~10	偶尔模仿声音
9~12	会用一些社会性手势
10~12	不再能辨认出非母语之外的语音
10~14	说出第一个词（通常是某物的标签）
10~18	能说少量的词
12~13	能够理解名词的象征功能，消极词汇增长
13	会使用更多精细的手势
14	会使用象征性手势
16~24	学会很多新的词汇，经历词语爆炸期，实现词汇量从50到400的飞跃，会用动词和形容词
18~24	说出第一个句子（2个词）
20	手势使用减少，命名增加
20~22	理解力提升
24	会用很多两词短语，不再复数叠词，想说话
30	儿乎每天都学新词汇，开始会连续使用3个及以上的词，理解能力好，会出现语法错误
36	能说出1000个词汇，80%是清楚的，会出现一些句法错误

资料来源：Bate, O'Connell, & Shapiro, & Palmer, 1987; Kuhl, 2004; Lalonde & Werker, 1995; Lenneberg, 1969; Newan, 2005。

语言发展时间表

在婴儿会使用词汇之前，他们只会通过哭声或者咿呀声表达自己的需求，之后会出现偶然的模仿，再之后就是有意识地模仿。这些声音被称为前语言发音，它们和婴儿的知觉系统、母语有着紧密联系。这是婴儿已经做好了学习语言的准备，他们会用手势表达他们的第一个词或者第一句话。

早期发音阶段

哭是新生儿最初的沟通方式，具有很强的适应价值。不同的音高、类型、音强的哭声表达着孩子们饿了、困了或者生气了。大人们发现孩子的哭声总是因为厌恶刺激的存在，这会让他们去查看哪里出现了问题，并尽快解决这个问题。

在6周至3个月时，孩子们开始在觉得高兴的时候呜呜啊啊，有时候听起来像“啊哈哈”。到了3~6个月，婴儿就开始发出从周围的大人口中听到的一些类似说话的声音。

6~10个月，婴儿开始呀呀学语，他们会多次重复一个发音，例如“ma-ma-ma-ma”。呀呀学语的时候发出的声音还不是真正的语言，因为对于婴儿来说，这些声音并没有什么意义，但是发音已经越来越接近词语了。

模仿是语言发展的关键，大约9~10个月，婴儿开始有意识地模仿语音，即使他们并不理解其含

你知道吗？

婴儿表达饥饿和疼痛的哭声是不一样的。需求越紧急，哭声的频率就越高。

义。一旦他们掌握了所有的音节，他们就开始尝试自己组合这些发音，但这种组合也不具意义。当婴儿熟悉了词汇和短语的声音，他们就要开始为它们赋予意义了。

感知语音和语法

模仿语音需要精确感知不同语音差异的能力。婴儿的大脑似乎已经提前做好了区分基本语音和语言模式，并且根据相似性和区别性进行分类的准备。

早期语言有其用于发声的语音系统。最初，婴儿可以从一般声响中区分出任何语音。但是在 6~10 个月时，婴儿逐渐丧失了区分母语或者经常听到的语音之外的语音的能力。这一过程可以加速婴儿的语言学习。早期经验可以塑造大脑的神经结构，让婴儿能够有效确认母语词汇模式，避免对于非母语信息的加工来降低母语学习的效率。在一个研究中，研究者考察了 7 个半月的婴儿的脑部成像图，结果发现区分母语音素更好的婴儿，在 24~30 个月时的词语产出和句子复杂性都更好。相反，那些对于非母语音素区分更好的孩子，则在此后并没有表现出明显的优势。而且这两组婴儿的脑部活动结果也支持了该结论。研究者推论，这一早期语素区分能力之所以能预测之后的语言发展，是因为区分能力好的孩子的神经结构已经对于母语更敏感了，为接下来的学习做好了准备。

在 6~12 个月，婴儿开始意识到他们语言中的语音规则，即说话的时候语音是怎么组织的。在一个系列的研究中，7 个月大的婴儿对于不按照语音规则组织的句子，会比按照母语中正常的语音规则组织的句子听的时间更长。这一结果表明，婴儿已经具备了区分抽象语义规则的结构基础。

婴儿对于他们常听到的固定的语音模式（比如他们自己的名字）的学习，要远早于他们把语音和语义联系起来。和别人的名字相比，5 个月大的孩子会花更久的时间听自己的名字。6 个月大的孩子听到“妈妈”的时候，会花更多的时间看妈妈，听到“爸爸”的时候则会看爸爸更长久，而且当听到“手”或者“脚”的时候，婴儿也会更长久地看相应的身体部位。

手势

婴儿会说话之前，他们会用手指向物体。11 个月大的婴儿会用手指着杯子表示她想要它。12 个月的时候，婴儿已经学会了一些常用的社交手势：摇摇手表示再见、点头表示肯定等。通过这些，我们可以知道，婴儿已经理解了抽象的表征可以代表特定的客体、时间、需要以及条件。手势通常在婴儿的词汇量不足 25 个时就已经出现了，而在他们能够流畅地用语言表达观点的时候就不经常使用了。

学习手势有助于婴儿学习语言。早期的手势使用情况可以预测婴儿之后的词汇量。在一个研究中，父母对手势的使用能预测他们 14 个月大的孩子的手势使用，进而预测孩子 42 个月时的词汇量。

第一个词

婴儿平均在 10~14 个月时会说出第一个词，开始真正地会说话——用词语表达特定的意义。婴儿的第一个词经常是“妈妈”或者“爸爸”，或者是一个能够在不同情境下表达多个含义的词。例如，“Da”可能表示“我想要那个东西”“我想出去玩”或是“爸爸在哪儿？”这种能够表达完整意义的单个词被称之为表句词。

刚开始，婴儿能说出的新词数量增加得很慢。到了 14~16 个月，会出现一个“词汇爆炸期”。在短短的几个月中，婴儿会从只会 50 多个词到能说出好几百个词。

消极词汇（能够听到和理解的词汇）会随着语言理解能力的逐渐提高而较快速地发展，且更加准确和高效。到了 18 个月，大约 3/4 的孩子能够理解 150 个词汇，会说 50 个左右的词汇。早期的语言学习与之后的认知发展密切相关。在一个追踪研究中，通过儿童 25 个月时的认词速度和词汇量能够预测他们 8 岁时的语言能力和认知能力，甚至包括工作记忆能力。

对于绝大多数孩子来说，名词是最容易掌握的词汇类型。在一项跨文化研究中，来自不同母语家庭的 20 个月大的孩子所掌握的名词都远多于其他词类，包括西班牙语、荷兰语、法语、希伯来语、意大利语、韩语、英语。24 个月大的时候，孩子们能够快速地说出熟悉的东西的名字。

第一个句子

婴儿的第二个语言突破是把两个词组合在一起表达一个观点（“娃娃掉了”）。一般来说，婴儿在 18~24 个月时会说出第一个句子，但是这个年龄跨度是比较大的。虽然在前语言阶段，儿童的发展有着比较明确的时间表，但是语言发生阶段却并非如此。那些开口说话比较晚的孩子最终也会达到正常水平。

儿童的第一个句子通常是与日常的事件、物品、人或活动相关的内容。儿童刚开始会经常使用电报句，即只有几个主要词汇组成的句子。所以当丽塔说“爷爷扫”的时候，她想表达的意思是“爷爷正在扫地”。儿童对于电报句的使用频率和形式是非常不同的，这取决于他们学习的语种。第一个句子的词语排序一般是婴儿常听到的语序。例如丽塔看到她的爷爷正在扫地的时候，会说“爷爷扫”而不是“扫爷爷”。换句话说，儿童所使用的词语顺序反映了他们对于语言规则的内隐理解。

到了 3 岁左右，婴儿能够更清楚地意识到说话是有沟通目的的，他们表达的词语应该是能够让人理解的。这也标志着婴儿开始注意他人的心理活动。另外，婴儿的话语也开始流利起来，句子也更长、更复杂了。

早期语言的特点

不管婴儿说的是什么语言，所有的早期语言都有着共同的特点：儿童式简化。他们会用几个简单的词语组成电报句来表达想说的意思（“不喝奶”）。

婴儿通常是先理解语法关系然后开始表达的。刚开始的时候，倪娜能够理解一只狗在追一只猫，但是她还不会用足够的词语去表达完整的意思。她说出的句子是“小狗追”而不是“小狗在追小猫”。

婴儿能够理解词语的含义。换句话说，他们能够用一个词指代一个范围很小的类

你的工作是什么？

语言矫正师

语言矫正师，又称作语言治疗师，是对那些有发音或语言缺陷的人提供诊断、评估、治疗的专业人员。例如，语言矫正师的工作对象有可能是一个语言发育迟缓或者发音、组句困难的婴儿。语言矫正师的工作场所可能是家庭、医院、诊所、私人教练或者其他地点。成为语言矫正师需要一个与语言表达相关的硕士学位。

你知道吗？

绝大多数语言发育迟缓都是由于听觉的麻烦。

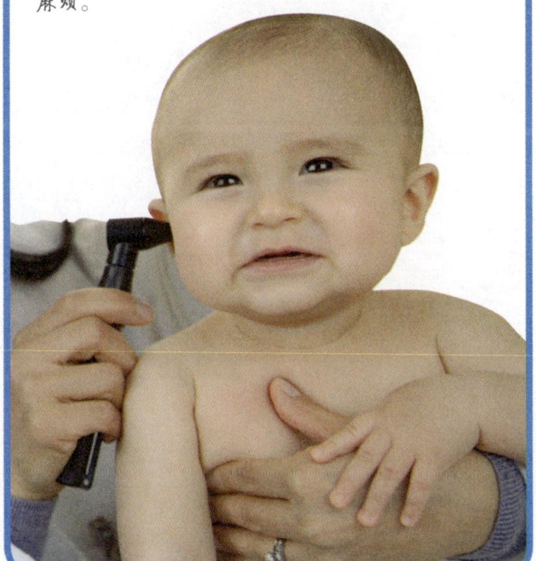

多元化视角

发明手语

全世界有几百种语言。但是这种多样性反映了一个普遍的共性：我们天生会用语言，这是我们遗传基因的一部分。

即使我们只会一点点语言，我们也能得心应手地发展它。例如，20 世纪，在尼加拉瓜，耳聋的儿童通常是被他们听力正常但不会使用手语的父母抚养长大的。因此，这些孩子实际上是和语言隔绝的，他们从没有学习过语言。虽然他们能够有一些手语和家人沟通，但都是一些混杂的语言，并没有复杂的语句和语法规则。20 世纪 80 年代，尼加拉瓜建立了第一所聋哑学校。此后在聋哑学校的儿童自发地形成了一种真正的手语，并很快为聋哑孩子们所接受。这一手语系统按照一定的语法规则，把一个个手势赋予词语功能并组成句子。没有父母的帮助、没有奖赏和鼓励，只有他们自己的沟通需要和与生俱来的理解力，这些孩子们发明出了新的语言。

包括美国手语在内的所有手语，可能都是通过这样的方式形成的。因此一个新的手语的发展，为我们提供了一个机会去了解一门语言的形成和发展。这些新语言的发展让我看到了人类语言的核心：你所需要的只是一些基本的沟通符号和一群有沟通需求的孩子，剩下的都会水到渠成。

别。例如，叫自己的狗为“狗狗”，而不用这个词称呼其他的狗就反映了这一特征。儿童也可以扩展自己词汇的含义，去指代一个范围相当大的类别。例如，他们会叫所有白头发的男人“爷爷”。随着儿童词汇量的增加和来自父母等成年人的反馈，婴儿犯类似错误的几率会越来越小。

婴儿经常会刻板地使用规则。他们经常会不加修改地使用规则，例如 21 个月大的黛利拉看着窗外想说“爸爸去商店了”，但她却说成“爸爸回商店了”。他们在灵活掌握规则的过程中仍需要时间学习例外的情况。

影响语言发展的因素

什么因素影响儿童学习并理解语言？什么因素影响儿童使用语言的速度和质量？研究者既关注影响语言发展的内部因素，又关注外部因素。

大脑发育

人生初期，大脑的迅速发育与儿童语言

你知道吗？

像听力正常的孩子一样，聋人夫妇的耳聋孩子也会模仿他们父母的手语，他们甚至会用手势重复练习。

发展密切相关。人脑中最古老、发展最早的部分：脑桥和脑干控制着婴儿的哭泣。重复叠音词可能与控制面部和声带活动的运动皮层的成熟有关。一项脑成像的研究表明，婴儿 6 个月大之前，大脑的语音知觉和动作系统已经形成关联了。语言的发展对大脑网络有积极的影响，进而会帮助婴儿识别出母语的发音。

本章中的前半部分提到过脑部扫描的研究确认了婴儿词语发展的时间表。大约 98% 的人的语言区在大脑的左半球。而且词汇量较大的婴儿的左侧颞叶和顶叶激活更强，而词汇量较小的婴儿的脑区激活则比较分散。与语言相关的大脑皮层在 6 岁前一直在发展，

你知道吗？

当婴儿第一次学习语言时，他们能使用正确的语法，例如：“Daddy went to the store”“I drew the picture”“the plane flew”。而之后才会出现刻板的使用语法规则的现象，例如：“Daddy goed to the store”“I drawed the picture”“the plane flied”，但是这一过程恰恰反映了婴儿正在进行语言学习。婴儿内化了规则，而不是直接把之前听过的说法复述出来，他们正在学习用语法改造动词的时态。虽然英语中充满了有特殊过去式的动词，但是婴儿们会认为“破坏规则”是不对的。

有的甚至持续至成年。

社会互动：父母和抚养者的作用

语言是一种社会行为，它不仅需要生物基础和认知能力，还需要和生活环境中的家长交流互动。成长过程中没有社会接触的孩子和只从电视等媒体中学习说话的孩子，是无法获得正常的语言能力的。例如，处于汉语社会互动环境中的孩子会获得汉语的发音而不用英语，而看汉语电视但没有互动的孩子则不会这样。

在语言发展的各个阶段，家长或者其他抚养者都扮演着重要的角色，他们会给孩子提供沟通的机会和动力，提供语言使用的模式。父母的年龄、他们和孩子互动说话的方式、孩子的出生顺序、抚养质量以及之后所上的学校、同伴和看电视的时间等，都会影响儿童语言获得的时间和过程。

在呀呀学语期，成人可通过重复孩子发出的声音帮助他们发展出真正的语言。随后，婴儿会很快加入到互相重复的互动中。父母对孩子声音的模仿会影响孩子获得的词汇量的多少和语言学习的速度。这同样也能够帮助孩子们感受社会交往中的谈话要有来有往。大约在 7.5 至 8 个月时，婴儿就有了这个观念。

成人还可通过引导婴儿跟随自己的目光注视来理解词语，例如指着一个娃娃对孩子说“把可米特给我”。在一个纵向研究中，母亲对于 9 个月大的孩子的语言回应和对 13 个月大的孩子的语言使用，可以预测孩子语言发展的重要转折时间，例如孩子说出第一个词或者第一个句子的时间。

妈妈说某个词的频率和婴儿学会这个词的时间有着密切的关系，妈妈对孩子说话的多少也和孩子的词汇量息息相关。当孩子开口说话之后，家长们可以通过重复孩子的第一个词和纠正他们的发音来促进婴儿的词语发展。社会经济地位更高的妈妈会用更丰富的词汇，她们和孩子语言互动的时间也更长。而她们 2 岁大的孩子能说出的词汇量是低经济地位家庭的孩子的 8 倍。但是对于婴儿语言发展来说，父母对于婴儿的敏感性和反应性比妈妈用词的丰富程度更重要。在一项涵盖 290 个低收入家庭中的 2 岁孩子并耗时一年的研究中，父母的敏感性、对儿童积极的回应，游戏时提供的认知刺激都能很好地预测儿童 2~3 岁的词汇接受能力和认知发展。

使用儿童式的谈话

儿童式的谈话是指成人在与婴儿谈话时，用缓慢的语速、较高的音调和夸张的起伏，尽量使用简化的句子，把元音发得很夸张，并且多次重复的说话方式，有时也称为家长式说话。几乎所有的成人和儿童都能自然地运用这种说话方式。在一项跨文化观察研究中，研究者们观察来自美国、俄罗斯和瑞典的妈妈们与她们 2~5 个月大的孩子的对话。不管是哪种语言，与一般人相比，只要

你知道吗？

一开始就学习两种语言的儿童，其语言发展时间表在两种语言上是大致相当的，和只学习一种语言的孩子也比较近似，但是他们每一种语言的词汇掌握量比较小，而且经常会出现语言杂拌（同时用两种语言）。

妈妈是对孩子说话，他们都会把元音发得更加夸张。

一些研究者质疑儿童式谈话的价值，他们认为如果孩子能尽早接触到正常的说话方式，他们学说话也就会越快、越好。但是，更多的研究者相信，儿童式谈话能帮助婴儿更快地学习母语或者至少通过夸张的声音更快记住或关注不同语音的特点。而婴儿，特别是刚出生的婴儿，也更喜欢简单的谈话。

为识字做准备

绝大多数孩子都喜欢听家长读故事，家长给孩子读书越频繁，孩子说话甚至之后的读写能力和速度会越好。在一项 2581 个低收入家庭参与的研究中，大约一半的妈妈说她们每天都给她们 14 个月至 3 岁的孩子读书。经常听父母读书的孩子在 3 岁时的认知能力和语言能力会更好，在 7 岁时的阅读理解能力也高于同龄小伙伴。

家长不同的阅读方式也会造成不同的结果。成人通常有三种阅读方式：描述型、理解型和表演型。描述型的家长关注图画书中正在发生什么，并且引导孩子跟着说，例如“爸爸妈妈吃了什么早餐？理解型的家长鼓励孩子更深入地理解故事、寻找原因、预测结果，例如“你觉得狮子现在会做什么？”而表演型的家长则首先自己读一遍故事，读之前介绍整体框架，之后再问问题。恰当的做法是成人根据儿童的需要和语言水平来调整读书方式，但是相对来说表演型读书法由于词汇更丰富而对儿童的益处更多。

测试一下

CHAPTER 6 0至3岁婴儿的认知发展

学习目的	自测	你在哪里可以找到答案
	☐ LearnSmart ☐ connect+ Chapter 6 Quizzes	

学习目的 6.1

描述经典条件反射与操作性条件反射

1. 下列哪个描述属于经典条件反射？（　）
   a. 当妈妈更关注卡拉的微笑之后，她笑得更多了
   b. 父母就约翰欺负弟弟的行为惩罚过他之后，约翰欺负弟弟的行为就减少了
   c. 玛利亚不喜欢吃黄瓜
   d. 马修知道听到开门声音时，妈妈就下班回家了
2. 在操作性条件反射中__________会让婴儿更多地表现出某一动作，__________会让婴儿减少某一动作。

行为主义取向：学习的基本机制

108 页

connect+ MILESTONES

德尔的模仿学习阶段

学习目的 6.2

描述如何测量婴儿的智力，并总结相关的早期经验

3. 贝氏量表中测量的婴儿发展的五个发展领域是：____
4. 请列举四个影响婴儿智力发展的重要家庭因素：____
5. 下列哪种叙述最准确地描述了干预研究中的研究结果？（　）
   a. 干预程序效果不显著，即使有，也仅限于智力发展
   b. 干预程序并没有直接效应，但是通常会出现后续效应
   c. 干预程序能够即时生效，但缺乏后续环境支持的话效果就会逐渐消失
   d. 干预程序对于智力具有巨大且持久的影响

心理测量学取向：个体发展与智力测验

108~110 页

connect+ MILESTONES

德尔的发展状况测试

学习目标 6.3

讨论婴儿期认知变化，评论皮亚杰关于该领域的理论

6. 盖茨一次又一次重复踢腿，似乎很享受重复的过程。按照皮亚杰的观点，这是以下哪种反应模式？（　）

a. 初级循环反应

b. 次级循环反应

c. 三级循环反应

d. 客体恒常性

7. 6 个月大的孩子不会因为跟妈妈分离而哭闹不止，但是到了一岁，他们会表示抗议并且不让陌生人抱。上述现象与客体恒常性之间有什么关系？

____

____

8. 一般来说，在婴儿身上，皮亚杰研究的几种认知能力比他预想的发展得更早。为什么皮亚杰会低估婴儿的能力？（　）

a. 他没有使用脑成像技术

b. 他对于认知发展的研究依赖于婴儿不成熟的语言和动作技能

c. 他并没有谨慎的使用恰当的研究方法和设计

d. 他没有进行纵向研究

视频链接

Infant Perception

皮亚杰理论取向：感知运动阶段

111~113 页

connect+ MILESTONES

皮亚杰理论取向：感知运动阶段

阿特拉斯的次级循环反应

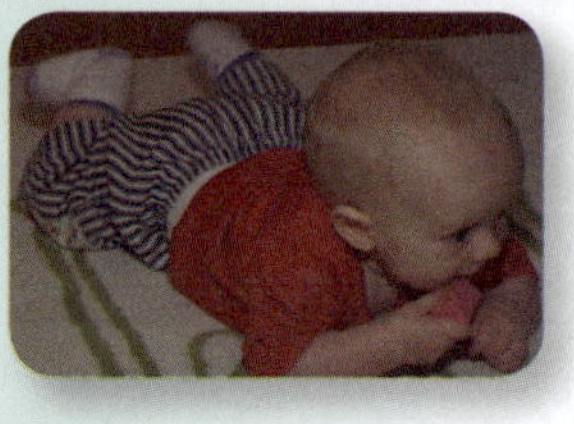

阿玛利亚所反映的客体恒常性

学习目标 6.4
总结信息加工观点关于如何获得智力信息的论述，并评价这些数据对于其他成就的预测意义

9. 习惯化最类似于以下哪种状态？（　）
   a. 兴趣
   b. 害怕
   c. 喜爱
   d. 厌倦
10. 如果一个婴儿看人脸图片的时间更长，而看方形图片的时间较短，研究者会如何解释？（　）
   a. 婴儿不喜欢方形
   b. 婴儿不知道人脸和方形的区
   c. 两者中婴儿更喜欢方形
   d. 两者中婴儿更喜欢人脸
11. 习惯化的速度与后期智力水平相关的原因是什么？（　）
   a. 容易感到厌倦的婴儿通常更加关注新事物
   b. 习惯化速度快的孩子信息加工速度快
   c. 习惯化速度快的孩子学习词汇速度快，进而影响智力水平
   d. 事实并非如此，快速习惯化实际上意味着信息加工过程过于匆忙，从而导致学习更少
12. 通常情况下研究者会以婴儿注视时长为指标考察他们对于分类、因果关联、客体恒常性和基本数认知，结果发现，婴儿的这些能力比皮亚杰认为的（　）。
   a. 更早
   b. 更晚
   c. 基本相同
   d. 研究并没有就认知发展的不同方面达成一致

信息－加工取向：感知与输出
113~117 页

connect+ MILESTONES

阿特拉斯的共同注意能力

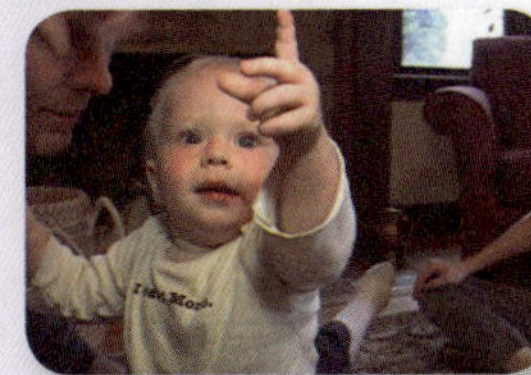

费拉娜对音乐的理解

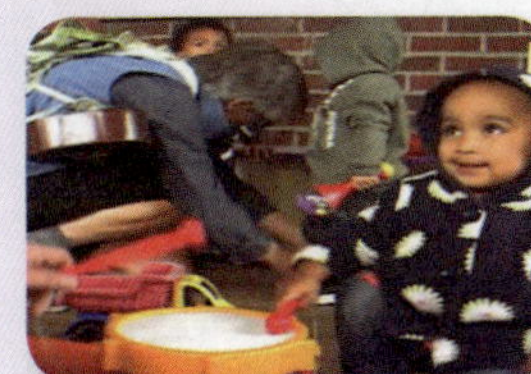

学习目标 6.5
总结脑部生物结构与认知发展有何联系

13. 系鞋带是一种__________记忆类型，知道“狗”这个字所代表的含义是一种__________记忆类型。

认知神经科学取向：大脑的认知结构
117 页

connect+ MILESTONES
科林的脑部发育阶段

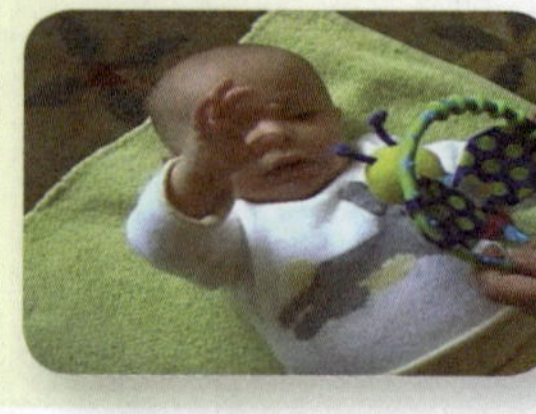

学习目标 6.6
辨认出影响认知发展的社会情境因素

14. 以下哪种说法最能概括社会情境取向的理论观点？（　）
    a. 儿童学习的最优环境是正规的学校环境
    b. 即使不同的文化会有不同的技能要求，但是所有的儿童都需要学习如何成为社会文化中的合格成员
    c. 最重要的情境变量是家庭系统
    d. 除了文化差异的部分，人们也有全人类普遍相同的跨文化特质

社会情境取向：从照顾者身上学习
117~118 页

connect+

学习目标 6.7
总结早期语言发展的重要事件表，辨别影响语言发展的因素并讨论早期语言发展与认字之间的关系

15. 以下哪个顺序是语言发展的正确顺序？（　）
    a. 呀呀重复、呜呜啦啦、哭、电报句
    b. 电报句、呀呀重复、呜呜啦啦、哭
    c. 哭、呜呜啦啦、呀呀重复、电报句
    d. 哭、呀呀重复、呜呜啦啦、电报句
16. 为什么卡拉会说“要果汁”而不是“果汁要”呢？（　）
    a. 这表明卡拉理解了语用论
    b. 这表现出卡拉关于语句的规则的知识
    c. 这表现出了卡拉的语义知识
    d. 因为这是电报句

语言发展
118~124 页

connect+ MILESTONES
非语言交流，科林

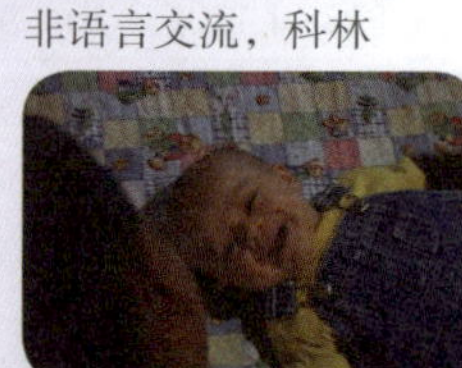

埃斯米的语言发展

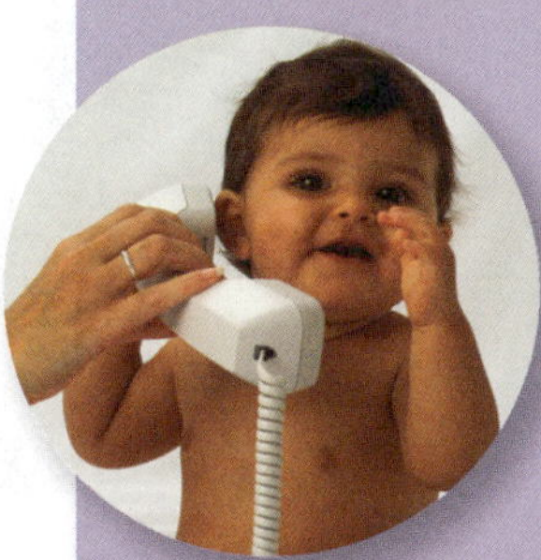

17. 父母影响儿童语言发展的两种基本方式是：

____

____

18. 分别用一句话描述下列三种家长给儿童读书时的类型。

描述型：______________________

理解型：______________________

表演型：______________________

埃斯米的语言发生

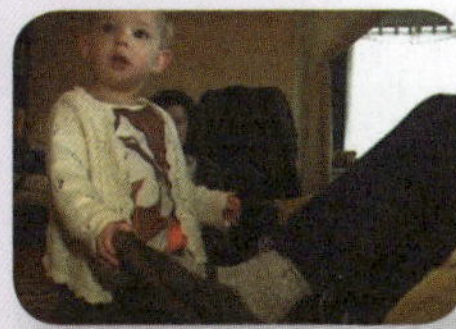

阿玛利亚的规则系统

尤尼亚的双语家庭

答案

1. d
2. 强化；惩罚
3. 对婴儿进行操作性条件反射训练，让婴儿去踢一个物体，使物体移动，数天或数周后，如果婴儿见到那个物体时重复踢的动作，就表示婴儿已经记住了这个物体和之前的训练。
4. HOME 得分高的影响因素包括：父母的回应性（情绪和语言上），对限制和惩罚的避免，对物理环境和时序环境的安排，有一定的玩具材料（包括书本和玩具），父母的参与，使儿童经历各种日常生活刺激的机会。
5. c
6. a
7. 客体恒常性是指意识到离开自己视线范围的客体依然是存在的。到了 1 岁时，婴儿因为和妈妈的分离而哭闹是因为其知道即使妈妈不在身边，但仍然是存在的。
8. b
9. d
10. c
11. b
12. a
13. 内隐；外显
14. b
15. c
16. b
17. 父母促进孩子语言发展的方式包括：重复孩子发出的声音，引导孩子看向有标记的物体，使用更丰富的词汇和更长的发音，对孩子的语言更加敏感并且积极回应，使用儿童式的方法进行谈话。
18. 描述型方式可能会是："爸爸妈妈吃了什么早餐？"理解型方式可能会是："你觉得狮子现在会做什么？"表演型阅读者则会通读一遍故事然后问问题。

第 7 章

0 至 3 岁婴儿的心理社会性发展

本章要点

- 情绪和气质
- 依恋
- 发展中的自我
- 与其他孩子的关系

泽夫一开始就是个爱哭闹的孩子。换尿布时或冷了、饿了，他都会嚎啕大哭。到稍大一点，除了妈妈他谁也不让抱。但是父母的耐心照顾让他建立了信心。虽然泽夫 18 个月大的时候仍然会在捡起一个玩具或做一件冒险的事情之前用目光打探父母，但是只要父母在不远处，泽夫就能快乐地在操场上玩耍。三岁时，泽夫第一天上幼儿园，虽然他仍然会感到害怕，但是对于父母的信任让他觉得其他人也会是友好的，他已经能够在犹豫中和其他孩子建立新的关系了。上述所有的发展变化都属于本章的论述主题——儿童 0 至 3 岁的心理社会性发展。

本章中，我们考察了依恋在儿童发展中的作用，还探讨了早期情绪发展、个体差异以及早期经验对于基础心理系统形成的影响。本章的最后一个议题是关于婴儿的同伴关系（包括与兄弟姐妹的关系）如何影响个体发展的。

>> 情绪和气质

刚出生的泽夫是一个充满快乐的孩子。他很少哭，作息时间比较有规律。大部分时间里，他都在用圆圆的棕色大眼睛打量着这个世界。朋友和家人的在场都会让他放松。当询问他的父母，泽夫是为什么这样时，泽夫的父母说："他生来就是这样的。"

虽然孩子们的发展模式是大致相同的，每一个孩子对于环境的反应都是类似的、可以预见的，但是每个孩子都有其独特的气质。有的孩子喜欢和小朋友一起玩耍，有的则喜欢自己玩。儿童这些感受、思维和行为倾向的独特方式影响着他们对于他人的反应和社会适应。从婴儿期开始，气质和社会关系就息息相关（见表 7-1），我们称这种关联为心理社会性发展。

情绪

情绪是对于心理社会性经验和行为变化的主观反应。例如，恐惧会伴随着心跳加快。不同的人对于每种情绪（频率和强度）的感受性是不同的，情绪的产生、生理变化和行为表现都是不一样的。

从婴儿早期开始，情绪发展具有相对有序的程序。这是一个从简单到复杂有序展开的发展进程（见图 7-1）；同时也是一个越来越具有社会性并包含更多自我意识情绪（例如害羞和耻辱等）的发展过程。情绪的发展会促使儿童完成有意识的分享和协同合作的行为。

早期情绪反应

婴儿早期的情绪反应包括哭泣、微笑、大笑、自我意识情绪、利他行为、同情以及有意识的分享和合作行为。

哭泣

新生儿会简单直接地表达他们的不快，发出尖锐的哭声、挥舞四肢、身体僵直。哭声会令大人觉得不舒服正是这一系列行为的功能。哭泣是婴儿表达需求的基本方式，是一种最诚实的方式。

一哭就抱并不能抚慰婴儿，实际上，频繁地安慰哭泣的孩子还可能会妨碍婴儿自己的情绪调节能力的发展。最恰当的方式是找到孩子哭泣的来源并解除，解除来源之后，就没必要安慰婴儿了。

表 7-1　0 至 3 岁婴儿心理社会性发展的重要事件

年龄范围（月）	特征
0~3	婴儿对所有类型的刺激都有反应，他们开始表现出兴趣和好奇心，对他人频繁地微笑
3~6	婴儿开始会预期接下来会发生什么，并且在预期的事情没有发生时感到失望，并通过愤怒或是小心谨慎的行动来表达这种感受。婴儿常常笑，在这一阶段，婴儿与抚养者之间开始出现社会性唤醒和早期互动
6~9	婴儿开始玩"社会性游戏"，并且尝试从成人那里获得反馈。他们会通过"说话"、触摸、打招呼来和其他孩子互动。他们开始表现出更多的情绪，例如开心、生气和惊讶
9~12	婴儿开始有意识地非常关注自己的主要照看者，他们可能会害怕陌生人，在新环境中无精打采。到了 1 岁时，他们的情绪交流更清楚，且会有不同的情绪状态，会犹豫，会有情绪变化
12~18	婴儿会以依恋对象作为安全基地探索周围的环境。随着对环境的掌控，他们越来越有自信、越来越坚持自己的主张
18~36	婴儿会因为意识到要和照顾者分离而出现焦虑。通过和成人的交流，他们开始意识到自己的想象力和做游戏的局限

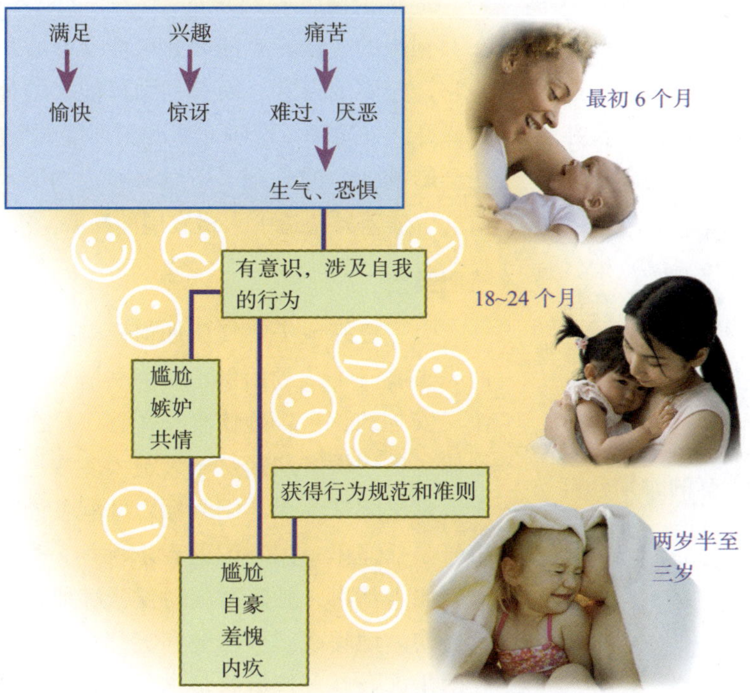

图 7–1　情绪的分化

注：人们的基本情绪会在出生后的6个月左右出现。随着自我意识的发展和对于社会规范行为的逐渐掌握，自我意识情绪会在18~24个月时开始发展。
尴尬分为两种，较早期出现的一种可能只是对于成为被关注对象的反应，并不包含对行为（正确性）的评估；第二种是在3岁左右出现的具有价值判断的尴尬，属于羞愧的一种。

笑

婴儿出生后不久就会出现第一次自发的微笑，这实际上是皮层下神经系统的活动造成的。1个月大的时候，婴儿常常会在昏昏欲睡或是快速眼动睡眠期发出高音调的笑声。在第二个月时，随着视知觉的发展，婴儿会对视觉刺激微笑，例如看到熟悉的面孔。

2个月时，婴儿开始出现社会性微笑，其标志是他们会盯着爸爸妈妈微笑。4~12个月时，笑声会越来越频繁，这时候，笑已经是最强烈的积极情绪的表达。

随着孩子年纪渐长，他们会进行越来越多的互动。6个月大的孩子会对拿毛巾捂住脸出现在眼前的妈妈咯咯傻笑；10个月大的孩子会在毛巾掉下来的时候笑着尝试放回去。通过婴儿对意料之外事情的笑声，我们可以知道，婴儿已经具有预期尚未发生事情的能力。反过来说，他们已经意识到他们能够通过自己的行为让一些事情发生。

在12~15个月，婴儿开始有意识地就某样东西和其他人沟通。8~10个月，婴儿会出现第一种和物品或是经验有关的交流——期待性微笑。婴儿会看着某个东西微笑，之后盯着某个成年人继续微笑。

你知道吗？

由于婴儿的早期微笑通常是由于内部变化导致的，而婴儿常常经历的一种内部变化是气体，因此这类笑容也被称为腹胀时的微笑。

自我意识情绪

尴尬、嫉妒、羞愧等**自我意识情绪**是在婴儿3岁左右发展出自我意识之后才会出现的。**自我意识**是指能够意识到自己是区别于周围世界的。儿童必须知道他人会对自己行为的正误有自己的看法，之后才会获得上述的社会性情绪。

虽然都是做错事之后的反应，但是内疚和羞愧是截然两种不同的情绪。当儿童认为自己的行为不符合一般的准则、令他们觉得后悔的时候会感到内疚，但是当他们感到羞愧的时候并不产生缺乏自我价值的感觉。此时的羞愧更关注错误行为本身，而非错误的自我。

利他性帮助和同情

18个月的时候，泽夫从来没有见过的、

爸爸的一位朋友到家里做客，这位客人不小心掉了笔，笔滚到了他够不到的橱柜底下。小小的泽夫刚好能爬进去，他捡起笔，递给了叔叔。泽夫帮助了一个陌生人，并且并不期待什么奖励，因此我们认为泽夫表现出了利他行为。

利他行为在婴儿早期的共情反应中就有迹可循。例如，2~3 个月的婴儿会对其他人表达出情绪反应。6 个月大的婴儿会更重视照顾他人的人。在一个系列研究中，研究者向 6 个月和 10 个月大的婴儿呈现一个一次次重复爬坡的木马（攀爬者），有的时候会有一个“好帮手”从后面推木马上坡，有时候则会有一个“捣蛋鬼”在后面把马拉下来。之后让婴儿在“好帮手”和“捣蛋鬼”中间做出选择，他们会毫不犹豫的选择前者。

对于婴儿来说，利他行为的出现是自然而然的。在两岁之前，婴儿就已经开始帮助他人、分享物品和食物，并为他人提供安慰了。在他人需要帮助的情境下，共情扮演着重要的角色，18 个月的孩子已经会自发地表达共情。在 2 岁左右的时候，利他行为开始出现，并且随着年龄的增长而增加。

有意识的分享和合作行为

帮助与分享动机以及理解他人想法的能力，都有助于 9~12 个月的婴儿完成一项重要的发展任务——和照看者共同活动。例如早上穿衣服的时候婴儿会主动递一双袜子给自己的妈妈。

随着对环境的适应，1~2 岁的婴儿的合作行为会不断增加。在 12 个月时，泽夫会通过指着一个球表示他想要和爸爸一起玩前后滚球的游戏。他会指着滚到椅子底下的球让爸爸知道球在哪儿。这期间的词语爆炸期让婴儿和他人的沟通合作变得更复杂也更灵活。

气质

气质是人的基本特征，是基于神经生理的，是对于他人和环境的趋避及反应模式。在看到狗的时候，有的婴儿可能会开心地跑向它，想要逗逗它，而有的则可能害怕地远远躲开。气质不仅影响儿童对于环境的反应，还会影响他们的心理、情绪和行为功能。气质的个体差异塑造了人格发展的核心。

气质类型

为了更好地了解气质如何影响行为，我们先来看三个孩子的例子。萨利塔是一个愉快又安静的孩子，她饮食、作息、排泄都很规律。她用微笑迎接每一天绝大多数遇到的人，夜里醒来不哭不闹，标志她醒着的唯一信号是摇篮里一闪一闪的音乐玩具。第二个孩子叫卡洛琳，她睡醒的时候张嘴哭比睁眼睛还快。她睡眠很少，哭和笑都很大声，在和陌生人及新环境有接触之前，必须让她觉得它们是没有威胁的。最后一个孩子是艾丽安，她的反应都很温和。她不喜欢大多数陌生的环境，但是如果能够让她根据自己的速度慢慢适应，她会逐渐有兴趣并参与其中。

萨利塔、卡洛琳和艾丽安分别代表了由纽约追踪研究（New York Longitudinal Study，NYLS）中发现的三种主要气质类型。在这个开创性研究中，研究者追踪了 133 个婴儿至其成年。他们运用向家长收集来的数据将婴儿气质分为三个基本类型（见表 7-2）。

- 40% 的孩子像萨利塔一样属于**容易型儿童**：他们通常是愉快的，生物功能有节律并且能够接受新经验。
- 10% 的孩子像卡洛琳一样属于**困难型儿童**：他们更加易怒并且不易安抚，生物节律不规律、情绪表达强度高。
- 15% 的孩子和艾丽安一样属于**慢热型儿童**：他们能够温和而缓慢地适应新环境。

该研究包含了广泛的气质倾向，但是不少婴儿（包括 35% 的 NYLS 的被试婴儿）并不能被明确地用这三种类型定义。

表 7-2　气质的分类

容易型儿童	困难型儿童	慢热型儿童
情绪的强度在轻度到重度间，且通常是积极的	情绪强度大，并且通常是消极的；经常大声哭泣，也大声地笑	反应强度较轻，既有积极的也有消极的
对于新奇的事物和变化反应较好；能很快发展出规律的作息和饮食时间表	对新奇的事物和变化反应较差；睡眠、饮食不规律	对于新奇的事物和变化反应较慢；作息和饮食的规律性介于前两种类型的婴儿之间
容易接受新的食物	接受新食物很慢	
对陌生人微笑	疑心陌生人	
能很好地适应新的环境	适应新环境较慢	对新的刺激（偶然遇到的陌生人、地方和环境）最初有比较温和的消极反应
可以接受大部分挫折且比较少焦躁	对挫折的反应通常是发脾气	
能很快适应新的日常活动游戏规则	对新的活动适应缓慢	经过多次无压力的接触，能够逐渐适应新的刺激

资料来源：Regional rates of neonatal mortality." from UNICEF. State of World's Children, 2009. Figure1-4. Reprinted with permission from UNICEF。

气质的稳定性

刚出生的孩子在睡眠、焦躁、活力等方面具有不同的模式，这种差异通常具有持续性。多项研究结果显示，婴儿气质与 7 岁时的童年人格具有密切关系，这样的关系同样存在于 3 岁时的气质与 18 岁和 21 岁时的人格表现中。

但这并不意味着气质在出生时已经完全形成了。随着多种情绪以及自我调节能力的出现，气质会发生变化，并且会因抚养方式的不同和其他生活经验的不同而有所变化。影响儿童抚养模式的文化因素也可能会令气质改变。在一项以美国人和印度人为被试对象的研究中，研究者发现美国儿童在动作活力程度、发音、反应性上的得分都高于印度儿童。研究者认为，这种差异源于美国母亲比印度母亲更注重教养过程中的独立性和自信心的训练。

适合度

孩子各有不同，适合他们的理想环境也各不相同。根据 NYLS 的研究结果，儿童健康发展的核心是适合度，即儿童的气质与环境需要之间的匹配程度。在温和的环境中，害羞的孩子会做得更好，而勇敢莽撞的孩子则需要更多的刺激。适合度通常被用于描述孩子与抚养者之间的关系，但是它也可以描述孩子和更为宽泛的社会情境之间的关系。

例如，儿童对于环境影响的敏感度也是不同的。困难型儿童比容易型和慢热型儿童对父母的抚养质量更敏感，需要更多的情绪性支持和自主空间。

气质的生物基础

气质具有生物基础。在一项涉及 500 名儿童的追踪研究中，杰罗姆·凯根（Jerome Kagan）等人考察了气质的一个方面——行为抑制，即儿童接触不熟悉的事物和环境时的谨慎或兴奋程度。行为抑制与特定的生理特征之间关系密切。

当给 4 个月大的婴儿呈现一系列新的刺激时，大约有 20% 的孩子会非常兴奋，他们手脚会抽动，唤醒程度很高并开始哭泣。我们称这类儿童为抑制性儿童。另外有 40% 的儿童表现出对于新刺激的兴趣，但他们显得平静，动作反应也较温和，我们称之为非抑制性儿童。研究者认为，抑制性儿童负责感受应对不熟悉事件（包括情绪性反应）的杏仁核天生容易兴奋。换句话说，这类儿童对于刺激的极端反应是由生物基础决定的，因此新刺激对他们来说通常是令人不舒服的。

而凯根等人定义的儿童的抑制或非抑制性，会在童年期保持相对稳定。但是，早期经验会减轻或加重这种趋势。当妈妈对抑制性儿童的回应是中立的时候，儿童的抑制性会保持稳定或增加。这提示我们家长反应的敏感性会影响儿童的神经系统及其对于压力事件和新奇事物的反应。诸如出生顺序、文化、与教师和同伴的关系，以及非常规事件等其他环境刺激同样会增强或减弱儿童原有的气质表现。

你知道吗？

4 个月大的高抑制性婴儿对新刺激的反应通常是躁动的，但是到 2 岁时，他们会变得害羞和不合群。行为反应的差异可能是因为儿童自我调节能力的增强所致。4 个月大的孩子面对新的刺激，除了尖叫之外束手无策，但是一个两岁的孩子就可以用回避来获得安全。

>> 依恋

一个仅仅拥有有限情绪、有强烈的生理需求、依赖他人的新生儿，是怎么成为一个有复杂情感，而且有能力理解和控制这些情感的儿童的呢？这个发展的中心在于与照顾者的关系，特别是在信任、依恋和相互调节的发展过程中。

发展中的信任

人类婴儿从其他人那里获得食物和保护，与其他哺乳动物相比，人类有长得多的婴儿期。例如，婴儿期的老鼠只和它们的母亲在一起大约一个月。许多婴儿期的哺乳动物只在觅食季的时候才与母亲生活在一起。需要长期物质照料的人类婴幼儿是怎样开始相信他们的需要会被满足的呢？按照埃里克森的说法，早期经验是关键。

埃里克森提出的社会心理发展的八个阶段的第一个阶段是基本信任对基本不信任。这个阶段开始于婴儿期，一直持续到大约 18 个月。在这段时间中，婴儿需要发展出信任和不信任间的平衡。其中信任让他们形成了亲密关系，不信任让他们可以保护自己。如果信任占主导地位，儿童会发展出希望：他们可以满足自己的需要，实现自己的期望。如果不信任占主导地位，儿童会把世界看成是不友好和不可预测的。他们将难以产生高质量的亲密关系。

在信任的发展过程中，非常关键的是敏感、积极的回应和持续的关爱。埃里克森把养育的环境看成是建立正确的信任和不信任混合状态的设置。

发展中的依恋

一只小鹅会跟随它的母亲，而且在落后

你知道吗？

在陌生情境中，当母亲不在的时候，婴儿怎么做并不能用来评估依恋的类型。关键的行为出现在母亲回来的时候。这很合理，因为为了评价依恋，我们需要知道，儿童在压力的情景下怎么通过母亲让自己得到安慰。这在母亲不在的时候是不可能的。

太多的时候会摇摇摆摆地快速跟上。在母亲照料的时候，一只小猫会愉快地“喵喵”叫，同时揉捏母亲的肚子。

小恒河猴会用小手紧紧地抓住母亲柔软的毛。小婴儿在夜晚漆黑的屋子里会依偎在母亲的身旁，因母亲平静的声音和温暖的神态而得到抚慰。

依恋是一个婴儿和照看人之间的、相互的、持续的情感联系。两者都对这个关系的质量有贡献。从进化的观点来说，依恋对婴儿来说有深远的适应性意义。依恋可以确保个体的社会心理以及生理需要得到满足。

依恋类型

依恋的研究很大程度上归功于生态学家、联接研究的先驱约翰•鲍比（John Bowlby）通过动物研究和在伦敦精神分析诊所对心理不健全的儿童的观察，鲍比确定了母婴联系的重要性。

鲍比在 18 世纪 50 年代，与其学生，玛丽•爱因斯沃斯（Mary Ainsworth）开始通过对乌干达美洲儿童的自然观察来研究依恋理念。爱因斯沃斯后来提出了陌生情境范式，即一个评估 10~24 个月的婴儿和一个成人的依恋模式的经典实验室技术。

陌生情境包含八个短的、压力递增的情节，用来触发依恋相关行为的出现。在这段时间内，母亲两次把婴儿留在一个不熟悉的房间中。在母亲回来的时候，如果孩子需要，母亲将给以安抚。研究关注的重点在于母亲回来时婴儿的反应。

爱因斯沃斯和她的同事观察了一岁大的孩子在家中和陌生情境中的表现，他们发现了三种模式的依恋行为。安全型依恋——占北美低风险婴儿的 60%~75%，是最普遍的依恋类型。还有两种不安全型的依恋：回避型依恋（15%~25%），矛盾型或抵抗型依恋（10%~15%）。对父亲或者母亲的安全依恋通常很类似。

当照看人离开的时候，安全型依恋的婴儿会哭或者反抗，但是当照看人回来时，他们会快速有效地接受他们所需要的安抚。而且他们在安抚之后会很快安静下来。

如果他们没有因为分开而心烦意乱，他们仍然会展示出对母亲的偏爱。通常，当母亲重新进入房间的时候，他们会向母亲微笑或者喊叫。回避型依恋的婴儿在照看人离开或者回来的时候没有受到外显的影响，他们几乎没有任何的正性或者负性的情绪，而且经常故意地忽略母亲为了获得他们的注意而做出的尝试。抵抗型（回避型）依恋的婴儿，在照看人离开之前就会变得很焦虑，而且在照看人离开之后会变得越来越烦乱。当照看人回来的时候，抵抗型的婴儿会寻求接触，同时踢打或扭动来抵触，从而显示出他们的气愤和痛苦。这三种依恋程度在所有被研究的文化中都是普遍的。

随后，其他的研究识别出了第四种模式，即无组织型依恋。无组织型依恋的儿童在处理陌生情境压力的时候没有一种一致性的策略。他们会表现出一种矛盾的、重复的或是不直接的行动和情绪。他们可能会在母亲回

你的立场是什么？

陌生情境对儿童来说是很有压力的经历。这样的研究被允许吗？让年幼的儿童处于压力的情境合乎道德吗？我们怎样决定在研究中什么是可以的，什么是不能接受的？

你的工作是什么？

社会工作者

社会工作者帮助人们解决生活中各种类型的问题，帮助年幼儿童的社会工作者会根据儿童的特殊需要制定服务，使离婚的父母更加容易看望儿童，或确认生活在低社会经济环境下的儿童的基本需要是否被满足了。入门级的社会工作职位需要一个社会工作的学士学位（BSW）。然而，许多社会工作者为了更进一步的工作，还取得了硕士学位（MSW）。社会工作者在公司、学校、医院和研究机构中工作。想要了解更多社会工作者的工作，请访问 www.socialworks.org。

来的时候高兴地打招呼，然后走开，或者接近她而不看向她，在压力下，他们会行动僵硬，或者表现出被称为刻板型的重复的自我激励行动。他们经常看起来困惑和害怕。

无组织型依恋的儿童被认为在低风险婴儿中至少占有 10% 的比例，但是在高风险人群中有更高的比例。如果母亲是不敏感的、扰乱人的、虐待孩子的、恐惧的，或者经受着没有解决的损伤，或者没解决自己在儿童期与父母依恋的问题，她们的孩子就处在高风险中。无组织型依恋是一个预测之后的行为和适应问题的可靠变量。

依恋是怎样建立的

鲍比提出，在婴儿与母亲的基本交往中，他们建立起了一个可以从母亲那里预期什么的工作模型。这个工作模型是婴儿对母亲在交往中会如何回应的期望的集合，类似于埃里克森提出的基本信任的概念。

安全型依恋的儿童学会了不仅信任他们的照看人，而且也信任自己获得所需要东西的能力。安全依恋的儿童的母亲倾向于敏感和积极回应，而且形成了鲍比所称的“安全基地”。安全基地可以让儿童更加有效地去探索环境，因为他们知道，如果需要，他们可以依赖照看人，以获得帮助。同样重要的有相互交互、模仿、正性的态度、温暖、接纳，以及情感支持。

气质在依恋中的作用

气质对依恋有多少影响？它是怎么样影响依恋的？神经生理或者生理的条件可能决定了依恋的不同。例如，心率与刺激感受性相关，而且在不安全依恋的儿童身上变化更大。

然而，依恋是一个关系的过程——儿童的气质和父母交互作用的结果。一个追踪了 1~54 个月儿童的纵向研究发现，母亲的敏感性和孩子的气质共同影响了依恋模式。一个婴儿的气质可能并不只是直接影响依恋模式，还能通过影响父母来间接影响依恋模式。在一个荷兰的系列研究中，在出生后 15 天的时候被评定为更加易怒的那些婴儿，相比那些不易怒的婴儿，在一岁的时候更容易形成回避型依恋。除非他们的父母接受了安抚婴儿的指导。因此，一个易怒的婴儿更不容易产生安全的依恋，除非他们的母亲有处理他们气质的能力。父母和儿童的良好匹配可能是我们理解依恋安全性的关键。

陌生人焦虑和分离焦虑

泽夫是一个平常很友好的孩子，他向陌生人微笑，走向他们，只要有人（任何人）在旁边，就会一直咯咯笑。但是，当他八个月大的时候，如果一个陌生人靠近，他则更愿意待在母亲的怀抱中。当父母希望把他留在托儿所中时，他会紧紧抓住父母。泽夫正在经历着两种类型的典型的婴儿焦虑——**陌生人焦虑**和**分离焦虑**。前者指看到一个他不认识的人的时候所产生的焦虑；后者指他熟悉的照看人离开他的时候所产生的焦虑。

在 6 个月之前，婴儿几乎不对陌生人有负性的反应，但是在 8 个月或 9 个月的时候，婴儿通常都会对陌生人产生消极反应，而且这种负性反应在接下来的第一年中还会越来越多。这样的变化可能反映了婴儿认知的发展，泽夫的陌生人焦虑包含了对面孔的记忆，对比陌生人外貌和母亲外貌的记忆能力，也可能还包括了对之前他和一个陌生人在一起的情境的回忆。

依恋的长期作用

依恋理论认为，安全型的依恋可以影响情绪、社会和认知能力。儿童与养育自己的成人的依恋越安全，就越容易与其他人发展起良好的关系。

安全型依恋的儿童更倾向于和同龄人进行正性的互动。他们的友好提议更容易被接受，而且，他们更容易适应照看者。不安全依恋的儿童会表现出更多的恐惧、烦乱、生气，而安全依恋的儿童会表现得更加高兴。

在3~5岁，安全型依恋的儿童更容易变得好奇，有竞争力，共情，有弹性和自信；与其他儿童的交往更好；比在婴儿期不安全依恋的儿童能形成更加亲密的友谊。他们与父母、学前期的教师、同龄人的互动更加正性，而且更容易解决冲突。他们有更正性的自我表征。

相比之下，不安全依恋的儿童在幼儿期时会有压抑的、负性的情绪，在5岁的时候会对其他儿童更易产生敌意，而且在学龄时会有依赖感。具有无组织依恋的儿童在17岁会产生各种水平的学校和心理紊乱导致的行为问题。

依恋模式的转换

成人依恋访谈（AAI）是让成人回忆和解释有关他们儿时依恋的情绪和行为的问题。通过成人依恋访谈发现，成人回忆自己和父母或照看人早期经验的方式，与他们自己情绪的愉快度有关，而且可能影响他们对自己孩子的反应。一个回忆中与自己的母亲有安全依恋的母亲，或者有效地处理了不安全依恋记忆的母亲，会更好地再认自己孩子的依恋行为，会更加积极地回应，以及帮助孩子和自己形成一个安全的依恋关系。对自己过去的依恋关系有矛盾的母亲会在和孩子的互动中表现出愤怒和侵占。遗忘了自己过去依恋的抑郁症母亲，会对孩子进行冷酷的或不积极的回应。

幸运的是，不安全依恋的循环可以被打破。重点在于对母亲敏感性的干预——教会母亲们更加准确地读出孩子的情感信号，这在影响孩子的依恋安全性上是有成效的。

交互调节

在1个月大的时候，泽夫留心地观察母亲的面孔，两个月的时候，当母亲向他微笑，或者抚摸他的小肚子的时候，他还以微笑。在三个月的时候，泽夫会以微笑邀请母亲和他玩耍。

婴儿有强烈的与人互动的动机——他们希望并需要与我们交流。婴儿与照看者之间对对方心理和情感状态适宜且敏感的回应能力叫做交互调节。婴儿在相互调节中通过发出行为信号扮演了一个积极的角色，像泽夫的微笑，影响了照看者对他们的行为。

当照看者可以准确地读懂婴儿的信号并恰当地回应时，健康的互动就会产生。当一个婴儿的目的被满足的时候，婴儿会很高兴。如果照看者忽视了婴儿的邀请，或者当婴儿表现出“这个没什么意思”的时候而继续和婴儿玩耍，婴儿就会感到受挫或者很不高兴。一般来说，互动会在好的和坏的交互调节之间不停地摇摆；婴儿会在这个过程之中学会怎么发出信号以及怎么处理他们之前所发出的无效信号。即使很小的婴儿也能感受到别人的情绪，并相应地调节自己的行为。研究者们已经发展出一个考察这个过程的方法——静止面孔范式，还研究了社会参照。在社会参照中，婴儿为了合理地解释不确定的情境，会主动地与伙伴互动。

交互调节的测量

对2~9个月大婴儿的交互调节的测量，应采用静止面孔范式。静止面孔情境中，在与儿童的第一次正常互动之后，母亲突然变得面孔僵硬、沉默，以及没有回应。在这个过程中，婴儿会停止微笑，看着他的母亲。然后他们会做鬼脸，发出声音或作出动作，想通过这些来安抚自己，或者减轻由于母亲的出于意料的行为所带来的压力。本质上说，他们变得失调了。

当静止面孔程序结束之后，婴儿会怎么做呢？多数婴儿会表现出悲伤和生气的面孔表情、做出“抱抱我”的姿势，或者显示出疏远或感受到了压力；他们烦躁和哭的倾向也会增加，这表示由于交互调节机制的毁坏导致的负性情绪不会立刻停止。

社会参照

泽夫和他的母亲第一次去参观一个新的游乐场。泽夫的母亲把他放在地上；他看看四周：玩具、笑着的孩子、鲜艳的颜色。由于还是不确定，他返回到母亲身边和母亲进行眼神交流，他注意到母亲温暖的微笑。受到安慰和鼓舞之后，他开始去探索环境。当儿童遇到不确定的、困惑的或者不熟悉的环境而看向照看者时，他们正在进行社会参照，这时他需要他人的情绪信息来指导行为。例如，当看到摇晃的玩具时，12~18 个月的儿童是否靠近玩具取决于实验者的情绪反应（“哎呦！”或者“不错！”）。社会参照在婴儿的自我意识情绪（窘迫和骄傲）的发展、自我的发展以及社会化和内化的发展过程中起到了关键的作用。

>> 发展中的自我

大概在 1 岁半左右，婴儿进入了学步期。这种变化在生理和认知上的体现分别是会走路和能说话。同样，通过他们的个性特征和与他人的互动也能表现出其他特点。学步期儿童在合作中更加主动，这使他们能够获得更多的沟通技能和社会能力，并能够按照父母的意愿活动。

学步期儿童的心理社会性发展的三个关键点分别是自我意识的出现、自主性（或自我决定）的增加以及社会化（行为准则的内化）。

自我意识的出现

自我概念是指我们对于自己的看法，即对于自己能力和特征的整体认识。自我概念包含了我们对于自己的认知和感受，自我概念能指导我们的行动。

自我概念是在什么时候开始发展的呢？3 个月大的婴儿开始关注镜子里的自己，而 4~9 个月大的孩子更关注的是他人的镜像。这一早期的知觉区别是 1 岁半左右婴儿自我概念发展的基础。

在 4~10 个月的时候，婴儿学会了够、抓东西，并通过自己的努力让某事发生，他们初步体验到了自己的能动性，开始意识到自己能够控制外部的事件。大概是在这个时间，婴儿开始出现自我一致性，即感觉到自己是区别于外在世界的独立整体。这种变化通常体现在婴儿和父母的躲猫猫游戏中，婴儿会明显地意识到自己和他人的不同（“我看到你啦！”）。

此时，婴儿意识到自己是一个明确的、可以辨认出的存在。自我识别的出现（“那是我”）正是建立在能区分自己和他人的基础上的。自我识别可以通过婴儿是否能认出镜子中的自己来进行考察。在经典的研究范式中，

研究者在6~24个月大婴儿的鼻子上轻轻点一个红点，之后让他们照镜子。约3/4的18个月大的孩子和所有的24个月大的孩子会摸自己的红鼻子，而所有15个月以下的孩子都没有出现这个动作。这表明18~24个月的孩子开始出现自我意识。他们知道自己并不应该有一个红鼻子，也能认出镜子中的正是自己。

你知道吗？

黑猩猩和海豚同样完成了自我识别任务；它们会扭动身体去寻找镜子里看到的自己身上被画上的条纹。

一岁半到两岁间出现的假装游戏行为的标志着儿童能够理解他人的心理状态。第三种显示自我识别能力的标志是在20~24个月，婴儿第一次使用“我”或者“我的”这样的词汇。在19~30个月，婴儿语言的快速发展让他们能够将父母口中的话（“你真聪明！”“长得真高！”）纳入自我形象的范围来思考和描绘自己。相似的，这个年龄的孩子会通过他们拥有的东西和别人拥有的东西来建构对自我的理解。

大脑的成熟为自我表征提供了基础。用磁共振成像（MRI）技术扫描15~30个月大婴儿的大脑，结果显示，不管多大的婴儿，那些能够认出镜子中的自己，并开始假装游戏，而且会用人称代词的儿童，其左颞顶联合区激活强度都是较高的。

发展中的自主性

随着婴儿的成熟，他们开始脱离依恋对象，寻求独立自主。“我来！”是一个经常出现的短语，学步期儿童会运用他们仍未成熟的肌肉和心智去独立做一些事情，例如自己走路、吃饭、穿衣服和探索世界。

埃里克森将18个月至3岁这个阶段作为心理社会性发展的第二个阶段：自主对怀疑（害羞）阶段。自主对怀疑阶段指婴儿建立了对世界的基本信任、开始有自我意识之后，开始用自己的判断代替抚养者的阶段。这一阶段出现的动力来源是儿童的意愿。随着儿童能够更好地表达意愿，他们变得更有力量、更独立。但是如埃里克森所说，无止境的自由从来不是安全和健康的，因此害羞和怀疑就有存在的必要。婴儿仍需要成人为他们设定恰当的限制，害羞和怀疑能帮助他们意识到他们需要这些限制。

在美国，“可怕的两岁”的说法反映的就是自主性发展阶段。这种倾向是一种典型的否定论，其实，孩子们大喊“不要”，只是为了坚持自己的自主性。几乎所有的美国儿童都会在某些年龄阶段表现出否定倾向，通常是从两岁前到三岁半或者四岁，六岁时基本消失。抚养者应当把孩子自我意愿的表达看成是正常的、健康的独立抗争，而非顽皮捣蛋，这样才能有利于儿童发展自我控制，并通过获得自我能力来避免过多的冲突。

可能很多美国家长在得知“可怕的两岁”并非普遍现象时会感到震惊。在一些发展中国家，从婴儿期到童年期的过渡是相对平缓与和谐的，我们将会在多元化视角中加以论述。

社会化

道德发展，即儿童知道什么是对的这样的观念是一个包含着认知、情绪和环境影响的复杂过程。被称为社会化的道德发展过程

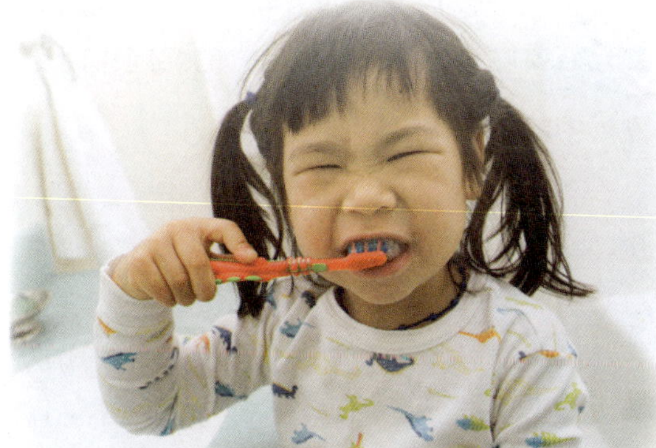

多元化视角

婴幼儿之间的斗争

“可怕的两岁”是儿童发展中普遍存在的现象吗？虽然很多西方国家的家长和心理学家持肯定态度，但是这种过渡并非普遍现象。

西方文化中自主性和控制的冲突常出现的场景之一就是兄弟姐妹间争抢玩具。为了考察这一议题，一项跨文化研究比较了 16 个危地马拉圣佩罗的家庭和 16 个盐湖城的欧裔美国中产家庭。其中每个家庭都有学步期的孩子和年长的哥哥或姐姐。研究者当着哥哥姐姐的面，向每个家庭中的妈妈赠送了礼物，并请她们帮助学步期儿童操作这些东西。

盐湖城的哥哥姐姐们经常会尝试去拿走这些礼物玩，但是圣佩罗的孩子们则会帮助弟弟妹妹操作这些东西，或者是和他们一起玩。当这些东西的归属出现冲突的时候，圣佩罗的妈妈们更倾向于给小一点的孩子。而盐湖城的家庭中超过 1/3 的妈妈会尝试公平地对待两个孩子，会跟他们讲道理或者建议他们轮流玩或者一起玩。

这样的文化差异是由什么造成的呢？线索之一是当被问到多大的孩子能对自己的行为负责时，绝大多数盐湖城的妈妈们认为学步期的儿童已经能够理解做被禁止的事会有什么后果了。但是除了一些特例之外的圣佩罗的妈妈们认为，儿童理解行为的社会结果的时间要到两三年之后。盐湖城的妈妈们把学步期儿童的行为看成是故意违反规则，并且会因此惩罚他们，但是圣佩罗的妈妈们却不会如此。

研究者认为“可怕的两岁”这个词组仅仅用于像美国这样强调个人自由优先于集体需要的国家。这类的研究还认为，在更注重集体价值的地方，自由的选择依然存在，但是他们和相互依赖、责任以及合作同等重要。

是以内化父母的信念为基础的。

社会化是指儿童发展出爱好、技能、价值观念和责任感，成为社会一员的动机的过程。服从父母的期望是符合社会规范的第一步，但是最终的目标应该是将这些社会规范内化。成功社会化的儿童，不会再为了获得奖励或者避免惩罚而遵守规范，他们已经把社会规范作为自己的规范了。学步期儿童的社会化领域包括自我调节和良心。成功的社会化需要内部因素和外部因素的共同作用。

发展中的自我调节

泽夫两岁的时候总是用手指去戳插座孔。在他的房间里有儿童安全防护装置，但是奶奶的家里却没有。当听到爸爸大声喊“不要”的时候，泽夫会收回他的手，他尝试着一边伸出手指，一边说“不要”。他会控制自己不做那些不该做的事情，这时，他展现出了自我调节：即使家长不在身边，也会按照他们的要求或期望来控制自己的行为。

在学会控制行为之前，儿童首先需要学会调节他们的注意过程和负性情绪。调节注意力的能力使儿童能够发展出意志力和应对挫折的能力。

自我调节能力的增长与自我意识和评价性情绪（同情、害羞和内疚等）是共同发展的。它们都有赖于延迟满足的发展。这和良心的发展有关，例如抵御诱惑和弥补错误行为。在绝大多数儿童中，自我调节能力在三岁左右全面发展。

发展中的良心

良心包含做了错事之后不舒服的情绪和避免再犯错的能力。良心的基础是因为觉得某事是正确的而想要做，而不是依靠自我调节中的他人话语来做。

格罗苏那•科钦斯加（Grazyna Kochanska）等人曾探究过良心的来源。研究者用摄像机记录了 103 名 26~41 个月大的孩子和妈妈一起玩玩具的场景。在自由玩耍一段时间之后，妈妈会给他的孩子 15 分钟收拾玩具。实验中婴儿需要去忽视一个有好玩玩具（泡泡枪、对讲机、音乐盒等）的架子。

如果儿童能够按照妈妈的指示收拾干净，并且在没有提示的情况下不碰玩具架上的其他玩具，圆满地完成任务，那么他们就是遵守承诺型的。但是如果需要提醒，那么他们就是遵从情境型的。遵守承诺与内化父母的价值和规则密切相关，这方面婴儿的比例会随着年龄的增长有所增长，而遵从情境的婴儿比例则会下降。遵守承诺型儿童的母亲通常是依靠温和的指导而非命令、威胁或者其他的消极控制方式。

有助于社会化的因素

父母对儿童进行社会化的方式、儿童的气质类型以及亲子关系质量，都可能正向或负向预测儿童社会化结果。有助于社会化的因素包括安全型依恋、对父母的观察学习、父母与儿童的互动模式。例如，一个胆子小的孩子对于温和的提醒比强烈的斥责反应更好，而一个勇猛的孩子则需要更多强势的照顾方式。

安全型依恋和一个温暖的、互助的亲子关系模式有利于遵守承诺的养成和良心的发展。2 岁时和妈妈关系互助性高的儿童，其道德情感（内疚和同情）也发展得更好。他们面对诱惑时会表现出更多的道德行为，并且在小学低年级时的道德认知能力更好。建设性冲突包含了协商、推理和决定，它们提供了不同的视角促进儿童道德理解力的发展。在一个观察研究中，当孩子 2 岁半的时候，如果妈妈就孩子的要求给予了清晰的解释，找到了折中的办法，讨论了情绪，达成了一致意见而不是威胁、强迫、执意要求或者让步，那么 3 岁的时候，孩子就更能抵抗不良的诱惑。

性别

不同的性别使人们看待事情的方式、动作以及工作、休闲和穿着有着巨大的不同。性别影响着人们对于自己的看法和他人对自己的看法。所有这些特点，都包含在“性别”这个词中，即作为男性或女性究竟意味着什么。

你知道吗？

性通常更强调男女之间具有的生物差异，例如女性有两个 X 染色体，而男性有一个 X 染色体，一个 Y 染色体。而性别则强调在生物差异的基础上，个体具有的社会性差异。

婴儿期的性别差异

在美国，男孩和女孩可测得的差异很少。男孩比女孩稍高、稍重一些，可能也更强壮、有活力一些，但是他们比一般观念认为的更容易受伤。女孩则对压力的反应更少，存活率更高。刚出生时，男孩的大脑比女孩大 10% 左右，并且这个差异会持续至成年。除去上述的差异，他们的动作发展几乎是同步的。

男孩和女孩最早出现的行为差异大约发生在 1~2 岁，表现在对于不同玩具、游戏类型和同性玩伴的偏好上。

例如，在一项研究中，18 个月大的男孩更喜欢玩玩具车，而女孩则更喜欢玩洋娃娃。学步期儿童和更大一点的孩子都更喜欢跟同性的小伙伴玩耍，原因之一可能是从 17 个月大开始，男孩玩的游戏比女孩玩的游戏更具冒险性。

婴儿很早就能感受到男性和女性的差异，这远早于他们自己在行为表现上的差异，甚至发生在还不会说话的时候。习惯化的研究发现，6 个月大的孩子对于男性声音和女性声音的反应已经出现差异了。到了 9~12 个月，婴儿已经可以区分男女的面孔、发型和衣服了。在 24~36 个月左右，婴儿已经可以辨认出玩具的性别属性，比如洋娃娃的头和身子是否相互匹配，在这一点上男生会稍微落后于女生。

父母如何塑造性别差异

美国的父母在孩子很小的时候就开始影响孩子的人格。特别是父亲，很早就开始对孩子进行性别塑造，即要求他们按照自己文化中对于不同性别角色的预期去做事。美国的爸爸们用不同的方式对待男孩和女孩的倾向比母亲更明显，即使在孩子不到 1 岁的时候也是如此。1~2 岁时，爸爸会花更多时间陪伴儿子。而妈妈则会给予女儿更多的支持和关怀，而这个时候的女孩比男孩的语言表达更活跃。在和孩子们一起玩的时候，父亲对男孩子会更直接粗暴一点，而对女孩子则更加敏感。

但是，像美国的爸爸们这么喜欢玩身体类型游戏的情况并不具有普遍性。瑞典和德国的爸爸们并不经常这么和孩子们玩。非洲阿卡和印度新德里的父亲同样会用比较温和的方式和孩子一起玩。这些跨文化的证据表明，粗暴的游戏可能具有生物基础，但是也很可能受到文化的影响。

>> 与其他孩子的关系

尽管家长对孩子的生活起主要影响作用，但是与其他孩子（自己家里的或别家的）的关系同样很重要。这些关系不断地塑造着我们，并且随着年龄的增长变得越发重要。

同胞关系

如果你有兄弟或者姐妹，那么你与他们的关系将会是持续时间最长的一种关系。他们与你有着共同的根源，他们很了解你小时候的情况，他们接受或者拒绝你们共同的父母的价值观，他们很可能对你比其他任何人都更坦诚。

同胞关系起始于一个新生儿的诞生，持续地贯穿他的整个童年，并且会起到积极或者消极的作用。同胞关系在社会化进程中扮演了不同于双亲关系和同辈关系的另一种关系。婴儿会在与其他兄弟姐妹的互动中学习到新内容，如冲突与合作，并且将这种学习延续至家庭外。

孩子对一个兄弟姐妹的到来会有不同的反应。一些孩子为了争取到母亲的注意而吮吸大拇指，或者弄湿自己的裤子，或者用孩子特有的方式讲话。甚至有的孩子会提议把他新生的兄弟姐妹带回医院或是扔进马桶。还有一些孩子则会以年长的孩子而骄傲，因为他们可以打扮或者照顾新的孩子。年长的孩子对新生兄弟姐妹的态度源于很多因素，例如他们的年龄、他们与其父母关系的好坏、家庭氛围等。

当新生儿开始成长并且变得相对独立时，他们不可避免地会与原有的孩子产生冲突——至少在美国文化中是这样的。同胞冲突在年幼的孩子 18 个月大时会急剧增加。在随后的几个月中，年幼的孩子开始参与到更加完整的家庭互动中。他们能更多地意识到别人的感受与注意力，并且开始知道哪些行为会使哥哥或者姐姐不开心，哪些行为会被视为淘气或是乖巧。

随着这种认知与社会理解的发展，同胞冲突开始趋向于有建设性，年幼的孩子开始懂得妥协。此种有益的冲突会帮助孩子们认识到他人的需求、意愿和观点；同样，这也会教会孩子怎样反击，表达不满和妥协，最终形成一个相对安全和稳定的关系。

同伴关系

婴儿都会对家庭以外的人产生兴趣，特别是对与他们差不多大小的孩子。在最初的几个月里，对其他孩子，他们会注视、微笑或者发出“咕咕”的声音。在 6~12 个月，

你的工作是什么？

儿童心理治疗师

儿童心理治疗师通过评估和治疗来为支持儿童的心理健康发展。儿童心理治疗师的工作对象通常是曾有创伤或是有潜在缺陷的儿童。例如，儿童心理治疗师可能会接待一个失去父母的学前儿童，或者是帮助一个被父母和儿科医师怀疑有自闭倾向的孩子。儿童心理治疗师的工作地点可能是医院、诊所或者私人训练场所。成为一个儿童治疗师通常需要有博士学位和实习经历。想了解更多儿童心理治疗师的资讯，请登录：www.apa.org。

他们开始对家庭以外的孩子展现出更多的微笑、碰触和咿呀交谈。在一岁半至三岁的时候，婴儿对其他孩子的行为表现出更多的兴趣和理解。

一些像“我做你学”之类的游戏可以帮助婴儿和其他孩子建立联系，并且可以提前熟悉学前班的一些游戏。模仿彼此的动作可以使孩子们形成更加流畅的动作交流，并且培养他们更加协调地使用关节。随着社会理解能力的增长，合作行为将会在孩子 2~3 岁时发展起来。冲突同样也有好处，它可以帮助孩子们学会怎样去协商并解决纠纷。

》》测试一下

CHAPTER 7 0至3岁婴儿的心理社会性发展

学习目的	自测 ☐ LearnSmart ☐ connect+ Chapter 7 Quizzes	你在哪里可以找到答案

学习目的 7.1
描述婴儿早期的情绪与性格主要的变化发展

1. 婴儿最早使用的交流方式是（　　）。
   a. 微笑，表达他们的开心
   b. 眨眼睛，取得父母的注意
   c. 哭，表达他们不开心
   d. 以上都不是，他们在婴儿早期很难会交流
2. 自我意识的情绪（如窘迫、羞愧和骄傲）需要具有自我意识，因为自我意识____
3. 当有客人出席晚餐的时候，Esme 躲在她爸爸的后面并且不愿与客人交流。然而半个小时之后，她坐在了客人的腿上开心地玩耍。在气质类型上，Esme 属于（　　）。
   a. 容易型
   b. 困难型
   c. 慢热型
   d. 高度行为抑制型

气质

尤尼亚的目标导向行为

情绪和气质
132~136 页

connect+ MILESTONES

阿玛利亚的情绪表达

尤尼亚的情绪表达

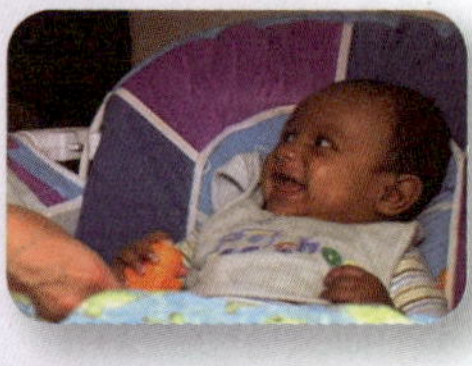

科林的社交式微笑

学习目的 7.2

讨论依恋形成的原因与结果

4. 埃里克森曾说社会心理发展的第一步包括信任感的形成。在下面的特征中哪个对信任感的形成最重要（　）。
   a. 亲生父母（与继父母相反）
   b. 母亲（与父亲相反）
   c. 有较高经济水平
   d. 敏感，有责任感，体贴
5. 陌生情境被用于研究依恋的类型。描述两种真实的事件会使婴儿产生依恋行为：

   ____

   ____

   ____
6. 埃普丽在陌生情境实验中因为妈妈离开了房间而哭得很大声，但是当妈妈回来时，她很快停止了哭泣，紧紧地依偎着妈妈。约翰在妈妈离开时同样大声哭泣，但是当妈妈回来时，他却仍然在哭，并且不时表现出生气的感情。埃普丽倾向于（　）依恋，而约翰倾向于（　）依恋。
   a. 安全型，抵抗型
   b. 抵抗型，安全型
   c. 抵抗型，回避型
   d. 回避型，抵抗型
7. 影响婴儿早期依恋形成的两个因素是：

   ____
8. 六个月大的格斯会因为被不认识的人抱起而大声哭泣，格斯是在表现（　）。
   a. 分离焦虑
   b. 陌生人焦虑
   c. 气质
   d. 社会参照
9. 通常，婴儿面对无表情的反应会伴随着（　）。
   a. 平淡的情绪反应
   b. 情绪上的苦恼
   c. 持续的身体动作
   d. 增长性的发声

依恋

136~140 页

connect+ MILESTONES

科林对母亲的依恋

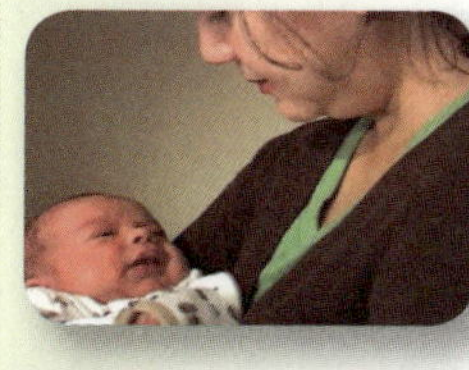

阿玛利亚的互动性同步

信任与自主，阿特拉斯

德尔与阿特拉斯父亲的照顾

埃斯米的情绪与依恋

学习目标 7.3

阐述自我意识的发展，以及影响社会化过程和道德发展的自主性的出现

10 两岁大的比利在镜子中看到自己后，摸了自己的新发型，比利这是在显示（　）。

a. 自我认同

b. 自我调节

c. 内化

d. 自我意识

11. 遵守承诺型和遵从情境型是指：

12. 害羞的孩子会对严厉的家教不知所措，然而比较大胆的孩子则需要一个更强硬的管理手段。孩子的气质与家教类别的配对可以从下面几方面考虑（　）。

a. 接纳性合作

b. 相互同步

c. 优点互补

d. 性别

13. 影响社会化成功地因素是哪两个：

14. 男孩跟女孩在最早的行为差异是什么？

15. 性别类型可以定义为如下几种（　）。

a. 基因检测的结果

b. 有性格特点的游戏方式

c. 与文化规定一致的成人性别角色

d. 儿童学习与性别相匹配的行为方式的过程

发展中的自我

140~144 页

connect+ MILESTONES

阿玛利亚的自我意识

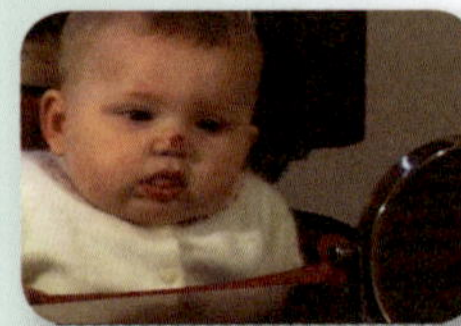

费拉娜的独立性

费拉娜的自控和自我怀疑

赖安的指令

学习目标 7.4

讨论同胞兄弟姐妹跟同伴如何影响婴儿社会心理的发展

16. 影响幼儿对新生兄弟姐妹反应的三个因素是：

____

____

____

17. 与同辈发生冲突（ ）。
    a. 总是坏的
    b. 对学习如解决冲突的技能很有用
    c. 在孩子会说话后大幅度减少
    d. 在学前班幼儿中很少发生

与其他孩子的关系

144~145 页

connect+ MILESTONES

冲突

视频链接

Siblings

视频链接

Sex Differences

视频链接

Friends and Play

答案

1. c
2. 自我意识是指能够意识到自己是区别于周围世界的，自我意识的建立需要自我觉察的情绪，因为儿童必须知道他人会对自己行为的正误有他们自己的看法，之后才会获得这些社会性情绪。
3. c
4. d
5. 任何涉及婴儿与父母分离又重聚的场合都常用来研究依恋行为，例如，类似的过程也可以在接送孩子去托儿所或者父母将孩子托付给其他照料者比如临时保姆的场合中观察到。
6. a
7. 父母的教养方式（比如照顾者对婴儿需求的敏感性或者回应的积极性）和婴儿的气质共同影响依恋模式。
8. b
9. b
10. d
11. 遵守承诺型指在没有提示的情况下遵从父母的指令，圆满的完成任务，而如果需要父母的提醒，那么就是遵从情境型的。
12. c
13. 有助于社会化的因素包括父母对儿童进行社会化的方式，儿童的气质类型，亲子关系质量，依恋模式是否安全，对父母的观察学习以及父母与儿童的互动模式。
14. 男孩和女孩最早出现的行为差异表现在对于不同玩具，游戏类型和同性玩伴的偏好上。
15. d
16. 年长的孩子对新生兄弟姐妹的态度源于很多因素，例如他们的年纪，他们与其母亲关系的质量，整个的家庭氛围等。
17. b

第 8 章 幼儿期的身体发育与健康

本章要点

- 身体发育
- 睡眠
- 动作发展
- 健康和安全

今天是伊娃进入幼儿园的第一天，当爸爸开着车载她去学校时，爸爸一直在思考短短几年间她所发生的变化。2岁时，她还是一个矮胖的小孩子，有着胖乎乎的圆脸和棕色的卷发，满怀热情地在她迅速扩展的世界里蹒跚行走。随着四肢的发育，如今5岁的伊娃不再有着圆滚滚的婴儿肚，她可以单脚跳、倒着走路并且能轻松地使用餐具。她对周围的一切充满好奇，总是喋喋不休地问着各种问题，对食物、衣服和玩具有着强烈的偏爱。

在本章中，我们将讨论3~6岁儿童的身体发育。这期间的孩子，身体比例发生了变化，他们逐渐长高变瘦；他们睡得更少并且更可能出现睡眠问题；他们的奔跑、单脚跳、跳绳、跳高以及投球能力得到提升；他们也可以更好地系鞋带（系成蝴蝶结而非打死结）、用蜡笔画画（在纸上而非墙上）、倒麦片粥（倒进碗里而非地板上）。此外，他们的左手或右手偏好也会出现。总的来说，他们也会面临一系列健康和安全风险，包括肥胖问题和过敏。

>> 身体发育

虽然婴儿期是儿童生长发育最迅速的时期，但幼儿期是个体的身体成长和发育产生巨大改变和进步的时期。这些改变在身体方面表现得非常明显，而外在表现不明显但却非常重要的改变发生在大脑内部。在本节中，我们将详细介绍儿童早期身体发育的重要进步。

身高和体重

儿童虽然在 3~6 岁生长迅速，但是依然比不上婴儿期的身体发育速度。大约在 3 岁时，他们开始呈现出修长、健壮的儿童外形，并且随着腹肌的发育，大肚皮逐渐收紧、消失。此时，儿童的躯干和四肢变得更长，头部依然显得相对较大，但身体的其他部分继续在追赶着发育，整个身体比例稳步地趋向成人。男孩和女孩每年能长高 5~8 厘米，体重能增加 2~3 千克（见表 8-1）。在青春期的迅猛发育到来之前，男孩比女孩在身高和体重方面有着轻微的优势，而青春期时女孩则通常会比男孩早几年发育。因此在短期内，男孩有着发育优势。

肌肉和骨骼的迅速发育使幼儿变得更加强壮。软骨组织以更快的速度转化为骨骼，并且此时的骨骼也变得更加坚硬，这使得幼儿有着更加坚固的体格来保护内部的器官。呼吸系统和循环系统的提升使他们有更好的耐力，同时，免疫系统的发育则使他们更加健康。

大脑

到 3 岁时，幼儿的大脑约是成人脑重的 90%。前额皮层的突触数量在 4 岁时达到顶峰，听力神经传导通路的髓鞘化大约也在此时完成。6 岁时，大脑发育已经达到了其最大体积的 95%，不过也存在着广泛的个体差异。两个年龄相同的、健康的且发育正常的幼儿在脑体积上可能会有 50% 的差异。

表 8-1　3~6 岁幼儿的身体发育（百分等级为 50*）

年龄	身高（米） 男孩	身高（米） 女孩	体重（千克） 男孩	体重（千克） 女孩
3	0.983	0.980	15.331	15.513
4	1.069	1.077	18.053	17.509
5	1.146	1.118	21.001	19.641
6	1.209	1.184	23.678	22.135

* 百分等级为 50 是指在每一类中有 50% 的儿童在该身高或体重水平之上，有 50% 的儿童在该水平以下。

数据来源：Mcdowell, Fryar, Ogden, & Flegal, 2008; data from Anthropometric Reference Data for Children and Adults: United States, 2003-2006, National Health Statistics Report, No. 10, October 22, 2008。

在 3~6 岁，控制计划和行动组织的大脑额叶区得到快速的发展；在 6~11 岁，发育最快的大脑部位则是支持联想、语言和空间关系的脑区。

儿童早期的胼胝体（一束连接左右半球的狭长的神经纤维）则是逐渐发展的，胼胝体纤维的快速髓鞘化使得大脑可以进行更快的信息传递并对左右半球进行更好的整合，这种发育一直持续到 15 岁，它可以提升个体的感觉协调、记忆过程、注意唤醒、语言和听力功能。

>> 睡眠

“我想再喝点水。”伊娃乞求道。20 分钟后，她又说“我要上厕所”。最后，伊娃终于在晚上 10 点钟睡着了，在睡梦中她偶尔会喃喃自语。她的父母在后半夜被伊娃的尖叫声惊醒，爸爸冲进卧室后发现伊娃睡眼惺忪、

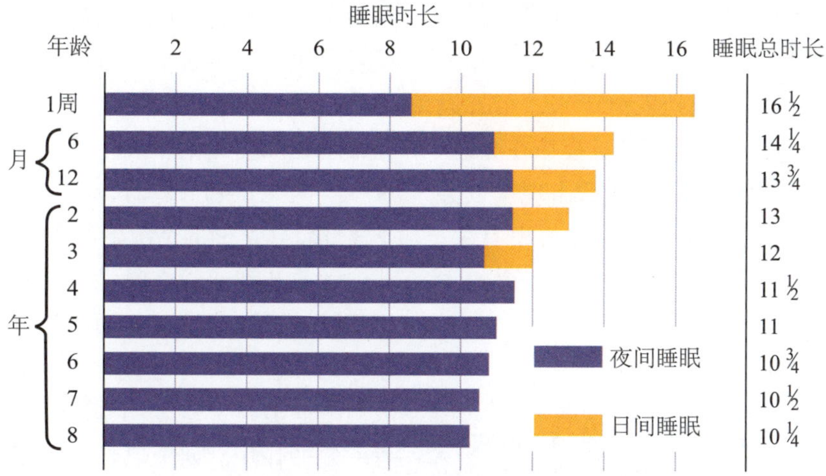

图 8-1　幼儿期的睡眠需求

注：婴儿在白天和晚上的睡眠时间几乎相同，而幼儿在晚上睡一大觉就能满足他们所有的或几乎所有的睡眠需求。在整个儿童期，个体的睡眠时间在稳步地减少，但是个别儿童可能需要比此处所呈现的更多的或更少的睡眠。

资料来源：McDowell, Fryar, Ogden, & Glegal, 2008, data from Anthropometeric Reference Data for Children and Adults: United States, 2003—2006, National Health Statistics Report, No. 10, October 22, 2008。

面带迷茫地坐在床上。在一番鼓励和安慰后，她仰坐着又睡着了，第二天早晨，伊娃则对自己昨晚的惊醒一无所知。伊娃的睡眠反映了幼儿的典型睡眠模式，在下面的部分我们将会做进一步的了解。

个体的睡眠模式在整个成长过程中都会发生改变（见图 8-1），幼儿的睡眠有它独特的规律。美国大多数 5 岁儿童在夜间的平均睡眠时间为 11 个小时，而白天则不再睡觉。

入睡可能会像某种形式的分离焦虑一样，儿童会尽其所能来避免它。超过一半的美国父母或照料者报告说，他们的幼儿期孩子在睡眠时会有所拖延，并且通常需要 15 分钟或更多的时间来哄他们入睡。1/3 的幼儿主动抗拒上床睡觉，并且超过 1/3 的幼儿每晚至少会醒来一次。规律的、一致的睡眠习惯可以在最大程度上减少这些问题。幼儿可能想要睡觉时开着灯，抱着自己最喜欢的玩具或盖着最喜欢的毯子入睡，这些过渡性的物品可以当作幼儿的睡眠伴侣，帮助他们从婴儿期的依赖睡眠转向幼儿晚期的独立睡眠。然而，那些习惯于在哺乳时或摇晃中入睡的幼儿很难独自入睡。而且，即使是那些曾经可以入睡的幼儿，也会出现睡眠障碍，使得他们难以睡得安稳。

睡眠失调

1/10 的幼儿的父母或照料者报告说他们的孩子有睡眠问题（美国睡眠基金会，2004）。睡眠失调可能是由于大脑动作控制系统的意外激活所致或者是深度睡眠的不完全唤醒；它们也可以由不规律的呼吸或多动的腿部动作而激发。这些睡眠失调往往在家庭成员之间具有传递性，并且通常和分离焦虑有关。在大多数情况下，睡眠失调只是偶尔发生并且会随着孩子的成长而消失。一些睡眠问题可能是因为父母无效的养育行为，这些行为会加剧而非减轻睡眠失调，例如，允许孩子在白天补觉可能会导致他们晚间入睡困难。长期的睡眠问题可能暗示着需要对孩子进行检查，看其是否有情绪、生理或神经系统的健康问题。可能的睡眠失调有夜惊、梦游、说梦话以及做恶梦。

夜惊

经历**夜惊**（night terror）的儿童在前半夜会从深度睡眠中突然惊醒并且焦虑不安。

儿童可能会尖叫着从床上坐起、呼吸急促、两眼凝视着周围或四处翻滚，但是他实际上并没有醒，并且会很快地安静下来，第二天早晨则对昨晚的一切毫无印象。夜惊在 2.5~4 岁的儿童身上出现得最多，此后出现次数会下降，一些研究者认为，夜惊和焦虑有关。对儿童夜惊发生率的估计差异很大，大约占儿童总体的 6%~40%。

梦游和说梦话

梦游（sleepwalking）和**说梦话**（sleeptalking）在儿童成长的早期和中期是很常见的现象，据估计，3~10 岁的儿童中大约有 9% 的儿童会梦游，有 37% 的儿童会说梦话。梦游和说梦话一般是无害的，并且会随着儿童年龄的增加而减少。我们最好不要打断孩子的梦游或夜惊，因为这样可能会使他们感到困惑，甚至受到惊吓。相反，我们可以安静地引导孩子返回他们的房间，让其安然入睡。

噩梦

噩梦（nightmares）在儿童成长的早期也很常见。噩梦通常在接近早晨的时候发生，并且经常是由于睡得太晚、睡之前吃的太饱或者过度兴奋所引起的，例如看了一个令人激动的电视节目、一场恐怖的电影或者听了一个吓人的睡前故事。偶尔做噩梦并不需要担心，但是反复发生的或长期的噩梦，尤其是那些使孩子在醒着的时候仍感到恐惧和焦虑的噩梦，可能标志着儿童面临着过大的压力。

尿床

大多数 3~5 岁的幼儿在白天和夜间都不会尿床，但遗尿（enuresis）（指那些被认为年龄足够大的，可以控制膀胱的儿童在夜间反复发生的、不自主的排尿）却很常见。大约 10%~15% 的 5 岁儿童（更常见的是男孩）经常会在深度睡眠中发生习惯性的尿床。超过一半的儿童到 8 岁时，其尿床行为可以在不需要特殊帮助的情况下消失。

学前儿童通常在睡觉时和醒着时能够意识到膀胱的满胀感，从而产生排尿行为，但尿床的儿童并没有这种意识。遗尿会在家庭成员之间流行，这表明基因可能在其中发挥着一定的作用。研究已经发现了与遗尿相关的基因的大概位置，这表明遗传可能和运动神经的缓慢成熟、睡眠呼吸中止症、过敏症或较差的行为控制有关，这些可能会共同成为遗尿的主要影响因素。大约 75% 的尿床者会有一个亲近亲属也尿床，并且同卵双生子比异卵双生子在这种行为上的表现更一致（即同卵双生子更可能都尿床）。

儿童和他们的父母需要打消疑虑，要知道尿床只是一个常见而非严重的问题。等到儿童可以理解和遵从指示的时候，此时的治疗最有效，治疗方法通常有尿床警报器（当儿童开始要小便时能够叫醒他）或药物治疗。儿童不应该因为尿床而受到责备和惩罚。一般而言，父母不需要寻求专业帮助，除非儿童因自己尿床而感到痛苦。超过 8~10 岁的儿童所发生的遗尿则可能与其较低的自我概念或其他的心理问题有关。

> **你知道吗？**
>
> 儿童在婴儿期日睡眠少于 12 个小时与其在后来的学前期和整个儿童期所面临的高风险的压力过大有关。

动作发展

3~6 岁的儿童在动作技能发展方面取得了巨大的进步，这包括**粗大运动技能**（gross motor skills）（如涉及大肌肉群的跑、跳）（见表 8-2）和**精细运动技能**（fine motor skills）（需要用手巧妙操纵的技能，如涉及手眼协调和小肌肉协作运动的扣纽扣和画画）的发展，他们也会在此时表现出使用右手或左手的偏好。

表 8-2　儿童早期的粗大运动技能

3 岁	4 岁	5 岁
不能突然或快速地转身或停下	可以更有效地控制停止、开始和转身	可以轻松地在游戏中开始、转向和停止
可以跳 0.4~0.6 米的距离	可以跳 0.6~0.8 米的距离	能够跑、跳 0.8~0.9 米的距离
可以在无需帮助的条件下双脚交替爬楼梯	如果有支持的话，可以下一段很长的楼梯	可以在无需帮助的条件下走下很长距离的楼梯
可以单脚跳，在很大程度上使用各种不规范的跳跃步伐，每次跳跃的距离不一样	可以单脚跳 4~6 步	可以轻松地单脚跳 16 步

资料来源：Corbin，1973。

粗大运动技能和精细运动技能

在 3 岁时，伊娃可以走直线，跳一小段距离，4 岁时可以单脚跳几步，5 岁的她则可以跳 1 米远，单脚跳 16 步并且在学习溜旱冰。

动作技能不是独立发展的，它在儿童早期的出现是建立在婴儿期和学步期的发展基础之上的。大脑皮层中感觉区和运动区的发展使得儿童可以更好地协调他想做的事情和他能做的事情，骨骼和肌肉的增强以及肺活量的增大使得儿童可以跑得更快、跳得更远、爬得更好。

大约在 2.5 岁时，儿童可以双脚跳，而在此之前他们是无法掌握这项技能的；单脚跳很难，直到 4 岁时儿童才可以掌握；上楼梯比下楼梯要容易，到 3.5 岁时，大多数儿童可以轻松舒适地上楼梯，但直到 5 岁时，他们才可以轻松地下楼梯。跳绳充满了挑战性，虽然一些 4 岁的儿童可以跳，但大多数儿童要到 6 岁时才能学会跳绳。毫无疑问，儿童在各项动作技能的熟练程度上会有差异，这取决于遗传因素以及学习和练习动作技能的机会。

儿童早期粗大运动技能的发展为儿童中期开始的并且可能持续终生的运动、跳舞和其他活动的发展奠定了基础。然而，6 岁以下的儿童几乎不能参加任何有组织的体育运动，如果运动的难度要求超出了儿童的身体和动作能力，就会让他们感到沮丧。

年幼的儿童可以在合适的成熟水平上，通过积极地参加非结构性的自由游戏来最佳地促进身体发育。父母和老师可以给孩子提供安全的、规模大小合适的设备让他们攀爬及跑跳，也可以给孩子提供球和其他很容易抓握的、安全的、柔软的小玩具，并且在儿童寻求帮助时给予他们温柔的指导，从而帮助孩子更好的发展。

精细运动技能的发展（如系鞋带，用剪刀剪东西）可以使儿童承担更多的照顾自己的责任。伊娃在 3 岁时可以把牛奶倒进盛麦片粥的碗里，用餐具吃东西和独立地使用卫生间，她也可以画圆圈和没有双臂的简笔人物；4 岁时，她可以在别人的帮助下穿衣服，沿直线剪东西，画一个完整的人，设计图案和写简单的字母，也可以把纸折成两个三角形；5 岁的伊娃则可以独自穿衣服，模仿画方形或三角形，并且可以画出比以前更加完整、精致的人物。

优势手

优势手（handedness）是指儿童更偏爱使用某一只手，通常到 3 岁时儿童就会表现出明显的优势手。优势手并不总是清晰的，并不是每一个人在每项任务上都偏爱用某一只手。男孩比女孩更容易成为左利手，100 个左利手女孩对应 123 个左利手男孩。

优势手是由基因决定的还是由环境决定的？人们并没有得出明确的答案。一些研究者认为环境更加重要，因为出生时的低体重和难产与左利手有关。关于环境效应的进一步证据表明，上学的儿童比没有接受正规教育的儿童更可能成为右利手。其他的研究者认为优势手更多地受单一基因或一组基因的共同影响。这两种观点可能都有一定的真实性。

> **你知道吗？**
>
> 如果你属于右利手人群，但在儿童期中断了右利手的使用，你可能学会了如何很好地使用你的左手，即使有机会恢复使用右手，你依然会保持左利手。

健康和安全

在开始上幼儿园的几周前，伊娃的妈妈带她到医生那儿去做每年一次的儿童健康检查以及接种上学所需的疫苗。虽然美国的一些父母担心疫苗的潜在副作用，但伊娃的妈妈知道，接种的好处要胜过低风险的并发症。当医生为伊娃接种抵抗儿童期主要疾病的疫苗时，伊娃的妈妈想起了她爷爷萎缩的腿——儿童期小儿麻痹症发作造成的。由于疫苗接种的普及，伊娃可以不必担心诸如小儿麻痹症、风疹和流行性腮腺炎这类可预防的疾病。然而，在这个变化的世界中，许多可预防的疾病依然给我们造成了巨大的损失。

在美国，公共卫生的进步极大地降低了许多先前常见的儿童疾病、意外事故的发生次数和死亡率。尽管如此，儿童依然面临着许多威胁其健康发展的危险因素。虽然一些儿童遭受着营养不良，但另一些儿童却可能因为饮食过量而变得超重或肥胖，父母需要注意不要让孩子去吃令他们过敏的食物。口腔健康也是一个问题，因为并不是所有的儿童都能养成良好的卫生习惯或有机会看牙医。此外，虽然与成人相比，儿童的死亡率是相当低的，但是儿童的死亡主要是由受伤而非疾病造成的，而且一些儿童生活在充满高意外事故的危险环境中。

肥胖

肥胖在美国幼儿中是一个严重的问题。2003—2006 年，在 2~5 岁的儿童中，其身体质量指数（BMI）在同龄人中的百分等级处于或超过 95 的比例高于 12%，大约有 12% 的儿童的身体质量指数的百分等级处于或高于 85。肥胖率在过去 25 年间已经增长了 3 倍，并且和种族及家庭收入都有关系，非裔和拉丁裔儿童以及低社会经济地位家庭中的孩子更可能出现肥胖问题。

据估计，在全世界有 2200 万名年龄低于 5 岁的肥胖儿童。随着垃圾食品席卷整个发展中国家，在一些国家（如埃及、摩洛哥、赞比亚）的 4 岁儿童中有 20%~25% 的孩子有超重或肥胖问题，该比例要高于营养不良的儿童。

个体的肥胖倾向可以遗传，但是使肥胖普遍流行的主要因素是环境。因为发育放缓，幼儿与其年幼时相比所需要的热量更少。预防肥胖的一个关键因素可能是保证给年龄较大的幼儿提供合适分量的食物（见表 8-3）。

表 8-3　养成健康的饮食习惯

养成健康的饮食习惯
应该由父母而非儿童选择进餐时间
如果儿童不超重，允许他们自己决定吃多少。不要强迫他们吃光整个盘子里的食物
给孩子提供与其身体大小和年龄相适应的食物
给孩子提供简单易识别的食物。幼儿经常拒绝吃混合在一起的食物（如砂锅菜）
尽量经常给孩子提供小手可拿的食物
一次只介绍一种新食物，并且要和儿童喜欢的熟悉的食物放在一起。对于儿童不喜欢的食物或新食物，提供的量要少；如果他们还想吃的话，可以给第二份
在一段合理的就餐时间后，拿走食物并且直到下次吃饭前不多提供食物。健康的儿童不会错过一顿饭，儿童需要学会在固定的时间吃饭
让儿童可以在包含相似营养成分的食物中进行选择，比如黑面包或全麦面包，桃子或苹果，酸奶或牛奶
给孩子提供无脂或低脂的奶制品来补充钙和蛋白质
鼓励孩子帮忙一起准备食物；儿童可以帮忙做三明治或者搅拌、舀出制作甜酥饼的面团
将孩子的高兴情绪转化为有利条件。用有吸引力的盘子盛食物，用饰品或小玩具装点它们；把吃饭当作一场派对活动
不要打破孩子吃饭的固定习惯，儿童可能每次会以固定的顺序吃食物
家庭就餐要有规律。在吃饭时可以聊些有趣的话题，关于吃饭的讨论尽量最少

资料来源：American Heart Association（AHA）et al., 2006; Rolls，& Birch，2000；Williams & Caliendo, 1984。

应该给 1~2 岁的面临超重或肥胖风险的幼儿提供低脂牛奶而非全脂奶；2 岁后，他们则可以喝脱脂牛奶。运动量过少也是造成肥胖的一个重要因素。一项针对 8158 名美国儿童的纵向研究表明，每天看 2 小时以上电视的儿童，再每多看 1 个小时，则其在 30 岁时的肥胖可能性就会增加 7 个百分点。

儿童吃什么与吃多少同样重要。为了避免肥胖和预防心脏问题，年幼的儿童应该只有 30% 的热量来自于脂肪，并且不超过 1/3 的脂肪热量来自于饱和脂肪。虽然精细设计的蔬菜饮食是健康的，但是大多数儿童应该吃瘦肉和奶制品，以便为他们提供蛋白质、铁和钙。牛奶和其他奶制品应该是脱脂或低脂的。

过度的体重增加通常发生在儿童成长的早期，此时预防肥胖是非常关键的，肥胖治疗的长期效果有限，尤其是当治疗被拖延时。超重的儿童往往在长大后变得肥胖，尤其是他们的父母也超重时更是如此。儿童早期是治疗肥胖的一个好时期，此时儿童的饮食习惯依然受到父母的影响或控制。

营养不良

在全世界范围内，5 岁以下的儿童中有超过一半的儿童死亡是由潜在的营养不良造成的。南亚儿童的营养不良水平最高，有 42% 的南亚儿童属于中度或重度营养不良；撒哈拉沙漠以南的非洲为 28%；拉丁美洲和加勒比海地区为 7%；全世界营养不良的年幼儿童比例为 25%。即使在美国，2007 年仍有 17% 的未成年人生活在食物得不到保障的家庭中。

由于营养不良的儿童通常生活在极度贫穷的环境中，营养不良的独特效应很难确定。然而，总的来说，这些贫困不仅会对儿童的身体发育和健康产生消极的影响，而且也会影响到他们的认知和心理发展。有项研究对

多元化视角

0~5 岁孩子的生存

在美国，虽然儿童可能会遭受肥胖的长期影响或接触到环境中的有毒物质，但我们已经习惯于认为我们的孩子将会有健康的好身体。在大多数家庭中，儿童的死亡是一件罕见的事情，但是世界上的其他地方并非如此。在许多国家，儿童的生存并没有保障，年幼儿童的死亡是很常见的现象。难产、不卫生的奶瓶、昆虫叮咬，这些在发达国家很容易就可以解决的事情却足以杀死那些没有足够医疗护理条件的国家中的儿童。

儿童能够活到 5 岁的概率在过去 40 年间已经翻了一番，但是儿童生存的可能性取决于他们生活在哪里。美国婴儿的死亡率大约是 6.8‰，大多数死亡发生在早产儿或低体重新生儿身上。在 2008 年，全世界有接近 900 万名儿童在 5 岁前夭折。造成 5 岁以下儿童死亡的四种主要原因都是传染病——肺炎、痢疾、疟疾和新生儿败血症，它们引起的死亡超过儿童总死亡人数的一半。

90% 的儿童死亡发生在其生命的头五年中，其中又有 98% 的儿童死亡发生在发展中国家的贫穷的偏远农村地区。除了中国、印度、巴基斯坦和尼泊尔外，其他国家中男孩的死亡率要高于女孩，并且所有国家里的贫穷儿童都有更大的死亡风险。

超过 60 个国家已经将 5 岁以下儿童的死亡率降低了 50%。总的来说，最显著的改变发生在工业化国家和儿童死亡率本身就相对较低的发展中国家。

在一些非洲国家，高达 60% 的儿童死亡是由艾滋病造成的。有 14 个非洲国家在 2002 年的儿童死亡率高于 1990 年。另外，自 1970 年以来，包括加蓬、冈比亚和加纳在内的 8 个非洲国家的儿童死亡率降幅已经超过了 50%。

在拉丁美洲，儿童死亡率降低最多的国家有智利、哥斯达黎加和古巴，这些国家的儿童死亡率降幅自 1970 年来已经超过了 80%。相反，海地的儿童死亡率却依然高达 13.3%。

年龄在 6~11 岁的 3286 个有代表性的儿童样本数据进行了分析，结果表明：这些食物匮乏家庭中的儿童更可能算术测验表现较差、留级、看心理医生，并且与其他儿童相处困难。而且，营养不良对认知的消极影响具有长期性。在毛里求斯（远离非洲大陆）的同一年出生的 1559 个儿童中，那些在 3 岁时营养不良的儿童到 11 岁时与同龄人相比，语言能力、空间能力、阅读能力、学业能力以及神经心理表现都更差。

有研究表明，营养不良的一些影响可以通过改善饮食来降低。在一项研究中，3~5 岁的毛里塔尼亚儿童接受包括营养补充在内的一系列帮助后，比控制组的儿童表现出更少的反社会行为和心理健康问题，这种效应在那些从研究开始就营养不良的儿童身上表现得最明显。另一项纵向研究表明，那些在早期就接受营养补充的儿童与那些在青春期才接受营养补充的控制组儿童相比，他们在一系列认知任务和身体能力任务上会表现得更好。

早期的教育可能有助于扭转营养不良的消极影响。一项纵向研究追踪了两组牙买加婴儿和幼儿，这些儿童来自于极端贫困、经常变动的家庭，并且曾因为严重的营养不良而被送入医院接受过治疗。实验组的儿童在医院时有医疗保健中心的专业辅助人员与他们一起玩耍，当他们痊愈出院后，医疗保健人员在接下来的三年里每周都去做一次家访，教会孩子的妈妈如何制作玩具以及鼓励她们与孩子进行交流。三年后该项目停止时，实验组儿童的智商虽然没有达到营养丰富组儿童的智力水平，但却显著高于仅接受正常医疗护理的控制组儿童。而且，实验组的儿童在离开医院 14 年后，其智力水平依然高于控制组的儿童。

食物过敏

食物过敏是免疫系统对特定食物的异常反应，这些反应包括从嘴部的麻刺感、假膜性喉炎到更严重的、威胁生命的反应，如呼吸短促，甚至是死亡。90% 的食物过敏可以归因为以下七种食物：牛奶、鸡蛋、花生、坚果、鱼、大豆和小麦。与成人相比，食物过敏在儿童身上更为常见，大多数儿童对食物的过敏反应会随着年龄的增长而消失。2007 年，有 4% 的儿童会经历某种食物过敏。食物过敏问题在学校里面会特别麻烦，因为许多学校缺乏合适的方法来预防和治疗儿童的过敏反应。

关于未成年人的研究表明，食物过敏的发生率在过去的 10 年间有所增加。如图 8-2 所示，与食物过敏有关的住院治疗有显著的增加。研究表明饮食和食物加工方法的改变以及因为接触太阳少而造成的维他命 D 的降低，都是食物过敏率增加的原因。也有人提出了另外的一种理论，即我们的社会“太卫生”了，以至于孩子们接触不到足够多的污垢和细菌来发展出成熟的免疫系统。湿疹和食物过敏的联系，也使得一些研究者认为过敏是通过皮肤接触而产生的。虽然可能的解释有很多，但是还没有足够的证据来充分地证实某一种原因。

图 8-2　食物过敏的住院治疗趋势

注：1998–2006 年，食物过敏的美国未成年儿童每年的平均出院人数。最近的数据表明 17 岁儿童的食物过敏人数有所增加。

* 表示统计显著性

资料来源：CDC, 2008a。

口腔健康

不良的口腔健康和未治疗的疾病会影响个人的生活质量，口腔健康也是整个健康的重要组成部分。从儿童期开始，父母需要关注孩子的两个常见的口腔健康问题——吮拇指和蛀牙。到 3 岁时，儿童的乳牙已经长齐，恒齿大约在 6 岁时才开始出现，此时则处于萌芽状态。因此父母可以放心地忽视儿童在 4 岁以前的吮拇指习惯。如果儿童到 4 岁时就停止吮手指，他们的恒齿发育则不可能受到影响。

虽然自 20 世纪 70 年代以来，氟的使用和牙齿保健技术的改善已经显著地降低了蛀牙的发生率，但是与其他儿童相比，弱势群

你的工作是什么？

牙医

牙医关注牙齿和口腔健康。美国儿童牙科协会建议儿童长出第一颗牙齿时父母就应该开始带他们去看牙医。对于年幼的儿童，牙医将对他们进行检查以确保他们的牙齿能够如期长出，并且没有蛀牙或其他问题。早早地带儿童去看牙医的一个原因是为了让他们能够对这种经历感到舒适。大多数牙科学生要获得一个一般的本科学位（该学位主要集中于生物学、科学和解剖学的学习），然后还要继续参加一个为期 4 年的牙医训练。牙医在可以公立或私立的诊所工作，想要了解更多的牙科学知识，请访问网站 www.aapd.org。

体的儿童依然有更多的未治疗的龋齿（dental caries）（或蛀牙）。儿童早期的蛀牙问题通常是由于在婴儿期过度饮用甜牛奶和果汁以及缺乏规律的牙齿保健导致的。一些最严重的蛀牙问题发生在那些在下午或晚上裹着奶瓶睡觉和经常吃糖的儿童身上。虽然自20世纪70年代以来，乳牙的龋齿发生率在整体上有所降低，但从20世纪90年代中期开始又有轻微的上升。

意外伤害和死亡

虽然伊娃整体来说是一个温顺的孩子，但有一天，当她的妈妈在另外一个房间时，她独自在房间里跳舞并且跳上了沙发，结果跌倒在了地板上，造成了上臂骨折。

年幼的儿童天生就好冒险，并且经常意识不到危险。虽然大多数的切伤、碰伤和刮擦并不严重，但很快就会被他们忘记，但一些意外伤害却可以导致长久的损伤甚至死亡。实际上，在美国，意外事故是造成儿童和青少年死亡的首要原因。全世界每年有超过80万儿童死于火灾、溺水、车祸、摔死、中毒和其他意外。

你知道吗？

好莱坞电影里的场景是错误的——溺水的儿童不应呼救，不应慌乱地四处拍打和踢水。实际上，他们应该保持安静和镇定，在任何时候都要让嘴伸出水面，抓紧呼吸而非呼救。

全美国50个州和华盛顿哥伦比亚特区都要求儿童在乘车时必须坐在拥有特殊设计的座椅上或者系上安全带。新的要求表明，4岁的儿童在达到他们所坐座椅的高度和重量上限之前，应该使用带有护具的儿童安全座椅。此外，在儿童长到可以恰当地与安全带相匹配（安全腰带能绕过他们的大腿并且肩带能紧紧地系在他们的肩部和胸部上）之前，他们应该使用带定位加高座椅。安全气囊是为成人设计的，并不适合儿童，研究表明安全气囊会给坐在前排座位上的13岁以下的儿童带来更多的致命伤害。一场旨在呼吁让儿童坐在汽车后排的运动，已经使得1996—2003年发生的机动车车祸中的儿童死亡人数以每年200人的速度递减。

你知道吗？

一个骷髅头和交叉的骨头（一贯使用的表示有毒的标志）对于儿童的警告作用很差，因为儿童更可能将它理解为海盗和埋藏的宝物。

大多数儿童（尤其是学前儿童）的因伤死亡都发生在家里，包括火灾、在浴缸中溺水、窒息、中毒或摔死。日常的药品，如阿司匹林、扑热息痛、感冒和咳嗽药，甚至是维生素都可能对好奇的年幼儿童造成危险。在2001—2003年，美国每年有超过5万名4岁及以下的儿童因为意外接触到处方和非处方药物而被送入医院急诊。

美国法律要求药瓶和其他危险的家庭用品必须使用儿童无法打开的保护盖，此外，法律关于产品安全管理、儿童专用车座、骑自行车必须戴头盔以及枪支和药品的安全存储的规定，已经提高了儿童的安全性。确保游戏场地更安全是保护儿童的另一种有价值的方法。表8-4总结了一些在各种场景下降低儿童意外风险的建议。

你的立场是什么？

美国的许多城市都将氟化物添加到自来水之中。支持者们认为，这是一种减少龋齿发生率的科学、有效的方法；但反对者们认为氟化物可能带来危险，是否给儿童喝这种水应该由父母作出选择。你的看法如何？

表 8-4　降低儿童的意外风险

活动	预防措施
骑自行车	戴头盔可以降低 85% 的头部伤害和 88% 的脑损伤
滑板和滑旱冰	儿童应该戴头盔、护膝、护肘和护腕
放烟花	家里不应该购买家用烟花
修剪草坪	12 岁以下儿童不应操作步行式割草机；14 岁以下儿童不应操作乘坐式割草机；幼小的儿童应该远离工作中的割草机
游泳	若家里有 5 岁以下的幼儿，就不应该在后院建游泳池；要在已有的游泳池四周围上高栅栏，加上带有自闭弹簧锁、儿童无法够到的高门；在游泳池、湖边和其他水域旁，成人要紧紧地看好儿童
在操场上玩	在秋千、滑梯和其他设备下要有安全的地面，可以是 10 英寸深的沙子、12 英寸深的木屑或者户外橡胶垫；要为年长的儿童和年幼的儿童、运动性游戏和安静性游戏分开独立的活动区域
使用枪支	应该取出枪里的子弹、带上枪套，将其锁在一个安全的地方；不能让儿童接触到钥匙；成人应该告诉儿童枪支的危险性
吃东西	为了防止噎住，年幼的儿童不能吃坚硬的糖果、坚果、葡萄和热狗（除非将热狗切成长丝，再横着切开）；应该将食物切成小块；儿童在说话、跑动、跳跃或躺着时不应该吃东西
摄入有毒物质	只使用带有安全瓶盖的药品和家用有毒物品；有毒的物品应该储放在儿童接触不到的地方。一旦怀疑儿童中毒，应立即向最近的中毒防治中心报告
乘坐机动车辆	年幼的儿童应该使用检验合格的车座，并且要坐在后排。成人应该遵守交通规则并且避免莽撞驾驶

资料来源：Adapted in part from American Academy of Pediatrics（AAP）Committee on Injury and Poison Prevetion，1995，2000；Rivara，1999；Shannon，2000。

环境对健康的影响

为什么有些儿童比另一些儿童更容易生病或受伤呢？遗传基因起着一定的作用：一些儿童似乎天生就有得某种疾病的倾向，然而，环境因素，包括社会经济地位、种族、无家可归和污染物的接触却发挥着主要的影响作用。

社会经济地位

家庭的社会经济地位（SES）越低，儿童得病、受伤和死亡的风险就越高。与其他儿童相比，低社会经济地位家庭中的儿童（1/5 的 6 岁以下的美国儿童和比例更高的少数民族儿童）更可能得慢性疾病以及活动受限，他们也更可能缺乏健康保险医疗及牙齿保健也无法满足其需要。但是，低社会经济地位儿童的整体健康水平一直在改善。1984—2003 年，在低社会经济地位的儿童中，身体非常健康或完全健康的儿童比例从 62% 上升到了 71%，高社会经济地位儿童的这一比例则从 86% 上升到了 89%。

“医疗补助计划”（一项旨在为那些符合低收入标准的个体和家庭提供医疗援助的计划）自 1965 年起就已经成为了许多贫穷儿童的安全网。然而，该计划并没有覆盖到那些家庭收入稍高于补助标准却又无力支付个人保险的家庭中的儿童。在 1997 年，联邦政府创立了“州儿童健康保险计划”（SCHIP），旨在帮助各州将医疗保健范围拓展到那些没有保险的贫穷儿童或接近贫穷水平的家庭中的儿童。2009 年通过的法律又拓展了“州儿童健康保险计划”，将其覆盖范围从 700 万儿童扩大到 1100 万儿童，即现在大家广为所知“儿童健康保险计划”(CHIP)。卫生官员表示，即使“儿童健康保险计划”有所拓展，但是美国依然有大约 900 万儿童没有保险。没有保险的儿童缺乏一般医疗保健资源的可能性是那些有保险儿童的 14 倍之多。

种族

黑人和拉丁裔儿童很难享有优质的健康医疗，尤其是那些处于贫穷或接近贫穷的家庭中的儿童。儿童保护基金会的调查显示，1/5 的拉丁裔儿童和 1/8 的黑人儿童没有医疗保险，而白人儿童只有 1/13 没有医疗保险。语言和文化障碍以及拉美裔保健供应的缺乏可能有助于解释这些差异。即使是亚裔美国儿童（通常比非西班牙裔白人儿童更健康）也可能很少享用健康医疗，或许也是因为同样的原因。

无家可归

各种复杂的情况会导致人们无家可归，这些情况迫使人们在食物、避难所和其他基本需求之间进行选择。从 20 世纪 80 年代以来，由于廉价出租屋的减少和贫困的蔓延，美国的无家可归者急剧增加。据估计，美国每年约有 135 万儿童无家可归。

如今，41% 的无家可归者是以家庭形式出现的，相当于有 80 万 ~120 万的儿童无家可归，其中有一半是 5 岁以下儿童。许多无家可归的家庭由 20 多岁的单身母亲带领着，他们通常是为了逃避家庭暴力才无家可归的。

许多无家可归的儿童在一个动荡的、不安全的并且通常是不卫生的环境中度过了他们人生中关键的头几年。他们和他们的父母可能会被切断与支持性的社区、家人和公共资源的联系，并且不可能享有医疗保健和教育资源。这些儿童会比那些有家的低社会经济地位的儿童发生更多的健康问题，他们也更容易在婴儿期夭折。以下几种健康问题在他们身上的发生率会更高：痢疾，呼吸、皮肤、眼睛和耳道感染，哮喘及其他慢性疾病。无家可归的儿童往往也会经历严重的抑郁和焦虑，有更多的神经和视觉缺陷，出现发展迟缓，他们也会发生更多的行为问题和学习困难。有一半无家可归的儿童不去上学，即使上学也往往会有学业问题，一部分原因是因为他们缺了很多课，并且没有地方做作业。即使无家可归的儿童有正常的认知功能，他们也往往在标准化的阅读和数学测验上表现很差；与有家的儿童相比，他们更可能留级或被安排在特殊的班级中。在大城市中会有稳定的安全的社区为穷人和无家可归者提供安全的住所，在这些环境中的儿童的行为和

图 8–3　以家庭形式出现的无家可归者的比例

资料来源：Data taken from U.S. Conference of Mayors, 2007。

学业表现会有巨大的提升。

接触吸烟、空气污染、农药和铅

吸烟对每个人的健康都是有害的。然而，由于儿童的肺一直在发育并且呼吸速率较快，他们对吸烟造成的伤害会特别敏感。父母吸烟是一个可预防的、能够造成儿童疾病和死亡的原因。烟草对儿童所造成的潜在危害在生命的头几年中最大。父母吸烟让儿童接触的机会增多，提高了他们患呼吸感染的风险，例如支气管炎、肺炎、耳疾、哮喘恶化和肺发育缓慢。

空气污染与患慢性呼吸疾病以及死亡风险的增加有关。环境污染也可能会引起某些儿童期的癌症、神经障碍、注意缺陷多动障碍和智力发育迟滞。在2006年，55%的17岁的美国儿童所生活的地区的空气质量，在一项或多项指标上都未达到国家空气质量标准。

儿童比成人更容易受到慢性农药的伤害。虽然不能最终确定，但依然有一些证据表明，低剂量的农药可能会影响儿童的大脑发育。农业家庭和市中心家庭中的儿童容易接触到更多的农药。每年报告的农药中毒事件接近5万例，其中发生在6岁以下幼儿身上的超过一半。

儿童可能会通过多种方式摄入高浓度的铅，包括被铅污染的食物和水，航空工业废物，把脏兮兮的手指放进嘴里，吸入粉尘或者在家里和学校玩含铅的油漆卡片。铅中毒会严重妨碍认知能力的发展并且会造成神经和行为问题。血液中铅浓度过高可以引发头痛、腹痛、食欲降低、烦躁或嗜睡，最终会导致呕吐、昏迷和抽搐。

由于法律规定汽油和油漆中不准再含铅以及烟囱排放量减少，1976年至1980年，美国儿童血液中铅浓度水平的中值下降了89%。但是，目前大约有25%的美国儿童依然生活在不断恶化的含铅油漆的家庭中，这种状况在低社会经济地位的社区中更普遍。在一项为期5年的纵向研究中，对铅接触儿童进行的治疗可以降低他们血液中的铅浓度水平，但却无法改善他们的心理、行为和认知功能，因此预防才是关键的。

测试一下

CHAPTER 8 幼儿期的身体发育与健康

学习目的	自测 ☐ LearnSmart ☐ connect+ Chapter 8 Quizzes	你在哪里可以找到答案

学习目的 8.1
描述幼儿的身高、体重和大脑结构发生的变化

1. 在 3~6 岁，儿童的成长（　　）。
   a. 比婴儿的成长速度要快
   b. 继续成长但速度要慢于婴儿期和学步期
   c. 显著地减慢，直到青春期
   d. 可能减慢或加速，取决于儿童的个体差异
2. 儿童早期发生的三个身体变化是什么？
   ____
   ____
   ____
3. 在 3~6 岁，大脑生长最迅速的部位是（　　）。
   a. 胼胝体
   b. 脑干
   c. 运动区
   d. 额区

身体发育
152 页
connect+

学习目标 8.2
概述儿童早期常见的睡眠问题和失调

4. 下面哪一种表现在幼儿身上出现是异常的，并且需要药物或行为干预？（　　）
   a. 试图延迟上床时间
   b. 尿床
   c. 夜惊
   d. 噩梦
   e. 上面所有表现都是正常的
5. 遗尿会在家庭成员之间传递，同卵双生子比异卵双生子在尿床行为上的表现更一致。这表明（　　）。
   a. 父母可能要对较差的抚养行为负责
   b. 惩罚是解决尿床行为的一个合适的方法
   c. 遗传因素可能在尿床行为中发挥作用
   d. 床头警报器可能是无效的

睡眠
152~154 页
connect+

学习目标 8.3
概述精细动作和粗大动作的继续发展并讨论影响优势手的因素

6. 一个粗大动作的例子是：______________
   一个精细动作的例子是：______________
7. 左利手更常见于（　　）。
   a. 男孩
   b. 女孩
   c. 两者都不是

动作发展
154~156 页
connect+

视频链接
Motor Skills

学习目标 8.4

描述儿童早期常见的健康风险并分析环境是如何影响健康的

8. 列举与儿童超重或肥胖有关的两个变量：

____

____

9. 营养不良的儿童更可能（　）。
   a. 算术测验表现差
   b. 留级
   c. 害羞
   d. 与其他儿童相处困难
10. 在理论上，下面的哪个选项是食物过敏的影响因素？（　）
   a. 年龄
   b. 现代饮食习惯的改变
   c. “太卫生”的环境
   d. 上面的所有选项
11. 下面哪个选项中的儿童的口腔健康状况可能最糟糕？（　）
   a. 经常吮拇指的 3 岁儿童
   b. 晚上喝一瓶果汁睡觉的 2 岁儿童
   c. 天天刷牙但不用洁牙线的 5 岁儿童
   d. 通过饮水摄入氟化物的 4 岁儿童
12. 年幼儿童乘车时（　）。
   a. 需要使用安全带，但不需要其他的预防措施
   b. 应该使用安全车座或加高座椅
   c. 不应该坐在前排的座位上
   d. b 和 c
13. 低社会经济地位的儿童比高社会经济地位的儿童健康状况更差，其中的三个原因是：

____

____

____

14. 无家可归的家庭更可能来自于（　），更可能被（　）带领。
   a. 农村；双亲家庭
   b. 农村；单身母亲
   c. 城市；双亲家庭
   d. 城市；单身母亲
15. 在生命早期的烟草接触对儿童所造成的损伤是（　）。
   a. 较严重的
   b. 不可能导致长期的伤害
   c. 很少见
   d. 非法的
16. 预防对于铅中毒而言特别重要，这是因为（　）。
   a. 在道德上是正确的事情
   b. 接触后的治疗可能不是非常有效
   c. 很难辨识儿童的铅中毒
   d. 该说法错误，接触后的干预比事先的预防更有效果

健康和安全

156~163 页

connect+

视频链接

Chidren and Nutrition

答案

1. b
2. 发生的身体变化是：身体比例更像成人；腹部肌肉得到发展并且胃收紧；躯干、胳臂和腿增长。
3. d
4. e
5. c
6. 粗大动作的例子是任何使用身体大肌肉的动作；精细动作的例子是任何要求眼手协调和小肌肉配合的动作。
7. a
8. 与儿童超重或肥胖相关的变量有基因、在学前期的食物控制差、体育运动太少以及看电视。
9. b
10. d
11. b
12. d
13. 低社会经济地位的儿童比高社会经济地位的儿童有更差的健康，其中的原因是他们得病、受伤和死亡的风险更高；他们更可能得慢性疾病、更可能活动受限，也更可能缺乏健康保险和无法满足其需要的医疗及牙齿保健。
14. b
15. a
16. b

第 9 章 幼儿期的认知发展

本章要点

- 皮亚杰理论取向：前运算阶段的儿童
- 信息-加工取向：记忆发展
- 心理测量和维果斯基理论取向：智力发展
- 语言发展
- 儿童早期的教育

一位年轻的研究者坐在6岁的希尔的面前，问他“记忆是什么”，并准备用手中的钢笔记下这个孩子的回答。希尔抬头瞥了一眼这位研究者，简短地说道：“当你记住某些事情的时候。”研究者紧接着又问：“但是你是如何记住的？”“好吧，”这个小男孩回答道，“它突然进入你的心里。当你被告知某些事情时，它会进入你的心里，然后再出来……回到天空中。”

虽然大多数人都会对幼儿的这种奇思怪想置之一笑，但这位年轻的研究者对希尔进行的访谈，正是皮亚杰所采用的研究方法。皮亚杰会使用对希尔以及不同年龄阶段的儿童进行访谈的资料，来阐述他的认知发展理论。他通过自己天才般的沉思和对儿童行为的仔细分析，为认知革命和发展心理学播下了宝贵的种子。

皮亚杰是促进我们对儿童认知理解的众多研究者之一，他关注儿童的逻辑错误，而其他研究者则关注儿童的信息加工能力、儿童的智力测量方式，他们还关注有助于儿童学习的社会因素、儿童的语言使用以及如何利用这些因素来设计和实施优质的儿童早期教育。

在本章中，我们将会审视皮亚杰关于幼儿认知发展的理论取向，我们会看到儿童在婴儿期之后的思维进步和不成熟之处。我们也会接触到与皮亚杰同时代的维果斯基的理论，以及当代研究者对他们早期工作的拓展。此外，我们还会仔细观察自传体记忆的开始，并比较心理测量学取向的智力测验与基于维果斯基理论的智力评估之间的区别。我们也会看到儿童语言流畅性的增加，及其对其他发展领域的影响。最后，我们将着眼于幼儿园的广阔世界。

>> 皮亚杰理论取向：前运算阶段的儿童

皮亚杰认为幼儿的认知发展处于前运算阶段（preoperational stage），因为此时的儿童并不能进行逻辑心理运算，该阶段的特点是象征思维或表征能力（这种思维或能力在感知运动阶段末期第一次出现）的大量使用，并且最显著的例子是儿童语言能力的发展。在本节，我们将会看到儿童的前运算思维和心理理论的进步以及不成熟的表现。

前运算思维的进步

随着儿童认知能力的发展，他们的思考方式发生了本质性的变化。在皮亚杰看来，年幼的婴儿是以具体的此时此地为基础进行思考的，而幼儿认知能力的基本成就则源于象征性思维的进步，这些进步使得他们能够理解先前无法理解的空间物体、因果关系、同一性、分类和数的概念。

符号功能

“我想吃冰淇淋！”4 岁的莱拉一从闷热、布满尘土的后院进入室内就嚷道。她没有看到任何激起她念想的东西——没有开着的冰箱门，也没有电视广告。她不再需要感觉线索来思考事情——她可以记住冰淇淋并且有目的地寻找它，这就是符号功能的一个例子。**符号功能**（symbolic function）是指使用符号或心理表征的能力。例如，语言就是一种符号表证系统，“钥匙”象征着能开门的物体。如果没有符号的话，人们将不能进行言语交流、做交换、看地图或珍藏远方爱人的照片。

幼儿的延迟模仿、假装游戏和语言都体现出了符号功能。延迟模仿在 18 个月后的儿童身上更加常见，它是建立在个体对所观察动作的心理表征的保持之上的——当 3 岁的巴特责骂他的小妹妹时，用的就是他所听到的爸爸在责骂送比萨迟到的快递员时所用的词汇。在假装游戏（pretend play）（也称幻想游戏、表演游戏或想象游戏）中，儿童可以使用一个物体来代表或象征其他的东西，如用一个玩偶代表一个人。语言也是一种象征符号，单词则代表着现实世界中的物体和概念。

对空间物体的理解

与符号功能发展相关的另一种能力，是儿童对世界的表征。大多数儿童在 3 岁之前不能有效地掌握图画、地图或缩尺模型与它们所代表的更大的或更小的客体和空间的关系。年龄稍大的儿童可以使用简单的地图，他们可以将从模型中获得的空间理解应用到地图上，反之亦然。例如，当在地图上向儿童显示玩具藏在房间的某个地方时，他们被带入房间后就可以迅速地找到那件玩具。

对因果关系的理解

皮亚杰认为，前运算阶段的儿童不能对因果关系进行逻辑推理，相反，他认为儿童可以进行**转换**（transduction）推理。他们会在心理上将两个发生时间相近的事情联系在一起，而不管它们是否存在逻辑上的因果关系。例如，路易斯可能认为他的“坏”想法和行为是他自己或妹妹生病的原因，或者是他父母离婚的原因。

然而，通过观察 2.5~5 岁幼儿与他们父母所进行的日常谈话就可以发现，儿童表现出了灵活的因果推理。因果解释的类型包括物理性的（“如果这把剪刀是干净的，那么我就可以剪得更好”）和社会准则性的（“我现在必须停下来，因为你说让我停”）。

对同一性和分类的理解

分类要求儿童能够辨别不同种类物体的相似性和差异性。到 4 岁时，许多幼儿可以使用两个标准进行分类，如颜色和形状。他们可以使用分类能力来整理生活的许多方面，例如把人分成“好的”或“坏的”，“和蔼的”或“卑劣的”等。

一种分类类型是区分有生命的和无生命

的物体。**泛灵主义**（animism）是指赋予无生命的物体以生命的倾向。年幼的儿童会相信汽车、玩具或云彩是有生命的。但是，当询问3~4岁的幼儿一些他们更熟悉的东西时，例如物体（如石头）和人之间的差别，儿童能够理解人是有生命的，而石头是无生命的。

数字概念

研究表明，四五个月大的婴儿似乎能够知道，如果已经有了一个玩偶而再增加一个时，那现在就应该有两个玩偶，而不再是一个。其他的研究发现，序数——相对数量概念（更多或更少，更大或更小）——似乎在9~11个月的婴儿身上就已出现。

当要求数6个物品时，3.5岁以下的儿童往往只能记住数的名字（从1到6）却不能说出有多少个物品（6个）。大多数儿童直到3.5岁或以后，才能一致地使用基数原则。但是，也有一些证据表明，2.5岁的儿童在实际情境中可以使用基数，例如让他们确定哪个盘子里的饼干更多时。

到4岁时，大多数儿童可以说出一棵树比另一棵树大，或一个杯子盛的果汁比另一个多。如果他们有了一个饼干后又得到一个，他们知道现在拥有的饼干比以前多。5岁时，大多数儿童可以数到20或更多，并且知道数字1~10的相对大小。

进入小学时，大多数儿童都已经发展出了基本的“数感”。这种数字技能（表9-1）的基本水平包括计数、数字知识（序数词）、数字转换（简单的加减）、数量估计（这一组圆点数是否大于或小于5吗）和数字模式的识别（2加2等于4，3加1也等于4）。

家庭社会经济地位和幼儿经历会影响儿童的数学进步速度。到4岁时，中等收入家庭中的儿童比低社会经济地位家庭中的儿童有明显更好的数字技能，并且这种最初的优势往往会持续下去。幼儿老师与儿童的“数学谈话”（例如要求儿童数日历上的天数）可以帮助幼儿在数字技能上有更大的收获。此外，和幼儿玩数字棋盘游戏也可以促进他们数字知识的发展，尤其是对于那些来自低社会经济地位家庭中的幼儿。

表9-1　幼儿数感的主要成分

领域	构成
计数	掌握一一对应关系 知道固定的顺序和基数原则 知道计数的顺序
数字知识	数量的异同判断 数字大小的比较
数字转换	简单的加减运算 在故事性问题和非言语背景下进行计算 心算
数量估计	粗略估计数量集合的大小 使用参考点
数字模式	仿写数字模式 扩展数字模式 识别数字的关系

资料来源：Adapted from Jordan et al., 2006。

前运算思维

根据皮亚杰的理论，前运算思维的一个主要特征是**中心化**（centration），即注意情境的一个方面，而忽视了其他的方面，例如注意到了一杯果汁的高度却忽视了它的宽度。这是3~5岁幼儿前运算思维不成熟的表现。皮亚杰认为，儿童之所以得出不合逻辑的结论，是因为他们无法**去中心化**（decenter），即同时关注情境的多个方面。中心化的两种形式是自我中心主义和守恒。

自我中心主义

自我中心主义（egocentrism）是指个体无法考虑他人的观点。在皮亚杰看来，年幼的儿童是如此地集中于自己的观点，以至于无法采择他人的观点。自我中心主义可以解释为什么年幼儿童有时候会很难区分现实和他们头脑中的想法，为什么他们会混淆因果关系。当艾米莉相信她的“坏想法”导致她哥哥生病或是父母的婚姻问题时，她正在使用自我中心式的思维。

为了研究自我中心主义，皮亚杰设计了三山任务（见图 9-1）。一个儿童坐在一张桌子前，桌子上放着三个假山模型，在桌子另一边的椅子上放着一个洋娃娃。研究者会问儿童，在洋娃娃看来山是什么样子的。皮亚杰发现年幼的儿童通常会从自己的视角来描述三山，并且不会采择与他们自己的观点不一样的看法。

然而，当要求儿童用更简单的和更熟悉的方式来描述他人观点时，他们的表现会好一些。在一项研究中，儿童可以从一组物品中选择一个，而实验者只能看到其中的一部分物品。研究发现，3 岁的儿童可以采择实验者的观点。例如,物品中有两只橡皮鸭——一只大的，一只小的，有一种条件是实验者只能看到其中的一只鸭子，当儿童听到可以从中取回橡皮鸭时，即使他们能看到所有的橡皮鸭，但他们更常选择的是实验者也能看到的那只橡皮鸭。

为什么儿童在这种情况下能够采择他人的观点，而在三山任务中却不行？这是因为大多数儿童并没有见过山，也不知道其他人看山时会看到什么，但是大多数幼儿却都知道一些关于隐藏的事情。因此，他们可能主要会在超出他们直接经验的情境下表现出自我中心主义。

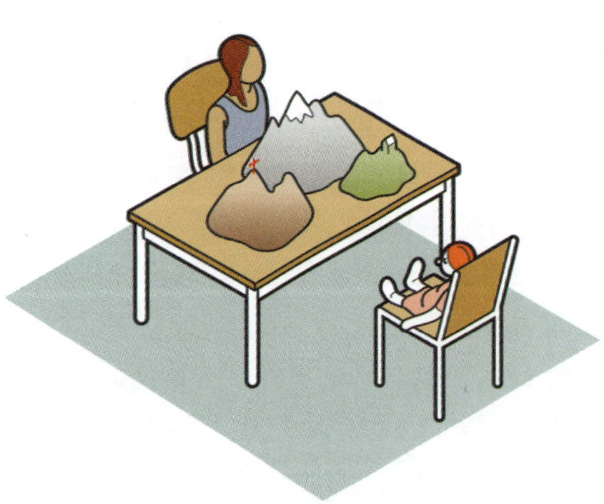

图 9-1　皮亚杰的三山任务

注：前运算阶段的儿童不能够从洋娃娃的角度来描述三山，在皮亚杰看来，这是自我中心主义的表现。

守恒

中心化的一个经典的例子是儿童无法理解守恒。**守恒**（conservation）是指两个相等的物体即使发生外形上的改变，但只要没有增加或减少任何东西，它们的本质依然是相同的。在皮亚杰经典的液体守恒任务中，儿童面前放着两个相同的透明玻璃杯，它们等高等宽，每个杯子中都盛着相同数量的水。研究者会问儿童："这两个杯子中的水一样多吗？"当儿童认为水一样多时，研究者将其中一个杯子里的水倒入一个又高又窄的第三个杯子里，然后问儿童"现在两个杯子里的水一样多吗？还是哪个杯子中的水多一些呢？为什么？"在幼儿期，即使儿童看到了研究者将水从又矮又宽的杯子里倒入了又高又窄的杯子里，或者即使他们亲自去倒，他们依然会说较高的杯子或较宽的杯子盛的水更多。当问他们为什么时，他们往往会说这个杯子更高或者更宽，即仅仅考虑杯子的一个关联维度，他们仅将关注点集中于杯子的高度或杯子的宽度，并以此来回答这个问题。

守恒能力还受到**不可逆性**（irreversibility）的限制，即儿童不能理解一个操作或行为可以被撤销。例如，一旦贾斯汀能够想到，如果把水倒回到原来的杯子里，就可以恢复水量的最初状态时，他就会意识到两个玻璃杯里的水是一样多的。

心理理论

4 岁的阿马利娅讨厌吃小洋白菜，但当坐在餐桌旁的爸爸要求她把菜递给他时，她会把菜碗放在他的手里。她即使只是通过自己的猜测，也能理解爸爸可能喜欢吃洋白菜。阿马利娅能理解这一点表明她已经出现了心理理论。

心理理论（theory of mind）是指能够理

你知道吗？

在心理理论发展不好的个体身上，我们最能看出心理理论的复杂性和重要性。孤独症儿童的一个基本缺陷就是心理理论发展不充分。缺少了心理理论，孤独症儿童就只能在社会困惑的海洋里漂泊。

解其他人有他们自己的想法、信念、愿望和意图的能力。心理理论可以使我们理解和预测他人的行为并做出社会可理解的行为。不同的个体可能有不同的心理理论，这取决于个体的社会经验。心理理论包括思考心理状态的知识，错误信念以及区分想象和现实。心理理论的发展会受到好几种因素的影响。

关于思维和心理状态的知识

3~5 岁的儿童会逐渐地理解思维是在大脑内部进行的；思维可以解决现实或想象中的问题；当某人在做或看某些事情时，他也可以思考其他的事情；一个人被蒙住眼睛和耳朵后依然可以思考物体；并且思考不同于看、谈话、触摸和认识。

然而，幼儿一般都会相信心理活动有开始和停止，直到学龄期，他们才知道心理是持续活动的。例如，3 岁的儿童往往相信他们可以梦见任何他们想梦见的东西；5 岁的儿童能够进一步认识到实际经历、情绪、知识和想法会影响梦的内容。

儿童的心理理论是随着自我中心主义的下降和共情的出现而发展的，它是一系列社会成就的基础。到 4 岁时，儿童能够理解人们对世界有不同的信念（正确的或错误的）并且这些信念会影响到他们的行为。

你知道吗？

在 11 岁之前，儿童不能完全意识到他们无法控制自己的梦。

错误信念

一位研究者向 3 岁的玛德琳展示了一个饼干盒子，问她里面有什么。“饼干。”玛德琳说道，但当她打开盒子时却发现里面是蜡笔，不是饼干。“一个没有打开过盒子的孩子会认为里面有什么呢？”研究者又问道。“蜡笔。”玛德琳说道。她并没有意识到另外一个儿童也会像她一样被盒子所欺骗。

要理解他人会有错误的信念，需要个体能够理解他人对现实的心理表征有时候是错误的，像玛德琳这样 3 岁的幼儿似乎缺乏这种理解。有人分析了 178 个在多个国家进行的、采用各种错误信念任务变式的研究，结果发现了错误信念发展的一致模式。

3 岁的儿童不能理解错误信念可能部分源于他们的自我中心思维。此时的儿童往往认为其他人知道的和自己知道的东西是一样的，并且相信他们所相信的事情。相反，4 岁的儿童能够理解人们对同一个事件会有不同的看法，可能会产生不同的信念。直到 6 岁时，儿童才会意识到两个人对于看到的或听到的同一件事情可能会有不同的解释。

区分想象和现实

在 18 个月至 3 岁之间的某个时间点上，儿童学会了区分现实中和想象中的事情。3 岁的儿童知道真实的狗和梦中的狗的差异，也知道一些不可见的事物（如空气）和想象中的事物之间的区别。他们学会了假装，并且能够识别他人的假装；到 3 岁时，有些情况下甚至在 2 岁时，他们就能知道假装是故

你知道吗？

双语儿童在某些心理理论任务上的表现会稍好于单语儿童。这可能是因为双语儿童知道一种物体或观点可以用不止一种语言方式去表达，从而帮助他们理解不同的人可能会有不同的观点。他们也能意识到要与同伴的语言相匹配，就必须能够意识到别人的心理状态。

意的；他们能够分辨出真正尽力做某事和假装做某事之间的区别。

儿童经常会使用奇幻思维来解释那些看起来无法用现实去解释的事情，或者仅仅是沉湎于想象的快乐之中，例如相信自己拥有假想中的伙伴。3 岁或更大的儿童的奇幻思维似乎并不源于他们对想象和现实之间的混淆，这种思维往往会在幼儿期结束的时候有所消退。通常，奇幻思维可以当作一种方式来解释那些看起来没有现实解释的事情（常常是因为儿童缺乏相关知识），或者儿童仅仅是沉浸在假想的快乐之中。而且，有迹象表明，想象游戏可以给发展带来益处。在一项研究中，当要求儿童叙述一个个人故事时，有假想伙伴的儿童比没有假想伙伴的儿童使用了更加丰富和详细的叙事结构。

总而言之，关于各种心理理论主题的研究表明，年幼儿童对于现实的理解比皮亚杰所认为的更加清晰。

影响个体心理理论发展的因素

一些儿童的心理理论能力会发展得比较早。在某种程度上，心理理论的发展反映了大脑的成熟和认知能力的整体提升。影响个体心理理论发展的因素有哪些呢？

婴儿期的社会关注与心理理论有密切的关系。在一项研究中，45 个儿童在婴儿期和 4 岁时各被评价一次，结果表明，社会关注可以显著地预测心理理论的发展，这有力地证明了社会认知的连续性。

社交能力和语言的发展也和对心理状态的理解有关，因而也会影响心理理论。那些在社交技能上被老师和同龄人评价为更好的儿童，能够理解错误信念，能够区分真实的和虚假的情绪，并且能够采择他人的观点；这些儿童也往往具有较强的语言技能。年幼的儿童在家里所听到的谈话类型也会影响到他对心理状态的理解。通过儿童母亲对他人的想法和知识的参考，我们可以稳定地预测儿童后来的心理状态语言，并且若是家人之间有许多关于情绪和因果关系的谈话，在这种环境下的儿童通常会更早地拥有共情能力。

你的工作是什么？

儿科神经学家

儿科神经学家是儿童大脑方面的专家，除了治疗头部或脑损伤、癫痫和肿瘤外，他们也诊治病人的睡眠问题、语言延迟发展问题、动作技能问题或父母可能会关心的其他发展方面的问题。儿科神经学家必须完成医学院的课程、儿科实习和神经科实习，并要获得专业证书。儿科神经学家一般在医院工作，也会从业于集体或个人诊所。想了解更多关于儿科神经学家的内容，请访问网站 www.childneurologysociety.org。

你知道吗？

守恒要求儿童同时关注两个方面，例如高度和宽度。与此相似，理解错误信念也需要儿童同时记住两件事情：这个人的想法是什么以及实际上正确的是什么。

>> 信息 - 加工取向：记忆发展

当回忆往事时，年幼的儿童倾向于关注精确的细节，而不能自发地注意情景的重要方面，例如事件发生在何时何地。但是，随着他们的注意力和信息加工速度与效率的提高，他们的记忆力也随之增强，他们开始形成长时记忆并且主要关注事件的“要点”。在下面的部分，我们将概述 3~6 岁的幼儿在信息加工过程上所发生的主要变化。

基本过程和能力

信息加工理论家把记忆看作是一个文件归档系统，它包括三个步骤：编码、存储和提取（见图 9-2）。**编码**（encoding）就像

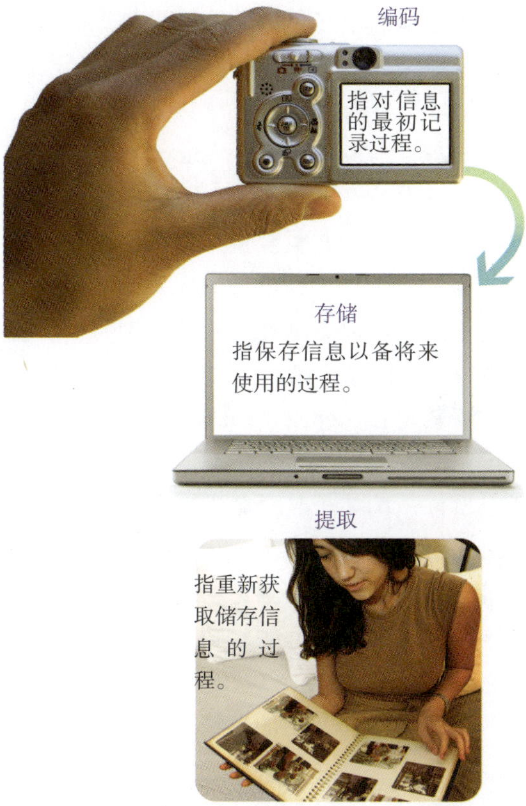

图 9–2　记忆系统

注：记忆就像是一个文件归档系统，它包括三个步骤：编码、存储和提取。

是把信息放入一个文件夹内，从而将其编排进记忆中的过程。通过编码过程，信息就可以用于长期存储和后来的提取。每种信息都有自己的“代码”或“标签”，这样在需要的时候就可以更容易地发现它们，每个事件会和它所发生的情景信息编码在一起。**存储**（storage）是保持信息以备将来使用的过程，它是将文件夹存入记忆中的档案柜内。**提取**（retrieval）是在需要时，个体从记忆库中获取信息的过程，如儿童搜索到文件并把它取出来。这些加工过程的任何方面如果发生问题，都会影响到记忆效果。

尽管记忆系统的效率因人而异，但大脑存储信息的方式具有普遍性。信息加工模型将大脑的记忆描述成三个仓库：感觉记忆、工作记忆和长时记忆。

感觉记忆（sensory memory）是输入感觉信息的临时仓库，并且信息消退迅速。感觉记忆从婴儿期开始就变化很少。但是，感觉记忆的信息如得不到加工（编码）会很快消退。

信息的编码或提取是在**工作记忆**（working memory）中进行的。工作记忆是一个短期存储的仓库，它保存个体正在积极使用的、努力理解和记忆的或正在思考的信息。脑成像研究已经发现，工作记忆部分定位于前额叶皮层（占据前额正后方的大脑额叶的大部分）。

工作记忆的效率受它的容量限制。儿童的工作记忆容量会随着年龄的增长而增加。

工作记忆的增长使得**执行功能**（executive function）的发展成为可能，执行功能是个体为了实现目标而对想法、情绪和行为进行的控制。执行功能可以使儿童为了实现目标而计划和实施心理活动。当儿童需要把注意力集中在某些事情上或压制一个不恰当的反应时，执行功能常被用到。例如，在滑梯时，尽管儿童渴望轮到自己，但依然会排队等候，因为他知道，插队会引起老师的纪律处罚。大约在婴儿期的第一年末期，执行功能可能就会出现，并随着年龄而快速发展。2~5 岁儿童的执行功能的变化，使得他们可以制定

你知道吗？

可以把工作记忆看成是一块黑板。你此时正在思考的东西（就是这个时候在你大脑里的东西）就是黑板上正在写着的东西。工作记忆就像黑板一样，其空间是有限的，当你思考一些新东西时，先前的材料就会从工作记忆中“擦除”。

你知道吗？

你有过这种经历吗？与某人聊天时，你没有听见对方在说什么，于是问：“你说什么？”然而在问出这句话的同时听清了对方说的话。这就是你的感觉记忆在起作用。

和使用解决问题的复杂规则。

根据一个被广泛应用的模型，在工作记忆中存在着一个**中央执行系统**（central executive），它控制着工作记忆中的信息操作过程。中央执行系统控制着被转入**长时记忆**（long-term memory）（一个容量无限的、信息可以长期保持的记忆仓库）中的编码信息，它也会从长时记忆中提取信息以做进一步的加工。

一旦材料被放在记忆中，它就一定能够被提取应用。再认和回忆是提取的两种方式。**再认**（recognition）是指能够识别先前遇见过的东西，例如在失物招领箱里挑选出自己丢失的连指手套。**回忆**（recall）是指在记忆中再产生相关的知识，例如向别人描述连指手套。幼儿像其他年龄段的人一样，都是再认好于回忆，但是他们的再认和回忆能力都随着年龄的增长而增强，儿童对物品越熟悉，他们就能回忆得越好。然而，年幼的儿童通常不能使用记忆策略，即使他们已经知道这些策略，除非有人提醒。

儿童期的记忆

儿童期的记忆可以分为三种类型，每种记忆分别执行不同的功能，它们是一般记忆、情景记忆和自传体记忆。

一般记忆（generic memory）始于2岁左右，它会产生一个脚本（script）。脚本是关于个体熟悉的并重复发生的事件的整体轮廓，例如关于坐车到学校或在奶奶家吃午饭的脚本。它可以帮助儿童知道预期将会发生什么以及应该怎么做。

情景记忆（episodic memory）是指个体意识到的曾经发生在特定时间和特定地点的特定事件，例如于某个晴天在公园里度过的一段非常愉快的时光。由于年幼儿童的记忆容量有限，他们的情景记忆是短暂的，除非某些事件多次发生并被转化成一般记忆，否则它们只会持续几周或几个月，然后消退。经常与父母谈论发生的事情，有助于儿童长期地记住它们，儿童可能会为事情的各方面提供语言标签，并且用一种有序的、可理解的结构来组织它们。

自传体记忆（autobiographical memory）是情景记忆的特例，它是对构成个体生命历程的独特经历的记忆。并不是情景记忆中的每件事都会成为自传体记忆的一部分，只有那些对儿童而言具有独特性和个人化意义的事情才可以。自传体记忆通常在3~4岁出现。

关于自传体记忆出现较晚的一种解释是，直到儿童发展出自我概念，他们才可以储存关于自己生活的事件。语言的出现也是重要的，它可以使儿童在个人叙述中分享和组织事件。

>> 心理测量和维果斯基理论取向：智力发展

影响早期认知技能（如记忆和语言）强度的一个可能因素是智力。智力在传统上是通过心理测验来测量的，但环境因素会影响测验的准确性。基于维果斯基理论而发展出的认知潜能测验，使得我们了解到了关于智力的更多信息。

传统的心理测量

对幼儿最常使用的两个智力测验是斯坦福－比内智力量表和韦克斯勒学前儿童及小学儿童智力测验。

斯坦福－比内智力量表（Standford-Binet Intelligence Scale）适用于 2 岁及以上的儿童，完成整个测验需要 45~60 分钟。该测验要求儿童定义单词、串珠子、搭积木、填图、走迷宫和理解数字。儿童的得分可用于评价他们的流体推理能力（解决抽象或新奇问题的能力）、知识、数量推理、视知觉－空间加工和工作记忆能力。斯坦福－比内智力量表的第五版，包括用非言语方式来测量认知的这五个维度，从而允许我们进行言语和非言语表现的比较。该量表除了提供总的智力分数外，也会产生智力的言语和非言语分数以及生成 5 个认知维度各自的合成分数。

韦克斯勒学前儿童和小学儿童智力测验修订版（The Wechsler Preschool and Primary Scal of Intelligence，Revised，WWPPSI-Ⅲ）属于个体测验，完成该测验需要 30~60 分钟。该量表对 2.5~4 岁以及 4~7 岁的儿童提供不同水平的测验，最终会产生智力的言语分数和操作分数以及两者的合成分数。最流行的该版测验也包括一些分测验，用于测量言语和非言语流体推理、词汇接受和表达以及加工速度。韦克斯勒学前儿童和小学儿童智力测验修订版也可用于特殊群体的儿童，如智力缺陷的儿童、发展迟缓的儿童、有语言障碍的儿童以及孤独症儿童。

影响智力测量的因素

人们的一个普遍误解是智力分数代表了个体先天智力的固定值。实际上，智力分数仅仅表明了与同龄其他儿童相比，儿童在某一时刻完成特定任务时的表现如何。智力分数可以用来识别天才儿童和需要额外帮助的特殊儿童，因此，我们可以给受到特殊关注的儿童提供合适的学习规划，而让其从中获益。此外，大多数的智力测验都已经被应用了一段时间，因此，它们已经变得标准化、常模化并具有可靠性。而且，它们的确有助于预测个体的学业成就，但智力测验也有消极的影响。最值得注意的是，它们可能会给儿童贴上不恰当的标签。虽然很多人都将智力分数解释为代表个体内在能力的指标，但实际上智力测验更多地反映了经验的影响。事实上，自测验产生以来，工业化国家中儿童的智力测验分数有了稳定的上升，这迫使测验开发者不断的提高测验常模。这种测验趋势可能部分源于儿童早期更好的营养、接触到教育性的电视节目和学前教育、受教育水平更高的父母、更小的家庭（从而让每个儿童可以得到更多的关注）、多种多样的益智游戏以及测验本身的变化。

家庭环境对儿童智力的影响程度很难确定。双生子和收养研究表明，家庭生活在儿童早期时影响最大，到青春期时对个体的影响力则急剧降低，此时儿童对不同经验的接

你的立场是什么？

传统的智力测验通常评估成就——你已经知道的东西；而维果斯基的测验则关注潜能——你可以知道的东西。哪一种才是智力的最佳测量方式呢？为什么你可能会更偏爱其中的一种方法？

你知道吗？

维果斯基认为，假装游戏是一种理想的学习情景。假装游戏的规则要求儿童去拓展自己的能力，从而达到最近发展区的顶端。例如，如果两个女孩在玩“睡美人”游戏，那么其中一个女孩必须安静地躺着直到醒来，这就需要儿童能够进行自我管理并抑制冲动。游戏的规则提供了帮助儿童实现发展目标的支架。

多元化视角

学习的途径

在美国和其他西方国家，正式教育是儿童学习他们所需技能的基本方式，通过这种方式，他们才能成为能够创造价值的社会成员。换言之，他们必须要上学。但是，维果斯基的社会文化发展理论意味着在“老师”和“学生”之间有多少种潜在的互动，就有多少种实现有效发展的途径，这表明儿童可以通过其他方式来学习关于这个世界的知识。

芭芭拉•罗高福（Barbara Rogoff）已经对这种观点进行了研究，她开展了广泛的跨文化研究，聚焦于文化群体影响儿童发展的不同方式。她发现在未工业化的文化群体中，人们并不是把儿童送入学校去学习，而是让儿童参与到日常的活动和经历中，在这些活动中传授有价值的文化信息和实践技能。例如，一位玛雅儿童可能会陪着母亲去集市，当他在母亲脚边玩耍的时候，会听到母亲在与摊贩谈价，儿童因此可以学到货币兑换和数学知识。这位儿童可以被看成是一名学徒，他通过日常的生活经验和例行活动获得重要的文化知识。

罗高福的研究表明，当正式的教育经验在西方国家的信息传递中很理想的时候，就没必要再寻找采取其他方式。但是，其他文化也有各种同样有效的方式，来教会儿童他们需要知道的东西。

触，更多的是自我驱动式的。但是，这些研究主要使用了中产阶级白人家庭的样本，研究结果并不能应用于低收入家庭和非白人家庭。

社会经济地位和智力之间的相关性得到了广泛的验证。家庭收入和学前期及以后的认知发展和学业成就有关。家庭经济状况具有强大的影响力，它不仅可以对智力产生直接的影响，而且还会影响到其他的因素，如健康、压力、家庭教养行为和家庭氛围，从而对智力产生间接的影响。

基于维果斯基理论的测验和教学

根据维果斯基的理论，儿童是通过内化自己与成人的互动结果来学习的。这种交互式的学习是帮助儿童跨过**最近发展区**（Zone of Proximal Development，ZPD）的最有效的方法。最近发展区是指儿童独自能够达到的水平，与在成人的帮助下所达到的水平之间的一个想象性的心理距离，最近发展区可以通过动力测验来测量。相比于传统的心理测量学测验，动力测验能更好地测量儿童的智力潜能。测量者在必要时可以帮助儿童，如问问题、举例子或说明、给予反馈，从而使得测验本身变成一个学习情景。

支架（scaffolding）是与最近发展区相关的概念，它指的是父母、教师或年长同伴提供的可以帮助儿童完成任务的支持。支架可以有效地指导儿童的认知发展。儿童越不能完成一个任务，成人越需要提供更多的支架或支持。随着儿童完成得越来越多，成人的帮助就越来越少。当儿童可以独自完成任务时，成人就拿走儿童不再需要的支架。实际上，当以最近发展区为目标时，学习是最有效的。

因此，无论是从测量的视角，还是从教学的视角而言，维果斯基提出的最近发展区的概念都是有用的。在进入幼儿园之前，如果儿童接受过支架，那么他们在进入幼儿园后就能更好地管理自己的学习。一项针对

289个幼儿家庭的纵向研究发现，2~3.5岁的儿童在与母亲互动中学习的技能，可以使他们在4.5岁时掌握目标导向的问题解决能力，在认知和社交技能上表现出独立性，并且能够发起社交互动。

>> 语言发展

幼儿心中充满了各种问题："到明天为止会睡多少觉呢？""谁往河里填满了水？""婴儿有肌肉吗？""气味是从我鼻子里出来的吗？"年幼儿童日益流畅的语言可以帮助他们表达对这个世界的独特看法。3~6岁，儿童在词汇、语法、句法、语用学和社交语言方面获得了巨大的进步。3岁的儿童会描述他的爸爸如何"孵"（用斧子砍）木头或者要妈妈"片"（把食物切成小碎片）他的食物；而到5岁时，儿童会告诉他的妈妈"别搞笑了"，或者自豪地指着他的玩具说"看我如何把所有的东西整理好"。在本节中，我们将会讨论幼儿语言发展的主要变化，也会讲述语言的延迟发展以及语言在儿童的前读写能力中的作用。

语言发展的领域

在幼儿期，关键的语言发展领域包括词汇、语法、句法、语用学和社交语言。

词汇

3岁的普通儿童可以认识和使用900~1000个单词；6岁时，儿童一般会拥有2600个表达性（说话）词汇，并且能理解20 000多个词汇。在正规教育的帮助下，当儿童进入高中时，他们所掌握的被动性（或称接受性）词汇（儿童可以理解的单词）将达到原来的4倍，变成80 000个。

儿童词汇量的迅速扩展，可能是通过**快速映射**（fast mapping）来实现的，快速映射可以使得儿童在谈话中听过某个新单词仅仅一次或两次后就能大致理解它的意思。儿童似乎通过语境可以快速地形成关于单词意义的假设，然后在进一步的语言接触和使用中对假设进行证明。

语法和句法

儿童将音节组成单词，以及将单词组成句子的技能，在幼儿期变得日益熟练。通常，3岁的儿童会开始使用复数、所有格和过去时态，并且他们知道我、你和我们之间的区别。他们也可以提问和回答"是什么"和"在哪儿"这样的问题。但是，他们使用的通常是简短的、陈述性的句子（"凯蒂想喝牛奶"）。

在4~5岁，儿童使用的句子平均包含4~5个单词，它可能是陈述句（"我是个女孩"）、否定句（"我不饿"）、疑问句（"为什么我不能出去"）或者祈使句（"接住球"）。4岁的儿童可以更流畅地使用复杂的、多从句的句子（"我在吃东西，因为我饿了"），如果他们的父母也经常使用这类句子的话。该年龄段的儿童往往会把句子串成进行中的长故事（"然后……然后……"）。在5~7岁，儿童说话越来越像成人，他们能说出更长的、更复杂的句子；他们更多地使用连词、介词和冠词；他们也会使用复合句和复杂句，并且可以处理话语的各个部分。

虽然该阶段的幼儿说话具有流畅性，能够让人听懂，并且语句相当符合语法规则，但他们还必须要进一步掌握语言的许多精微之处。他们很少使用被动语态（"我被爷爷穿上了衣服"），条件句（"如果我是大人的话，我就可以开汽车"），或使用助词have（I have seen that lady before，"我以前就见过那位女士"）。他们经常会犯错误，因为他们还没有学会规则中的特例。他们会说"holded"而非"held"，或说"eated"而非"ate"，这是语言发展中的正常现象。当年幼儿童发现了某个规则，例如给动词加"-ed"来表示过去时态，他们往往会过度概括化，对那些并不符合该规则的单词也使用这些规则。最终，他们会知道加"-ed"构成动词的过去时态并不适用于所有情况。

语用学和社交语言

当克拉拉 3 岁的时候，他想吃饼干时会直接要求“饼干，就现在”。然而，随着他年龄的增长，他会意识到采用下面的询问方式会更加有效：“妈妈，我可以吃一块饼干吗？”

随着儿童对词汇、语法和句法的学习，他们变得更精通**语用学**（pragmatics），即社交情景中的语言，它包括知道如何询问事物、如何讲故事或笑话、如何开始和继续一场谈话以及如何从听众的角度出发来调整评论。

随着儿童发音和语法的进步，其他人也更容易理解他们所说的话。大多数 3 岁儿童都是活跃的谈话者，并且他们关注自己的言论对他人的影响。如果人们不能理解他们的话，他们会努力用更清晰的方式来解释自己的意思。

大多数的 5 岁儿童可以根据听众所知道的知识来调整自己的谈话内容。他们可以用语言来解决分歧，他们与成人谈话时会比与其他儿童谈话时使用更礼貌的语言，发出更少的直接命令。如果儿童与他们的伙伴谈话时感到舒适，并且他们知道和关心谈话的主题，几乎一半的 5 岁儿童可以就一个谈话主题坚持 12 个回合。

并不是所有的语言都是指向他人的。**自语**（private speech）是指个体出声地与自己谈话，其目的不在于与他人进行交流，它在幼儿期是正常的和普遍的。心理学家对自语的确切性质并没有取得一致的看法。皮亚杰把自语看成是认知不成熟的表现，而维果斯基把自语看成是一种中介性学习和问题解决。研究普遍支持维果斯基关于自语功能的观点。虽然大多数儿童的语言发展是正常的，但有少数儿童会在语言获得上表现比较迟缓。在下面的部分，我们将论述这个问题。

你知道吗？

语用学和心理理论有关。为了理解如何使用社交性语言，你必须能够把自己放在他人的位置上进行思考。

语言发展迟缓

爱因斯坦快到 3 岁的时候才开始说话，这个事实可能会鼓励那些语言发展晚于正常水平的儿童的父母。大约 5%~8% 的幼儿会表现出言语和语言方面的迟缓。听力问题、头部和面部的畸形、早产、家族史、社会经济因素以及其他的一些发展性的迟缓都与言语和语言的发展迟缓有关。遗传似乎在其中发挥着主要作用，并且男孩比女孩更可能说话较晚。

许多说话晚的儿童，尤其是那些理解能力正常的儿童，最终都会赶上其他的儿童。一项最大的关于语言出现时间的研究表明，80% 的在 2 岁时表现出语言迟缓的儿童，到 7 岁时就能赶上同龄儿童。但是，大约 40%~60% 的出现早期语言迟缓的儿童，如果不接受治疗的话，会对他们产生深远的认知、社会和情绪影响。

为读写做准备

语言和读写能力之间有什么联系？虽然对正常发展的儿童来说，语言发展就像他们能抓住拨浪鼓或会行走一样自然，但是自然选择并没有为我们设计读写能力。相反，阅读需要借用许多系统——视觉、听觉、记忆、语言、动作技能和更多的系统。大多数的儿童都可以很容易地学会阅读，这是对我们这个物种的智力和灵活性的证明，但是阅读并不是一件轻松或自然而然的任务，一名儿童在学会阅读之前，必须要掌握许多技能。**早期读写能力**（emergent literacy）指的就是这些技能的发展。语言是阅读所必需的，但仅有语言绝对不够。

阅读前技能可以分为两类：(1) 口头语言技能，例如词汇、句法、叙述结构和对“语言用来交流”的理解；(2) 有助于解码书面语的特殊的语音技能（连接字母和音素）。似乎每个技能都能独立发挥作用。在一项针对 90 名英国幼儿所开展的为期 2 年的纵向研究中，儿童识字量的发展似乎特别依赖语音技能，而诸如词汇和语法等口头语言技能的发展，是阅读理解的更重要的预测因素。

你的工作是什么？

幼儿园教师

幼儿园的教师一般帮助 3~6 岁的年幼儿童进行学习。幼儿园的教学方法有很多，但是所有方法都强调对儿童采用适宜的发展策略。幼儿园老师可以在公立和私立的学校工作。幼儿园的主导教师通常要求至少是硕士学位，并且要有执照；助理教师可能只要求是副学士。如果你打算进入采用特殊教育方式的幼儿园，比如蒙台梭利幼儿园，你可能需要接受这种特殊教育方式的相关训练。想了解更多关于成为幼儿园教师的信息，请访问网站 www.naeyc.org。

社会互动可以促进早期阅读能力的发展。如果在幼儿期，父母使用丰富的词汇，在晚餐时谈论白天的活动，共同回忆过去发生的事情，讨论人们为什么做某些事情以及这些事情是如何进行的，那么就会给已经做好准备的儿童提供谈话的机会，这些儿童因此可以成为更好的阅读者和写作者。

当儿童掌握他们所需的将书面文字转化为言语的技能时，他们会了解到书写也可以表达观点、思想和情感。学前儿童经常通过乱涂乱画来假装在写字，随后他们开始使用字母、数字和像字母的符号来代表单词、音节或音素。他们的拼写常常是富有创造性的，以至于连他们自己都无法读懂。

给儿童读故事是促进他们读写能力发展的最有效的方式之一。55% 的年龄在 3~5 岁的以及不上幼儿园的美国儿童每天都有一位家人给他们读故事。那些在早年听过别人阅读的儿童，会知道英语的阅读和书写顺序是从左到右、从上到下，并且知道单词之间是由空格分开的。他们也会被激发出学习阅读的动机。

>> 儿童早期的教育

3 岁左右时去上幼儿园是拓展儿童的身体、认知和社会环境的重要一步；5 岁时过渡到学前班，即真正“学校”的开始，是另外重要的一步。幼儿园的注册人数在过去的 20 年间有了急剧的增长，并且大约 57% 的幼儿进入以儿童保育为中心的幼儿园。

幼儿园的类型

幼儿园的目标和课程设置各不相同。在一些国家，幼儿园为将来的学校教育提供学业准备。相反，在美国的许多幼儿园则采用遵循渐进的、以儿童为中心的教育观，强调符合年幼儿童发展需求的社会和情绪成长。最有影响力的两个项目，蒙台梭利和雷焦艾米利亚幼儿园，都建立在相似的教育假设之上。

蒙台梭利和雷焦艾米利亚教育模式

蒙台梭利教育模式是由意大利教育学家玛利亚·蒙台梭利在 1907 年开创的，该教育模式的理念基础是儿童的天生智力涉及理性的、精神的和经验性的方面。蒙台梭利幼儿园强调儿童通过操作一些适宜的发展材料和自我选择的任务，在具有多年龄段儿童的教室里，按照自己的步骤独立地进行学习。教师仅仅是个指导者，年长的儿童可以帮助年幼的儿童。一项在密尔沃基开展的关于蒙台梭利教育方法的评估发现，蒙台梭利幼儿园的 5 岁儿童在阅读和数学的入学准备方面，比其他幼儿园的儿童表现得更好。

雷焦艾米利亚教育模式第一次兴起于 20 世纪 40 年代的意大利小镇雷焦艾米利亚，

并因此得名。与蒙台梭利模式相比，它是一种较不正式的教育模式。在该教育模式中，儿童是受到高度尊重的，被认为是有能力的，并被给予探索他们渴望探索的事物的机会。教师跟随儿童的兴趣，支持他们通过文字、运动、戏剧表演和音乐来探索和研究自己的观点和情感。雷焦艾米利亚模式中的学习是有目的的，但是与蒙台梭利的课程相比限定更少。教师提出一些能够引发儿童想法的问题，然后设计灵活的计划，来与儿童一起探索这些想法。精心设计的教室则可以为儿童提供一种丰富性、美感、组织性和幸福感。

领先计划方案

美国贫困地区的许多儿童在入学时并没有做好学习准备。从 20 世纪 60 年代开始，人们已经开展了大规模的学前教育项目来帮助这些儿童弥补学习方面的缺失，从而帮助他们做好接受学校教育的准备。

在美国，最著名的一项针对低收入家庭儿童的学前干预项目是领先计划方案（Project Head Start），这是 1965 年发起的由联邦财政支持的项目。该方案的目标是提升儿童的认知技能，改善儿童的身体健康，增强儿童的自信和社交技能。它为儿童提供医疗、牙科和精神卫生方面的保健和社会服务，以及每天至少一顿的热餐。目前，1/3 的领先计划中的儿童来自于不说英语的家庭（主要是西班牙裔），并且大多数生活在单身母亲的家庭里。

领先计划真的名副其实吗？研究数据支持它在改善入学准备度方面的有效性，并且教师和项目的质量持续得到提升。类似的，与没参加该项目的儿童相比，参加领先计划的儿童表现出了更好的认知和语言技能，并且在学校中也表现得更好。而且，他们的各项技能在学前班表现出了持续的进步。儿童参加该项目的获益与父母的参与密切相关。

一项关于领先计划方案长期效果的分析表明，虽然该方案的益处随着时间的增加而递减，但其收益依然超过投入。参加领先计划方案和其他补偿项目的儿童与那些没有参加的、相同低收入的儿童相比，接受特殊教育或留级的可能性更低，他们也更可能完成高中教育，更不可能成为未成年罪犯或者在十几岁时就怀孕。那些开始时间更早、持续时间更长的高质量的、以儿童为中心的干预项目产生的效果最好。

普及性学前教育

高质量的早期儿童教育和未来的学业成功之间有着密切的关系。研究证明低社会经济地位家庭中的儿童和中产阶级家庭中的儿童，在他们进入学校之前就存在学业成就上的差距。这些发现促发了人们对于**普及性学前教育**（universal preschool）的兴趣和争论，该教育是使用公立学校来为儿童提供早期的照料和教育的一种国家系统项目。该项目的目标是通过以下途径来提升入学准备充分程度和教育成功程度：（1）提供高质量的儿童照顾和适宜儿童发展的学前教育；（2）增强父母的参与度；（3）为提升家庭功能的父母提供支持性的服务。关于该项目的初步研究表明，参加过普及性学前教育的儿童在整个二年级的学业技能都有所提升，但是，由于该项目相对较新，我们无法获得长期数据。批评者们认为对一个尚未被证明有效的干预方案投入的成本过高，他们抗议通过增税来为该项目提供资金。虽然在一些州，如伊利诺伊州、乔治亚州和佛罗里达州，已经建立了免费的普及性学前教育，但是该项目的应用在全美国仍然是少数。

学前班

学前班最初是在相对自由的家里或幼儿园与结构化生活的学校之间过渡性的一年，而现在美国的学前班已经变得更像是一年级。儿童在自己选择的活动上花的时间更少，在做作业和预备性阅读上花的时间更多。学前班的成功过渡可以为儿童未来的学业成就奠定基础。

虽然美国一些州并不要求学前班教育，但大多数 5 岁儿童都会进入公立的或私立的学前班，而且越来越多的儿童（60%，2001 年）在学前班度过一整天而非传统的半天。儿童在全日制的学前班能学到更多吗？在学前班初期的确如此。在秋季到春季期间，全日制学前班的儿童在阅读和数学能力上会有更大的进步，但是整体而言，这些优势在童年中期往往会变小。到三年级末，在学前班所花费的时间并不能在阅读、数学和科学成绩上面产生重要的影响。

有研究强调儿童在进入学前班之前做好准备的重要性。儿童进入学前班时所带的资源，如前读写技能和丰富的家庭教育环境，可用于预测他们一年级的阅读成绩，并且这种个体差异在儿童入学的前四年都会一直保持或者有所增加。情绪和社会适应会影响儿童进入学前班的准备充分程度，并且对学业成就有很强的预测作用。对学前班儿童而言，比认识字母表或能够数到 20 更重要的是能够安静坐着的能力、遵守指示的能力、等候自己的次序以及管理自己学习的能力。

一项针对全美国在 1998—1999 年第一次进入学前班的儿童进行的纵向研究发现，大约有 5% 的儿童会在学前班留级。低社会经济地位的儿童以及那些没上过预备班的和有发展迟滞的儿童更可能在学前班留级，他们通常认为学前班第二年可以帮助他们获得自己所需要的用以继续学习的技能。然而，这些儿童在一年级期末时，与那些仅上过一年学前班的儿童相比，仍然倾向于具备更低的阅读和数学技能。

测试一下

CHAPTER 9 幼儿期的认知发展

学习目的	自测	你在哪里可以找到答案
	☐ LearnSmart ☐ connect+ Chapter 9 Quizzes	

学习目标 9.1

概述幼儿的思维过程有哪些进步的和不成熟的方面

1. 儿童早期的认知有哪三个不成熟的方面：

____

____

____

2. 儿童不能掌握守恒的一个原因是（　）。
   a. 他们一次只关注物体的一个方面（如高度或宽度）
   b. 他们无法理解如果物体可以恢复原状时，物品最初的形状和大小将不会发生变化
   c. 他们关注转变过程而非最终状态
   d. 儿童在短时记忆中长期保持记忆的能力是低下的
3. 下面的哪种行为需要心理理论？（　）
   a. 当某人向自己微笑后，向他人表示微笑
   b. 为了拿回自己的玩具而打另一位儿童
   c. 当看到妹妹擦破的膝盖时感到害怕
   d. 在晚餐前吃了一块饼干，却向妈妈撒谎

皮亚杰理论取向：前运算阶段的儿童

168~172 页

connect+ MILESTONES

阿玛利亚的符号功能

视频链接

Conservation

学习目标 9.2

讨论儿童记忆能力的变化以及它们是如何影响回忆、再认和儿童记忆的

4. 把文件放入档案柜内合适的文件夹内最像是记忆的过程（　）。
   a. 编码
   b. 存储
   c. 提取
   d. 感觉
5. 能够将你父母的电话号码告诉一个成人，这是__________记忆的例子。
6. 哪种记忆系统随着年龄的增加而不会改变很多？（　）
   a. 再认记忆
   b. 感觉记忆
   c. 自传体记忆
   d. 工作记忆

信息 – 加工取向：记忆发展

172~174 页

MILESTONES

阿玛利亚的数字能力

视频链接

Memory Abality

学习目标 9.3

描述智力是如何测量的并概述智力测量的影响因素以及它是如何影响教育活动的

7. 两个常用的儿童智力测验是：
   ____
   ____
8. 对智力分数最好的解释是什么？（　）
   a. 它描述了天生智力的固定值
   b. 是对儿童接受教育项目、学前教育和正式教育经历的相对直接的测量
   c. 是对儿童在某一时刻与同龄的其他儿童相比时完成特定任务时的表现的测量
   d. 是对遗传潜能的测量
9. 家庭环境的影响（　）。
   a. 随着年龄的增加而增加
   b. 随着年龄的增加而减少
   c. 具有跨年龄的稳定性
   d. 在任何年龄都没有效果
10. 下面的哪个活动在儿童的最近发展区内？（　）
    a. 为儿童做家庭作业
    b. 给儿童提示，因此他们可以在别人的帮助下完成家庭作业
    c. 鼓励儿童做出更大的努力来完成家庭作业
    d. 雇用一个家庭教师来帮助儿童完成家庭作业

心理测量和维果斯基理论取向：智力发展

174~177 页

MILESTONES

支架，阿玛利亚

学习目标 9.4

概述语言发展的一般顺序并描述语言迟缓、读写能力的准备程度和接触媒体资源是如何影响这些发展过程的

11. 当儿童这样说“爸爸去商店了”（Daddy goed to the store）时，这应该被看成是（　）。
    a. 正常的发展现象
    b. 可能是语言问题或发展迟缓的标志
    c. 可能是认知发展问题或迟缓的标志
    d. 特定的语言损伤的标志
12. 造成语言发展迟缓的三种因素有：

    ____

    ____
13. 对儿童而言最有效的前读写活动是（　）。
    a. 字母或音素的抽认卡
    b. 给他们读故事
    c. 看电视或其他媒体资源
    d. 听音乐

语言发展

177~179 页

connect+ MILESTONES

语言挑战，茉莉

学前读写能力，阿玛利亚

学习目标 9.5

讨论儿童早期教育和发展干预项目的影响

14. 关于儿童早期教育项目中的“以儿童为中心”是指（　）。
    a. 应该允许儿童制定他们的班级规则
    b. 儿童在班级中可以管理自己的学习活动
    c. 不同年龄的儿童可以放在同一个教室里学习
    d. 避免使用传统的学前教育方式，而在家里教育儿童
15. 有效的补偿性的学前教育项目的三个特征是：
    ____
    ____
    ____
16. 除了学业准备外，另一个可以预测儿童在学前班的成功的是（　）。
    a. 性别
    b. 儿童是否是“更年轻”或“更年长”的学前班学员
    c. 情绪和社会适应
    d. 儿童在家里是否有更年长的兄弟或姐妹

儿童早期的教育

179~181 页

connect+

视频链接

Preschool

答案

1. 儿童早期认知不成熟的三个表现有自我中心主义、中心化和不可逆性。
2. b
3. d
4. b
5. 回忆
6. b
7. 常用的两个儿童智力测验是斯坦福-比内智力量表以及韦克斯勒学前儿童和小学儿童智力测验修订版（WPSSI-Ⅲ）。
8. c
9. b
10. b
11. a
12. 造成儿童语言发展迟缓的因素有听力问题、头部和面部畸形、早产、家族史、社会经济因素和其他的发展迟缓。
13. b
14. b
15. 与有效的补偿性学前教育项目有关的变量有早期的和持续时间长的干预、父母的高参与度、训练有素的老师、低师生比例、更长的学校时间以及广泛的其他服务。
16. c

第 10 章

幼儿期儿童的心理社会性发展

本章要点

- >> 自我的发展
- >> 性别
- >> 游戏
- >> 父母的教养行为
- >> 亲社会行为和攻击行为

5 岁的双胞胎德里克和索菲在同一个家庭中由相同的父母抚养，并且进入了同一个日托中心。但是，索菲比德里克表现得更加外向和更富有攻击性，她经常与玩伴发生争执；而德里克一方面比较安静，另一方面也能更加积极地玩耍，例如与其他的男孩摔跤，花大量的空余时间去跑跳，而且德里克还更容易移情，当讨论到自己的行为对他人的影响时反应迅速。他们的父母已经意识到需要对索菲采取强有力的手段了。为什么这两个孩子会如此不同呢？他们的差异是因为性别不同吗？他们的父母管理他们的方式有哪些不同？他们的气质和性格又有哪些不同？是什么使他们成为了现在的样子？

3~6 岁是儿童心理社会性发展的关键时期。儿童的情绪发展和对自我的知觉都根源于这一时期的经历。在本章，我们将讨论幼儿自我的发展，我们会看到他们的性别认同是如何发展的，及其如何对他们的行为产生影响。我们也会探讨游戏活动及其对儿童有什么重要作用。最后，我们将会思考父母的行为对儿童的影响，以及为什么儿童会做出亲社会行为和攻击行为。

>> 自我的发展

“在这个世界上，我是谁？啊，这是一个伟大的谜！”身处仙境的爱丽丝在她的身体再次发生突然变化后如此说道。解开爱丽丝之谜是一个持续终生的了解自我的过程。我们所理解的自我包括自我概念、自尊以及理解和管理自我情绪的能力。

自我概念和自我定义

自我概念（self-concept）是我们对自己的能力和特质的整体描绘，它决定着我们对自我的感觉，即我们认为自己是谁。自我概念是一个认知结构，它包括对自我的表征，也具有社交性的方面：儿童逐渐地理解他人是如何看待自己的。例如，一个长期遭受他人拒绝的儿童，可能会形成他是不受人喜欢的自我概念。在幼儿期，自我概念通过自我定义的变化而发展，并且会受到文化的影响。

自我定义的变化

儿童的自我意识是伴随着认知能力的发展而在婴儿期出现的。儿童的**自我定义**——他们描述自己的方式——通常在5~7岁发生改变，这也反映了自我定义的发展。在4岁时，杰森说道：

> “我叫杰森，我和爸爸、妈妈和妹妹丽萨住在一所大房子里。我有一只橙色的小猫，我的房间里有一台电视……我喜欢吃比萨，我有一个好老师。我可以数到100，想听我数吗？我爱我的狗狗“船长”。我可以爬到攀登架的顶端，我不感到害怕！只是高兴。你不能又高兴又害怕，真的不行！我有棕色的头发，我现在在上幼儿园。我真的很强壮，我可以举起这把椅子，看！”

杰森描述自己的方式反映了该年龄段的美国儿童的典型特征。他谈论的大部分都是具体的、可观察的行为，外部的特征（如身体特点），偏好，个人财产和家庭成员。他提到特殊技能（攀登）而非一般的能力（运动）。他的自我描述具有不切实际的乐观。直到7岁时，他才可以用内在特质来描述自己，比如受欢迎的、聪明的或笨拙的，认识到自己可以有相互冲突的情绪，在拥有一个积极的整体自我概念的同时，也可以进行自我批评。到幼儿期以后，他的自我描述才会变得更具有平衡性和现实性（“我擅长曲棍球但我的算术很差”）。

自我定义的文化差异

文化影响着人们对自我的理解。例如，一个主要的文化维度——个人主义与集体主义，影响着人们对自我与他人关系的理解。在高度个人主义的文化中，如美国，个体被看成是与他人相分离的，人们非常重视独立性和自力更生。而在集体主义文化中，如印度和中国，个体被看成是相互关联的，团体的和谐与凝聚力要高于个体的利益。

父母通过日常谈话来传递定义自我的文化观点和信念。例如，中国的父母倾向于鼓励自我相互依赖的方面，如服从权威、行为要合乎规范、谦虚和社会的归属感。欧美的父母往往鼓励自我的独立性：个性、自我表达和自尊。一项针对180名欧美和中国的幼儿园儿童、学前儿童以及二年级儿童的比较研究发现，早在三四岁时，儿童就会同化不同文化风格下的自我定义，并且这些文化差异会随着年龄的增长而增加。

自尊

自尊（self-esteem）是自我概念中的评价部分，是儿童对整体自我价值的判断。自我概念是建立在儿童日益增长的，描述和定义自我的认知能力之上的。

自尊的发展变化

在5~7岁之前，儿童的自尊并不一定是以现实为依据的。他们往往高估自己的能力。例如，尽管在比赛中最后到达终点，4岁的马特奥仍然认为自己是跑得最快的和最好的选手。而且，像整体的自我概念一样，婴儿的自尊往往是非此即彼的——“我是好的”或者“我是坏的”。直到幼儿期，自尊才变得更加现实，随着儿童不断地内化父母和社会的标准，他们对自我能力的评价开始影响和维持自我价值。

有条件的自尊

将自尊建立在成功之上的儿童在失败时往往会感到沮丧，他们倾向于将失败归因于自己的人格缺陷，并且相信这些缺陷是不可改变的。1/3~1/2 的幼儿园儿童和一年级儿童表现出了这种“无助”的模式，有时被称为“习得性无助”（learned helpless）。在面对失败时，他们重复使用不成功的策略或者放弃，而不去尝试新的策略。例如，一个无法完成拼图的儿童可能会很沮丧地扔掉拼块，并会说“我不擅长拼图”，而不是坚持不懈。

相反，无条件自尊的儿童会将自己的失败或失望归因于外部因素或者需要更多的努力。例如，面对同样的拼图时，这类儿童可能会认为这个拼图是为年长的儿童设计的，或者会不管最初的困难如何而继续尝试下去。如果刚开始不成功或被拒绝了，他们会坚持不懈，努力尝试，直到找到有效的策略。

你知道吗？

德韦克的研究表明，对儿童的表扬应该关注他们的努力而非能力。将失败解释成“我努力得不够”，表明如果你更加努力的话，你就会成功。相反，如果你认为成功是因为你的能力导致的，那么失败就意味着你没有能力去做某件事情，你会因此丧失尝试的动力。

情绪的理解和调节

“我讨厌你，”5 岁的玛雅向她的妈妈吼道，“你是个自私的妈妈！”玛雅非常生气，因为她捏了一下她的小弟弟而被妈妈送回了自己的房间。玛雅感到自己无法再爱妈妈了。“你把弟弟弄哭了，难道不感到羞愧吗？”爸爸过了一会儿问她。玛雅点了下头，但这仅仅是因为她知道爸爸想要什么样的反应而已。实际上，她的情绪很混乱，不仅仅是为她自己感到抱歉。

理解、调节或控制个人情绪的能力是儿童早期发展的一个重要方面。能够理解自己情绪的儿童可以更好地控制自己表达情绪的方式，对他人情绪的感知也会更加敏感。情绪的自我调节可以帮助儿童指导自己的行为以及调整自己的反应以符合社会期望。

你知道吗？

情绪调节包括最小化自己的某些情绪（例如，当自己感到不如意时，不要发脾气）和最大化指向他人的情绪（例如，当你收到一个不喜欢的礼物时，也要表现得很高兴）。

幼儿可以谈论自己的情绪，也经常可以识别他人的情绪，并且他们知道情绪是和经历、愿望相联系的。他们知道某人得到自己想要的东西时会高兴，而得不到想要的东西时会伤心。

情绪理解会随着年龄的增长而变得更加复杂。在一项研究中，研究者要求 32 个 4~8 岁来自中产阶级家庭的儿童和 32 名成人回答相关的问题，例如“如果一位小男孩的球滚到了街上，他自己跑去取回了（这样做实际上违反了小孩子不能独自跑到大街上的规则），或者他没有跑去取回，那么他的感觉会怎样”。结果发现，情绪的理解会出现一个“5~7 岁的转变”，这与自我概念的发展非常

你知道吗？

儿童较差的自我控制能力（即使是在 3 岁时），也会与他们成人期的许多消极发展结果相关，包括信用和健康问题以及犯罪行为。

相似。4 岁和 5 岁的幼儿认为，如果这个小男孩拿回了自己的球，即使违反了规则，他也会很高兴的；而如果拿不回的话，将会不开心。年长的儿童和成人一样，他们倾向于认为遵守规则将会使男孩感觉更好一些，而违规会让他感到不舒服。理解冲突情绪和社会情绪都是情绪理解的一部分。

对冲突情绪的理解

儿童对他们的情绪感到困惑的一个原因是他们无法理解自己可以同时体验到相互矛盾的情绪。例如，儿童在进入一家新的学校时，可能无法识别自己既激动又害怕的心情。理解冲突情绪的个体差异在 3 岁时就已显现出来。研究发现，3 岁时就可以识别快乐或悲伤的脸谱，也能够说出玩偶在快乐、伤心、愤怒或害怕情景中的感受的儿童，在幼儿园的社会情境中更不可能出现攻击或反社会行为（Denham et al., 2002）。大多数儿童在幼儿期会变得更加善于理解冲突情绪。

对社会情绪的理解

社会情绪（social emotions）涉及把一个人的自我或行为与社会标准进行比较的过程，这些情绪是指向自我的，包括内疚、羞耻和自豪。它们通常在 3 岁以后开始发展，此时儿童已经获得了自我意识，并且接受父母所设定的行为标准。然而，即使是稍微年长的儿童，通常也缺乏认知能力来识别这些情绪以及它们产生的原因。

你知道吗？

内疚、羞耻和自豪被看成是社会情绪，这是因为它们有助于调节社会互动并且与道德发展有关。如果你做了一件在他人看来是不好的事情之后而感到羞愧，那么你可能不会再去做这件事情。

在一项研究中，研究者告诉 4~8 岁的儿童两个故事。在第一个故事中，一位儿童从钱罐里拿走了一些硬币，而在此之前他已经被告知不许这么做。在第二个故事中，一位儿童表演了一个有难度的体操动作——翻单杠。每个故事都会呈现两个版本：一个版本是父母看到了儿童的行为，而在另一个版本中则没人看到。研究者会问被试，在每个情境中他们和父母的感受会如何。

结果再次发现，儿童对自我情绪的理解是一个渐进的过程，表现出了“5~7 岁的转变”。在 4~5 岁时，他们不会说自己或者父母将会感到自豪或羞愧，相反，他们会使用担心或害怕（关于钱罐事件）以及激动和高兴（关于体操成就）这类词汇；而 5~6 岁的儿童会说父母将会为他们感到羞耻或自豪但，却无法意识到自己的这些情绪；6~7 岁的儿童只有在他们被人看到时才会说他们感到羞耻或自豪；直到 7~8 岁时，即使没人看到，他们也会感到羞耻或自豪。

>> 性别

5 岁的双胞胎德里克和索菲在争论要玩什么游戏。“我想玩蝙蝠侠，”德里克坚持道，“你扮小丑，我来抓住你。”“不！”索菲回应道，“我要成为精灵公主，你当我的勇敢骑士。”“我才不玩公主游戏，”德里克说，“因为我是男孩。”

性别认同（gender identity）是指儿童意识到自己的男性特征或女性特征，并且明白它所代表的含义，它是自我概念发展的重要方面。男孩和女孩的性别认同有哪些不同？儿童是如何发展性别认同的，性别认同又是如何影响儿童的态度和行为的？

性别差异

性别差异是指男性和女性之间的心理或行为差异。正如我们在第 8 章所讨论的那样，男婴和女婴之间可测量的差异很少。虽然一些性别差异在 3 岁以后变得更明显，但是男孩和女孩在整体上依然大同小异。大量的研究支持性别相似性假设。78% 的性别差异是小到可以忽略的，并且一些差异会随着年龄的增长而变化，如自尊。

你知道吗？

生物学基础上的性别差异是一个有争议的研究领域，因为这种差异很小。如果这种差异很大的话，我们将没有任何理由去争论它的存在。

生理上较大的性别差异是男孩有更高的活动水平、更好的运动表现（特别是在青春期之后）以及更高的身体攻击倾向。

关于 2.5~8 岁儿童的研究一致发现男孩和女孩在游戏时间的偏好和风格上存在明显的差异。男孩从事混战水平更高的游戏，如摔跤或者相互追赶。性别类型偏好在学步期和幼儿期会增强，并且生命早期表现出的性别类型行为可以有力地预测后来的性别行为。

认知方面的性别差异既小又少。总的来说，智力测验分数并没有表现出性别差异。然而，在特定的能力上，男女之间存在一些细小的差异。女孩往往在语言的流畅性、数学计算和物体位置的记忆方面优于男孩；男孩在语言类比、数学应用题和空间图形的记忆上要好于女孩。在大多数的研究中，到小学或小学以后，这些差异才会出现。此外，男孩之间数学能力的差异要比女孩之间的大，在数学能力范围的最高端和最低端，男孩的数量都要多于女孩。

当然，我们需要记住性别差异在男孩和女孩的群体水平上是有效的，而个体水平上的性别差异并不是必然存在的。知道一个儿童的性别，并不能够让我们预测这个孩子是否会比其他孩子跑得更快，长得更强壮，脑子更聪明，或者更听话、更自信。

关于性别发展的各种观点

如何解释性别差异？为什么某些性别差异会随着儿童的成长而出现？一些解释聚焦于男孩和女孩自出生时就经历不同经验和社会期望，这些经验和期望涉及性别认同的三个相互联系的方面：性别角色、性别类型化和性别刻板印象。

性别角色（gender roles）是指整个文化所认为的适于男性或女性的行为、兴趣、态度、技能和人格特质。在历史上的大部分文化中，女性都被期望投入大量时间去照顾家庭和孩子，而男性则是家庭生计的供应者和保护者。社会文化期望女性顺从和抚养后代，期望男性积极进取和充满竞争性。如今，西方文化中的性别角色变得更加多样化、更加灵活。

性别类型化（gender-typing）是指性别角色的获得，它出现于儿童早期。**性别刻板印象**（gender steretypes）是对男性或女性行为的过度概括化。例如，“所有的女性都是被动的和依赖的，所有的男性都是积极进取的和独立的”就是性别刻板印象。性别刻板印象在儿童 2 岁或 3 岁时就会出现，它会在学前期不断发展，在 5 岁时达到峰值。

儿童是如何获得性别角色的？为什么他们会接受性别刻板印象？有五种理论观点可以帮助我们理解性别的发展：生物学取向、进化发展取向、精神分析取向、认知取向和社会学习取向（见表 10-1），但是没有一种理论可以完全解释为什么男孩和女孩在某些方面存在差异，而在其他方面却没有。

你知道吗？

在儿童 2~3 岁时，也就是在他们开始讨论性别的时候，女孩开始喜爱粉红色，而男孩却回避这种颜色。

生物学取向

在许多文化中都存在的性别角色的相似性表明，一些性别差异可能具有生物学基础。研究者正在探索遗传学、荷尔蒙和神经系统方面的证据来解释性别差异，我们将会在下面的段落进行探讨。

表 10-1 关于性别发展的五种理论观点

理论	代表人物	关键过程	基本观点
生物学取向		遗传、神经系统和荷尔蒙活动	男性和女性的许多或者大部分行为差异都可以追溯到生物学上的差异
进化发展取向	查尔斯·达尔文	性别的自然选择	儿童的性别角色是在为成年后的求偶和繁殖行为做准备
精神分析取向 心理性欲理论	西格蒙·德弗洛伊德	潜意识情绪冲突的解决	当儿童认同同性别的父母时，性别认同就会出现
认知取向 认知发展理论	劳伦斯·科尔伯格	自我分类	一旦儿童知道自己是男孩或女孩，他/她就会按性别对行为信息进行分类并相应地表现出这些行为
性别图式理论	桑德拉·贝姆 C. L. 马丁 C. F. 霍尔沃森	基于文化信息加工过程之上的自我分类	儿童会按照特定文化的指示而组织被认为是适宜男孩或女孩的信息，并做出相应的行为。按性别对儿童进行分类，是因为文化认为性别是一个重要的图式
社会学习取向 社会认知理论	阿尔伯特·班杜拉	榜样的观察、强化	儿童在心理上整合对多个榜样行为的观察，并且创造出属于自己的行为变化

资料来源：From Table 11.1, p. 287 in A Child's World, 12th ED., 2011, by Diane E. Papalia, Sally Wendkos Olds, Ruth Duskin Feldman.

科学家已经发现了超过 50 个基因可以解释雄性老鼠和雌性老鼠的大脑在解剖学和功能上的差异。如果在人类身上也存在相似的基因差异的话，那么性别认同可能在性别器官形成和荷尔蒙活动开始之前就已经被深深植入到了人的大脑里。

血液中的荷尔蒙在孕期就会影响发育中的大脑。雄性睾丸激素与动物的攻击性有关，但是这种关系在人类身上体现得并不明显。然而，一项关于胎儿睾丸激素水平的分析表明，在男孩身上，高水平的睾丸激素与男性化的游戏存在关联。雌激素（女性性激素）似乎对男孩的性别类型行为影响不大。

生物学影响最具有戏剧性的例子，或许是有些婴儿在出生时带有模棱两可的生殖器。约翰·莫尼（John Money）和他的同事提出了针对这些异常婴儿的指导原则，他建议应该尽早为这些儿童确定性别，并且为他们进行生殖器“正常化”手术。然而，这是充满争议的。有研究表明，那些在遗传上是男性，而出生时却没有阴茎的男孩，被指定为女孩去抚养后，他们最终会拒绝认同女性身份，并在成人后会认同自己的男性身份。这类研究表明性别认同无法被指定，它是根植于生物学基础之上的。

进化发展取向

进化发展取向认为，性别化行为具有生物学上的目的性。从这个有争议的观点来看，儿童的性别角色是成年男性和女性的求偶和育儿策略进化的结果。

根据达尔文的**性选择理论**（theory of sexual selection），性伴侣的选择是早期人类

你知道吗？

自然选择取决于后代的繁殖和差异繁殖成功率。但是，进化对适应的影响并不需要我们能够意识到。例如，大多数人进行性交并不是为了传播基因，而是因为性交让他们感到愉快，而在我们祖先的世界里，性交的意义在于繁殖后代。

在生存斗争中应对不同繁殖压力时的反应。由于怀孕和哺乳的限制，人类中的女性必须花费大量时间和精力去抚养孩子，而男性仅仅贡献了少量的精子。而且女性在怀孕期要投入大量资源并且能够生育的儿童数量有限，因此她必须寻找一个忠诚的伴侣来抚养她的后代，因为这会提高自己的孩子存活的可能性。

根据进化理论，男性在儿童期所发展的竞争性和进取性以及女性在儿童期所发展的养育行为，都是在为成人期的角色做准备。男孩喜欢玩战斗性的游戏，女孩则喜欢玩养育性的游戏。男性重视体力，因为这可以使他们与其他的同性竞争配偶，并且控制女性所重视的资源和社会地位。相反，女人是主要的照料者，因此年幼的女孩往往会比男孩更擅长养育行为，并且能更好地控制和抑制自己的情绪和冲动行为。

进化论的批评者们认为，社会和文化在决定性别角色的过程中和生物学因素同样重要。而进化论学者则对此进行反驳，他们认为性别角色的发展是一个动态过程，并且影响我们的文化本身就是我们心理进化的产物。

精神分析取向

“爸爸，当我长大并和妈妈结婚后，你住哪儿？”4 岁的胡安问道。从精神分析的观点来看，胡安的问题是他性别认同获得的一部分。根据弗洛伊德的理论，这就是一种认同过程，**认同**（identification）是对同性别的父母的特征、信念、态度、价值观和行为的认可和接受。弗洛伊德将认同看作是儿童早期的人格发展的一个重要的方面。

根据弗洛伊德的理论，对胡安而言，当他压抑或者放弃占有异性父母（他的妈妈）并且认同同性父母（他的爸爸）时，认同就会发生。虽然弗洛伊德对性别发展的解释有很大的影响力，但是他的理论很难去检验，并且研究支持很少。今天，大多数的发展心理学家都支持其他的解释。

认知取向

萨拉知道自己是个女孩，因为其他人都说她是个女孩。当她继续观察和思考这个世界时，她最终会知道她将永远是一个女孩。她通过主动思考和建构她的性别特征而逐渐地理解性别，这就是关于性别发展的认知发展理论的核心，其中包括科尔伯格的认知发展理论和性别图式理论。

科尔伯格的认知发展理论。在科尔伯格的理论中，性别知识的产生（“我是个男孩”）先于性别行为（“我喜欢做男孩的事情”）。儿童在他们的社会世界里主动地搜寻性别线索。当儿童开始意识到他们所属的性别时，他们就会采用他们认为的符合男性或女性的行为。

科尔伯格认为，性别角色的获得取决于**性别恒常性**（gender constancy），常被称为性别类型恒常性，即儿童意识到自己的性别永远不会变。一旦儿童意识到这一点，他们就会有动机来表现出符合他们性别的行为。性别恒常性的发展有三个阶段：性别认同、性别稳定性和性别恒常性。性别认同，即儿童意识到自己和他人的性别，通常在 2 岁到 3 岁之间出现；当儿童意识到性别不会发生改变时，性别稳定性就会出现。然而，此时的儿童可能会基于表面的容貌、衣服或发型以及刻板化的行为来判断性别。有时，儿童在 3~7 岁或者更晚时才会获得性别恒常性，真正意识到即使一个女孩留短发、玩卡车，她依然是一个女孩。一旦儿童意识到他们的行为和穿着并不会影响他们的性别，他们可能会不再那么严格地遵守性别规范。

一些研究者对科尔伯格的“性别特征的形成决定于性别恒常性”的观点提出了质疑。例如，在儿童远没有获得性别恒常性之前，他们就表现出了性别特征偏好。儿童对玩具和玩伴的性别偏好早在 12~24 个月就会出现，这先于他们对任何关于男孩和女孩所代表意义的理解。

性别图式理论。4 岁的布兰登从自家的窗户中看到一个同龄的男孩搬到了隔壁，当他最终被允许拜访这个新家庭时，他热切地带着两个自己最喜欢的玩具卡车，并且认为新来的男孩也会像他一样喜欢这些卡车。他是如何得出这个结论的呢？

性别图式理论（gender-schema theory）可以对此进行解释。一旦儿童知道他们的性别，他们就会形成男性或女性在他们的文化中意味着什么的概念。然后，他们会将自己的行为与他们的文化所认为的男孩和女孩"应该"如何进行匹配。

性别图式理论和科尔伯格的理论所共同探讨的一个主要问题是性别刻板印象并不总是随着性别知识的增加而增强，实际上，性别刻板印象经常也会减弱。大约在 4~6 岁时，儿童构建他们的性别图式，他们往往只会注意和记住与他们图式相一致的信息。实际上，他们往往会忘记与性别刻板印象相反的信

你的立场是什么？

许多父母在抚养孩子时开始持有性别中立化的观点，并且他们对年幼儿童严格遵从性别刻板印象而感到出乎意料。你至少在某个时间会坚持要你的女儿玩卡车，让你的儿子玩洋娃娃吗？或者允许你的孩子选择他们最喜欢的玩具吗？每种行为将会产生什么样的影响呢？

息，例如，看到一个砍木头的女孩或做饭的男孩的照片，他们往往会认为照片中的性别是相反的。

到 5 岁或 6 岁时，儿童会形成严格的性别刻板印象的一个清单，并将它们用于自己和他人。一个男孩会更加关注他所认为的男孩玩具，女孩会更关注她所认为的女孩玩具。大约在 7 岁或 8 岁时，随着儿童开始采纳和整合相互矛盾的信息（例如许多女孩也会留短发），他们的性别图式变得更加复杂，这会使他们关于性别角色的观点更具有灵活性。

性别发展的认知取向通过探索儿童如何思考性别，以及他们在不同的年龄段知道性别的哪些方面，从而为该领域的研究作出了重要的贡献。但是，这些理论并不能完全解释知识和行为的联系。是什么机制促使儿童表现出性别角色以及为什么一些儿童的性别刻板印象会比其他儿童的更强，研究者们对此并没有得出一致的结论。一些研究者则指向了社会化。

社会学习取向

5 岁的索菲喜欢看迪士尼电影并且特别迷恋灰姑娘。有一天，她的父母走进厨房时发现她正在一边高声地歌唱一只夜莺，一边用手和膝盖擦地板，就像灰姑娘在电影中所做的那样。他们对索菲报以微笑，而索菲则对父母的赞同感到愉快。这类社会互动在儿童对性别的理解中发挥着怎样的作用呢？

按照经典的社会学习理论家沃尔特•米歇尔（Walter Mischel）的观点，儿童通过模仿榜样以及成人对适当的性别行为的奖励来获得性别角色，换句话说就是对环境刺激的反应。通常，榜样都是同性别的父母，但是儿童也会模仿其他成人、同伴、书中或其他媒体中人物的行为。行为反馈以及父母和其他成人的直接教导会强化性别特征的形成。一个模仿父亲行为的儿童会被赞赏为表现得"像个男孩"，而女孩会因为漂亮的衣服或发型而得到表扬。在这一模型中，性别行为先于性别知识（"我因为做男孩该做的事情而得到奖赏，因此我必须是个男孩"）。

然而，自 20 世纪 70 年代起，人们对于单独使用同性别榜样力量来解释性别差异提出了质疑。随着认知理论的兴起，经典的社会学习理论也注入了新鲜血液。阿尔伯特•班杜拉（Albert Bandllra）的**社会认知理论**（social cognitive theory）就是对社会学习理论的扩展，该理论吸收了一些认知成分来试图解决这些问题。

按照社会认知理论，观察使儿童在表现

出性别化行为之前就学习到了大量的性别化行为。儿童是一个主动的参与者，他们在心理上整合多种榜样的行为，并且产生自己的行为变化。而且，儿童会通过他们对玩伴和活动的选择来创造自己的环境。然而，批评者们认为社会认知理论并不能解释儿童在获得性别概念之前是如何区分男孩和女孩的，或者最初激发儿童获得性别知识的动力是什么，以及性别规范是如何被内化的。其他的认知理论家们试图对这些问题作出回答。

社会化始于婴儿期，它在儿童远未形成性别意识之前发挥着重要的作用。逐渐的，随着儿童开始调节自己的活动，行为标准便开始内化。儿童在表现出适宜的社会行为时不再需要表扬、批评或榜样的出现。当儿童的表现符合自己的内在标准时，他们就会感觉良好，否则就会感觉糟糕。儿童的性别相关行为从社会指导的控制到转变为自我调节，其关键的过程发生在3~4岁。家人、同伴以及媒体是如何影响这一发展过程的呢？

家庭影响。当路易斯安那州前州长凯瑟琳•布兰科（Kathleen Blanco）4岁的孙子大卫被问到长大后想做什么时，他并不确定。他对妈妈的所有建议（火警、士兵、警察和飞行员）都不屑一顾。最后，问他是否想做州长时，他回答道："妈妈，我是个男孩！"大卫的反应说明了家庭的影响会有多强。

在游戏偏好方面，男孩往往比女孩有更强烈的性别社会化。相比于女孩玩卡车，父母特别是父亲，通常会更加反感男孩玩洋娃娃。女孩会有更多的自由去违反自己的性别角色，例如穿男孩的衣服或者像男孩子一样玩耍。

家庭成员是如何影响性别社会化的？在主张平等的家庭中，父亲的角色似乎特别重要。一项针对英国和匈牙利的4岁城市儿童的观察研究发现：与性别化更典型的家庭相比，如果父亲做更多的家务和照料子女的工作，那么这些家庭中的孩子会有更少的性别刻板印象，也会参加性别类型化较低的游戏。Tenenbaum和Leaper在分析了43个不同的研究之后发现：与其他的父母相比，遵守传统的性别图式的父母更可能让儿童对自己和他人产生性别类型化的观点。兄弟姐妹也会影响性别的发展。第二胎的孩子在态度、人格和娱乐活动上往往会更像他们的哥哥姐姐；相比较而言，第一胎的孩子则会更多地受父母的影响，而较少会受弟弟妹妹的影响。与拥有异性兄长或姐姐的儿童相比，拥有同性兄长或姐姐的儿童往往会表现出更明显的性别特征。

同伴影响。5岁的安娜坚持要用新的方式来打扮自己。无论在家里还是出去，她都想穿打底裤，搭配裙子和靴子。妈妈问她为什么要这样穿时，她回答说："因为凯蒂这样穿，并且她是女孩子中的头儿！"

即使是在幼儿期，同伴群体也是影响性别特征形成的一个主要因素。到3岁时，幼儿在游戏时通常是按性别分组，这会强化他们的性别类型化行为，而且同伴群体的影响会随着年龄的增加而增加。在同性别群体中玩耍的儿童往往会表现的更具有性别特征。相比于"假小子"的女孩，同伴群体更不允许男孩表现得像女孩。实际上，儿童在这个年龄段的游戏选择会更多地受到同伴和媒体的影响，而不是家庭榜样的影响。但是，总的来说，同伴的态度和父母的态度会相互强化。

文化影响。在美国，文化对性别态度的主要传递途径是电视。虽然现在的电视中有更多的女性在外工作，男性有时也会在家照

你知道吗？

给那些行为表现与性别不符的儿童起的绰号，反映了这样的研究结果：与男孩相比，成人一般更能容忍女孩表现出与性别不一致的行为，被称为"假小子"的女孩并不被消极地对待；相反，一个表现得"娘娘腔"的男孩会受到嘲笑和责难。

料孩子或做饭，但是电视所描绘的大多数生活仍然会比现实生活更具有性别刻板印象。

儿童图书，特别是带插图的书，一直都是性别刻板印象的来源之一。对 200 本畅销和获奖儿童图书进行的分析表明，男性主人公几乎是女性主人公的两倍，并且充满强烈的性别刻板印象。女性主人公有更多的养育行为，作者在家庭背景中描写她们并且让她们做着没有报酬的工作。父亲在很大程度上是缺席的，当他们出现时，也表现得沉默寡言并且效果不佳。

社会化取向的主要优势是它囊括了大量的过程，但恰恰是这种复杂性使得我们很难在儿童的抚养方式与他们的行为和思考方式之间建立确切的因果关系。究竟是家庭环境和同伴文化的哪些方面促进了性别特征的形成？父母有区别地对待男孩和女孩，是因为他们是有差异的，或者是因为文化认为他们应该是不同的？未来的研究或许有助于我们理解在与性别相关的态度和行为上，社会化动力是如何与儿童的生物倾向和认知能力相一致的。

在我们所讨论的理论中，似乎没有哪一个理论可以完全回答性别认同和性别类型化是如何发展的。今天，“人们普遍承认的是……认知、环境和生物学因素都很重要”。

>> 游戏

3 岁的卡门假装漂浮在碗里的麦片是正在游泳的鱼，她用勺子在一勺一勺地“捕鱼”。早餐后，她戴上妈妈的帽子，拿起公文包，就像是一个去工作的妈妈。她骑着自行车经过水坑，想象着虚拟的电话聊天，把一块木头当成卡车，嘴里发出“呜隆隆，呜隆隆”的声音。卡门的一天就是玩着一轮又一轮的游戏。

仅仅认为卡门的活动是有趣的，那么你就错了。游戏有着现时和长期的功能。它有助于儿童所有领域的发展，儿童通过游戏可以刺激感官，锻炼肌肉，协调视觉和运动能力，控制自己的身体，作决策以及获得新的技能。当儿童给不同形状的积木分类，计算自己堆了多少积木或者宣称“我的塔比你的塔大”时，这些活动都会为他们的数学概念奠定基础。当他们在沙滩上合作建沙堡或隧道时，他们可以学习协商和解决冲突的技能。

研究者们对儿童的游戏进行了多种分类。一个常见的分类方式是根据认知复杂性，另一种分类是基于游戏的社交维度。研究已经发现了文化和性别对游戏的影响。

游戏的认知水平

1 岁的简坐在厨房的地板上，高兴地用勺子敲打着锅；3 岁的考特尼用一种比自己平时更深沉的嗓音与玩具娃娃交谈；4 岁的米盖尔把洗碗布当作斗篷披在身上，像蝙蝠侠一样飞来飞去。这些儿童做着各种各样的游戏，并且游戏的认知复杂性随着年龄的增长而增加。

史密兰斯基区分了四种游戏水平：功能游戏（functional play）、建构游戏（constructive play）、表演游戏（dramatic play）和有规则的正式游戏（formal games with rules）。虽然这些游戏类型存在着一般的发展进程，但这并不是一个分阶段的理论。

功能游戏是最简单的水平，它始于婴儿期，有时也被称作运动游戏。它由大肌肉运动的重复练习组成，例如滚球。

第二个水平是**建构游戏**，也被称为客体游戏，它是使用物体或材料来制作东西，例如用积木搭房子或者画蜡笔画。

第三个水平被史密兰斯基称为**表演游戏**，也称为假装游戏、幻想游戏或想象游戏，该游戏涉及使用虚拟的物体、动作或角色，这依赖于儿童在 2 岁末时出现的符号象征功能。虽然在史密兰斯基的理论中，功能游戏和建构游戏先于表演游戏，但这三种游戏类型通常在同一个年龄段出现。

表演游戏在幼儿期达到顶峰，它在频率和复杂性上都会不断增加，然后随着儿童越来越多进行有规则的**正式游戏**，假装游戏便不断减少。有规则的正式游戏是根据已知的程序和惩罚来进行的，例如跳房子和弹子游戏。但是，许多儿童在上小学之后依然会继续玩假装游戏。

游戏的社交维度

在 20 世纪 20 年代的一项经典研究中，米尔德里德 • 帕滕（Mildred B. Parten）按照社交性高低把游戏分成了六类（见表 10-2）。她发现随着儿童的成长，他们的游戏会变得更具有社交性，即更具有互动性和合作性。首先，儿童独自游戏，然后在其他儿童旁边玩，最后一起玩。然而，今天的许多研究者认为，帕滕对儿童游戏的描述过于简单，因为所有年龄段的儿童都会参与帕滕所划分的所有类型的游戏。

帕滕明显认为社交游戏要比非社交游戏更成熟。虽然独立游戏有时可以看成是害羞、焦虑、害怕和社会拒绝的标志，但它也更可能是因为某些儿童仅仅只是喜欢自己玩而已。例如，一项针对 567 名学前班儿童的研究发现，几乎有 2/3 的独自玩耍的儿童，其社交能力和认知能力发展良好。

表演游戏在幼儿期变得更具有社交性，与独自玩耍相比，儿童在与他人一起玩耍时通常会进行更多的表演游戏。随着表演游戏更具有合作性，故事情节变得更加复杂和更具有创新性，表演游戏就为儿童锻炼人际交往和语言技能、探索社会习俗和角色提供了丰富的机会。

性别对游戏的影响

正如我们先前提到的那样，**性别隔离**（sex segregation）在幼儿中是常见的现象，并且在学龄期会更加普遍。到 3 岁时，女孩更可能去玩洋娃娃和茶具，而男孩会更偏爱玩具枪和卡车。女孩往往选择其他女孩做玩伴，男孩同样偏爱选择男孩当玩伴，这就是性别

表 10-2　帕滕的社交性和非社交性游戏的类型

类型	描述
无所事事的行为	儿童似乎不是在游戏而是注视着随时会让他们感兴趣的事情
旁观者行为	儿童会花大部分时间去观看其他儿童玩游戏。他们会作为旁观者与其他儿童交谈，问问题或者提建议，但是并不参与到游戏中。他们仅仅观看特定儿童群体的游戏而非对任何发生的事情都感到兴奋
独自游戏	儿童独自玩玩具，并且其玩具与附近儿童玩的玩具不一样，他也不会尝试着去接近其他儿童
平行游戏	儿童独自玩耍，但是与其他儿童在一起，他们的玩具与周围儿童的玩具相似，但是并不一定用同样的方法玩。平行的游戏者在同伴旁边玩，而不是和同伴一起玩，他们并不试图去影响其他儿童的游戏
性别图式理论	儿童与其他人一起玩。他们谈论游戏，相互借玩具，追随着他人玩，并且试图控制小组中的其他人。所有的儿童玩同样或相似的游戏，没有人员分工，也没有任何组织目标。每个儿童按照自己的愿望去玩耍，并且和其他儿童一起玩耍的兴趣要高于游戏本身
合作游戏	儿童为了某个目标而被组织在一起进行游戏，例如制作一些东西，玩一个正式的游戏或者表演一个情景。一个或两个儿童控制着小组中的其他人并且引导着整个活动。通过人员分工，儿童扮演不同的角色并相互辅助

资料来源：Adapted from Parten, "Social Participation Among Preschool Children," Journanl of Abnormal and Social Psychology, 1932, Vol. 27, Issue 3 (October), pp. 243-269。

你知道吗？

最近的研究已经在黑猩猩的游戏中发现了性别差异，这可以折射出我们在儿童身上的发现。野生的雌性黑猩猩会保留和搂抱木棒，就好像它们是玩具娃娃一样，并且会将它们放到“巢”里的床上。相反，雄性黑猩猩不太可能会这么做。

表 10-3 儿童早期的游戏风格

	男孩	女孩
玩具	玩具枪 卡车和汽车 火车	洋娃娃 茶具 家用玩具
玩伴	大的男生群体 友谊建立在共同的活动和兴趣之上	小的女生群体 友谊建立在情绪和身体亲近的基础之上
活动	混战的 身体上的攻击性	交谈式的 养育行为
冲突解决	靠体力	妥协
沟通风格	谈话时为了发布信息和命令	谈话是为了增进关系

资料来源：Golomobok et al.，2008。

隔离现象。与女孩更偏爱养育行为的游戏风格相比，男孩更加主动和更富有身体攻击性的倾向更有可能加剧性别隔离。

女孩的表演游戏要多于男孩。男孩的假装游戏通常会涉及危险或争论以及富有竞争性、支配性的角色，比如模拟战争；而女孩的表演游戏一般更关注社会关系、养育和家庭生活中的角色，例如玩过家家。然而，与女孩相比，男孩的游戏具有更加强烈的性别刻板印象。因此，在男女混合的团体中，游戏往往围绕着传统的男性活动进行。参见表 10-3 关于男女游戏风格中性别差异的概述。

文化对游戏的影响

文化价值观会影响成人为儿童设置的游戏环境，这些环境反过来又会影响不同文化中特定形式的游戏出现的频率。一项观察研究比较了来自中产阶级的韩裔美国儿童和英裔美国儿童，结果表明，英裔美国幼儿园通过让孩子在大量的活动中自己作选择，来鼓励儿童在学习中进行独立思考和主动参与；而韩裔美国幼儿园则强调发展学业技能和完成任务，儿童只有在户外休息时才可以谈话和玩耍。

毫不奇怪的是，英裔美国儿童参加了更多的社交游戏，而韩裔美国儿童进行了更多的无所事事的或平行的游戏。与此同时，韩裔美国儿童在游戏中更具有合作性，他们经常给其他儿童提供玩具，这可能反映出了他们的文化对团体和谐的重视。英裔美国儿童在游戏中则更富有攻击性并且经常对其他儿童的建议反应消极，这可能反映出了美国文化的竞争性。

你的工作是什么？

执业临床专业咨询师（LCPC）

执业临床专业咨询师为病人提供咨询帮助。一名执业临床专业咨询师可以对儿童进行心理和神经生理评估，也可以帮助评定潜在的缺陷以及提供一般的咨询。他们可以在各种医疗保健机构、学校以及私人诊所内工作。从认证的大学咨询项目毕业后，执业临床专业咨询师还要接受测试和临床督导。想了解关于成为一名执业临床专业咨询师的信息，请访问网站 www.counseling.org。

>> 父母的教养行为

随着儿童逐渐具有自主性，对他们的养育便会成为一项复杂的挑战。父母必须应对这些“小大人”，他们虽有自己的想法和意志，但是依然要多多学习各种能够适应社会的行为。影响儿童发展的两个方面是训练方式和教养风格。

训练方式

“训练”的意思是指“指导”或“培训”。在儿童发展领域，**训练**涉及塑造儿童性格、教育儿童自我控制和学会社会认可行为的各种方法。在以发展自律为目标的社会化过程中，训练是一种强有力的工具。哪种训练方式最有效？研究者们已经提出了各种技术，包括强化和惩罚、诱导推理、权威主张和爱的收回。

强化和惩罚

“你真爱助人为乐，德里克！非常感谢你把自己的玩具放好。”当德里克把自己的自卸卡车放进玩具箱里时，他的妈妈温柔地对他说。她的言语和行为给他的儿子提供了温和的训练，并且教他知道放好自己的玩具是一个应该重复的积极行为。

父母有时为了阻止儿童的不合理行为会惩罚孩子，但是儿童通常会从好行为的强化中学到更多东西。外部强化可以是有形的(吃大餐、更多的游戏时间)，也可以是无形的（一个微笑、一句表扬、一个拥抱）。无论哪种强化，儿童必须把它看成是一种奖赏，并且在他们表现出合乎要求的行为后立即发生、前后一致。最终，行为本身应该提供一种内部强化：愉悦感或成就感。

然而，惩罚（如隔离或取消特权）有时也是必要的。应该禁止儿童跑入行车道或打骂其他的孩子。有时儿童会故意挑衅，在这种情况下，惩罚如果前后一致、立即实行，它就会和儿童的攻击行为明确地联系起来，这样可能是有效的。如果儿童在被惩罚后，有人陪伴他们一会儿，对他们的过错进行简短的解释并且指出他们本来可以做出的其他行为，此时的惩罚最有效果。

体罚（corporal punishment）是一种强制性的教育行为，它是使用体力来试图纠正或控制儿童的行为。体罚的目标是引起疼痛却不产生身体伤害，它包括打屁股、打头、打耳光、掐、摇。人们普遍认为适度的惩罚比其他措施更加有效，并且是无害的，但是越来越多的证据表明，体罚会造成严重的消极后果。受过严厉和多次惩罚的儿童在解释他人的言语和行为时会有困难，即使别人没有攻击意图时，他们也可能会如此进行归因，并在随后表现出攻击行为，或者当他们的父母失控时他们会感到害怕，最终可能会极力回避惩罚性的父母，因此会削弱父母对他们行为的影响力。与儿童虐待不同（虐待与儿童的人格或行为相关性很小），体罚更常用于那些富有攻击性并且很难管教的儿童身上。

诱导技术，权威主张和爱的收回

当萨拉从商店里拿了一颗糖果时，他的父亲并没有训诫她应该诚实、打她或者说她是坏人。相反，他的爸爸向萨拉解释说她不付钱将会对商店老板造成怎样的伤害，并且问她商店老板会有什么样的感受，然后带着她把糖果送回了商店。

诱导技术（inductive techniques）包括设定限制，说明行为的逻辑结果、解释、讨论、协商，以及让儿童自己说明何为公平。诱导技术往往会唤起做错事的人的内疚以及对受害者的移情。诱导技术通常是让孩子接受父母标准的有效方法。

其他两个被广泛使用的训练方式是权威

多元化视角

体罚的跨文化差异

“闲置了棍棒，宠坏了孩子”可能听起来有点过时，但是体罚在美国依然存在。一些体罚方式被广泛应用于美国的婴儿身上，并且几乎所有的幼儿父母都会使用。在采访中，有35%的美国父母报告说对婴儿进行过体罚（通常是打巴掌），而有94%的父母对3~4岁的儿童进行过体罚。在一个相似的电话调查中，研究者发现，父母会对9个月以下的婴儿吼叫、打屁股，并且1/3的父母报告说，在孩子18个月以前就打过他们的屁股。除了明尼苏达州之外，其他的所有州都允许父母使用体罚，虽然一些州坚持认为体罚是合理的、恰当的、适度的或必要的，但是一些州也认识到过度体罚会成为虐待。现在，有19个州的学校允许体罚。

然而，并非所有地方都是如此。体罚在许多国家是被禁止的，包括澳大利亚、保加利亚、克罗地亚、塞浦路斯、丹麦、芬兰、德国、匈牙利、冰岛、以色列、拉脱维亚、挪威、罗马尼亚、瑞典和乌克兰。加拿大的最高法院禁止了学校中的体罚，并且也禁止在任何环境中体罚婴儿或青少年。《联合国儿童权利公约》反对对儿童施行任何形式的身体暴力。

许多人依然相信，打屁股可以向儿童灌输要尊重权威的思想，激励好的行为，并且是父母教养行为的必要部分。但是，一些专家认为，任何形式的体罚都接近于儿童虐待。其他的专家发现由慈爱的父母所谨慎施行的、适度的体罚是无害的。然而，其他人则认为体罚的效果依赖于行为的文化规范。

主张和暂时的爱的收回。**权威主张**（power assertion）的目的在于通过身体和言语来强化父母的控制，从而制止或阻止不合理的行为，它包括命令、威胁、特权的收回、打屁股以及其他形式的惩罚。**爱的收回**（withdrawal of love）包括忽视、孤立或者对儿童表现出厌恶。在大多数情况下，这两种方法都没有诱导有效，并且可能会对儿童造成伤害。

父母训练的有效性可能取决于儿童在认知和情绪上对父母所传递的信息的理解和接受程度。为了让儿童接受这些信息，父母必须公平、清晰并且与他们的期望相一致。父母的训练方式必须与儿童的气质、认知和情绪发展水平相匹配。如果父母表现出温和、正常的反应，并且能够唤起儿童对被伤害者的共情，那么，儿童会更有动力去接受父母所传递的信息。儿童对训练方式的接受程度也可能取决于该训练方式是否符合家庭文化。

许多专家都认同的一点是，儿童是在与父母的持续关系中对训练进行解释和反应的。因此，一些研究者超越具体的教养行为而去关注整体的教养风格或模式。

教养风格

为什么史黛西在无法完成拼图时会打和咬身边的人？是什么让大卫在完成不了拼图时坐着生闷气，即使有老师给他提供帮助也无济于事？为什么康苏拉在拼了20分钟后耸耸肩，继续尝试另外的拼图？为什么儿童在同一个情境中会表现得如此不同？当然，气质是一个主要的因素，但是一些研究表明教养风格会影响儿童应对周围世界的能力。

戴安娜·鲍姆林德和权威性教养风格的有效性

在一项开创性的研究中，戴安娜·鲍姆林德（Diana Baumrind）测量了儿童的行为，确定了三类教养风格：专制型（authoritarian）、放纵型（permissive）和权威型（authoritative）教养，并且描述了每种教养风格下儿童的典型行为模式。鲍姆林德的工作以及她所启发的大量研究已经确立了每种教养风格与儿童的行为之间所存在的联系。

专制型教养方式强调控制和无条件的服从。专制型的父母会试图让儿童严格遵守自己所设定的行为标准，一旦违反，通常就会使用权威主张技术来惩罚他们。与其他父母相比，他们与儿童的关系更加疏远，更少给予儿童温暖。他们的孩子往往更容易不满意、退缩和不信任他人。

放纵型的父母很少提出要求，并且允许儿童尽可能多地监控自己的活动。他们表现得很温暖，没有控制和要求，甚至会放纵儿童。这种教养方式下的幼儿往往是不成熟的，自我控制和探索活动最弱。

权威型的父母尊重儿童的独立决定、兴趣、观点和人格，他们对儿童充满爱和接受，但是也要求好的行为和坚定地维护规范。在温暖和支持性的关系中，如果有必要，他们也会对儿童施行有限的、明智的惩罚。他们偏爱诱导性的训练，解释行为规范背后的原因，鼓励言语协商和互相谦让。他们的孩子知道父母对他们的爱和期望，因此会明显地感到安全。这些家庭中的幼儿往往是最有自立能力和自我控制能力的，最自信、最富有探索精神和感到满足的。

伊利诺·马克比（Eleanor Maccoby）和约翰·马丁（John Martin）增加了第四种教养风格——忽视型（neglectful ）或不参与型（uninvolved），以此来描述那些只关注自己的需要而忽视儿童需要的父母。忽视型教养风格与儿童期和青春期的一系列行为障碍相关。

为什么权威型的教养风格往往能够提升儿童的社会能力？这可能是因为权威型的父母通过设立清晰的、一致的规则让儿童知道他们的期望，并且给予儿童判断自身行为的规范。在专制型的家庭里，儿童受到严格的控制而不能作出独立的行为选择；在放纵型的家庭里，儿童接受的指导又太少以至于他们对于自己是否做了正确的事情而感到不确定和焦虑。

对鲍姆林德模型的支持和批评

在基于鲍姆林德理论的研究中，权威型教养风格优越性得到了反复的支持。但是，鲍姆林德模型也引起了争议，因为该模型似乎表明，存在一种养育儿童的“正确”方式。此外，鲍姆林德的发现都是基于相关研究得出的，因此，这些研究仅仅是在每种教养风格和儿童的特定行为之间建立了联系，它们并不能表明不同的教养风格会导致儿童拥有更高或更低的能力。而且，鲍姆林德并没有考虑儿童的内在因素，例如气质，它可能会对儿童的能力和父母都产生影响。儿童自身的行为可能会激发不同的教养风格，例如容易相处的儿童可能会激发父母使用权威型的教养方式。

教养风格的文化差异

鲍姆林德对教养风格的分类，反映了主流的北美文化对儿童发展的观点，它可能并不适用其他文化或社会经济地位群体。例如，在亚裔美国人中，服从和严厉并不和控制联系在一起，相反，他们与维持家庭和谐有关。虽然亚裔美国父母的教养行为经常被描述成是专制型的，但是在不强调独立、选择和自由的美国价值观的情况下，华裔美国家庭关系中的温暖和支持加上更严格的父母控制，可能与鲍姆林德理论中权威型教养风格更相似。

>> 亲社会行为和攻击行为

3 岁半的德里克听到两个幼儿园小朋友抱怨说他们没有足够的橡皮泥，虽然橡皮泥是德里克最喜欢的东西，他还是决定分一半给他们。然而，几天后，当他的孪生妹妹有一个他想要的玩具时，他为了夺走玩具而打了妹妹的头。德里克像大多数的儿童一样，既表现出了亲社会行为（自愿帮助他人的行为），又表现出了攻击行为。这些行为是如何出现的呢？

亲社会行为

利他主义（altruism）是指帮助他人而不求回报，它是**亲社会行为**（prosocial behavior）（任何自愿帮助他人的行为）的核心。即使在 2 岁之前，儿童通常也会帮助他人，分享自己的东西和食物给他人，为他人提供安慰。研究已经揭示了亲社会行为的三种偏好：与近亲分享的偏好、互惠性（偏好与那些曾经与自己分享的人进行分享）以及间接互惠性（偏好与那些与其他人分享的人进行分享）。这些偏好在儿童 3.5 岁时就会出现并且发挥作用。

存在亲社会人格或特质吗？一项追踪了 32 名 4~5 岁的儿童的研究表明，存在亲社会人格，它在儿童早期出现并且会保持终生。富有同情心并且自发地与朋友进行分享的幼儿，往往在 17 年后依然会表现出亲社会理解和共情。

在亲社会行为中存在着基因和环境的交互作用。亲社会儿童的父母通常也是亲社会的，他们会指出亲社会行为的模式，并且引导儿童关注那些描绘合作、分享和共情，以及鼓励慷慨和助人的各种故事、电影和电视节目。而且，如果儿童有天生的亲社会倾向，父母会对儿童表现出喜爱并且使用积极的（诱导性的）训练策略来增强这些天生的倾向。媒体、同伴和老师也可以塑造和强化亲社会行为。

不同文化对亲社会行为的促进是不同的。与强调个体成就的文化相比，人们生活在一个大家庭里且共同工作的传统文化似乎更能培养亲社会价值观。

攻击行为

当诺亚粗暴地从杰克手里抢走球时，他只关心是否能够拿到球而不关心是否会伤害或控制杰克。这就是**工具性攻击**（instrumental aggression），即攻击是为了达到某个目标的工具,它是儿童早期最常见的攻击类型。在 2.5~5 岁，儿童经常会为了玩具和抢地盘而发生争斗。工具性攻击最常发生在社交游戏中，打架最多的儿童往往也是社交最好、能力最高的儿童。

你知道吗？

儿童和父母特质的匹配，可以看作是被动的基因型与环境的匹配，它可以是有益的也可以是有害的。例如，亲社会的父母（可能）会给他们的孩子提供亲社会的基因，以及培养亲社会行为的环境。相似的，反社会的父母也可能会给他们的孩子提供反社会的基因和环境。

随着儿童自我控制能力和语言表达能力的提高，他们的攻击行为会从原来的大打出手向言语攻击转变。但是这存在着个体差异。在一项针对 383 名幼儿的纵向研究中，11% 的女孩和 9% 的男孩在 2~5 岁表现出了高水平的攻击行为。在 2 岁时，注意力涣散的男孩和女孩以及情绪调节差的女孩往往到了 5 岁时，还会出现品行问题。经常玩暴力幻想游戏的幼儿到 6 岁时，一旦生气就会倾向于使用暴力行为。

攻击中的性别差异

人们普遍认为男孩和女孩之间的相似性要大于差异性，但攻击是一个例外。在所有被研究的文化中，还有大多数哺乳动物中，男性的身体攻击性都要高于女性，这种性别差异在 2 岁时就会明显地表现出来。

然而，女孩可能比她们看起来的更具有攻击性。男孩会做出更多明显的或直接的攻击（直接针对目标的身体或言语攻击）。而女孩，特别是随着她们年龄的增长，更可能会进行关系攻击（间接或社交攻击），这种更加隐秘的攻击经常通过嘲笑、操纵、排斥或控制命令来破坏或者干涉关系、声誉或心理健康。它可能包括散播流言、辱骂、贬损或者将某人从群体中排挤出去。在幼儿中，攻击往往是直接的和面对面的（“如果你不给我那个玩具的话，你就不能来参加我的聚会”）。

影响攻击行为的因素

为什么一些儿童比其他儿童更具有攻击性？气质是其中一部分原因。情绪强烈和低自尊的儿童往往会攻击性地表达愤怒，并且身体攻击会有 50%~60% 的遗传性。

父母的行为也会影响儿童的攻击行为。在几个纵向研究中，婴儿期的不安全依恋、缺少母亲的温暖和关爱可用于预测儿童早期的攻击性。操控性的行为，如爱的收回和使儿童感到内疚或羞耻，可能会促进社交攻击。

攻击性也会受到以下因素的影响：充满压力和无激励性的家庭氛围、严厉的管教、缺乏母亲的温暖和社会支持、家庭功能失调、接触攻击性的成人和街头暴力、贫穷和短时

你的工作是什么？

行为专家

行为专家通过分析学生的行为来确定那些有害行为的原因，并且为他们制订改变计划。例如，行为专家可能会帮助父母使用策略来应对攻击他人的孤独症儿童或者如厕训练非常晚的儿童。行为专家在学校系统、医院和集体诊所以及个体诊所内工作，他们通常要获得应用行为分析的硕士学位，并且还要获得行为分析师认证委员会的认证。想了解更多内容请访问网站 www.bacb.com。

的同伴团体（不利于稳定友谊的建立）。有研究调查了市中心社区中的431名启蒙教育方案的参与者，父母报告说，超过一半的儿童目睹过帮派活动、贩毒、警察追踪和逮捕或者携带武器的人，并且一些儿童和家庭本身就是受害者。这些儿童在家里表现出了痛苦的症状，在学校里则表现出了攻击行为。

电子媒体，包括电视、电影和视频游戏，在亲社会行为或攻击行为的塑造中也有巨大的影响力。在第14章中，我们将会讨论媒体暴力对攻击行为的影响。

测试一下

CHAPTER 10 幼儿期儿童的心理社会性发展

学习目的	自测	你在哪里可以找到答案
	☐ LearnSmart ☐ connect Chapter 10 Quizzes	

学习目的 10.1

描述自我理解和自我知觉的变化，并讨论它们是如何影响情绪的

1. 在 5 岁时，艾玛最有可能描述她自己是（　）。
   a. 一个好人
   b. 学习成绩好但是体育差
   c. 一个带有棕色头发的优秀跑步者
   d. 通常是安静的但有时会吵闹
2. 具有自尊“无助”模式的儿童倾向于将失败归因于（　），并且（　）在困难任务上坚持下去。
   a. 个人特征；更可能
   b. 个人特征；更不可能
   c. 努力；更可能
   d. 努力；更不可能
3. 儿童早期情绪的三个变化是：

____

____

自我的发展

188~190 页

connect

MILESTONES

自我照顾，茉莉

学习目标 10.2

概述和比较性别发展的不同理论

4. 男孩和女孩在认知上的性别差异是（　）。
   a. 大的
   b. 小的
   c. 在数学上大而在语言上小
   d. 不存在
5. 史密斯博士认为荷尔蒙是解释性别差异的最重要的变量，而弗兰克博士认为接触暴力榜样更重要。史密斯博士可能相信性别发展的（　）取向，而史密斯博士更可能是（　）取向的支持者。
   a. 认知；精神分析
   b. 进化；认知
   c. 社会学习；进化
   d. 生物学；社会学习

性别

190~196 页

connect

MILESTONES

性别，阿玛莉亚

学习目标 10.3

讨论影响儿童早期游戏的因素

6. 儿童通过游戏可以学习的三个技能是：

____

____

7. 下面哪种游戏的认知复杂性最高？（　）
   a. 两个儿童用洋娃娃表演一个家庭场景
   b. 一个儿童用积木搭建一个高塔
   c. 一个儿童用塑料瓶喂养玩具娃娃
   d. 一个儿童按按钮来让玩具发光
8. 一般认为下面的哪种游戏类型最复杂？（　）
   a. 独自游戏
   b. 表演游戏
   c. 功能游戏
   d. 混战游戏
9. 男孩和女孩游戏风格的基本差异是？（　）
   a. 女孩的游戏更具有认知复杂性
   b. 男孩在游戏中更合作
   c. 男孩的游戏更加具有主动性和身体攻击性
   d. 在男孩和女孩的游戏风格之间没有明确的性别差异
10. 为什么儿童的游戏风格会有文化差异？

____

____

游戏

196~198 页

connect+

MILESTONES

游戏

友谊的出现

视频链接

play

学习目标 10.4

概述不同的父母训练方式和教养风格

11. 下面的哪种训练形式是由发展心理学家定义的？（　）
    a. 对期望行为的强化
    b. 对不期望行为的惩罚
    c. 爱的收回
    d. 权威主张
    e. 所有的选项都是
12. 约翰坚定地认为儿童应该被看管而不应该听他们说，并且他对自己的孩子非常严格。他的教养风格最可能是（　）。
    a. 专制型
    b. 放纵型
    c. 权威型
    d. 忽视或无卷入型

父母的教养行为

198~202 页

connect+

学习练习

父母的教养风格

学习目标 10.5
讨论亲社会行为和反社会行为的发展及影响因素

13. 什么是亲社会行为？

____

____

14. 总的来说，虽然女孩往往进行更多的（　）攻击，但男孩的攻击水平要比女孩的（　）。
    a. 关系型；更高
    b. 关系型；更低
    c. 工具型；更高
    d. 工具型；更低

亲社会行为和攻击行为

202~204 页

connect+

MILESTONES

视频链接

Sex Differences and Bullying

视频链接

Chidren and Television

答案

1. c
2. b
3. 在儿童早期，儿童的情绪调节、情绪理解和指向自我的情绪理解都会变得更好。
4. b
5. d
6. 儿童通过游戏可以刺激感官，锻炼肌肉，协调视觉和运动能力，控制自己的身体，做决策，获得新的技能、学习合作及冲突解决技能。
7. a
8. b
9. c
10. 儿童的游戏风格存在文化差异是因为游戏既受所提供给儿童的游戏环境的影响，也受文化价值观的影响（如竞争或合作）。
11. e
12. a
13. 亲社会行为是指个体自愿做出的有益于他人的行为。
14. a

第 11 章

学龄期儿童的身体发育与健康

本章要点

- 身体发育
- 营养与睡眠
- 动作发展与游戏
- 健康与安全

亚历克斯在操场上全速奔跑着，他一边跑一边大笑那些想追上他但却追不上的伙伴们。他正在换牙，大笑时露出的宽大的门牙缝都闪耀着快乐的光彩。亚历克斯有两条健壮的双腿，他确信自己可以从操场的跑道上跳到足球场的边缘，但人们很容易从他的膝盖和胳膊上的那些淤青看出，他也不是每次“着陆”都那么轻而易举的。是的，亚历克斯正在玩的就是孩子们最喜欢的“追逐”游戏。晚餐的时候，亚历克斯会饿得前胸贴后背；到了深夜，他就会因为白天巨大的身体消耗而累得沉沉地睡去。

在这一章里，我们将关注儿童中期，也就是学龄期儿童的身体发展和健康。我们将探索儿童的正常生长和大脑发展的过程，以及促进儿童发展的原因，比如合适的营养、足够的睡眠，以及良好的健康状况。除此之外，我们还会关注儿童的不健康问题以及那些使儿童陷入肥胖、受伤和情绪困扰的危险因素。

>> 身体发育

如果你在课间休息的时候走进任意一所普通小学，你会看到孩子们的身材和身高各有不同。高的、矮的、强壮的、瘦弱的，差异很大。当下课铃声响起时，不同身材的学生通通从教室门里涌出来，在操场上奔跑，跳跃或是翻着筋斗，或是互相追逐逗趣。我们可以看到他们互相扔着球，在单杠上以各种姿势坐着或者倒挂着，这全然是一幅多彩的游戏景象啊！我们同时也会发现，这些学龄儿童和那些学龄前儿童看起来很不一样。

你知道吗？

大部分孩子都是健康成长的，但有一部分孩子却会经历各种各样的问题。例如《绿野仙踪》中的小矮人，就有生长激素缺乏障碍。今天我们身边几乎没有这样的孩子了，因为科学家研制了人造的生长激素，可以在孩子年幼时就为其补充，使他们获得比较正常的身高。

身高和体重

与儿童早期相比，儿童中期的身体发育速度显著变慢。尽管每天的身体变化并不明显，但是积累起来却有令人惊异的差异，比如 6 岁的孩子还只是个小不点，而到了 11 岁时，有的孩子已经开始像个成年人了。

在 6~11 岁，儿童每年大约长高 2~3 英寸（约 5~8 厘米），他们的体重会增加一倍，女孩体内存有比男孩略多的脂肪组织，这个特点会一直延续到整个成年期（见图 11-1）。

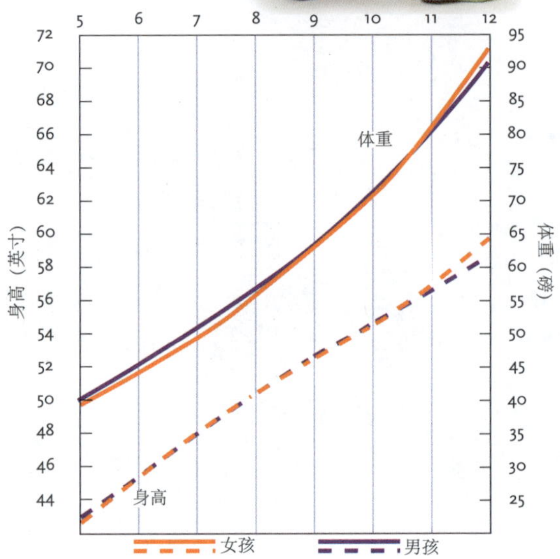

图 11–1 5~12 岁男孩和女孩的发育曲线图

注：随着儿童中期的身体发育放缓，男孩和女孩在这一时期的身高和体重的增长速率都一样。

你的立场是什么？

在美国的许多乡村，饮用水是添加氟的。许多人认为少量的氟可以强健牙齿。然而另外一些人认为在水中添加氟的量应该根据人的身体和营养状况而决定，过多的氟可能存在副作用。你的看法是什么？

牙齿的发育和牙医保健

在很多孩子心中，童年都有一个“牙齿精灵”，每当掉牙之后，小精灵就会悄悄溜进房间，把钱放在枕头下面，奖励换牙。人的乳牙在大概六岁时开始脱落，逐颗被恒牙替代。大概在五年的时间里，孩子们每年会换掉四颗牙齿。

过去的 20 年里，在美国 6~18 岁的孩子中，有蛀牙且未经治疗的孩子数量下降了将近 80%。但是这种进步仍然受到了种族和社会经济地位的限制，那些西班牙籍和低收入家庭的孩子还是拥有更多的蛀牙。

孩子在牙医保健方面的进步也得益于在儿童牙齿的原始咀嚼表面使用了黏合剂。从20世纪70年代开始，医用黏合剂开始被广泛使用，至今，已经有30%的6~11岁的孩子在使用它。拥有完善的牙医保健对孩子来说十分重要。被忽视的口腔疾病可能会引发饮食、说话和睡眠问题。

大脑发育

大脑结构和功能的变化让童年中期的认知能力有了更进一步的提高。童年中期以及日后的成熟和学习，取决于大脑对自身联结的“微调”。比如说，当孩子长大的时候，他们大脑的分区会更加细化，对不同的任务更具有针对性。这些变化可帮助大脑更快更好地过滤掉无关信息，提高了大脑处理信息的效率。

脑成像技术所发现的一个大脑成熟的重要标志就是大脑灰质密度的变小。大脑灰质是存在于大脑皮层特定区域的神经元胞体（见图11-2）。大脑灰质密度变小其实是大脑在成熟的过程中，修剪掉了一些无用的树突。大脑皮层中灰质的体积变化呈倒U型曲线，在不同的区域中，灰质体积的最大值到来的时间也不同。比如控制空间知觉的顶叶，灰质体积在女孩10岁或男孩11岁半左右达到巅峰。而控制逻辑与秩序的额叶，灰质体积大约在女孩11岁或男孩12岁的时候达到最大。有助于语言发展的颞叶，男孩和女孩们都在16岁时拥有最大体积的灰质。大脑皮层下的尾状核（基地神经节的一部分，控制运动和肌肉张力，以及高级认知过程、注意、情绪等）中灰质的体积在女孩7岁半和男孩10岁的时候达到最大。

白质以及传递信号的树突（神经纤维）的稳定增加，与灰质的密度减小互相抵消，所以大脑的重量不会出现大的波动。大脑白质的髓鞘化是从前往后进行的，大脑白质纤维的连接从前额叶开始增厚，并且形成髓鞘，一直到后脑勺（在6~13岁，颞叶到顶叶的连接会大幅增加。而白质一直到成年期都不会减少。除此之外，胼胝体中白质密度的变化与儿童晚期的精细活动也有关系，比如系鞋带，演奏乐器以及写出可以让人看懂的文字。

神经科学家通过测量大脑皮层的厚度来观测大脑的发展。研究者观测到儿童在5~11

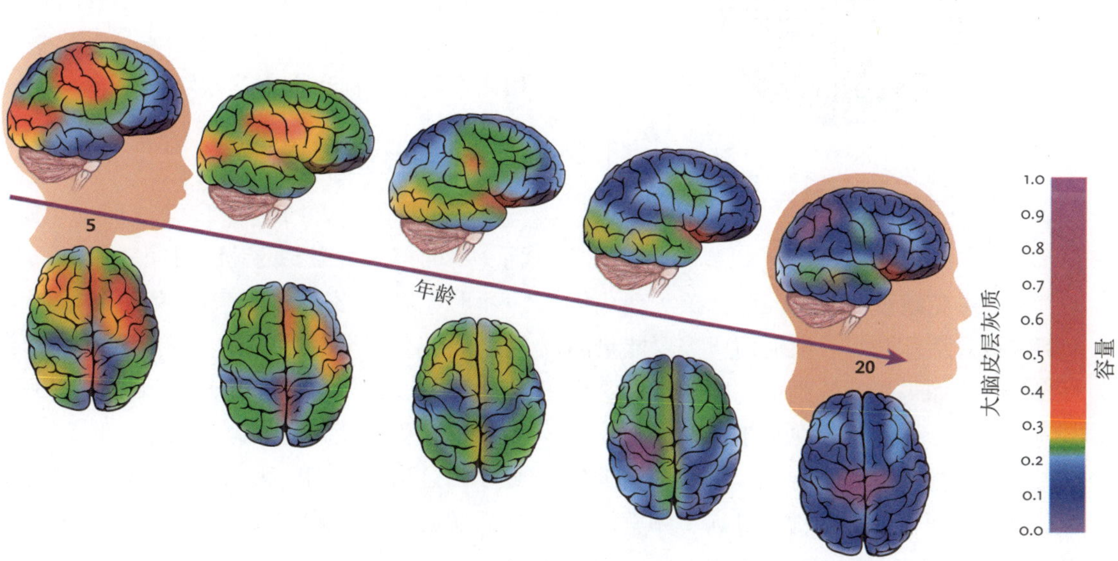

图 11-2 5~20岁大脑皮层灰质密度的减少

注：灰质密度的减小反映了大脑皮层的成熟，大脑内的连接更高效了。

岁，额叶与颞叶的大脑皮层会增厚。与此同时，大脑左半球的额叶后部以及顶叶的皮层会变薄。这个变化与词汇量的扩大，以及智力测验成绩的提高有关。

营养与睡眠

艾米丽拒绝吃意大利面里的蔬菜，也不喜欢吃水果。南萨学会了阅读，从那以后他天天打着手电筒挑灯夜读，直到自己睡着。莎拉喜欢水果和蔬菜，并且每天八点左右就睡觉了。这些不同的饮食和睡眠习惯会对孩子们造成怎样的影响呢？

营养需求

学龄儿童平均每天大约需要 2400 卡路里的能量——年纪大一些的孩子需要的比较多，年纪小的孩子需要的比较少。营养师建议孩子要有均衡的食谱，包括谷物、水果、蔬菜以及大量的包含于土豆、面条、面包或者麦片中的碳水化合物。

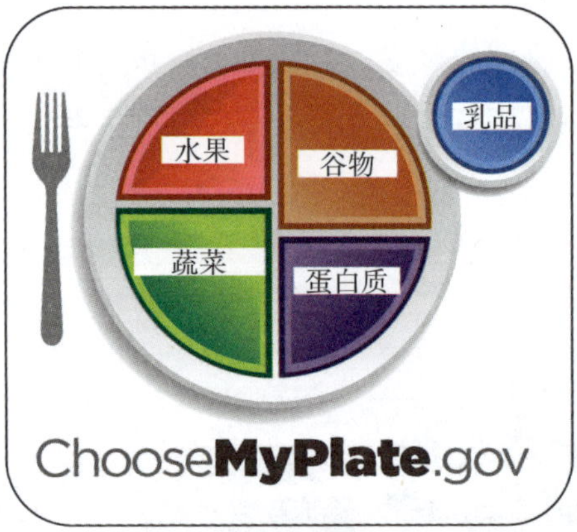

为了避免超重和心脏问题，孩子和成年人都应该只从脂肪中获取他们所需要能量的大约 30%，如果摄入的是饱和脂肪，那这个比例应该减少到 10%。在童年中期，多吃些低脂肪的食物似乎并没有什么坏处，至少科学家们没有发现低脂食物对身高、体重、身体指数或者神经发育的负相关。

你知道吗？

2011 年 9 月，为了回应顾客和政府对麦当劳欢乐儿童餐的质疑，麦当劳减少了套餐中的薯条，加入了苹果片和健康饮料的选择。如果顾客选择所有的健康食物选项，将会减少 520 卡路里和 26 克脂肪的摄入，使能量的摄入达到合理的范围，但即便如此，摄入量仍然是可观的——410 卡路里和 19 克脂肪。

随着孩子的成长，他们摄取非健康食物的可能性就增大了。许多孩子不吃早餐，或者只是草草解决，他们从零食中（包括含糖饮料）获取了至少 1/3 每日所需能量。学校的食堂里，以及自动贩卖机里都售卖一些不健康的食物。孩子们常常在外面吃饭，他们还常常选择快餐厅。大众传媒也负面影响着孩子们对食物的选择。比如说，电视里经常播一些快餐厅捆绑赠送小玩具的广告。社会经济地位也是一个影响健康饮食的因素，因为健康而新鲜的食物往往比那些高热量的加工食物贵一些。

如果可以结合家庭营养教育，并且相应地改善学校餐厅提供的食物，那么学校的营养教育也会非常有帮助。相关立法也应该做出相应的调整，比如调整不健康食物的税率，明确标注不健康成分，限制公立学校的餐厅食物，管理针对孩子的电视广告，以及要求饭店在菜单上标注食物营养价值。

睡眠模式及问题

5 岁的孩子大约需要 11 个小时的睡眠，而 9 岁的孩子所需要的睡眠时间就降到了 10 个小时，对 13 岁的孩子来说，9 个小时的睡眠就足够了。即使是这样，许多美国的孩子仍然睡不够。睡眠问题，如拒绝睡觉、失眠、白天嗜睡等都变得越来越常见了，也有一部分原因是当孩子们长大了，家长们开始允许他们设定自己的睡眠时间。

你知道吗？

女孩比男孩睡的时间更长，并且更香甜。

美国国家睡眠基金会在 2004 年的一项调查中显示，只有 11% 的家长报告孩子有睡眠问题。42% 的家长报告孩子在上床时表现出拖延和抵抗行为，29% 的家长报告说早上很难叫醒孩子，14% 的家长报告说自己需要照料半夜醒来的孩子。在一项研究中，幼儿园老师报告说有 10% 的孩子在课上昏昏欲睡。也有研究显示年纪稍大的孩子更容易在早上犯困，在白天睡着。

在 18 岁以下的孩子中，大约有 1/5 存在打鼾的问题。持续的打鼾（表现为每周三次或者以上）可能显示了孩子患有一种呼吸失调（SDB）的睡眠障碍，研究显示 SDB 与学业困难以及行为问题有关。阻塞性睡眠呼吸暂停（OSA）是 SDB 的一种较为严重的表现形式，每 20 个孩子中就有一个会受到 OSA 的困扰。研究发现 OSA 与智力、记忆及语言障碍有关。许多患有 SDB 的孩子都会通过手术切除腺状体和扁桃体——这是一种比较成熟的可以提高生活质量和改善神经生物缺陷的治疗方式。没有接受手术的孩子也可以通过“辅助呼吸机”来帮助他们保持呼吸道的畅通。

动作发展与游戏

动作技能在童年中期继续发展。在这个年龄，大部分发展中国家的孩子开始干活儿了，这剥夺了他们玩游戏的时间和自由。然而，游戏是一种关乎心理和生理健康的非常重要的活动。在美国，小学生的课间时间逐渐减少，并且更多地被非运动的活动所取代。但与此同时，也有许多孩子参与到有组织的运动中去。这些肢体活动（或者说这些活动）的缺乏，与孩子的发展有怎样的关系呢？

课间时间

孩子们在课余时间玩的游戏是非正式的和自发组织的。男孩们玩的游戏涉及更多的身体运动，女孩们的游戏则涉及更多的语言表达或计数，如跳房子、跳皮筋。这些课间活动让孩子们的身体灵活性得到锻炼，同时让他们能更好地适应学校和社会；更让人惊讶的是，游戏与认知发展也有一定的关系。

大约 10% 的学龄儿童会做一些**“野蛮游戏”**，一些看起来具备攻击性的充满活力的游戏，比如摔跤、擒拿、追逐等，这些通常都伴随着尖叫和欢闹。这种游戏看起来像打架一样，但是却是在朋友们之间融洽地进行的。童年中期的孩子们最喜欢玩“野蛮游戏”，而

你的工作是什么？

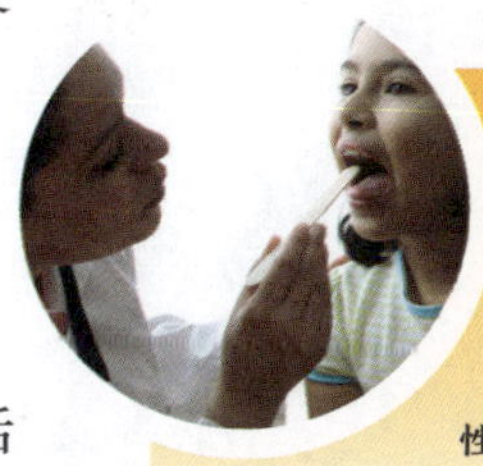

学校护理

每一个州都要求当地学校和教育机构雇用至少一名学校护理人员。学校护理人员与老师、家长和医生交流学生的健康状况；管理学生的医药需求；为有慢性病的孩子们提供建议和支持；监控那些有慢性病的孩子；预防传染性疾病；评估及护理在学校生病的孩子。学校护理人员需要拿到注册护理师的执照。

到了 11 岁的时候这个数量会减少 5%。

“野蛮游戏”在哺乳动物中也很常见，在全世界范围来讲，参与“野蛮游戏”的男孩都要比女孩多一些，这可能是由于“性别隔离”造成的。从进化的角度讲，“野蛮游戏”是具有重要的适应意义的，它促进了骨骼和肌肉的发展，训练了狩猎和斗争的技能，为攻击性和竞争力的发展提供了途径。大约 11 岁的时候，“野蛮游戏”变成一种建立伙伴群体的方式。

有组织的运动

当孩子们开始玩带有规则的游戏的时候，有些孩子开始参与一些有组织的，由成年人引导的活动。在一个全国性的调查中，38.5% 的 9~13 岁的美国孩子在课余时间参与了有组织的活动，他们大部分参与了棒球、垒球、足球或篮球运动。大约 77.4% 的孩子参与了无组织的活动，如自行车或投篮。女孩们则更倾向于做一些家务、学习或者个人护理。

在不同的年龄段，适合孩子们的有组织的运动也不同。比如，相对于年龄更大的孩子，6~9 岁的孩子需要较为灵活的规则，较少的指导时间，以及较多的自由练习时间。在这个年龄段，男孩和女孩的身高、体重、肌肉持久力以及运动技能的发展都比较接近。年龄更大一些的孩子则更容易理解语言指导和学习团队策略。

除了不断提升的动作技能，身体运动还有即时性的和长期性的健康益处，比如体重控制、降低血压、提升心肺功能、增强自尊和幸福感。一般来说，爱运动的孩子会变成爱运动的成年人，那些坐在家里看电视不爱运动的孩子更有可能成长为超重的成年人，他们运动过少而吃更多零食的可能性更大。

>> 健康与安全

在整个生命长河中，童年中期是一个比较安全的年龄段。在当今社会，大多数孩子都健康地成长着。然而，虽然童年中期的死亡率在各年龄段中是最低的，但是人们在现代生活中的久坐与非健康食物，也催生出一大批有着超重问题的美国人。而且，许多孩子也受到慢性疾病、意外事件、缺乏医疗保障或者情绪障碍的困扰。

超重

超重是指身体质量指数在整个人群中的百分比为 85%~95%；肥胖是指身体质量在整个人群中的百分比在 95% 之上。肥胖问题已经越来越影响到全球孩子的健康。在过去的 25 年间，存在肥胖问题的儿童增长了近一倍。在北美或者南美洲，50% 的孩子存在肥胖问题，欧洲有 39% 的孩子受此困扰，20% 的中国孩子可能超重。

在美国，17% 的 2~19 岁的孩子有肥胖问题，另外有 16.5% 的孩子超重，且男孩更容易超重。虽然在所有的族群中，肥胖问题都已经变得越来越严重，拉丁美洲的男孩子们（多于 25%）以及非拉丁裔的黑人女孩们（26.5%）的肥胖数量仍远高于其他族群。

超重的原因

是什么导致了孩子的超重？这可能是现代社会的便捷所带来的副产品。人们无需走动，以车代步，在电脑面前几乎可以完成所有的工作。再加上不健康的饮食，肥胖问题似乎是必然的。

如果家庭中有超重的父母或者亲人，那么孩子更有可能超重。匮乏而不均衡的营养，电视广告中对不健康零食的宣传，都可能是导致孩子肥胖的原因。在饭店吃饭是另一个罪魁祸首，相对于在家吃饭的孩子，经常在外面吃饭的孩子每天要多摄入 200 卡路里。

缺乏运动也是造成肥胖的一个原因。随着孩子逐渐长大，他们的运动量渐渐减少。9 岁的孩子每天运动大约 180 分钟，而 15 岁的青少年只有 40 分钟。电视也是另一个重要诱因。每天看电视 5 小时的孩子超重的可能性是每天看电视 2 小时的孩子的 4.6 倍，即使是每天只看 2 小时电视或者玩游戏机的孩子也有 2 倍的可能性超重。那些青少年初期的女孩、有残疾的孩子、在公共住房居住的孩子、在不安全的小区生活的孩子以及在没有运动设施的社区生活的孩子都容易变得不爱运动。

不爱运动的孩子的数量在不同的种族之间也存在差异。在最近的一项调查中，移民的西班牙裔孩子中有 22% 的孩子不爱运动，而白人孩子中这个比例只有 9.5%。从整体来看，移民的孩子相较于那些本土的孩子，更有可能变得不爱参与运动。

超重的影响

超重对孩子的负面影响与对成年人的一样，包括行为问题、抑郁和低自尊，以及高血压、高胆固醇、高胰岛素水平。儿童糖尿病是儿童肥胖率升高后导致的最主要的和最直接的后果。超重的孩子可能会成长为存在高血压、心脏病、骨科疾病以及糖尿病风险的肥胖成年人。事实上，孩子的超重，相较于成年人的肥胖来说，对某些疾病可能具备更强的预测性。超重和肥胖问题的确已经成为一个不容忽视的问题。

超重的预防和治疗

健康的饮食态度和合理的运动是预防和治疗儿童肥胖的最佳途径。对肥胖来说，预防是比治疗更简单有效的方法。

有效的预防肥胖的项目应该结合家庭、学校、运动学家、社区以及整个社会的共同努力。研究表明，如果在课堂上加入营养教育，并且配合学校餐厅提供营养健康的食物，孩子们的肥胖率会减少 50%。美国农业部门建议孩子每天进行 60 分钟的运动。然而学校提供给学生的平均体育课时间每周只有 85~98 分钟。减少看电视或者用电脑的时间，改善食物标签，以及管控电视广告都是非常好的控制肥胖的途径。

近期的研究表明，肥胖率的增长已经趋缓，甚至有下降的趋势。与那些没有医疗保健的儿童相比，这种趋势在享受到医疗保健的孩子中更明显。这也可能表明，在不同阶层的儿童之间早已存在的社会经济的差异更加扩大了。

家长可以通过限制儿童看电视的时间，以及组织一定的家庭运动来帮助孩子养成健康的习惯。父母应该关注孩子的饮食以及运动模式，在孩子肥胖之前就发现问题和预防问题。

慢性疾病

童年中期的疾病比较简单。急性病（偶发的、短期的，如感染和疣）比较常见。因为细菌经常在学校或者玩耍中被传播，孩子们一年也许会发生六七次感冒。

你知道吗？

预防感冒最好的做法是勤洗手！要注意，当手明显很脏的时候，洗手液是不起作用的。

据一项涉及 20 000 家庭的调查显示，有 12.8% 的美国孩子存在患有**长期慢性疾病**的风险——长期的、反复的、身体的、发展的、行为的或情绪方面的需要特殊医疗服务的疾病。这一年龄阶段最常见的慢性病有哮喘、糖尿病、高血压和口吃。

哮喘

哮喘是一种长期的与过敏有关的呼吸系统疾病，以忽然的咳嗽、喘息、呼吸困难为特征。哮喘的患病率在全球范围内不断增加，在 1980—1995 年，美国哮喘的患病率增加了一倍。超过 13% 的儿童或者 17 岁以下的青少年曾经被诊断为哮喘，9% 的儿童正在经历哮喘。男孩比女孩被诊断为哮喘的可能性高出将近 30%，黑人小朋友比白人小朋友患有哮喘的可能性高出 20%。

哮喘的病因并不十分明确，但是可能带有一定的遗传倾向。一些研究者认为，现代人日益增多的室内活动有可能是哮喘病发的一大推手。室内的空气有可能受到装修的污染，烟草气味的污染，以及霉菌、蟑螂粪便的污染。有些人因为对家养宠物过敏而成为哮喘的高发人群。然而，除了烟草暴露之外，以上提到的这些可能引发哮喘的原因都尚无定论。

糖尿病

糖尿病是在学龄儿童中最常见的疾病之一。在美国有超过 185 000 的孩子患有糖尿病。糖尿病的患者由于胰岛素合成障碍，或者胰岛素作用减弱而导致血液内葡萄糖浓度过高。糖尿病分为两种类型。I 型糖尿病是由于胰脏内胰岛细胞受损，而造成的胰岛素合成缺陷。在所有 10 岁以下的糖尿病患者中，I 型糖尿病占到了 5%~10%。其症状包括，容易渴，尿频，容易饿和体重减轻，视觉模糊，晕眩。治疗方法包括胰岛素摄入，饮食管理和运动。

II 型糖尿病是由于机体对胰岛素的抵抗而形成的，多见于超重的或年纪较大的成年人。随着少年肥胖率的增加，越来越多的孩子被诊断为这一糖尿病类型。每年都有 3700 名儿童被诊断为 II 型糖尿病。这个数量在美国非裔，印度裔和拉丁裔的孩子中更多。II 型糖尿病的症状与 I 型类似。虽然对于 II 型糖尿病患者来说，药物是必不可少的，但是饮食管理和运动同样十分有效。

儿童高血压

高血压这种疾病在儿童中曾经十分少见。高血压被称为心血管疾病中的“进化的流行病”。在一项涉及 5102 名 10~19 岁青少年的调查中，有大概 4.5% 的孩子患有高血压，其中，肥胖是最重要的病因。

通过控制饮食和运动来减少体重是抑制肥胖型高血压的最佳途径。如果血压仍然没有被降下来，那么可以考虑药物治疗。然而，在使用处方类药物的时候，必须要十分小心。因为很多药物对儿童的长期影响是不可预知的。

> **你知道吗？**
>
> 演员布鲁斯•威利斯（Bruce Willis）通过参演戏剧治愈了自己的口吃，因为戏剧强迫他在观众面前演讲。

口吃

口吃是指无意识地对声音或音节进行有声的或者无声的重复或拖长。口吃通常开始于 2~5 岁。到五年级时，男孩口吃的发生率比女孩的高出 4 倍。5% 的儿童会出现 6 个月甚至更长时间的口吃，但是到儿童晚期，3/4 儿童的口吃会逐渐恢复，只有大约 1% 的儿童会有长期的口吃问题。

如今，口吃被视为一种神经生理症状。持续性发展口吃（PDS），是一种常见的口吃类型。它通常发生在词语或者复杂句子的开头。可能有两种因素导致了持续性发展口吃。最基础的原因可能是神经系统的结构功能失调。这种功能性失调可能被家长的反应进一步强化，家长对口吃的反应会让孩子在说话的时候更紧张。除此之外，口吃的发生也可能有基因的原因。没有已知的治愈口吃的手段，但是说话训练可以让孩子说话更简单，更顺畅。

影响儿童健康的因素

社会处境不利在儿童健康中扮演着重要角色。贫困的儿童、那些少数民族的孩子、那些在单亲家庭生活的孩子，或者在低教育水平家庭生活的孩子，都更有可能处于较差的健康状况，患有慢性病或者在运动上有一些生理局限，更有可能因为生病或受伤而无法上学，更有可能被送到医院，有未被满足的医疗需求，或者被延迟治疗。

为什么经济上的劣势地位会导致这些结果呢？拥有更高水平经济地位和教育水平的家长会更了解健康常识，也更有能力让孩子享受到健康保险。收入更高的家庭也比收入较低的家庭更可能享用健康的饮食。他们也更有能力让孩子参加有组织的团队运动。低收入和少数民族家庭的孩子更可能没有保险，没有日常的健康设施，更有可能在生病时只是到小诊所或者急诊室去看病，而不是去医生的正式办公室看病。在拉丁裔的孩子中，没有健康保险是一个十分严重的问题。

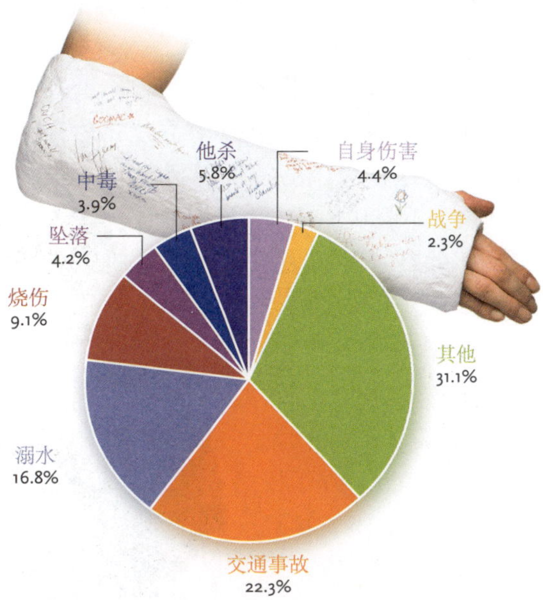

图 11-3 交通事故、溺水、烧伤是 18 岁以下青少年及儿童意外死亡的主要原因

你的工作是什么？

护士从业者

护士从业者为患者提供日常的健康护理。那些擅长儿科的护士可以诊疗生病的孩子，并且具备处方权。护士从业者需要有护士学的硕士学位——可以是理学硕士学位或者护理学硕士学位，并且要有学会资格认证书，他们一般在医院外工作。想了解更多如何成为一名护士从业者的信息，请访问 www.aanp.org 和 www.napnap.org。

意外伤害

与童年早期一样，意外伤害也是美国学龄儿童的主要死亡原因。在 2004 年，接近 950 000 的 18 岁以下的孩子死于意外伤害，大部分是交通事故、溺亡或者烧伤（见图 11-3）。

鼓励或者要求安全设施的使用会降低意外事件的发生。如使用儿童座椅、系安全带、戴自行车头盔等可以显著降低公路事故；而烟雾报警器、热水温度管理系统等可以显著减低烧伤事故。孩子认知能力的不成熟（他们不知道什么事情是危险的）和情绪的不成熟（导致他们做出一些危险行为）是一些意外事故发生的原因。

心理健康

自从父母离婚之后，8 岁的艾玛开始表现得异常。她不再喜欢自己以前喜欢的体育课了，她的成绩也显著下滑，她经常抱怨胃痛和头疼，她还表现出易怒、失眠等症状。妈妈很担心，带她来到了心理诊所，咨询师说艾玛患了失眠症。

很多人认为孩子不会有心理问题，但事实上，孩子可能会经历各种各样的破坏性的品行障碍 (disruptive conduct disorder)，焦虑障碍和抑郁。

你知道吗？

患有多动症 (ADHD) 的儿童更有可能发生意外。

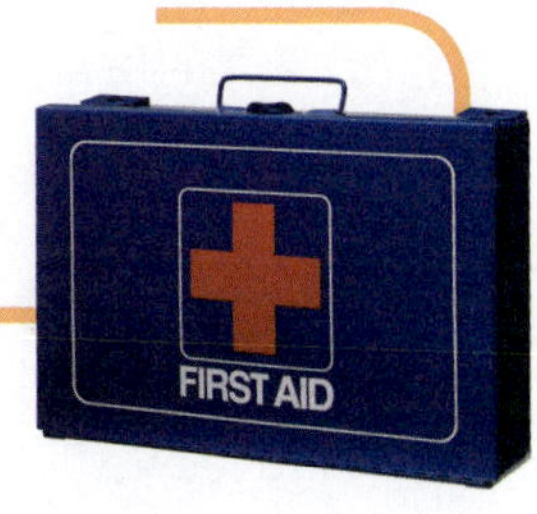

破坏性的品行障碍

童年中期的孩子通常比较爱发脾气，经

常挑衅、争论、怀有敌意或者故意表现出激怒别人的行为。这种行为模式在 8 岁以上的孩子身上（通常是男孩）还是经常出现时，这些儿童会被诊断为患有对立违抗性障碍（ODD）。这种障碍的特征包括过度挑衅、不服从、对成人权威的敌意，并且这些行为模式会持续六个月以上。患有 ODD 的孩子经常与人争吵、打架、发脾气、抢夺东西、责怪他人、生气和不满，几乎没有朋友，在学校总是惹麻烦，经常挑战成年人的忍耐极限。

一些患有 ODD 的孩子同时患有品行障碍。**品行障碍**是指持续的、重复的攻击行为或反社会行为，如逃学、放火、习惯性撒谎、打架、欺负弱小、盗窃、破坏、突击、饮酒和吸毒。在美国 18 岁以下的儿童中，有 6%~16% 的男孩和 2%~9% 的女孩被诊断为患有品行障碍。11~13 岁的某些青少年会从品行障碍发展到犯罪暴力，如抢劫、强奸、入室抢劫，到 17 岁的时候他们可能会成为更频繁更严重的攻击者。有 25%~50% 的反社会儿童会成长为反社会成年人。

有反社会倾向的儿童如何变成严重的长期的反社会者呢？神经生理缺陷，如较差的压力管理机制会难以制止孩子尝试一些危险行为。这种缺陷可能是遗传的，或者是环境影响的，比如敌意的教养方式，或者家庭冲突。与异常同龄人的接触和压力生活事件也会导致儿童的反社会行为。

学校恐惧症和其他焦虑障碍

患有**学校恐惧症**（school phobia）的儿童对去学校怀有不切实际的恐惧。一些孩子有一些现实的原因不愿意去学校，如爱讽刺的老师，过多的作业，或者受到欺负。在这些例子里，需要改变的是环境，而不是孩子。但是，真正的学校恐惧症可能和分离性焦虑障碍和社交恐惧有关。

分离性焦虑在婴儿期是十分正常的，但如果持续到童年期，就十分值得担忧了。**分离性焦虑障碍**（separation anxiety disorder）是指持续至少四周的、因为与家庭或者依恋对象分开而产生的过度焦虑。有大约 4% 的儿童和青少年受到分离性焦虑障碍的影响。这些孩子通常来自关注较多的家庭。在压力事件之后，他们自然地发展出这种焦虑障碍，如宠物的离世，自己患病或者转学。

有时学校恐惧症可能是社交恐惧或者**社交焦虑**（social phobia）的一种形式——对社交情境的极度害怕，如在公共场合说话，或者在大街上遇到熟人。大约有 5% 的孩子患有社交恐惧。社交恐惧呈现一定的家族遗传性。创伤性经历，如在课堂上被老师提问自己却无法作答，也都经常会引发这种恐惧。社交焦虑有可能随着年龄加重，而分离焦虑则会随着年龄增长而减少。

一些孩子患有**广泛性焦虑障碍**（generalized anxiety disorder），这种焦虑障碍并不局限于某一个特定的情境。这些孩子几乎担心所有的事：在校成绩、天下大雨、地震、在操场上受伤或者汽车油箱里的汽油不够了。他们关注自己，自我怀疑，过分地想要满足别人的期望。他们需要不断地得到肯定和赞同，但是他们的焦虑似乎是和自己的表现，以及他人的评价无关的。

相对于上述疾病，比较少见的是**强迫症**（Obsessive Compulsive Disorder，OCD）。患有强迫症的人伴有重复性的和闯入性的想法、幻想或者冲动，并因此而产生不合理的恐惧，或者有强迫性的行为，如重复洗手。当然也可能两种症状都有。

焦虑障碍有家族遗传倾向，在女孩中更常见。焦虑可能是神经生理性的或者源于早期的经历。例如家长对焦虑的孩子表现出持

续的关注就可能会使孩子形成操作性条件反射，从而不经意地增加焦虑倾向。

童年抑郁

童年抑郁（childhood depression）是指当下的难过情绪超过正常状态的一种心境障碍。据估计，有 2% 的小学儿童患有抑郁症，并且在 13 岁以下的女孩子中更加常见。其症状包括无法专注，无法感受快乐，晕眩，过度好动或冷淡，睡眠问题，体重变化，体诉，感到无价值，持续的孤独感，经常出现的自杀想法。儿童抑郁可能预示者成年期抑郁。

童年抑郁的具体成因尚未明确，但是父母患有抑郁、焦虑，或有过物质滥用和反社会行为，其孩子更可能抑郁。这种家庭氛围提升了孩子抑郁的风险。由于存在增加抑郁风险的基因变异，基因因素似乎也在儿童的抑郁中作怪。

五六岁的孩子就可以向大人表达自己的抑郁情绪，从学校的成绩到抑郁症状，再到自杀倾向，这些抑郁的症状是可以预测之后的问题的。抑郁通常发生在升入中学的时候，并且与适应青少年身份、满足更高期待的压力、较低的自我效能感，以及学术成绩上的较少投入有关。抑郁在青少年当中更加常见，在第 15 章时会具体讨论。

治疗技术

对情绪障碍的心理治疗可以有多种形式，但必须适应孩子在儿童期的特征。当孩子有有限的语言和认知能力的时候，艺术治疗可以帮助他们。同样，游戏治疗，即孩子和治疗师在治疗中随意玩耍，并且在过程中随意地问一些问题或提出一些建议等，也是好的方法。当家庭成员都在场的情况下，实施游戏治疗对解决一系列的情绪问题、认知问题、社会问题是十分有效的。

对于年纪大一些的孩子，替代性的治疗方法可能更加有效。在个体心理治疗中，治疗师与孩子单独相处，直接感知他们的感受、观点和行为。这样的治疗在压力情境下比较有效，比如当一方父母离世或者父母离婚的时候。家庭治疗是治疗师与家庭成员共同会面，观察成员之间如何互动，指出促进家庭成长和抑制家庭成长或者破坏性的治疗方式。行为治疗或者行为改善是用学习理论消退不合理的行为或者发展期望中的行为的

方式。认知行为疗法通过逐渐地暴露、修正、奖赏和积极的自我谈话来消除来访者的消极信念，该疗法被证明是对儿童和青少年焦虑障碍最有效的治疗方式。

药物治疗（使用抗抑郁药物、兴奋剂和镇定剂，以及抗精神性药物等）在治疗儿童情绪障碍中是颇受争议的。在 2002 年，每 100 000 名儿童和青少年中就有 1438 名接受了抗精神性药物的治疗，而 90 年代中期，这个数量只有 275 人。还没有足够的研究证明这些药物治疗在儿童和青少年中是安全有效的。

选择性五羟色胺再摄取抑制剂（SSRIs）在强迫症、抑郁症以及焦虑障碍治疗上的应用在 90 年代迅速提升，但是之后又降低了大概 20%。一些研究表明，服用抗抑郁药物的青少年显示出更多的自杀倾向，但是另一些研究发现抗抑郁药物的使用并没有增加自杀风险或者减弱了自杀风险。一项有 27 人参加的随机实验组和控制组的研究显示，抗抑郁剂使用的益处要超过它所带来的风险。

测试一下

CHAPTER 11 学龄期儿童的身体发育与健康

学习目的	自测	你在哪里可以找到答案
	☐ LearnSmart ☐ connect Chapter 11 Quizzes	

学习目的 11.1

描述学龄儿童身体成长速度

1. 在 6~11 岁的儿童中，一般儿童成长的速度是每年（ ）。
   a. 每年 15~30 厘米
   b. 每年 60~90 厘米
   c. 每年 150~180 厘米
   d. 每年 150~160 厘米，注射人工合成生长激素的情况下
2. 孩子的口腔健康是通过哪两种途径被发展和促进的？
   ____
   ____
3. 根据大脑的发展，在童年期间，大脑的灰质体积 ______，白质体积 ______。

身体发育
210~212 页

学习目标 11.2

总结童年中期的营养需求和睡眠模式

4. 下面哪种食谱对童年中期的孩子来说是最健康的？（ ）
   a. 高蛋白，高脂肪
   b. 低蛋白，高糖分
   c. 五谷，蔬果和糖分
   d. 以上都不正确，取决于孩子个体的营养需求
5. 睡眠方面，大部分孩子（ ）。
   a. 有足够的睡眠
   b. 睡眠不足
   c. 睡眠过度
   d. 周末睡眠充足，工作日睡眠不足

营养与睡眠
212~213 页

connect

MILESTONES

朱莉娅的营养与健康状况

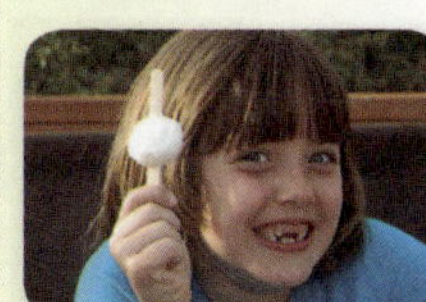

学习目标 11.3
描述童年中期的孩子在课间都在玩些什么

6. 课间玩耍的好处是哪两个？

____

____

7. 一般来说，男孩比女孩参与体育运动的时间长还是短？

____

动作发展与游戏
213~214 页
connect+
MILESTONES
里歇尔的动作发展

学习目标 11.4
罗列童年中期的健康和安全注意事项

8. 以下哪种孩子最容易超重（　）。
   a. 白人女孩
   b. 亚洲男孩
   c. 西班牙男孩
   d. 非西班牙裔黑人女孩
9. 下面哪一个项目的医疗条件在最近几年逐渐变好了？（　）
   a. 哮喘
   b. 糖尿病
   c. 高血压
   d. 以上所有
10. 从两个角度解释贫穷和缺少健康护理的关系：

____

____

11. 学龄儿童中最主要的引发死亡的是什么？（　）
   a. 糖尿病
   b. 癌症
   c. 意外事件
   d. 哮喘
12. 描述引发童年抑郁的四个主要因素：

____

____

____

健康与安全
214~220 页
connect+
视频链接
Obesity

答案
1. b
2. 儿童口腔健康；牙齿表面黏合剂，更容易地寻求预防服务。
3. 增加；减少
4. c
5. b
6. 提高身体灵活性和社会适应性，更好地适应学校，提高认知表现。
7. 长
8. d
9. d
10. 来自低社会经济地位的家庭的孩子缺少好的健康习惯，没有健康保险，较差的饮食，无力支付集体运动，无力支付急诊医疗费用。
11. c
12. 父母抑郁，焦虑，物质滥用，反社会行为，基因。

第 12 章

学龄期儿童的认知发展

本章要点

- >> 皮亚杰理论取向：具体运算阶段的儿童
- >> 信息 – 加工取向：注意力、记忆和计划
- >> 心理测量取向：智力评估
- >> 语言和读写能力
- >> 学校中的儿童

我的新老师会是什么样？六岁的艾米丽走在去学校的路上，背着她用花朵装饰的小书包。她那利落的短发被别在耳朵后面。“学校的功课会难吗？其他孩子会像我一样吗？大家课间都会玩什么游戏呢？”艾米丽在学校大门口停下，深吸一口气，然后走了进去。“我希望我喜欢这个学校。”她轻轻地对自己说。

就像艾米丽一样，许多孩子刚刚入学的时候都是又紧张又兴奋的。入学的第一天是具有里程碑意义的——这标志着孩子的身心发展可以让他们进入到新的阶段了！在这一章中，我们会讲述6~11岁孩子的身心发展。这一年龄段的孩子进入到皮亚杰所说的具体运算阶段，他们开始可以用逻辑思考，并做出更成熟的道德判断。因为孩子在记忆和解决问题方面有了较大进步，智力测验此时可以更加准确地预测他们在学校的表现了。同时，他们的读写和阅读能力的提升也为自己打开了一扇通往广袤世界的大门。我们会在这一章里讨论所有这些变化，并且讨论一些具有争议性的话题，如智力测验和智商、双语教育、家庭作业、数学能力的培养等。最后，我们会探究影响学业成就的因素以及学校如何能够满足特殊的教育需求。

>> 皮亚杰理论取向：具体运算阶段的儿童

根据皮亚杰的理论，在大概七岁的时候，孩子们进入到具体运算阶段，他们开始用思维去解决具体的问题。孩子们从这时开始可以用逻辑来推理问题。但是他们的思考还仅仅局限于当时当下具体的情景，不能做出推广。

这一阶段的孩子比前运算阶段的孩子有了一些长进（见表 12-1）。他们对空间概念、因果关系、分类、归纳和推理、守恒，以及数目都有了更深刻的理解。在接下来的部分，我们会着重讨论孩子在这一阶段认知能力的进步。

表 12-1　童年中期部分认知能力的发展

能力	示例
空间思考	丹尼尔可以用地图或者模型帮助自己搜索隐藏的物件，甚至可以给别人提供一些找到这个东西的线索信息。她可以找到去学校和回家的路，可以估计距离，可以大概估算出从一个地方到另一个地方所需要的时间
分类	埃琳娜可以将物品分类到更大的类目里，比如根据形状，颜色，或者又根据形状又根据颜色来分类。她知道下位概念（如玫瑰）包含的东西比上位概念（如花朵）少
顺序排列及转换	凯瑟琳可以把小木棍按照顺序排列，从最短到最长，可以把一个中等长度的小木棍插在中间合适的位置。她知道如果第一个木棍比第二个长，第二个木棍比第三个长，那么第一个木棍就比第三个长
归纳推理与逻辑推理	多米尼克可以进行归纳推理和逻辑推理。他知道归纳推理（基于某些确定的前提条件）比逻辑推理（基于比较广泛的前提条件）更不确信
守恒	费利佩在 7 岁的时候知道如果泥球变成泥棒，它们所拥有的泥土还是一样多的（物质守恒）。在 9 岁的时候，他知道泥球和泥棒质量是一样重的。直到青少年早期，他们才会知道，一杯水倒入不同形状的杯子里，质量也是不会变的
数字和数学	凯文可以在心里默数，可以用数数的方法做加法，可以解答简单的应用题

空间关系

随着运用抽象符号进行思考的能力的提升，这一阶段的孩子比前运算阶段来说，对空间关系有了更好的认识。他们对于距离，以及走完一段距离所需要的时间有了更好的认识。他们开始通过一些标志性的东西记住路线。经验对于这一阶段孩子的发展具有重要作用，比如，每天上下学走路回家的孩子比那些坐公交车回家的孩子更能熟悉周围的环境。

分类

分类包括一系列的复杂能力，如序列化，传递性推理、归类等，这些能力都在童年早期到童年中期得到了提升。当孩子可以把一些物体按照一方面的特征或者多方面的特征归类的时候，如颜色（从最亮到最暗）、长度（从最短到最长），他们就掌握了序列化的能力。在 7~8 岁的时候，孩子就可以把一组小木棍按照大小排列了。

传递性推理（transitive inference）是指根据两个物体之间的关系，以及第三个物体和这两个物体分别的关系，推导出这三个物体之间的关系。例如，如果 a>b，而且 b>c，那么 a>c。凯瑟琳面前有三个小木棍：黄色的、绿色的和蓝色的。她看到黄色的小木棍比绿色的长，绿色的小木棍比蓝色的长。如果凯瑟琳获取了传递性推理的能力，她就可以不比较而直接思考出黄色的小木棍比蓝色的长。

类包含（class inclusion）

是指可以看到整体和部分之间的关系。皮亚杰给前运算阶段的孩子看 10 朵花，其中有 7 朵玫瑰和 3 朵康乃馨，然后问他们，这里有更多的玫瑰还是有更多的花。孩子们都说这里有更多的玫瑰，因为他们在拿玫瑰和康乃馨做比较，而并非拿玫瑰和所有的花作比较。直到 7~8 岁时，孩子才知道玫瑰属于花，从而能正确回答这个问题。

归纳推理与逻辑推理

根据皮亚杰的理论，具体运算阶段的孩子只会用归纳推理。从观察每一个成员开始，他们得出一个整体类目的结论。例如，“我的狗会叫，泰瑞的狗和玛丽萨的狗也会叫，所以所有的狗都会叫。”

喜欢恐龙的亚瑟去动物园的时候问妈妈：“妈妈，犀牛是恐龙吗？”“不是，”他的妈妈说，“犀牛是温血动物，而恐龙是冷血动物。”过了一会儿，他们看到了爬行动物，亚瑟的妈妈告诉他，蛇也是冷血动物。“噢，”亚瑟说道，“所以蛇也是恐龙，对吧？”亚瑟尝试使用**逻辑推理**。逻辑推理从了解一个群体的一般特征和前提入手，然后将这一前提应用到具体的成员上去。如果这个一般特征是正确的，并且推理过程是完整无误的，那么结论也一定是正确的。皮亚杰认为，直到青少年时期开始，孩子才会使用逻辑推理，但是实证研究表明，二年级的孩子就已经可以开始使用逻辑推理了。

守恒

两个一模一样的小泥球，其中一个被重新揉成其他的形状——如一个长长的细细的泥棒——小泥球与小泥棒哪个由更多的泥构成呢？斯坦西，这个前运算阶段的孩子，就会被表象所迷惑。她说那个又长又细的泥棒比那个圆的泥球包含更多的泥土，因为它看起来长一些。而菲利普这个在具体运算阶段的孩子，就会说泥球和泥棒拥有一样多的泥土。

菲利普比斯坦西更清楚守恒的概念。他知道同一性原则，形状改变时泥土不会增多；他也知道可逆的原理，泥棒可以再变回泥球。并且他的注意力可以同时关注两个方面，虽然泥棒更长一些，但是泥球却更粗一些。

一般说来，7~8 岁的孩子就可以解决物质守恒的问题。但是质量守恒问题，比如问泥棒和泥球哪一个更重这样的问题，孩子到 9~10 岁的时候才可以解决。而体积守恒的问题，孩子要到 12 岁才会解决。

皮亚杰把这种在守恒能力上的不一致叫作“水平差”（horizontal decalage）。在这一发展阶段，孩子的思维过于具体，他们只关注具体的情境，不能把某一种守恒类型的知识推广到另一种守恒上，尽管他们知道这些守恒的潜在原则是一致的。

数字和数学

6~7 岁的时候，孩子就可以在心里默数了。大概在 5 岁的时候，孩子就开始数数，一直持续到 6 岁、7 岁或 8 岁。他们还逐步学会了加法，但是相应的减法技能的掌握大概需要比学加法多两到三年的时间。这一阶段的孩子开始可以解决一些简单的应用题，比如，“普度带了 5 元去超市，花了 2 元，还剩几元？”如果一开始的总数是未知的话，题目就变成了“普度去超市，花了 2 元，还剩 3 元，他一共带了多少元去超市？”这种类型的问题，孩子到八九岁的时候才可以解决。

大概四岁的时候，孩子就对小数有了一个直觉性的了解，这个现象我们可以通过他们分配比萨和巧克力的方式看出来。但是孩

你知道吗？

对于完整的皮亚杰理论来说，一个主要的问题是差异的存在。例如，如果守恒能力真的依据于潜在的同一性、可逆和去中心化，那么儿童一旦获得了这些潜在的能力，就应该在所有的情境下都表现得守恒。

子似乎只关注组成小数的数字而并非数目大小本身，比如他们认为 1/2 加 1/3 等于 2/5。

估计数字大小的能力也是随着年龄的增长而增加的。当让幼儿园的孩子把 24 个数字放在 0~100 的数轴上时，几乎所有的人都会高估小数之间的距离，低估大数之间的距离，即使他们的估计能力是随年龄增长的。除了数值估计能力，孩子的计算估计能力（如估计两个数之和），数量的估计能力（估计糖果的数量），或者测量的估计能力（估计长度）都有了相应的提高。

>> 信息－加工取向：注意力、记忆和计划

当孩子到了上学的年龄，他们在一些方面就有了稳定的提高。例如，他们可以更好地管理自己的注意力，可以获取和加工信息，可以计划和监视自己的行为。这些相互关联的发展和成长是孩子外部执行能力提升的重要推手，使他们有意识地控制自己的思想、情绪和行为来实现目标或者解决问题。学龄儿童将更加明白他们的记忆是如何工作的，这些知识将帮助他们主动地运用一些记忆策略以提高记忆效果。

执行功能发展的影响因素

从婴儿到青少年，执行功能的逐渐发展取决于大脑结构的变化。负责计划、判断和决策的前额叶皮层在这一阶段得到了显著的发展（见图 12-1）。随着一些不需要的突触被修剪掉和神经通路的髓鞘化，加工速度——通常以反应时来衡量——就会显著提升。更快、更高效的处理过程使得孩子们的工作记忆容量提升，从而可以解决更复杂的任务。

家庭环境同样对执行功能的发展起着重要作用。一项涉及 700 名孩子的纵向研究发现，从四岁半到六岁的孩子的家庭质量（如可用资源、认知刺激、母亲的敏感度）可以预测他们一年级的成绩。

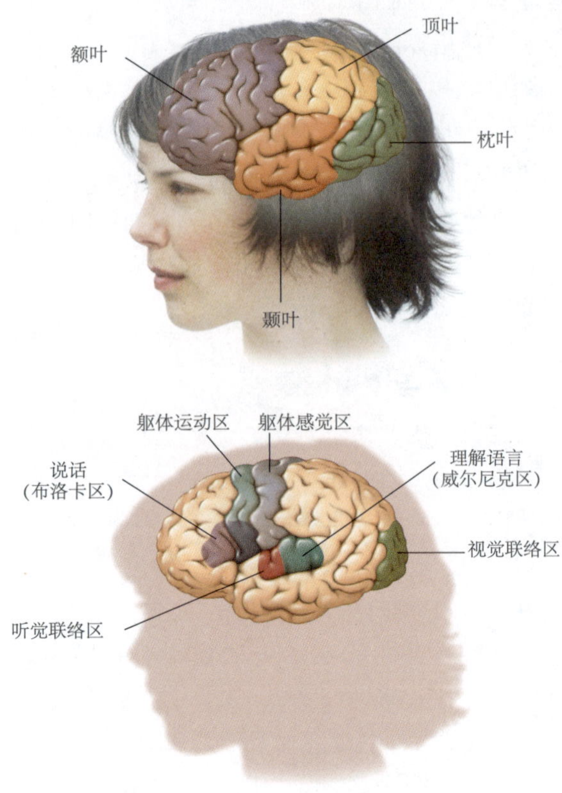

图 12-1　大脑的主要结构

选择性注意力

相较于更小的孩子而言，学龄儿童可以更好地管理自己的注意力，屏蔽无关信息。比如，他们可以在一个词语的诸多意思中选择出适合当下语境的意思；上课的时候，他们可以关注老师，忽略掉那些对着自己做鬼脸的同学。选择性注意的发展——关注目标而忽略无关信息——取决于抑制控制（inhibitory control）的发展，抑制控制可以主动屏蔽掉那些不需要的表现。选择性注意能力的提高依托于神经生理上的成熟。

工作记忆

工作记忆的处理速度和容量在童年中期得到了迅速的发展。在孩子运算其他信息的时候，**工作记忆**用于储存暂时不需要但是将会用到的信息。工作记忆对于孩子的学业成绩有非常直接的影响。工作记忆发展不良的孩子在阅读较长的指导语或者参与结构化的

你知道吗？

前运算阶段的孩子之所以在皮亚杰的任务中表现不佳，可能是由于他们没有足够的工作记忆。比如在守恒任务中，他们很可能在后来的决策中忘记了之前两个泥球是同样的形状的。

学习活动时会有困难。据估计，大概有 10% 的学龄儿童的工作记忆较差。

元记忆

5~7 岁的时候，孩子的前额叶会发生重组，这些变化使得元记忆（即关于记忆过程的知识）的发展成为可能。从幼儿园到五年级，孩子对自己的记忆会越来越了解。幼儿园和一年级的孩子知道用更长的时间学习会使自己记住更多的东西，而且随着时间的延长，人们会忘记一些东西，复习的时候会发现学过的东西比第一次学习的时候简单。到三年级的时候，孩子们知道有些人的记忆力要更好一些，有些东西比别的东西更容易记忆一些。

>> 心理测量取向：智力评估

“当我看到它时，我就知道它是什么了”这句通俗的话可以用于描述生活中一些主观的概念，对于智力这个概念尤其实用。很多人直觉上认为自己知道智力是什么，但是，就像心理测量学家发现的那样，主观定义智力这个概念是非常难的。在接下来的部分里，我们会讨论智力是如何被测量的，它与 IQ 有什么关系，或者，应该如何更广泛地定义智力。最后，我们会关注影响智力的重要因素。

测量智力

有很多测量智力的方法，但是我们最常用的是**韦克斯勒儿童智力测验**（WISC–III）。这个测试专为 6~16 岁的儿童设计，分为言语和操作两种能力测试，每个测验有其单独的得分，也有测验的总分。分测验聚焦于孩子某类具体的问题。比如，如果孩子在言语测试上（如一般的信息加工和算术运算方面）表现良好，但是在操作能力测验上表现却不好，那么这个孩子可能在感知和运动能力上有点发育迟缓。而在操作测验里表现好，但是在言语测验上表现不好的孩子则可能有语言问题。

其他的一些诊断和预测工具也是建立在神经生理研究和信息加工理论上的。例如第二版的**考夫曼儿童评估成套测验**（K-ABC-II）就是针对 3~18 岁年龄段的孩子，可以评估有不同需要的儿童的认知能力，比如孤独症、听觉损害、语言障碍等，适用于不同文化下不同语言环境的儿童。其中一些分测验尽量把语言指导的内容缩短到最少，从而适用于不同文化背景的孩子。

动态测试是建立在维果斯基的“最近发展区”理论上的。这个测试包含了超出儿童发展阶段两年的测验题。测验者会在孩子需要帮助的时候给一些提示，所以测试本身就是一个学习的情景。孩子可以独立完成的题目以及可以在成人帮助下完成的题目之间的差距，就是儿童的最近发展区（ZPD）。

关于 IQ 的论战

关于是否使用心理智力测验，是一直存在争论的。从积极的角度讲，因为 IQ 测试已经被标准化并且广泛使用，我们对它的常模、效度、信度等已经有大量的了解。而且，IQ 测验的分数可以作为预测源。比如，在童年中期接受的 IQ 测验的分数可以很好的预测孩子在学校的成绩，11 岁的 IQ 测验成绩可以预测人的生命长度、晚期的生命独立性，以及老年痴呆的发生情况。

但另一方面，人们认为智力测验低估了一些由于某些原因而并不擅长标准化测验的孩子的智力。比如，因为测验的时间是一定的，智力被等同于速度。那些做题比较慢，从容不迫的孩子可能会获得较低的分数。

另一个更加根本性的批评指出，智力测验并没有直接测量与生俱来的能力，而是建立在孩子已经获得的知识上的。事实上，设计一个不涉及已有知识的测验是不可能的。另外，智力测验通常以学业成绩作为效标，而学业成绩也是受到文化和教学的影响的。

只有一种智力吗

另外一个关于 IQ 测验的批判是，IQ 测验只关注那些在学校测试中会用到的能力，而并不涉及那些学校不会测试但仍然可以显示智力的行为，比如常识、社交技能、创造性能力和自我认知等。然而，这些能力是某些中等学业水平的儿童所擅长的，这些能力在以后的生活中同样很重要甚至更加重要。而且这些能力甚至可以看作是另一种形式的智力。这个观点的主要倡导者有霍华德·加德纳和罗伯特·斯滕伯格。

加德纳多元智能理论

善于分析语义段落的孩子就比那些会拉小提琴的孩子、会打棒球的孩子、会整理衣柜的孩子更聪明吗？根据加德纳的**多元智能理论**，答案是否定的。加德纳确定了智力的一些独立的维度。根据加德纳的理论，传统的智力测验只测量了三种智力：语言智力、逻辑数学智力，以及一些视觉空间智力。另外的五种智力则没有被反映在 IQ 测验的分数里，比如音乐智能、身体运动智能、人际交往智能、内省智能和自然智能。除此之外，尽管存在争议，加德纳又提出了第九个智能的维度，存在智能，这类似于精神和宗教智能。

在某一方面较高的智力并不一定与其他方面较高的智力协同存在。一个人可能仅仅在空间艺术方面，身体运动方面，社交方面和内省方面特别有天赋。所以，篮球运动员林书豪、画家弗里达·卡罗（Frida Kahlo）和大提琴演奏家马友友可以被看作在各自的领域是同样有天分的、聪明的。

斯滕伯格的三元智力理论

斯滕伯格（1985—2004）的三元智力理论认为，智力包含三个要素：成分、经验和情境。

- **成分要素**是智力的分析性方面的内容，它包括信息处理能力。成分智力告诉人们如何解决问题，如何监控解决方法以及如何评估结果。传统的智力测试所测量的就是成分智力。
- **经验要素**是智力的洞察性或创造性方面的内容，它决定了人们如何完成熟悉或者新颖的任务。它帮助人们对比新旧信息，并想出解决的途径。换句话说，就是创造性思考。一个创造性的语言测试可能会要求孩子们解决从错误的前提假设开始的逻辑推理问题。
- **情境要素**是智力的实际应用方面的内容，它决定了人们如何适应环境。这是一种估计情境和决定如何去做的能力：适应环境、改变环境或者脱离情境。对实际应用智力的测量，可以是让你去解决生活中的一个数学问题，如买一场球赛的票，也可以是如何依照一份食谱去做曲奇饼。

智力的影响因素

遗传和环境都会对智力产生影响。请记

你的立场是什么？

潜能测验决定着你可能知道多少，而成就测验则决定着你已经知道了多少。如果我们考虑到 IQ 分数会受到学校和文化的影响的话，那么它实际上在测试什么呢？它是最佳的测量智力的途径吗？

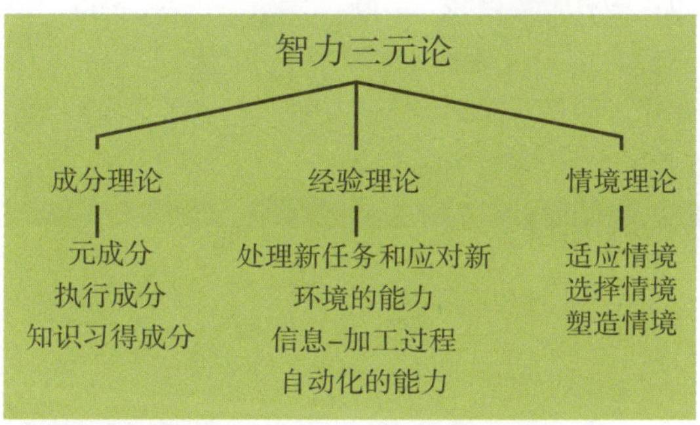

图 12-2　斯滕伯格的智力三元论

住，关于智力测量是否能测试智力，以及智力的组成成分是单一的还是多元的，这些尚且存在争议。让我们进一步探讨智力的影响因素。

基因和大脑发展

脑成像的研究发现大脑的大小或灰质的数量与智力有中等程度的相关。有研究发现，额叶的灰质总量在很大程度由遗传所决定，呈现出显著的个体差异，并和智商的差异有关。然而，后续的研究表明，重要的不在于儿童在特定的年龄所拥有的灰质的数量，而是在于前额皮层（前额皮层是负责执行功能和高级思维的脑区）的发展模式。在智力水平平均的儿童中，前额叶皮层在 8 岁达到最厚，之后因为削减掉一些不必要的连接而逐渐变薄。在 7 岁的最聪明的儿童中，大脑皮层灰质厚度直到 11 岁或者 12 岁时才会达到顶峰。前额叶皮层这种持续的增厚，可能预示了高水平思维环路发展关键期的延长（详见第 11 章）。

种族对智力的影响

在不同的种族之间，智力测验的均分会有很大的不同，这令人们怀疑智力测验对于少数民族来说是不公平的。黑人孩子比白人孩子的平均智力测验分数低 15 分，近些年，这个差距缩小了 4~7 分。西班牙裔孩子得分处在黑人和白人之间。

是什么引发了这样的种族差异？有些学者认为是基因导致的。但是，即便科学家发现了基因在智力的个人差异上所产生的强大影响，却并没有直接的证据显示不同民族、文化或者种族之间的智力差异是遗传的。除此之外，很多学者把这种种族差异归因到环境的不平等上，如收入、营养、生存环境、健康、父母的教养行为、早期儿童健康保险、智力的刺激、教学、文化或者其他因素，如压迫和歧视。

基因的影响因素与社会经济地位也显著相关。一项关于 319 对双胞胎的追踪研究显示，在贫困的家庭中，基因对 IQ 的影响力接近于 0，而环境的影响力非常强大，在富庶的家庭中则刚好相反。换句话说，高的社会经济地位强化了基因的影响力，而低的社会经济地位则会颠覆基因的力量。

文化也有一定的作用，例如，亚裔人群会在学术测验上比白人表现得好一些。这一差异并不能被基因所解释。一般来讲，亚裔人群的孩子在学术上的高成就被其文化中强

多元化视角

文化与智力

一些反对 IQ 测试的人把智商分数的种族差异归结为文化偏见的结果：IQ 测试中使用的词汇和语言对某些文化下的人是更熟悉的。这些反对者认为，智商分数主要建立在具有共同欧洲祖先的白人的思考模式及语言基础上，因此会让那些少数民族的孩子处于不利地位。因此，智力测验的发展者开始尝试涉及跨文化的测试——尽量地从测验中剖出文化相关的内容——如不需要语言的测验，例如，迷宫测验，将正确的形状放在正确的洞里的测验，完成不完整的图片的测验等。然而，并没有哪一种测验能真正地排除所有文化因素的影响。

罗伯特·史坦伯格（Robert Sternberg）认为，智商和文化是不可不避免地相互关联的。某种文化下非常明智的行为在另一种文化下很可能很愚蠢。比如，当给出一个分类任务的时候，北美的孩子会把知更鸟放在鸟类的类目下，然而北非克佩列人（Kpelle）则会认为知更鸟属于“会飞的东西”。因此，一种文化下的发展良好的智力测验很可能在另一种文化中没有相同的价值。另外，学校所提供的教育可能只能保证孩子在某些任务中表现良好，学校所教授的技能可能和生活毫无关联。

史坦伯格认为，好的智力测验应该测量特定文化下孩子所需要的知识和技能。不同文化所需要的智力思维可能是一样的，但智力结果可能是不一样的，所以，测量的工具应该也不同。史坦伯格提出用“文化相关测验”的思想来测量不同文化下的儿童。

调的“对长辈的服从和尊重”有关，父母常常非常重视教育，督促他们的学业，所以他们会投入更多。在下一个部分，我们会更关注文化和其影响。

>> 语言和读写能力

语言能力在儿童中期持续增强。学龄儿童可以更好地理解口语及书面语言，并且能表达清楚自己的感受。然而，非本土语言成长的孩子在这些方面会遇到很大的困难。在这一阶段，孩子着重发展词汇、语法、句法、语用学及读写能力。

词汇、语法和句法

学龄儿童的词汇量在不断增加，他们已经可以运用更加准确的动词了。他们知道一个词语在不同的语境中可能会有不同的意思，并且能区分它们。他们开始使用比喻和隐喻。虽然语法对于 6 岁以下的孩子来说还是有些困难，早期的学龄儿童很少使用被动语态（人行道被铲开了）。大一些的孩子会用一些从句（送报纸的那个男孩按了门铃）。一些结构，如以“然而”“即使”开头的从句，这个阶段的孩子还不太能准确使用。孩子对句法规则的理解（词汇如何组织成短语和句子）随着年龄的增长会更加深刻。句子的结构也会变得更加清晰。

语言学

在学龄期，语言学的主要发展在于语用学方面：语言在社会情境中的使用。例如，一个孩子问“我能吃最后一块饼干吗”和问“你不想吃最后一块饼干，对吧”就有语用学差别。与语用学有关的是讲话者、听话者的特征，表达的语境，讲话者的推测意图，及对支配对话的规则的理解。

健谈的人在介绍对方可能不熟悉的问题之前会通过问问题来做些探测。他们会迅速发现对话的障碍并采取措施修复它。这种技能有着广泛的个体差异，有一些 7 岁的善于谈话的儿童，在此技能上比一些成人还要好，另外用语在性别上也有差异，男孩倾向于用更多的控制语句，而女孩则更倾向于使用一种更具试探性的、安抚性的措辞。

读写能力

读写能力，即读和写的能力，对现代社会的成功至关重要。此外，读写能力能让儿童接触到来自遥远地方或很久以前的想法。一旦儿童可以将纸上的文字符号转化成带有声音和意义的符号，他们就可以迅速地发展复杂的策略来理解他们阅读的东西。他们也可以学习到书面语是可以用来表达概念、想法以及感受的。

读和写

儿童可以通过两种方式辨别书面语。第一种方式是通过语音学（phonetics）或者叫**解码**（decoding）来辨别。解码包括将书面上的字母与声音匹配、探索词汇，然后从长时记忆里提取词汇，这种方法叫作语音取向或者**强调代码取向**（code emphasis）。第二种方式叫作**整体语言取向**（whole-language approach），儿童只是看单词然后简单地提取。

整体语言取向的基础是儿童可以自然学会读和写，就像他们学习说一样。但是，这种方法的中心观点有根本上的缺陷，因为我们是为了适应而不是简单地阅读。基本没有研究支持整体语言取向的有效性，对大多数儿童来说，语音意识和早期的语音训练对阅读的熟练起着关键作用。

许多专家建议综合两种方式的优点。儿童可以同时使用形象化和语音策略，对熟悉的词汇进行形象化并采用视觉策略，而对不熟悉的词汇使用语音解码策略，从而成为更好的和有多种技能的阅读者。

写的能力紧密地随着阅读的发展而发展。年龄更大一些的学龄前儿童开始使用字母、数字和字母形状的符号来表达词语或词语的一部分——音节或音素。他们的拼写总是很别出心裁，特殊到可能他们自己也无法读出来。

>> 学校中的儿童

早期的学校经历对于未来的成功或失败很关键。即使在今天，当大多数美国儿童都会去幼儿园时，他们在一年级开始的时候也常常带着渴望和焦虑。

你知道吗？

在许多班级里，很多孩子会被劝阻不要和其他孩子一起学习。但是根据维果斯基的理论，这是一种误导。一项研究发现，组队学习的四年级儿童，与单独学习的儿童相比，在写故事时有更多的解决问题的方法，有更多的解释和目标，同时更少犯语法错误。

社会和家庭对学业成就的影响

正如布朗芬布伦纳的生物生态学理论预示的那样，除了儿童自己的特质，他们生活的每个层次都影响着他们在学校的表现：从直系亲属到班级里的事情，再到儿童从同伴那里或更广的文化中得到的信息（如“聪明并不帅”的评价）。以下部分我们会介绍社会和家庭对孩子学业成绩的影响，包括自我效能感、性别、教养方式、社会经济地位以及同伴接纳等因素。

自我效能感

高自我效能感的学生，即那些相信他们能控制学校作业和管理自己学习的学生，和

你知道吗？

"红衫"在过去40年迅速发展，它意在推迟年龄合格的儿童进入幼儿园以便给他们额外一年来发展。过去的研究表明这样可以让儿童有更高的学业成绩。但是最近的研究表明，延迟入学可能与长期的动机下降、参与活动以及表现不佳有关。

那些不相信自己能力的学生相比，要更容易成功一些。能自我调节的学习者会建立有挑战的目标，运用合适的策略来完成学业。他们努力，尽管有困难也会坚持，必要时会寻求帮助。此外，在学校做的好也会引起自我效能感的提升。但是，那些不相信自己有成功能力的学生倾向于变得挫败和沮丧，这种感觉让成功变得更难。

性别

在学校，女孩与男孩相比有做得更好的趋势，她们在每科都平均得到更高的分数，她们更不容易留级，有更少的学校问题，在国家读写评估中比男孩表现得更好，她们在定时测试中也倾向于比男孩要好。另外，男孩在理科和数学测试中显著比女孩要好，这与学校的教学内容没有密切关系，男孩在空间任务上显示出了优势。性别差异在高中时更明显。诸多因素可以一起解释这些差异，例如个体的早期经历、生理方面的差异和文化上的预期等。

教养方式

有成就的孩子的家长会为他们创造了一个有利于学习的环境，为他们提供专门的学习空间、放置书籍和学习用品的地方，也会为他们的吃饭、睡觉和写作业等都设定好时间，规定他们看电视的时间和放学后要做的事情，家长们通过与孩子聊学校的事情、参与学校的活动来表现对孩子生活的兴趣。这样的家长更多地参与学校的活动，他们的孩子通常在学校表现得也更好。

社会经济地位

社会经济地位可以说是影响教育成绩的一个重要因素，它本身并不影响教育成绩，但它通过影响家庭氛围、邻居选择和父母教养方式等来发挥作用。一个全国性的研究显示，1998年进入幼儿园的学生们，在前四年的学校教育中，家庭社会经济地位良好的学生与其他学生之间的学习成绩差距不断在加大。暑假对这些差距也有影响，因为不同家庭社会经济地位的学生在暑期经历了非常不同的学习经验。这些方面的差异在很大程度上会影响孩子在高中的成绩和学业的完成，以及低收入学生的大学入学率。

同伴接纳

有同伴喜欢和接纳的儿童在学校通常都表现得更好。一项研究发现，在248个四年级儿童中，被老师报告不被同伴喜欢的学生的学术自我概念也较差，他们在五年级时表现出了更多的焦虑或沮丧症状，在六年级时的阅读和数学分数也更低。教师如果能在早期辨别出可能存在社交问题的儿童，就可以通过干预来提升他们的学术、情绪和社交方面的表现。

你知道吗？

不是所有的低社会经济地位的家庭给孩子的认知刺激都贫乏。有些低收入家庭为孩子提供了丰富的认知刺激。追踪研究发现，这些家庭的8岁左右的孩子，在9岁、10岁和13岁时都比那些有相似经济背景但低刺激的孩子表现出了更高的内部学习动机。

班级和学校系统对学业成就的影响

虽然上面讨论的某些独特的变量会影响孩子们的在校表现，但更大系统上的变量也

你的工作是什么?

小学教师

小学教师肩负孩子们在班级里的教育大任，他们教给孩子们一系列能力和需要的技能。虽然每个州都有自己的课程，但通常都是由老师自主决定如何在班级里教学以实现州政府的要求。对一个老师来说，通常要从教师培训项目中获得学士学位，然后才能拿到州政府的教师执照。有一些州也需要老师拥有硕士学位。想学习更多有关小学教师的信息，登录 www.nea.org 和 www.aft.org。

会影响孩子们的学业成就。下面我们介绍一些这样的变量。首先，我们讨论美国教育改革的影响，然后，我们介绍班级规模、不同的教学模式以及班级中电脑的应用等对孩子学习的影响。

教育改革

2001 年颁布的《不让一个孩子掉队》（NCLB）的联邦法案是一项全面的教育改革政策，它强调责任义务、父母对学校的选择权力、扩大地方的控制和灵活度以及对发展目标进行年度测试等。但是，NCLB 很快成为而且一直处于有争议的教育改革政策。在 2011 年 12 月，156 个以上的民权、宗教、儿童、残疾人、公民组织机构签署了请愿书，要求改变 NCLB。全国教育协会批评 NCLB 强调对失败学校的批评，而不是提供帮助；强调严格而且基本上没有基金支持的命令，而不是支持经过论证的实践方法；强调标准化测验，而不是教师导向、基于班级本身的孩子的学习。

当奥巴马在 2008 年竞选总统时，声称要优先彻底改革教育系统。2009 年，联邦政府向“力争上游”（RTT）项目提供了 43.5 亿美元的资金支持，这个有竞争力的大项目用来鼓励和奖励教育上的改革。各州被鼓励建立以行为表现和成绩为基础的课程标准，政府也支持建立特许学校，给各个班级配备电脑等。NCLB 的标准化测验引起了许多研究者和老师的争论，RTT 的长期效果还有待观察。

而长期的批评使得奥巴马总统在 2010 年要求 NCLB 彻底改革。新的改革蓝图要求建立标准并重新重视学生学业最差表现的学校。2012 年 2 月，10 个州被豁免原本要到 2014 年截止的必须使所有学生在数学和阅读上达到某种熟练度的要求。这个截止日期原来是由联邦政府推广的，是为了回应对教育议程的接受的，而这个教育议程注重责任和教师的有效性。新的教育改革政策的长期影响还有待确定。

班级规模

大多数教育者认为，较小的班级规模是影响学生成绩的关键因素，尤其是在低年级，但是关于这一点还是有各种各样的发现。一个纵向研究发现，从幼儿园一直到小学三年级，如果孩子被随机安置在15个人的班级里，他们就将获得持久的学业上的进步。然而，在大多数学校里，大于15人的班级也被看成是小班级。在对890个一年级儿童进行的观察中发现，25人左右的班级与多于25人的班级相比，前者能发展学生更好的社会性，班级中的互动也更多（也会有较多一点破坏行为），学生获得的教育和情感支持的质量也更高一些。同时，在这样班级里的学生更易于在标准化测验和初级阅读技巧中得到高分。

多样化的教育模型

在2003年的阅读能力排名中，美国孩子在29个国家中排名第15，科学能力在30个国家中排名第21，数学能力在30个国家中排名第25。如何适当地教育孩子仍是一个没有简单答案的问题，一些家长和教育者开始寄希望于多样化的教育模型，试图补救这样的低测验分数。目前，一些不同的模型正在使用，包括为处于危险中的学生设立的项目、特许学校的教育项目和家庭教育项目。

许多教育者认为，真正能解决高失败率的方法就是提早发现危险学生，并在他们失败之前进行干预。2000—2001年，39%的美国地方公立学校为危险学生提供了可选择的或多样化的学校或教育项目，为他们提供小班教学、行为矫正指导、危机的咨询和干预等。暑期学校可能是一种有效的早期干预方式，一项研究发现，参加暑期阅读写作教学且出席率平均大于3个夏季的幼儿园儿童和一年级儿童，在学业测验中的分数会显著高于那些没有参加训练的孩子。

> **你的立场是什么？**
>
> 一些学校采取自动升级的办法，即学生尽管没有达到学业标准也会被送入下一年级。自动升级的办法颇受争议，支持者认为它可以防止低自尊和退学率，而反对者认为它为学生的学业失败做了铺垫，因为自动升级意味着学生不需要努力学习来通过课程，它也使得老师面临要教育没准备好的学生的困难。到目前为止，哪个方法更有效还并不清楚，你的观点呢？
>
> 

对那些不满意公立学校或者寻求某一种风格的教育的家长来说，选择特许学校可能是合适的。多于130万的美国儿童现在在特许学校学习，这些学校有一部分是私立的，其他是在公立学校下的特许学校。特许学校与公立学校相比，通常学生人数更少一些，学校有自己独特的哲学观点、课程、结构或者组织风格。虽然家长总体上对特许学校很满意，但是特许学校对学生的教育影响的研究结果却呈现出复杂多样性。

家庭教育是另一种选择。在2007年，有150万美国学生在家庭中接受教育，这个数字占学龄儿童的2.9%。在家接受教育的儿童有4/5是全日制的，从2003年起增长至36%。有迹象表明，在家接受教育的儿童和接受传统学校教育的儿童有一样的学业达标率，甚至前者的更高。然而，家庭收入、教育和有组织计划的课程似乎与孩子的学业成功密切相关。

电脑和网络使用

在公立学校，网络的使用飞速发展。1994年只有3%的班级可以上网，而2005年可上网班级的比例达到了94%。但是与白人和亚洲儿童比，黑人、西班牙人及美国印第安儿童则更少运用网络技术，贫穷的孩子也一样更少地使用这项技术。女孩和男孩在电脑和网络的应用上花费的时间基本相同。

使用电脑的能力为个别化教学、全球交

而有的学校采取的是**双语教学**，使孩子们学习两种语言，让他们一开始先同与自己说同样母语的孩子一起学习，当他们对课程有了一些熟悉的时候再转到英语常规班级中。

全英语教学法的倡导者们认为，孩子们越早地暴露在英语环境中，就会越早地开始使用英语，从而更好地掌握英语。双语教学的倡导者们认为，孩子们用熟悉的语言可以更好地掌握课程，并在英文测验中取得好成绩。

流和独立研究能力的早期培养提供了新的可能性。但是这个工具也带来危险，首先就是要面对有害或不正确信息的危险。学生要学习批判地评估他们在网络空间发现的信息，要从意见和广告中区分出事实。

有特殊需求的儿童的教育

公立学校里有来自不同家庭和文化背景中的能力各异的儿童，教育这些不同能力的儿童是一项极繁重的工作。公立学校必须教育不太会讲英语的儿童，也必须教育有特殊需求的学生，如那些有学习问题和那些有天赋的儿童。

第二语言学习

在 2007 年，美国 5~17 岁的孩子中有 21% 的人把英语作为第二语言，他们在家里不说英语，最常见的是说西班牙语。有 11% 的公立学校的学生被确定为需要学说英语的学生（ELLs），他们并不需要一些特别的教育需求。然而，将英语作为第二语言的学生和母语即英语的学生有着不同的教育需求，所以有一些研究和相关的政策都正在探索如何更好地为这些学生服务。

教授这类学生（ELLs）有很多不同的方式。一些学校用**“全英语教学法”**，有人将其称为把英语作为第二种语言的教学（ESL），这种方法是让孩子们一开始就在英语环境中学习。

残疾儿童的教育

在 2006 年，美国有 14% 的公立学校学生会接受一对一的特殊教育服务（IDEA），这保证了所有需要特殊教育服务的孩子都可以得到免费的、合理的公共教育。这其中大部分孩子有学习障碍或者是语言障碍。每一个特殊教育服务，都是针对特定的孩子的，并且要求有家长的参与。这个教育项目要求孩子必须在“最不受约束的环境”，即最有利于他们需求满足的环境中学习——这意味着不受任何时间或者地点，以及教室内外的限制。在 2005 年，大约有 52% 的残疾儿童在普通的学校里度过了他们 80% 的学习时间。最常见的有障碍的儿童所有的是学习障碍或智力障碍。

智力障碍（Intellectual Disability）。智力障碍是指认知能力的发展显著低于正常水平。诊断智力障碍的条件为，IQ 测验成绩在 70 或者以下，且在 18 岁前不能表现出一些与年龄相适应的行为，如交流、社交技能、自我保护等。智力障碍有时候表现为认知缺陷或者精神迟滞。有智力障碍的美国孩子不足 1%。

大部分有智力障碍的孩子都可以从学校

教育中获益。一些干预项目帮助轻度或者中度有智力障碍的孩子或者被认为在边界线上的孩子（IQ 在 70~85）找到了工作，使他们在社区或者社会中有正常的生活。那些有中度障碍的孩子需要持续的关注和监护，他们通常生活在一些特别的机构里，如日常护理中心、智力障碍者护理中心或者是更加便宜和更加人道的家庭护理中心。

学习障碍（Learning Disability）。学习障碍会影响到孩子的很多方面，如听说读写、数学等，有学习障碍的孩子在学校的成绩显著低于正常的孩子。有学习障碍的孩子比较容易走神，不能很好地在任务上集中注意力；他们的组织能力比正常人差，也不太会使用记忆策略。他们有接近平均或者高于平均水平的智力，以及正常的视力、听力，但是他们在加工信息方面存在困难。越来越多的孩子（460 万，5% 的美国孩子）被诊断为学习障碍。

最常见的、引起学龄儿童学习和行为问题的障碍为学习障碍（LD）和注意力缺乏障碍（ADHD）。最近的一项调查了 23 000 名孩子的研究指出，有 5% 的孩子有学习障碍，5% 的孩子有注意力缺乏障碍，4% 的孩子同时有这两种障碍。

阅读困难（Dyslexia）。前任美国副总统纳尔逊·洛克菲勒（Nelson Rockefeller），在阅读方面有很大的障碍，因此，在演讲时，他从来不用草稿，而是喜欢即兴演讲。洛克菲勒并不是唯一一个在和阅读困难做斗争的人。阅读困难患者在加工阅读信息时显著的慢于正常人，且这种迟滞并不能被年龄和 IQ 所预测。其他一些名人也承认自己患有阅读困难，比如演员汤姆·克鲁斯（Tom Cruise）、乌比·戈德堡（Whoopi Goldberg）和雪儿（Cher）；棒球运动员诺兰·莱恩（Nolan Ryan）；电视主持人杰·雷诺（Jay Leno）；电影制作人斯蒂芬·斯皮尔伯格（Steven Spielberg）等。

4/5 的学习障碍的儿童患有阅读困难。阅读困难一般被认为是一种长期的慢性疾病，并且具有家族遗传性。阅读困难阻碍了口语和写作能力的发展，并且可能影响阅读、写作、拼写、语法，以及对语言的理解力。阅读障碍在男孩中更加常见。

脑成像技术发现阅读困难与神经缺陷有关，患者不能识别声音。科学家发现某些基因和阅读障碍有关。许多孩子，甚至是成年人，经过系统的发声训练，是可以学会阅读的，但是这个过程并不能像普通阅读者一样被自动化形成。

注意力缺陷与多动症（Attention Deficit/Hyperactivity Disorder，ADHD）。ADHD 是一种慢性疾病，通常的症状为持久的注意力不集中、注意力分散、易冲动、对挫折的容忍度低，行为发生在错误的时间、错误的地点，如在教室中。一些患有 ADHD 的儿童心有旁骛但并不是过分活跃，而其他的儿童表现出相反的症状。患有 ADHD 的名人有歌手兼作曲家约翰·列侬（John Lennon）、参议员罗伯特·肯尼迪（Robert Kennedy）、演员罗宾·威廉姆斯（Robin Williams）、金·凯瑞（Jim Carey）。

ADHD 预计可能会影响全世界 2%~11% 的学龄儿童。在 2006 年，大约 2500 万美国儿童被诊断患有 ADHD，比例大约为 4.7%。在过去的十年中，ADHD 的比例以每年 3% 的速度增长。

你的工作是什么？

辅助型专业人员

辅助型专业人员，或者称助手，作为班级老师的助手提供教学帮助。通常情况下，辅助型专业人员为有特殊需要的儿童提供服务。例如，作为学生个人教育计划的一部分，辅助型专业人员会被分派去辅助学生完成特定的任务或陪伴学生一整天。不同州对辅助型专业人员的要求不尽相同，但是一般而言需要副学士位以及/或者通过州级考试。一些情况下辅助型专业人员可能需要特殊教育或者英语语言学习的背景/经历。想要了解更多如何成为一名辅助型专业人员的信息，请访问 www.nrcpara.org。

图 12-3 1997—2006 年学习障碍和注意力缺乏障碍的比例

> **你知道吗？**
>
> 人们有时疑惑，为什么诸如利他林这样的兴奋剂可以帮助促进注意力过程。原因是什么呢？ADHD 儿童可以被认为是有着迟钝的大脑额叶的人。利他林可以"唤醒"这些区域，帮助它们更有效的工作。

因为过分活跃和注意力不集中多多少少在所有孩子的身上都有体现，有一些从业者质疑 ADHD 是否真的是明显的神经学上或者心理上的失调。一些研究者认为对 ADHD 诊断不足，但是一些内科医生则提醒对 ADHD 可能有过度诊断，导致儿童经受没有必要的过度用药，家长和老师也并不知道如何控制他们。

与学习障碍相似，ADHD 的诊断随着性别、种族、地域和其他背景因素的变化而不同。与女孩相比，男孩更有可能被诊断为此病患，男孩有着 2 倍的可能性患上 ADHD。有些诊断可能是环境驱使，与有关学校的特点和要求相关。

脑成像研究表明，ADHD 儿童的一些大脑区域（最明显的区域在额皮质）显现出发展迟缓。这些额部区域能让人们树立目标、集中精力、控制进程并且抑制负面冲动，而 ADHD 儿童的所有这些功能都是受干扰的。运动皮质是唯一成熟得比正常儿童更快的区域，这种不协调可能解释了这些孩子的失调的不安和烦躁。

ADHD 通常由药物来控制，有时结合行为疗法、咨询、社交技巧训练和特殊教室布置。利他林是一种常见的处方药，总的来说十分有效。但是，这可能与身高体重的缓慢增长有关系。利他林的长期影响至今还不清楚。

天才儿童

天赋很难去定义和辨别。教育者对于谁有资格成为天才，评定天才应基于何种标准，天才儿童需要何种教育项目等问题上一直不能达成一致。另一种困惑来源于创造和艺术天赋有时被视为天赋的一部分或一种，而有时候却被视为完全不同的东西。

辨别天才儿童。传统的天才标准为高智商（IQ 为 130 或以上），同时也包括在某些特殊学术领域中的高智力、高创造力、高艺术力或领导能力。天才儿童需要特殊的教育服务和教育活动，以便他们充分地发展这些能力。现在，许多学区对天才儿童的录用到课程项目都使用多重标准，包括学业成绩测试分数、年龄、班级表现、创造性的产物、家长和老师的提名以及对学生的面试。估计有 6% 的学生被视为天才。

天赋的原因。研究非凡成就者的心理学家发现，高水平的表现需要较强的内在动机和多年的严格训练。但是，除非儿童与生俱来不寻常的能力，否则动机和训练不能“制造”出天才儿童。相反地，有与生俱来的天赋的儿童如果没有动机和努力，也不可能取得超常的成就。

天才儿童易于生长在丰富的家庭环境中，这种环境有着很多的智力或者艺术刺激。他们的家长认识到并且经常致力于培养儿童的天赋，同时也给孩子不同寻常程度的独立。天才儿童的家长通常对孩子有高期望，他们自己也是努力工作的人，有较高的成就。然而，虽然家庭教育可以提高天赋的发展，但是也不能创造出天才。

大脑研究表明，天才儿童的大脑有些不同的连接。例如，具有数学、音乐和艺术天赋的儿童趋向于拥有不寻常的右脑活动，而左脑完成任务时是正常的。他们也更容易是左利手。

天才儿童的教育。为天才儿童准备的项目通常强调内容丰富或者加速度。充实型的教育通过额外的班级活动、研究项目、实地旅行或者专家指导来加深他们的知识和技巧。加速型的教育有时为具有高天赋的儿童所准备，通过早入学、跳级、在快班中学习或者提供高级课程来加快对他们的教育。其他的选择包括：在班级中进行能力分组，这个方法可以在学术上帮助学生，同时在社会交往方面又不伤害他们；双重入学，如一个八年级学生同时也可以在附近的高中学习代数，也可以同时在精英学校和为天才儿童准备的特殊学校学习。

至少在长期运行中，适当的加速似乎不会伤害孩子的社会**适应性**。一个持续 30 年的实验研究了 3937 个进入高中高等设置课程（Advanced Placement，AP）中学习的学生，发现他们对学校经历更满意，相比于没有参加 AP 的、一样具有天赋的学生，前者最终获得了更好的成绩。

创造力的定义和测量。创造力的一个定义是以新的视角看待事物的能力——创造从未见过的事物或者弄清楚别人没能认识到的问题，找到新的、与众不同的解决方法。

当然，天才儿童通常有高的创造力，高创造力和高智商并不是形影不离的。经典研究发现，两者只有较小的相关，不是天才的儿童也通常有高的创造力。

乔伊·保罗·吉尔福特（J.P.Guilford）区分出两种思维：聚合思维（convergent）和发散思维（divergent）。**聚合思维**是一种 IQ 测验的方法，即寻找一种单一的正确答案；**发散思维**则是提出大批新的可能。例如，解决数学方程是聚合思维，然而列出你能想到的一块砖的所有用途则是发散思维。创造力测验需要发散思维。作为广为人知的创造力测验，托兰斯创造力测验（The Torrance Tests of Creative Thinking）包括下列内容：列出纸夹不同寻常的用途、完成一幅图、写下一种声音带来的想法等。

测试一下 CHAPTER 12 学龄期儿童的认知发展

学习目的	自测 □ LearnSmart □ connect Chapter 12 Quizzes	你在哪里可以找到答案

学习目的 12.1

总结皮亚杰理论中童年中期孩子的认知发展的观点

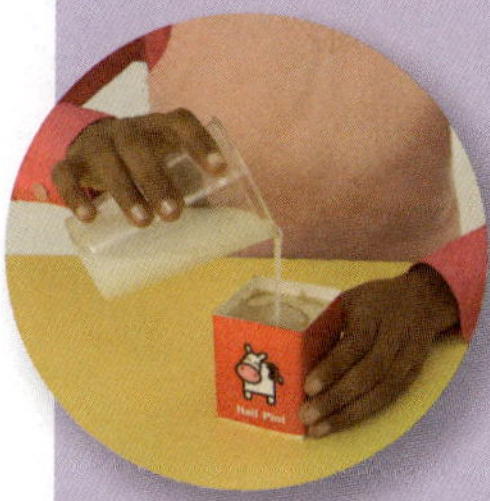

1. 哪两个因素影响了孩子的空间认知能力发展？

____

____

2. 给孩子看一个罐子，里面有 30 个红珠子，10 个蓝珠子。问孩子这里面有更多的红珠子，还是蓝珠子？如果孩子能正确回答，说明这个孩子明白了（　）。
   a. 序列
   b. 传递性推理
   c. 分类
   d. 守恒
3. 具体运算阶段的孩子会运用（　），不会运用（　）。
   a. 归纳推理，演绎推理
   b. 演绎推理，归纳推理
   c. 识别，可逆性
   d. 可逆性，识别
4. 一个孩子 9 岁，他在万圣节时要回了 20 个糖果。他母亲告诉他要和 5 岁的弟弟分享。如果他想得到比弟弟更多的糖果，那么按照皮亚杰的观点，能给这个孩子什么好的分糖果建议吗？（　）
   a. 从 10 开始往回数，而不是从 1 开始数
   b. 用武力告诉弟弟，自己要更多的糖果
   c. 把给弟弟的糖果分散一些，这样看起来更多，把自己的糖果集中一些，这样看起来更少
   d. 告诉弟弟，以后会给他一些好处，但是今天自己要更多的糖果
5. 一般情况下，孩子先学会（　），再学会（　）。
   a. 加法，减法
   b. 减法，加法
   c. 分数，应用题
   d. 应用题，分数

皮亚杰理论取向：具体运算阶段的儿童

226~228 页

connect

MILESTONES

物体与空间，诺亚

学习目标 12.2
用信息理论分析童年中期孩子的变化

6. 哪两个因素影响了童年中期执行功能的发展？

____

____

____

7. 选择性注意依赖于孩子的（ ）和（ ）。
   a. 选择感兴趣的刺激；需要改变时改变注意点
   b. 有意地定向目标刺激；排除干扰刺激
   c. 利用归纳推理；利用演绎推理
   d. 以上所有
8. 哪两种能力潜在影响着童年中期孩子的工作记忆？

____

____

____

9. 如果相对于简答题来说，你更擅长做选择题，那么你在运用（ ）。
   a. 选择性注意
   b. 演绎推理
   c. 推理活动（inference activites）
   d. 元记忆

信息－加工取向：注意力、记忆和计划
228~229 页

学习目的 12.3
解释什么是 IQ，如何测量智商，以及哪些因素会影响智商

10. 如果你更感兴趣孩子在别人的帮助下能学会什么，而并非孩子现在已经真正掌握了什么，那么你可能对（ ）更感兴趣。
    a.WISC-III
    b.K-ABC-II
    c. 动态测验
    d. 学校对 IQ 的影响
11. 描述 IQ 测验的两个积极特点和两个消极特点：

____

____

____

12. 列举加德纳的八个智能层面：

____

____

____

13. 种族和民族与 IQ 紧密关联，因为（ ）。
    a. 基因因素
    b.少数民族的孩子在 IQ 测验上总是低于白人种族
    c.种族和民族与社会经济地位相关，反过来会影响 IQ 测试
    d.这是不正确的，最近几年这种关联已经消失

心理测量取向：智力评估
229~232 页

connect+

视频链接
Intelligence Testing

学习目的 12.4

总结童年中期语言的变化，阐述如何提升孩子的读写能力

14. 以下语言的哪些方面在童年中期变得更加常见？（　）
   a. 比喻和隐喻
   b. 语言错误
   c. 主动语态
   d. 动词
15. 以下哪句话体现了语用学知识？（　）
   a. 我喜欢吃曲奇
   b. 走开
   c. 我会等她打完电话再跟她要饼干，因为那时候她更可能同意
   d. 我认为蝴蝶和花朵看起来有点像
16. 简要说明如何促进孩子读写能力的发展：

____

____

____

语言和读写能力

232~233 页

connect+

MILESTONES

里歇尔的语言发展

学习目标 12.5

描述影响孩子学业能力的因素，以及有特殊教育需求的孩子如何接受教育

17. 以下什么因素与学业成绩没有正相关（　）。
   a. 高的自我效能
   b. 性别
   c. 高的家庭社会经济地位
   d. 被同辈喜欢
18. 如果鲍勃上课难以集中注意力，经常打断老师，无法完成作业，他很可能被诊断为（　）。
   a. 精神发育迟滞
   b. 患有 ADHD
   c. 很有天分
   d. 没有受到良好教育

学校中的儿童

233~240 页

connect+

MILESTONES

视频链接

Parental Influence on Children’s IQ

视频链接

Children and Computers

答案

1. 逐渐提升的越来越老练的符号表征能力；经验
2. c
3. a
4. c
5. a
6. 大脑的发育（前额叶的发展，削减以及树突髓鞘的形成）和家庭环境（可用资源，认知刺激，母亲的敏感性）。
7. b
8. 加工速度的改善，更大的存储容量。
9. d
10. c
11. 积极特点：标准化；广泛的常模，效度和信度；对学校成绩的良好预测　消极特点：低估了那些生病的，或者在智力测验中表现不好的孩子的智力；把智力与速度等同了起来；对有学习障碍的孩子不适用；没有测量先天能力。
12. 语言－文学能力，逻辑－数学能力，视觉－空间能力，音乐－韵律能力，身体－运动能力，人际交往能力，自省能力自然能力。
13. c
14. a
15. c
16. 专家建议一系列的语音及语言练习。孩子对熟悉的词语可以采用视觉空间策略，对不熟悉的词语可以选择语音解码策略，从而逐渐变得更加熟练。
17. b
18. b

第 13 章

学龄期儿童的心理社会性发展

本章要点

>> 自我的发展

>> 家庭与儿童发展

>> 同伴群体与儿童发展

“我三年级了，”艾米丽说，“我和妈妈、弟弟一起生活，爸爸住在别的地方。我喜欢和朋友们一起玩。我很会游泳，我喜欢小猫。我是个有意思又有点冒傻气的人。我觉得我很乐于助人，但妈妈却并不这么认为。”

8 岁的艾米丽是她这个年龄段的女孩的典型代表。在这一章中，我们将追踪同艾米丽一样的学龄儿童们丰富多变的情绪和社会生活。我们将看到孩子们是如何发展出更贴近实际的自我概念，并获得更多的能力、自立性和情感控制的。通过同伴交往，他们会了解自己的态度、价值观和技能。家庭对此继续发挥着关键性的作用。家庭对儿童生活的影响不仅通过父母对儿童的教养方式起作用，而且父母是否有工作、工作的情况、家庭的经济环境、家庭的结构和组成等，也都会对儿童的生活产生影响。

自我的发展

在童年中期，认知能力的增长使得孩子们能够发展出更加复杂的自我概念，并且使其情绪理解和控制能力的发展也得到促进。在接下来的部分，我们会论述自我概念和自尊的发展，继而聚焦于情绪发展和亲社会行为的讨论。

你知道吗？

研究表明，不管你有多擅长运动，参与团队运动——而不是个人运动——与自尊水平有更高的相关。

自我概念的发展：表征系统

“在学校，我真的有一些擅长做的事。我真的喜欢数学和科学，而且我的分数比同学们都高，”8 岁的艾米丽说，“上一次的成绩报告单中，我拿了好多 A，我真的很为自己骄傲！但是我并不擅长社会研究和英语，有时候看到其他孩子做得这么好，我心里很难受。不过我还是喜欢我自己的，因为我其实并不真的那么在乎社会研究和英语。”

在孩子七八岁的时候，他们到达了第 10 章中介绍的自我概念发展的第三阶段。这时，随着**表征系统**（representational systems）的形成，孩子对自我的判断更加清醒、实际、平衡和全面，表征系统指的是包含自我不同方面的、宽泛、全面的自我概念。

我们可以在艾米丽的自我描述中看到这些转变。她已不再是早先那个有着极端的自我概念、非黑即白的女孩了。现在，她可以在某些科目上很“聪明”，同时又在其他科目上很“笨”。她能更好地说出自我概念，并且对不同方面赋予不同的权重。她能对比真实的自我和理想自我，并且能判断相较于其他人，她能多好地达到社会标准。所有的这些改变都有助于她自尊的发展和对自身整体价值的评定。

自尊

儿童中期是孩子必须学会社会所看中的技能的时期。新几内亚的阿拉佩什男孩学习制作弓箭、给老鼠设陷阱；阿拉佩什的女孩学习种植、除草和收获；阿拉斯加的因纽特孩子学习打猎和捕鱼；工业化国家的孩子学习读书、写作、数学和使用计算机。

根据埃里克森的理论，自尊的一个重要决定因素是孩子对自己从事有成效工作的能力的观点。埃里克森心理社会发展的第四阶段就聚焦于勤奋与自卑这对主要矛盾上。能够成功解决这一阶段矛盾的方法便是能力，一种认为自己能掌握技能和完成任务的能力。如果孩子觉得与同伴相比，自己能力不足，他们便会退回到家庭的保护氛围中。与此相反，如果孩子过于勤奋，他们则可能会忽略社会关系，并在成人后变成一个工作狂。

家长强烈地影响着孩子对能力的观点。一项对 514 个美国中产阶级家庭的追踪研究发现，家长对孩子数学和体育方面能力的观点与孩子自身的观点紧密相关。

情绪发展

随着孩子年龄的增长，他们更能意识到自己及其他人的感受。他们能更好地调节并控制自己的情绪，并且可以对他人的情绪困扰做出反应。

当孩子七八岁的时候，他们通常能意识到羞愧、自豪的情绪，并且对内疚和羞愧的区别有了更清醒的认识。这些情绪影响了他们对自我的看法。孩子同时理解了自己冲突的情绪。正如艾米丽所说：“我觉得男孩子们都很令人讨厌，他们中的很多人我都不喜欢。我的弟弟倒是还可以，但有时也会特别惹人烦。我爱他，但他会做一些让我生气的事情。

但我不会冲他大吼，因为如果我那样做了，他就会哭闹，那会使我很内疚。”

到了童年中期，孩子们开始意识到自己所处的文化对情绪表达的规则要求。孩子了解了那些使他们生气、恐惧或悲伤的事，知道其他人是如何应对这些情绪的，并且也学习这些人的做法。当父母以不允许或惩罚的方式来应对孩子表现出的负性情绪时，诸如生气、恐惧这样的情绪就可能变得更加强烈，并可能影响到孩子的社会适应能力。当孩子进入青春期早期后，父母对孩子负性情绪的“不容忍”可能加剧亲子冲突。

情绪的自我管理包括对情绪、注意及行为的努力控制。努力控制可能是有气质基础的，但是总体上会随年龄增长而增长。具有高努力控制能力的孩子可以克制住自己在不恰当的时机表现出负性情绪的冲动。而低努力控制的孩子，当他们想做某事却被阻止时，更易表现出生气或沮丧，而这预测了他们之后的行为问题。

到了童年中期，孩子的移情能力更强，并且更易表现出亲社会行为。亲社会的孩子在社会情境中的行为更适于情境，相对来说表现出较少的负面情绪，并且更具有建设性地去处理问题。那些能够识别孩子的负面情绪并且帮助他们解决根源问题的父母，可以促进孩子的移情能力、亲社会行为以及社会技能的发展。

你知道吗？

移情可以反映在大脑上。近期一项研究发现，当给7~12岁的孩子看痛苦的人的照片时，他们大脑中的某一部分会被激活。

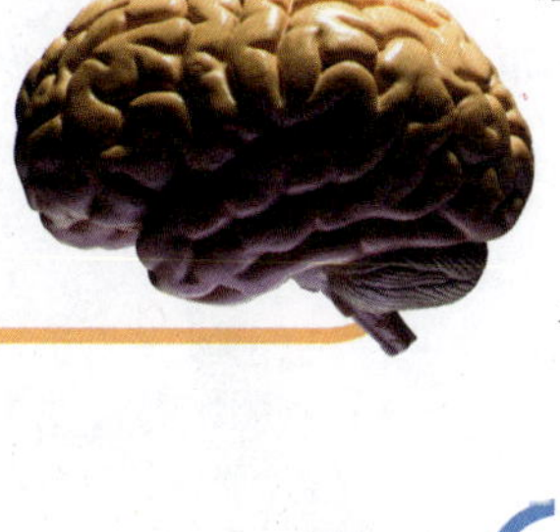

家庭与儿童发展

相比于小时候，学龄儿童会花更多的时间在家庭以外，如与同伴玩耍和社交。相比于20年前，学龄儿童花在学校和学业上的时间更多，在家中吃饭的时间更少。尽管如此，家庭以及家庭成员仍旧是大多数孩子生活中的一个重要部分。为了理解家中的孩子，我们需要来看一看家庭环境（氛围和结构）。之后再将它放在现代社会的大环境里考察。

家庭氛围

家庭氛围影响着家庭环境。家庭氛围可以被描述为家庭成员与彼此和外界互动的方式，包括人际动力、社会经济水平和工作地位等因素。对家庭氛围起到关键影响的因素是在这一年龄阶段时父母的教养方式，尤其是父母如何应对儿童日益增加的想要自己做决定的需要，他们是否在家里或外面工作，以及他们在家庭的经济地位。

教养：增长的行为控制

家庭氛围的重要影响之一是：随着孩子长大，他们更加独立，也更渴望自主性。那么，这时父母与孩子该如何寻找到彼此间权力的平衡点呢？在童年期，对行为的控制权渐渐从父母转向了孩子。童年中期带来了一个被称作“**共同管理**”的转变阶段，在这一阶段，父母与孩子分享权力。父母运用监管，但是孩子却享受时时刻刻的自我管理。比如，对于同伴间的问题，父母现在更少地进行直接干预，而是更多依靠与孩子讨论来解决。当孩子认为父母是公平的、关心孩子的利益且经验丰富、“知道的更多”时，孩子们更容易听从父母的意见。如果父母尽量做到承认孩子日渐成熟的判断力，并且只在重要问题上采取强硬立场，便会更有助于家庭氛围的和谐。

你知道吗？

让孩子承诺讲实话会使得他们真的更倾向于讲实话。

向“共同管理”的转变，影响了父母对纪律的处理方式。学龄儿童的父母更有可能使用引导的方法，包括向孩子解释为什么一种行为是错误的，并且聚焦于该行为对他人产生的影响上。例如，8 岁的艾米丽的父亲可能会指出：“打约翰会伤着他，并且让他感到很伤心。”在其他情境中，艾米丽的父母可能直接指向她的自尊（“那个昨天在这里帮助他人的小女孩怎么样了”）或道德价值（“火车上，像你这么大的女孩不应该自己坐着，却让老人站着”）。总之，艾米丽的父母让她知道她必须承担自己行为的后果（“难怪你今天错过了校车，你昨晚熬夜太晚了！现在你不得不走着去学校了”）。

父母与孩子解决冲突的方式可能比具体的后果更重要。如果家庭冲突是有助益的，它可以帮助孩子看到对规则和标准的需要。他们也会学习到，什么问题是值得争论的，哪些策略是有效的。然而，那些在解决家庭问题时采用负面或强迫的途径的父母，他们的孩子在青少年期更有可能发生问题行为，并且有适应问题。

工作的母亲

大多数关于父母工作对孩子健康影响的研究都在关注工作的母亲。1975—2000 年，带着未成年孩子的妈妈参与工作的比例从 47% 上升到了 73% 的峰值。到 2004 年，这个比例下降到了 71%，并且一直保持到 2007 年。因此，很多孩子并不知道他们的母亲还有“不去工作挣钱”的时候。

总体来说，一个母亲对自己的雇佣状态越满意，她就越有可能成为一个能胜任的母亲。然而，工作对这个母亲的影响取决于很多其他因素，包括孩子的年龄、性别、气质以及人格；这个母亲是全职还是兼职工作；她为什么工作；她是否有一个支持性或非支持性的伴侣；这个家庭的社会经济地位如何；以及孩子在入学前 / 后接受的关爱如何等。尽管很难确定母亲工作所产生的影响，但从多方面考虑的话，追踪研究表明，在整体上来说，在父母双方都工作家庭中成长的孩子发展得很好，并且这可能是个优势。

孩子是如何被照管的似乎比母亲是否工作挣钱更重要。有些工作了的母亲的孩子，尤其是那些年龄较小的孩子，是在亲戚的监管下成长的。很多孩子受到多种形式的校园外的照管。与良好的对学龄前儿童的照管一样，较好的课余儿童护理之家是比较难进入的，即录取率一般较低，孩子 – 员工的比例也较低，护理人员的教养通常较好。因此，在运行良好、程序灵活、具有积极情感氛围的课余护理之家中的孩子们，尤其是男孩们，能更好地适应学校。

大约 9% 的学龄儿童以及 23% 的早期青少年表示，他们通常在家里自己照顾自己，并没有成人的监管。这样的安排只有对那些年龄稍大的孩子才是明智的，这些孩子成熟、有责任感、机智、并且知道在紧急状况下如何求助。即便如此，他们也需要一个能通过电话联系上的家长。

你的工作是什么？

"课余"活动主任

一位"课余"活动主任通常为孩子们管理"课余"项目。在"课余"项目中，孩子可能参与到正式或非正式的活动中，并且有一些作业。"课余"活动主任通常负责管理项目的各个方面。根据职位的不同，要求也不同，但通常主任们拥有一个在儿童发展领域的学位，或接受过这方面的教育，或有与孩子一起工作的直接经历。想要了解更多关于成为"课余"活动主任的信息，请访问 www.naaweb.org。

你知道吗？

在 70 100 000 位美国父亲中，大约有 154 000 位是待在家里不工作的，这个数据目前还开始增加了。

贫穷和经济压力

在 1999 年，孩子的贫穷率是 16%，直到 2006 年这一数字都相对稳定。然而，到了 2007 年，经济倒退提高了贫穷中儿童的比例，随着美国面临的经济挑战，这一趋势还在继续。2008 年，大约 18% 的 17 岁以下的美国儿童都成长在贫穷环境中。相较于与结婚的夫妻生活在一起的孩子（贫穷比例为 9%），和单身母亲生活在一起的儿童有 5 倍的可能性更容易面临贫穷的局面（贫穷比例为 43%，见图 13-1）。到了 2010 年，超过 1/5 的孩子生活在贫穷中。

相较于其他孩子，贫穷的孩子更有可能有情绪或行为上的问题，以及更差的认知潜力和学校表现。贫穷可以通过其对父母情绪状态和教养方法的影响，以及其创造的家庭环境来伤害孩子的发展。

雷凯欣•麦罗尔德（Vonnie McLoyd）对贫穷影响的分析表明，处于贫穷中的父母可能变得焦虑、抑郁且易激惹，并因此对孩子表现出更少的关爱，对孩子的需求作出更少的回应。他们制定的纪律可能是不一致的、严厉的、武断的。这些孩子也更容易变得抑郁，与同伴相处有困难、缺少自信、发展出行为和学业问题，并参与到反社会行为中。

幸运的是，这种模式并非不可避免。有效的家庭教养能够缓解低社会经济地位带来的负面影响。减少家庭冲突、提高家庭成员凝聚力、温暖的家庭干预项目等都是特别有益的。似乎物质贫乏（不充足的食物、不稳定的住房以及不充足的医疗护理）经常导致父母的压力。这反过来会影响父母投入到孩子发展中的时间、金钱和精力，并且会影响父母对待孩子的方式；这些因素进一步预测了孩子的认知技能，以及社会、情感能力。那些尽管很穷，但能够做到收支平衡的家庭并没有出现上述模式。

那些能够向亲戚或社区资源处寻得情感支持、抚养帮助和孩子养育信息的父母，通常能够更有效地教育孩子。在乔治亚州，一项对 152 个单身黑人母亲为期 4 年的追踪研究，发现了一种与麦罗尔德描述的相反的模式。他们发现：尽管面临经济压力，那些情感健康并且有相对较高的自尊的妈妈，更易有学业和社会技能较高的孩子，这些孩子也会强化母亲的积极教养行为；这反过来支持了孩子在学业上持续的进步以及他们受欢迎的社会行为。

家庭结构

在其他条件相同的情况下，相比于同居、离异、单亲或有继父母的家庭中的孩子，或者非婚生的孩子，生活在持续婚姻的家庭中的孩子表现得更好。这一区别在生长在幸福的双亲家庭中的孩子身上表现得更突出。这些孩子更易经历更高标准的生活、更有效的教养方式、更具合作性的联合教养、与父母两人更亲密的关系（尤其是与父亲）以及更少的压力事件。然而，父母的关系、他们教养方式的质量，以及他们创造和睦家庭氛围

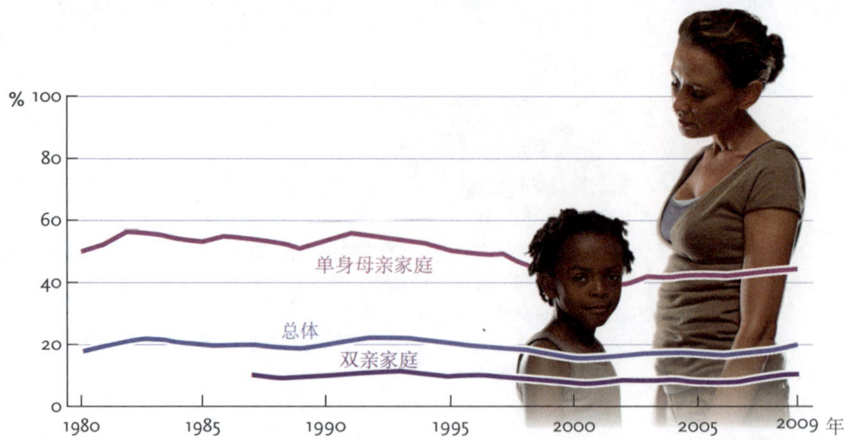

图 13-1 1980—2009 年不同家庭结构中，9~17 岁处于贫穷环境中的儿童的比例

资料来源：美国人口统计局，2010 年和 2011 年年度社会和经济补给。

的能力，比他们的婚姻质量更可能影响孩子的发展结果。

家庭的不稳定性可能比孩子生活的特定家庭类型对孩子的伤害更大。一项针对 5~14 岁全国范围样本儿童的研究发现，经历了几次家庭转变（如搬家、转学、父母离婚）的孩子比稳定家庭中的孩子更易有行为问题，并且更易参与到违法行为中。

离异的父母

美国的家庭结构经历了戏剧化的转变。在先前的几代中，绝大多数孩子成长于双亲家庭。然而，如今美国却有着世界最高的离婚率。目前的离婚率大概是每 1000 人有 3.5 人离婚。每年超过一百万的孩子被卷入离婚中。

对离婚的适应。当艾米丽 6 岁的时候，她的父母离婚了。离婚后的一年，有时艾米丽会感到焦虑和难过，她非常想念父亲，因为她不再能每天都见到他了。她想知道，是不是因为自己做错了什么才使得父母离婚了。她伤心的另一个原因是，她和妈妈、弟弟必须搬离原来的社区，尽管她还是能在同一所学校上学。不过，大概一年后，艾米丽适应了她的新生活，并且找回了原来阳光的自己。哪些因素可以解释艾米丽的这种适应呢？离婚的长期影响是什么呢？

离婚是对孩子非常有压力的一件事情。首先，会有婚姻冲突的压力，接下来是父母分离，父母一方（通常是父亲）离开的压力。孩子可能无法完全理解发生了什么。当然，离婚这件事对父母来说也是很有压力的，并且会对他们的教养方式产生负面影响。家庭的生活质量有可能会下降；并且，如果父母一方搬出家中，孩子与这个不再有监管义务的家长的关系也会受到影响。离婚父母的再婚可能增加孩子的压力，重新激发孩子的丧失感。

离婚前，孩子的情绪或行为问题可能反映出父母冲突的级别。在一项对近 11 000 个加拿大儿童的追踪研究中，相比于父母始终婚姻稳定的孩子，那些父母离婚的孩子表现出更多的焦虑、抑郁或反社会行为。如果离婚前的父母矛盾是长期的、外显的，或有毁坏性的，那么离婚后，儿童的表现可能保持不变或者变得更好一些。

一个孩子对离婚的适应可能部分取决于离婚前孩子的年龄或成熟度，性别和心理社会功能。年龄小的孩子在面对离婚时更易感到焦虑，对造成离婚的原因有更不现实的认知，并且更容易责怪自己。不过，他们也比那些年龄大的、能更好理解是怎么回事的孩子更容易适应。学龄儿童对父母的压力和忠诚度冲突更敏感，同时，与年龄小的孩子一

样，可能害怕遗弃和拒绝。男孩比女孩更难适应父母离婚带来的改变，并且更易出现社会和行为问题。

监护、探视和共同抚养。在以下几种情况下，父母离婚后孩子能够适应得更好：负责监护的这一方家长是温暖、积极、有权威的，能够监控孩子的活动，并且持有与孩子年龄相符的期望；父母间冲突平息；离开家里的那一方家长仍与孩子保持紧密接触和参与家庭活动。

在大多的离婚案例中，母亲获得监护权，但是现在父亲获得监护权也呈现出上升趋势。相较于受到父亲监管的孩子，与离婚的母亲居住在一起的孩子适应得更好，这也可能是父亲与孩子的关系、前配偶间关系的晴雨表。很多离婚家庭中的孩子说，失去与父亲的联系是离婚带来的最痛苦的结果之一。然而，与父亲联系的频繁程度并不如父子（女）关系质量以及父母的冲突程度重要。

艾米丽是幸运的，她的父母建立了一种亲切的共同抚养关系，并且能够成功地协调冲突，从而使得她对离婚这件事的适应过程没有那么痛苦。在一项全国性的对354个离婚家庭的研究中，合作性的育儿（母亲与不在家里的父亲共同积极商讨育儿决定）使得父亲与孩子的接触更加频繁，这也进而带来更好的父子（女）关系和更加有响应性的父方养育。不幸的是，合作性育儿并非常态。很多法院引入了家长教育项目，并取得了重大成功；这一项目能够教会分居或离异的夫妻如何预防或处理冲突，保持沟通的畅通，发展有效的共同育儿关系，并且帮助孩子适应父母的离婚。如果父母双方能够合作，联合监护，也就是双方分享监护权，这时共同监护是有利的。一个对33项研究的分析发现，联合监护模式下的孩子及父母，可以与没有离婚的孩子适应得一样好。不过，很有可能是选择联合监护的父母本来的冲突就较少。

离婚的长期影响。像艾米丽一样，大多数离婚家庭中的孩子适应得相当好。父母离婚的孩子更可能有较差的学习成绩，在社会关系上也有更多的问题，但大多数并未遭受长期的负面后果。然而，离婚的时间经常会影响结果。在小学阶段经历父母离婚的孩子更可能发展出内化或外化问题，而在这一阶段之后经历父母离婚的孩子则会出现成绩的下降。其他研究也展示出了一种年龄效应。在16岁前父母离婚的孩子，更可能有情绪和教育上的问题，较早开始性行为，并且有抑郁或自杀念头的风险。在青少年期，父母的离婚会增加孩子的反社会行为以及与权威人物的相处困难。

与父母离婚相关的焦虑可能在孩子进入成年期、开始形成自己的亲密关系时开始浮现。经历了自己父母的离婚后，有些年轻人害怕做出可能会以失望告终的承诺。根据一些研究，离异家庭中25%的孩子都可能在进入成年期后出现严重的社会、情感或心理问题，而双亲家庭中只有10%的孩子可能出现上述问题。作为成年人，离异家庭中的孩子可能有更低的社会经济地位，更差的心理状况，并且更有可能婚外育子。他们的婚姻可能更令人不满意，并且更有可能以离婚告终。然而，很大程度上，是否发生以上情况也取决于年轻人是如何解决和解释父母离婚经历的。有些人能够从那一负面例子中吸取教训，

你的工作是什么？

法律心理学家

法律心理学家在刑事司法领域工作。在涉及孩子的案件中，法律心理学家可能会参与到监护权纠纷，调查有嫌疑的儿童虐待，并且评估父母探视的风险。法律心理学家通常会有博士学位，并且必须受到美国法律心理学董事会的认证。法律心理学家通常工作在法庭系统、监狱和私人诊所中。想要了解更多关于成为一名法律心理学家的信息，请访问 www.abfp.com.

从而形成自己运行良好的关系。

单亲家庭

单亲家庭可能是由离异、分居、未婚生育或死亡等多种情况导致的。目前，26.3% 的 21 岁以下的孩子与单亲住在一起。超过一半的黑人儿童与单亲住在一起，而 19% 的非西班牙裔和西班牙裔儿童和单亲一起生活。

尽管更多的孩子是与单身母亲而非单身父亲住在一起，只有父亲的家庭自 1970 年以来增长了三倍多，这很可能是因为离婚后履行监护义务的父亲越来越多。有 4% 的孩子不和任何一方父母居住在一起，他们中的大多数与祖父母一起生活（见图 13-2）。

整体上说，单亲家庭中的孩子各方面表现还不错，但相较于双亲家庭的同龄人，他们更容易在社交和学习能力上落后。这一结果在未婚家庭和离婚家庭中都会出现。什么解释了这些发现呢？与单亲居住在一起的孩子面临着很多潜在的压力事件，但更重要的是，他们在经济上是有困难的。因为他们的父母在努力维持家庭收入，这些孩子比双亲家庭的孩子更经常接受较差的教养。此外，失去与一方家长的联系或是观察父母之间的冲突敌意会使孩子产生情感上的不安全感。然而，单亲家庭孩子的消极发展后果绝非是不可避免的。孩子的年龄、发展水平、家庭经济情况、是否频繁地搬家以及搬出家里的那方家长的参与都会对孩子的发展有重要的影响。

一个父亲在孩子婴儿期起就开始与孩子频繁、积极地互动，是与孩子的健康、生理、认知和社会发展直接相关的。不幸的是，在 2001 年一项关于美国 10 221 个孩子的样本调查中，20% 的孩子都生活在没有父亲的家庭中，13% 的孩子从来都没有见过他们的父亲。贫穷的孩子以及黑人、西班牙裔儿童的家里最有可能没有父亲。

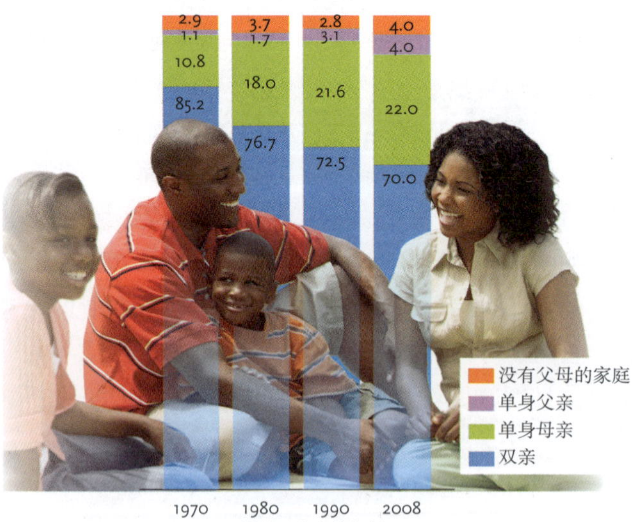

图 13-2 1970—2008 年，18 岁以下儿童的家庭模式

资料来源：2009 年美国人口统计局，孩子的居住安排。

同居家庭

同居家庭和已婚家庭在很多方面是相似的，但是这些父母更有可能处于不利地位。他们通常比已婚父母的收入、教育水平更低，夫妻关系更差，有更多的精神健康疾病。因此，一项对近 36 000 个美国家庭的研究表明，相比于与已婚的亲生父母生活在一起的孩子，与同居父母生活在一起的 6~11 岁的儿童表现出更差的情绪、行为和学业成绩，我们对于这一结果也并不吃惊。这些发展后果的不同，很大程度上取决于经济资源的差异、父母的健康以及育儿的有效性。

继亲家庭

大多数离婚的父母最终会再婚，很多单身母亲会与并非孩子父亲的男人结婚，因此形成了继亲或混合家庭。大约 15% 的美国儿童生活在混合家庭中。

适应一个新的继父 / 母可能很有压力。孩子对离开或死亡的家长非常忠诚，这有可能妨碍他们与继父 / 母建立关系。很多继子 / 女与他们的非监护的父母保持着联系。不履行监护职责的母亲，相比于父亲，更易与自己的孩子保持联系并提供更多的社会支持。

一些研究发现，男孩更受益于继父，他们比女孩在适应离婚和与单身妈妈一起生活上有更多困难。然而，一个女孩则会在发现家里有一个新男人时，变得更独立，并且与母亲的关系也会更好。在一项针对美国成年人的代表性样本的追踪研究中，那些再婚或组成新的同居家庭的妈妈，会比保持单身的母亲倾向于使用更温和的纪律，也会和孩子有更良好的关系。然而，在稳定的单亲母亲家庭中，对孩子的监管则通常更严。

同性恋父母

大概有 900 万美国儿童和青少年都有至少一个男或女同性恋家长。有些同性恋父母抚养的是自己之前与异性婚姻中出生的孩子。另一些人的孩子则是通过人工手段怀孕、使用代孕母亲或收养儿童获得的。

相当一部分研究考察了同性恋家庭中孩子的发展，包括身体和情绪健康、智力、适应、自我感觉、道德判断以及社会和性功能，这些研究结果表明，并没有什么需要对同性恋家庭儿童特殊关注的地方。同性恋和异性恋的家长在情感功能或育儿技巧上并不存在一致性的差异，同性恋家长倾向于表现出更具适应性的行为。同性恋家长通常与自己的孩子有更积极的关系，他们的孩子也并不比异性恋家庭的孩子表现出更多的情绪、社会、学业或行为问题。此外，同性恋父母的孩子并不比异性恋父母的孩子更容易成为一个同性恋者。

这些关于同性恋者育儿的研究结果，对法律决策具有社会政策性意义，这些法律决策包括监护和探视纠纷、促进关爱以及收养。面对同性恋婚姻或公民联盟的争议，同时也由于其对儿童安全感的重要意义，几个州已经开始考虑或采纳在立法上将允许同性恋夫妻收养儿童。为了促进同性恋家庭中儿童的经济和情绪健康，美国儿科学会（AAP）支持同性恋的合法婚姻权，并且支持在立法上允许同性伴侣收养另一半的孩子。

你的立场是什么？

同性恋婚姻是一个有争议的问题。你支持同性恋婚姻吗？为什么支持，又为什么不支持？

你知道吗？

大约 65 000 个儿童生活在同性恋父母的家庭。大受欢迎的情景剧《摩登家庭》（*Modern Family*）或许就反映了这一趋势，这部剧中包括一个有特点的现代家庭——同性恋伴侣卡梅伦和米切尔收养了一个叫莉莉的越南裔女孩。

收养家庭

历史上所有的文化中都有收养现象出现。不仅是不能生育的人，单身的人、老人、同性恋夫妻，以及已经有自己亲生孩子的人也会成为收养父母。据估计，60% 的合法收养是通过继父母、亲戚（通常是祖父母）来进行的。2004 年，18 岁以下的 150 万个美国儿童（大约有 2.5%）是和至少一个收养家长生活在一起。

收养一个孩子会面临特殊的挑战：使被收养的孩子融入家庭中，向这个孩子解释收养问题，帮助孩子发展对自我的健康感觉，最终可能帮助这个孩子找到并联系他们的亲生父母。就他们的积极发展结果而言，双亲家庭中被收养的孩子和亲生孩子发展得同样好，两种孩子与他人交流的能力也没有显著差异。从认知上看，收养通常是有益处的。对 17 767 个被收养儿童的分析中，相对于在亲生家庭或关爱机构中的孩子，被收养的儿童在 IQ 测验上得分更高，并且在学校表现更好。他们的 IQ 成绩与他们被收养的兄弟姐妹和未被收养的同龄人相同，但是他们在学校的表现和语言能力可能会落后。

大约 17% 的收养是跨种族的，很多情况下是白人父母收养了亚洲裔或拉丁裔的孩子。不同的州在监管跨种族收养的规则上有所不同，有些州将同种族的收养作为优先，而其他州则并不将种族作为是否批准收养的一个因素。

自 1978 年以来，美国家庭对国外出生的孩子的收养数量，增长了将近三倍（从 5315 人增长到 20 679 人），收养国外儿童会带来特殊问题吗？除了发展中国家的孩子有着营养不良或其他严重的医疗条件等问题外，很多研究并没有发现这些孩子在心理健康、学校适应和表现、在家中可观察的行为或者他们处理被收养这件事情的方式等方面有显著的问题。然而，并非所有的国际收养都进展顺利，尤其是那些接受的关爱低于标准或者被收养时年龄较大的孩子。例如，1 岁之后被收养的孩子，相比于 1 岁前被收养的孩子，在他们的依恋模式上更可能表现出混乱。

兄弟姐妹间的关系

“还给我！”艾米丽冲着她的弟弟约翰大叫，“那是我的！”“这不公平，”6 岁的约翰听而不噘嘴说道，“这本来就应该分享的，所以你就是该分享给我。”他们的母亲进了屋子，叹了口气。“快别闹了孩子们，不然我们一会儿就不去公园玩了，”她警告道，“艾米丽，你年纪大，你应该更明白道理。”虽然艾米丽和约翰瞪了彼此一会儿，但是没过一会儿，他们就又在一起愉快地玩耍了。

兄弟姐妹会互相影响，这种影响并不仅仅通过他们的互动实现，也同时会通过影响另一个人与家长的关系来实现。父母与年长孩子的互动经历会影响他们对年龄较小的孩子的期待以及互动方式。与此相反，孩子建立的与父母相处的行为模式会“扩散”到孩子与兄弟姐妹相处的行为模式中。在对 101 个英国家庭的研究中，当亲子关系是温暖和有感情的时候，兄弟姐妹间的关系也会是很积极的。当亲子关系有冲突的时候，兄弟姐妹间也更可能有冲突。

兄弟姐妹间的关系可能为冲突解决提供一个实验室。在争吵之后，他们会努力尝试重归于好，因为他们知道他们每天都会看见彼此。他们学习到，表达生气并不意味着这段关系就结束了。孩子们更容易与同性的兄弟姐妹争吵，两兄弟之间的争吵比姐妹间、兄妹间、姐弟间更多。

>> 同伴群体与儿童发展

虽然父母离异，但艾米丽并不用因此转学，这让她非常开心。尽管艾米丽有很多朋友，也受到大多数同龄人的喜欢，但她天性还是有些害羞，进入新的社交环境会让她十

多元化视角

隔代抚养

大多数家长都对隔代抚养非常期待，因为他们既可以体验和孩子相处的快乐，又不用担负为人父母的责任。在美国，祖父母们通常觉得自己可以尽情地对孙辈表达喜爱之情，并且人们一般会认为祖父母怎样宠爱孩子都不为过。但是在现代社会，不断变化的人口学情况正在逐渐扭转这种预期中的关系，这样的变化是世界范围的，绝不仅仅发生在美国。

在美国，越来越多的祖父母扮演着一种“后备父母”的角色，因为孩子的真正父母没有能力照顾好自己的儿女，而这种情况通常是由青少年期怀孕、药物成瘾、疾病、离婚和早逝造成的。2004 年的统计数据显示，有大约 2% 的儿童与祖父母同住。黑人儿童比其他人种的孩子更容易生活在祖父母主导的家庭环境中，大约 1% 的非拉丁裔白人与祖父母同住。

在拉丁美洲和亚洲等地区的许多发展中国家，大家族的居住方式占主导地位，祖父母在家庭中通常是至关重要的角色。在发展中地区，祖辈抚养孩子的原因之一是农村中青年的进城务工。而在撒哈拉以南的非洲，艾滋病的流行使许多儿童成为了孤儿，这也迫使祖父母不得不承担养育孙辈的责任。如今，这种隔代抚养形式的家庭存在于世界各地。

大多数承担起了养育责任的祖父母非常爱他们的孙辈，因此他们舍不得让孩子被一个陌生的家庭收养。但是祖孙之间的年龄差距很可能在隔代抚养中形成障碍，使两代人都产生一种脱离传统角色的困惑。另外，上了年纪的祖父母可能很难跟上活泼好动的孩子的节奏，这也会使隔代抚养存在一些问题。

分恐惧。幸运的是，她和她最好的朋友可以不用分开，还可能在今年成为同班同学。

在童年中期，同伴群体十分盛行。在家住的近或一起上下学的孩子中，群体会自然而然地建立起来，这些群体大多由相同种族、民族和相似家庭社会经济地位的儿童组成，且他们通常年龄相近、性别相同。

同伴群体会如何影响儿童？他们被同龄人接受的程度和与朋友相处的能力又是由什么决定的呢？

同伴关系的积极和消极影响

当儿童渐渐远离父母的影响范围时，同伴群体为他们提供了认识世界的崭新视角，也让他们能更自由、独立地对事物进行判断。在这一阶段，儿童必需的社会交际和形成亲密关系的能力得到了发展，同时，他们也在同伴群体中获得了一种归属感，拥有了实现目标的动力和对自己身份的认同。同伴群体能够帮助儿童学会如何与社会环境和谐相处——如何调节自己的需求和欲望，使之与他人的需求相适应；什么时候应该屈服，而什么时候应该坚定自己的立场。另外，同伴群体还能提供情感上的安全感——当儿童发现并非只有自己会怀有一些必定遭到大人厌恶的想法时，他们可能会暗地里松一口气的！

当然，同伴群体也可能对儿童有一些消极影响，例如强化他们的偏见，即对外来者不友好的态度，这种偏见尤其针对属于一些特定种族或民族的个体。对于那些发现自己成为了被歧视对象的孩子来说，偏见和歧视

图 13–3　对受欢迎程度进行测量

可能会导致他们的抑郁和行为问题。青春期前的孩子尤其容易受到来自同伴群体的压力影响，而去尽量与同伴保持一致。通常情况下，孩子们从商店偷东西或嗑药等不良行为，都是在有同龄伙伴陪伴的情况下发生的。

同伴群体关系中的性别差异

男孩和女孩的同伴群体会有不同类型的活动方式。由男孩构成的“小团体”会出现更多与男性性别相符合的行为，他们的群体规模较大，有较完善的包含领导角色的阶层系统，也会出现更多竞争和打斗性的游戏或行为。而在女孩的群体中则会有更多亲密的交谈，这种互动具有亲社会性和互相支持的特点。值得注意的是，女孩比男孩更容易出现一些跨性别的行为，如团队运动等。

那么，儿童为什么会将自己分类到某个性别，并参与如此不同的活动呢？大家最认可的一个原因是男孩活动水平更高，玩耍起来也十分精力充沛。但是社会化的影响似乎

你知道吗？

斜视的儿童收到的生日聚会邀请少于其他儿童。

也在其中起了作用，即使非常活跃的女孩也更倾向于和同性伙伴待在一起。由同性组成的同伴群体能够帮助孩子了解哪些行为对自己的性别来说是合适的，也让他们能够在自我评价中形成性别角色的意识。

你受欢迎吗

在童年中期，儿童在同伴群体中的受欢迎程度变得尤为重要。受到同伴欢迎的学龄儿童在青少年时期更可能展现良好的适应能力，而不能很好地和同伴相处的儿童则更可能出现心理问题、辍学或出现违法行为。同伴的拒绝还可能对儿童的学业表现造成影响，例如，研究显示，被同伴拒绝的儿童的课堂参与度会较低。

研究人员通过同伴提名法来测量儿童的受欢迎程度——孩子们被要求选择他们最喜欢和最不喜欢的小伙伴，随后研究人员根据这些回应统计出每名儿童被正向提名和负向提名的次数。这些社会测量学研究将同伴地位分为五类：受欢迎的，即多次被正向提名的儿童；被拒绝的，即多次被负向提名的儿童；被忽视的，即被正向、负向提名次数都很少的儿童；争议性的，即被正向、负向提名次数都很多的儿童；普通的，即被正向、负向提名次数都不多不少的儿童。

受欢迎的儿童通常有很好的认知能力和解决社会问题的能力，在一些方面有所成就，乐于帮助其他孩子，并且在不妨碍他人或不出现攻击性行为的前提下坚持自己的观点。这些儿童优于他人的社交技巧让别人更愿意和他们共处。

而导致另一些儿童不受欢迎（如被拒绝、忽视等）的原因有很多，如他们自身非常好斗、过度活跃、离群或对周围事物表现得毫无兴致。除此之外，行为愚笨、幼稚、焦虑或其他种种原因都可能让儿童不被同伴喜欢。不受欢迎的儿童通常对其他孩子的感受非常敏感，对新环境的适应能力也很差。一些不受欢迎的儿童并不希望得到别人的青睐，这也成为了一个自我实现的预言。

友谊

儿童可能会在群体中度过大部分的闲暇时光，但与他人建立一段友谊时，他们是作为个体存在的。前文提到的受欢迎程度是存在于同伴群体中的概念，而友谊则是一种双向过程。

儿童通常会寻求与那些年龄相仿、性别相同且具有共同兴趣爱好的同伴成为朋友。一段坚固的友谊需要双方有相同程度的投入，以及“礼尚往来”般的相互给予与索取。尽管儿童更倾向于和相同种族背景的孩子交朋友，但跨种族的交往却未必没有益处，一项以 509 名四年级儿童为对象的研究显示，跨人种或民族的友情与良好的发展结果存在联系。

让我们将目光转回前文提到的受欢迎程度，那些在群体中不受欢迎的儿童也可能会交到朋友，但和受欢迎的儿童相比，这些孩子的朋友更少，且倾向于和比自己年纪小或外班、外校的孩子建立友谊。

那么，为什么朋友如此重要呢？在一段

友谊中，儿童学会如何与他人沟通、合作，而当经历进入新学校或父母离婚等压力事件时，朋友们也会互相帮助来渡过难关。即便朋友之间会出现无法避免的争吵，儿童也能从中学到解决冲突的方法。友谊似乎可以帮助儿童建立自尊，不过也有另一种可能，即高自尊的儿童更容易交到朋友。

随着年龄的变化，儿童对友谊的概念和与朋友交往的方式也在变化，这种变化反映出他们认知能力和情绪能力的发展。学前儿童只是在一起玩耍，而学龄儿童的友谊则更加深刻、稳定，相互作用也更强。在儿童的认知能力发展到能够同时考虑自己和他人的观点、需求之前，真正的友谊是无法建立的。

到了学龄期，儿童已经能够根据亲密程度和相处的时间区分“最好的朋友”“好朋友”和“普通朋友”了。这个年纪的儿童一般会有 3~5 个最好的朋友。相对于交到更多朋友来说，学龄期的女孩更在意自己是否拥有几个非常亲近的、可以信赖的朋友。男孩会有比女孩更广的朋友圈，但他们和朋友间的关系却不像女孩之间那么亲密。

攻击行为和欺凌行为

在学龄初期，儿童的攻击行为会逐渐减少，形式也会发生变化。6~7 岁以上的大多数儿童会变得不再那么以自我为中心，能够更好地体会他人的情感，更愿意进行合作，也更擅长与人交流，这些变化使他们的攻击行为逐渐减少。在这个年纪，他们能够从他人的角度思考问题，理解他人的行为动机，在维护自己的观点时也会采用更积极的做法，而非一味攻击。儿童的攻击行为可以分为两种：一种是工具性攻击，即为了达到某种目的的攻击，学前儿童身上经常出现这种行为，但在学龄期工具性攻击已不再常见；相对的，虽然学龄儿童攻击性行为整体减少，但另一种攻击行为，即敌对性攻击的数量却增加了，敌对性攻击是指为了伤害他人而进行的攻击，一般通过语言而非肢体冲突的方式实现。男孩通常仍会采用比较直接的攻击性行为，而女孩则越来越多地采用社会性、间接性的方式进行攻击。然而，最近一项元分析的结果显示，攻击性行为的男女差异非常微小，这对人们一般概念中间接性攻击基本是女性专利的观点提出了质疑。

有很小一部分的儿童似乎在成长过程中没能学会控制身体攻击行为，并且倾向于采用一种敌意归因的方式理解社会信息，如直觉般地认为其他儿童的行为带有敌意。这些以男孩为主的儿童很容易出于自我保护而迅速对他人进行攻击，也更容易出现社会和心理问题。这些儿童明显不能很好地理解和解读社会暗示，但我们仍不能确定攻击行为是这些问题的诱因，或是由这些问题激发的，抑或是二者皆有。

由于人们通常会对那些行为具有攻击性且针对自己的人有一种敌对的态度，容易将他人行为解读为具有敌意的倾向可能会促使一个攻击性行为循环的形成。在 6~12 岁，敌意归因的倾向变得更加普遍。更令人担心的是，高攻击性的儿童常常会去怂恿其他孩子，使他们出现一些反社会行为。因此，在学龄期具有身体攻击性的儿童在青少年期就可能出现犯罪行为。而从发展的角度考虑，很多因素都可能是儿童在 6~12 岁出现身体攻击行为的原因。例如，最简单的性别因素——男孩比女孩出现身体攻击行为的可能性更大；另外，自身的防御性特质、父母离异、父母早育、家长控制性的养育方式等都可能是导致攻击性行为的风险因素。处于充满排斥和拒绝的环境中的儿童，或是家庭教养方式非常严格的儿童都可能具有敌意归因的倾向。

尽管具有攻击性的儿童通常不被其他孩子喜欢，但有些具有身体攻击性行为的男孩和具有关系性攻击行为，如在背后说其他孩子坏话或排挤他人的女孩，反而被人们认为是班级中最受欢迎的孩子之一。一项针对四年级儿童同伴拒绝现象的研究发现，具有攻击性的男孩在五年级结束时在班内的地位有所上升。这一结果显示，那些在学前儿童看来应该极力避免的行为，在青春期前的孩子眼中却是很酷而极具魅力的。而另外一项由905名来自城市的五至九年级儿童参与的跨种族纵向研究显示，当儿童步入青春期后，同伴群体的环境不再那么赞成身体攻击行为，但关系性攻击行为的出现却可以正向预测儿童在群体中的地位，这种联系可能会进一步加强儿童的关系性攻击行为。

而在这种过程中，成年人可以教会孩子如何及时并正确地认识和控制自己的愤怒，从而帮助他们克制攻击性倾向。在一项实施于纽约某学校的研究中，参与项目的儿童会更多地被置于冲突解决的环境，在这样的环境中，大家会用讨论和团体角色扮演等方式解决问题。研究结果显示，参与项目的儿童和未参与的儿童相比会有更少的敌意归因倾向、攻击性行为和行为问题，同时能够对社会情境做出更有效地反应。

媒体对攻击行为的影响

“求你了！求你了！妈妈！”艾米丽央求着她的母亲，“我真的好想看这部片子！它的分级不过是PG-13级（13岁以下儿童必须要有父母陪同观看）而已，我的朋友们都已经看过了！”

随着电视、电影、电子游戏、手机和电脑等大众传媒在儿童的日常生活中担当起越来越重要的角色，理解它们对于儿童行为的影响就变得尤为重要。除了上学和睡觉外，儿童花在娱乐性媒体上的时间多于其他任何活动。美国儿科学会公共教育委员会在2001年建议家长将儿童每天接触媒体的时间控制在1~2个小时。但现状是，孩子们平均每天有长达4小时的时间都待在电视或电脑屏幕前。

在美国媒体中，暴力元素的存在非常普遍。大约每10部电视节目就有6部包含描述暴力场景的画面，大部分都经过美化修饰或淡化处理；音乐录影带中包含大量针对女性和黑人的暴力内容；电影、音乐和电子游戏产业也向儿童销售了大量含有暴力或成人内容的产品。最近，一项针对美国儿童的研究统计了40部由于暴力内容被评为R级（限制级，17岁以下儿童必须由父母或成人陪同观看）的影片被儿童观看的情况，结果显示，在大约2200万10~14岁儿童中，观看过这些影片的人数比例的中位数为12.5%，其中最受欢迎的电影《惊声尖笑》曾被超过1000万名儿童观看。

由于儿童和媒体互动的时间非常可观，他们所看到的画面很可能成为他们主要的行为榜样，以及了解人们行为方式的信息源。过去50年内针对接触电视、电影和电子游戏中暴力元素的研究证据显示，在媒体暴力和观看者自身的暴力行为之间存在因果关系。

那么，媒体暴力是如何导致长期的攻击行为的呢？一些纵向研究结果显示，接触媒体中的暴力内容可能会对儿童出现攻击行为的风险产生长期影响，而这种影响的形成建立在儿童自发的观察性学习、去敏感化和亲历学习上。媒体中呈现的这类内容激起了儿童发自内心的兴奋，却没有向他们展示人们这样做的损失或代价，使孩子们被误导而认为攻击性行为是可以被接受的。当儿童看到媒体中的角色通过暴力行为达到了自己的目的时，他们很容易得出这样的结论——使用武力是解决冲突的有效途径！已有研究证明，随着重复观看次数的增加，儿童对暴力场景的消极反应强度逐渐下降。而暴力场景的描绘越真实，儿童对它们的接受程度就越高。而且，一开始就具有攻击性的儿童，在这一方面的发展会更加糟糕，和其他儿童相比，他们受到媒体暴力的影响会更大。

而另一项针对电子游戏和网络中的暴力内容造成影响的研究表明，在导致儿童长期暴力行为的增加方面，电子游戏可能比电视

你知道吗？

最近，一项针对 8~9 岁儿童的研究显示，与在现实生活中相同，在网络中被忽视和拒绝也会导致儿童自尊的降低。

和电影的作用更大。这是由于电子游戏需要玩家积极参与，这种方式可能会对儿童的暴力行为造成正强化。一项实验研究的结果显示，年轻的电子游戏玩家会表现出更少的亲社会行为、更多的侵略性思想和针对挑衅的暴力性回击。

欺凌者和受害者

当攻击行为是故意实施，且持续针对某个特定目标，即受害者时，这种行为就上升为了欺凌。欺凌可能是物理性的（如拳打脚踢、毁坏或占有他人的物品等），也可能是语言性的（如辱骂、威胁等），还可能是关系性或情绪性的（如孤立、背后传播流言蜚语等）。男性的欺凌行为大多是公开的、物理性的攻击行为，而女性则更倾向于使用关系性的攻击行为。网络欺凌，如在网站上发布针对受害者的负面言论、贬低性照片等，也变得越来越普遍了。手机、短信、邮件和聊天室的日益流行，为欺凌行为的发生提供了新的“平台”。在这些平台上，家庭和社会对受害人的保护作用不复存在，这让他们不得不孤零零地面对所有攻击。

欺凌行为可能向我们展示了在攻击行为的形成中，遗传倾向和环境影响的共同作用，例如强制型的父母和具有反社会倾向的朋友都可能促使儿童出现欺凌行为。在大多数欺凌行为中，男孩的伤害目标通常是男孩，而女孩则倾向于以其他女孩为目标。

在美国，大约有 24% 的小学、42% 的初中和 21% 的高中报告称，在校内发生的学生欺凌行为的频率为每周至少一次。在其他工业化国家中也存在欺凌行为的问题。一项由来自欧洲 34 个国家的 50 000 名儿童参与的研究显示，大约 1/3 的儿童称他们曾经欺负别人、被别人欺负或二者皆有。

和欺凌行为的变化轨迹不同，随着儿童年龄的增加，他们被他人欺负的可能性在稳定下降。这是因为孩子们逐渐学会了如何阻止欺凌行为，因此可能成为被害者的群体变小了。大多数受害者都非常弱小、被动、虚弱和顺从，甚至可能在被其他孩子欺负时感到自责。而另外一类受害者则经常挑衅他人，这种行为会刺激攻击者，而这类受害人很可能自己也会去欺负其他孩子。

使一个孩子容易成为欺凌行为受害者的风险因素似乎不存在明显的文化差异。受害者通常不太合群，他们可能会有焦虑、抑郁、小心翼翼、沉默、温顺、易哭等特点，也可能喜欢与人争辩或挑衅他人。他们的朋友很少，并且很可能生活在严厉、惩罚性的家庭环境中。一项由 5749 名加拿大儿童参与的研究显示，那些超重的儿童更容易成为欺凌的实施者或被害者中的一员。

欺凌会对实施者与被害者都造成一定伤害，甚至是毁灭性的打击，尤其是情绪性的欺凌。欺凌行为已经成为不良行为、违法犯罪和酗酒的风险因素之一。在 1994 年以来的一系列校园枪击案中，嫌疑人通常曾是校园欺凌行为的

你知道吗？

孩子们似乎把肥胖看得像传染病一般，这也使超重的儿童更容易受到蔑视。

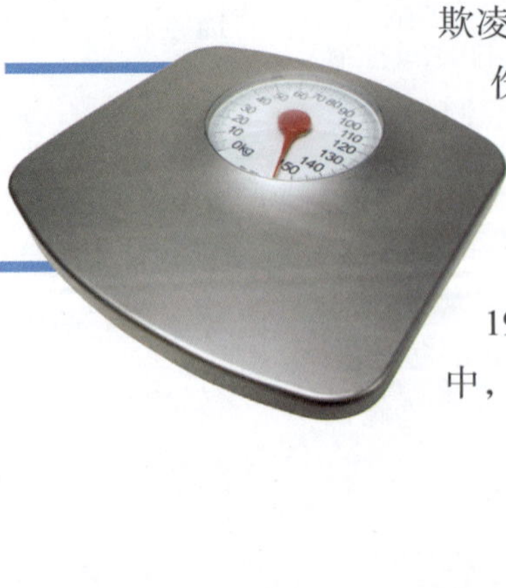

受害人。长期被欺负的儿童在发展过程中倾向于出现更多的行为问题，他们自身可能会更具攻击性，也更容易出现抑郁倾向。更糟糕的是，大量欺凌行为的发生会影响整个学校的氛围，造成学生学习成绩不良、对学校产生疏离感、头疼、胃疼、厌学和经常缺课等不良后果。

美国卫生与人类服务部推广了一项名为“走向尊重”的项目，该项目针对三至六年级的儿童，主要有以下三个目标 :（1）促使学校工作人员意识到欺凌行为的存在，并对此采取应对措施 ;（2）帮助学生学习社会交往和情绪调控的技巧 ;（3）培养学生的社会责任感。一项由 1023 名三至六年级儿童参与的随机对照研究显示，当儿童参加该项目后，发生在运动场上的欺凌行为、争辩行为都有所减少，旁观欺凌行为并煽动气氛的儿童也变少了，而孩子们之间友好的互动则有所增加。但针对更大范围的该类干预项目的研究分析显示，虽然这些项目有利于增加儿童的自尊和社会竞争力，但它们对于减少欺凌行为的作用却很小。

测试一下

CHAPTER 13 学龄期儿童的心理社会性发展

学习目的	自测	你在哪里可以找到答案
	□ LearnSmart □ connect Chapter 13 Quizzes	

学习目的 13.1

总结儿童在自尊、自我概念、情绪理解和情绪调节方面的变化

1. 在学龄期，儿童的自我评价会出现哪两个主要变化？

____

____

____

2. 学龄期儿童自尊的发展对应埃里克森的理论中自我发展的哪个阶段？（ ）
   a. 信任对不信任
   b. 勤奋对自卑
   c. 同一性形成对同一性混乱
   d. 繁衍对停滞
3. 以下哪种特质是与良好的情绪调节能力相关的？（ ）
   a. 焦虑
   b. 移情
   c. 自我控制
   d. 攻击性

自我的发展

246~247 页

connect

MILESTONES

诺亚的自我发展

视频片段

Self Perception at 8 and 10 Years of Age

学习目标 13.2

描述家庭结构、氛围以及兄弟姐妹对于儿童心理社会性发展的影响

4. 以下哪个变量会影响母亲的职业状况对儿童身心健康的作用？（ ）
   a. 母亲的生活满意度
   b. 儿童的脾气秉性
   c. 母亲对儿童的监管程度及对儿童情况的了解
   d. 以上所有选项均符合
5. 当其他条件相同时，哪种类型的家庭结构对儿童的成长最有利？

____

____

____

6. 以下哪个选项描述的是兄弟姐妹对儿童产生的间接影响？（ ）
   a. 某儿童的父母对她满怀深情与爱意，因此她也会用同样的方式对待她的姐妹
   b. 某儿童的父母对他是个男孩感到非常开心
   c. 两名兄弟姐妹因为和对方打架而受到惩罚
   d. 在一个子女众多的家庭中，每个孩子得到父母一对一的关注会比较少

家庭与儿童发展

247~254 页

connect

视频片段

Siblings

学习目标 13.3
总结同伴群体对于儿童的积极和消极影响，并描述学龄期的典型同伴关系

7. 同伴关系带来的两个积极影响和两个消极影响分别是什么？
____
____
____

8. 对于男孩和女孩的同伴群体，最被人们所肯定的性别差异是什么？（　　）
   a. 忠诚度
   b. 活动水平
   c. 合作的意愿
   d. 在共同活动中对所有成员的接受性
9. 在一项社会经济学的研究中，马克得到了很多负向提名，而几乎没有得到正向提名，这一结果显示马克是一个（　　）的孩子。
10. 儿童通常会寻求与这样的孩子交朋友（　　）。
   a. 和自己年龄相仿、兴趣相同的同性别儿童
   b. 有助于提高自己在群体中地位的儿童
   c. 父母支持自己与之交往的儿童
   d. 对自己来说很特别的儿童
11. 有敌意归因倾向的儿童会（　　）。
   a. 倾向于有较低的智商
   b. 通常是女孩
   c. 习惯性的误解社会暗示
   d. 经常被欺负

同伴群体与儿童发展
254~261 页
connect+
MILESTONES
茱莉亚的故事

视频链接
Friendship

视频链接
Gender Stereotype Beliefs at Age 6

视频链接
Aggression

答案
1. 儿童的自我评价会变得更加全面、现实和平衡。
2. b
3. c
4. d
5. 其他条件相同时，父母婚姻状况稳定的儿童成长状况最好，哪怕这个孩子可能是收养的，或者他的父母是一对同性伴侣。
6. a
7. 积极影响包括社交和建立亲密关系中所需技巧的发展，归属感、自我认同感和情感安全感的获得，以及对如何与他人相处的学习。消极影响包括强化儿童的偏见以及容易滋生反社会倾向。
8. b
9. 被拒绝的
10. a
11. c

第 14 章 青少年的身体发育与健康

本章要点

>> 青少年期

>> 青春期

>> 大脑

>> 生理与心理健康

萨拉在她的日记里写道："太尴尬了，我今天和妈妈去买我人生中第一件内衣，她不停地挑拣并且大喊'你喜欢这件吗？这一件怎么样？'她一直不停地说这种话。她让我很生气。好像她想尽办法让我尴尬，最后我们找到了一件并且将它买回家，我穿上之后觉得很怪异。"萨拉停止了写日记，咬着她的笔头若有所思。"这一切都是那么地怪异。"她最后写道。萨拉，和所有普通女孩一样，已经进入了青春期，即她的人生过渡到了一个崭新的阶段——青少年期。

这一章中，我们将描述青春期个体身体上的变化以及它们是如何影响人们的心理的。我们认为，这是早熟或晚熟造成的影响。我们也将讨论与人生这一时期相关的健康问题，并且列出多种风险，包括饮食失调、抑郁和死亡率。

>> 青少年期

在多数现代化社会，从童年时期至成年时期的过渡并不是被一个单独的事件所能标记的，而是被一个众所知之的时间段——青少年期所记录的。**青少年期**是一个包括躯体的、认知的、情感的、社会的变化的发展过渡，它随着社会、文化、经济地位的变化而变化。本书中，我们以年龄界定青少年期：11~20 岁属于青少年期。

把青少年期看成一种社会建构

青少年期是一种社会建构。在前工业化社会，当儿童躯体上成熟或当他们开始成为一位职业学徒后便进入了成人的世界。

20 世纪之前的西方国家，人们没有将青少年期定义为人生的一个独立阶段。如今，尽管青少年期在不同的文化中有不同的形式，但它已是一个全球的概念。在世界的大多数地区，相比以前，进入成年期所需的时间更长，也不如以往那么清晰地能被分割开来。青少年期比以前开始的更早，人们能拥有一份职业的时间开始的更晚，通常需要一个更长的时期接受教育或职业训练，并为进入成年期承担责任做准备。婚姻以及它伴随的特有义务也随之比以往开始的更晚。

机遇和风险并存的时期

青少年期为成长提供了许多机会，不仅在躯体方面，而且也影响认知和社会能力、

多元化视角

青少年期的全球化

如今的年轻人生活在一个全球社区，拥有互相关联，互相依赖的网络关系。商品、信息、电子图像、歌曲、娱乐和时尚突如其来地席卷了我们的地球。从西方的青年舞蹈到拉丁节奏，印度电影中描绘了印度女孩的浪漫形象。在新西兰，毛利年轻人听非裔美国人的说唱音乐象征着他们与成人社会的分离。青少年期再也不单独是西方的现象。全球化和现代化已经引起了全球的变化。

但是，青少年期的全球化并不意味着在全球范围内青少年期是相同的。不同的、强有力的文化，塑造了青少年期在不同社会中的意义。在美国，青少年花费更少的时间和父母生活在一起，并且更少依赖他们。在印度，青少年可能会穿着西方人的衣着和使用电脑，但是他们维持着有力的家庭关系，并且他们所做的决定还经常受到传统的印度价值观的影响。在西方国家，青少年女孩会努力使自己尽可能变得苗条；在尼日尔和其他非洲国家，肥胖被认为是漂亮的。

在许多非西方国家，青少年男孩和女孩似乎是生活在两个分开的世界里。在中东国家、拉丁美洲和亚洲，青春期给予女孩更多的限制，她们的荣誉必须被保护以支持她们的家庭地位并确保适龄结婚。另外，男孩可以获得更多的自由和机动性，他们的性探索是被父母容忍并且受到同龄人的称赞。

另外，青春期提高了对性别角色的准备，特别是对世界上多数女孩来说，意味着要对家庭生活做准备。在老挝，女孩可能要每天花费两个半小时进行洗谷物的皮壳并且蒸米饭。在伊斯坦布尔，女孩必须学会当求婚者拜访时用正确的方法上茶。在一些文化中，女孩被期望花费更多的时间在家里帮忙。

随着女性的被雇用和独立自主成为金融的必需品，这个传统的模式正在发展中国家发生着不断的变化。在过去的 1/4 个世纪中，社会教育的出现让更多的女孩可以上学，打破了对女性活动的禁止和限制。受过更好教育的女性倾向于较晚结婚并且生更少的孩子，这让她们能在崭新的科技社会中寻找有技能的工作。

文化的变化是错综复杂的，它既是解放的，也是富有挑战的。今天的青少年也在发展一个新课程，该新课程并不能确定会引导大家走向何处。

自主性、自尊和性行为等多个方面。能够从父母、学校和团体中获得支持性联系的年轻人倾向于发展一个积极健康的方式。然而，美国的青少年今天也面对着对他们躯体健康和心理快乐的冒险，其包括意外事故、他杀和自杀导致的高死亡率。

冒险行为可能反映出了青少年大脑的不成熟，但是一个全国性针对 14 000 名高中生的调查揭示了鼓舞人心的趋势。自 1990 年以来，学生正在变得更少使用酒精、烟草或大麻；更少的人不系安全带驾驶汽车或乘坐醉驾司机的汽车；更少人携带武器；更少人拥有性交行为或不戴安全套发生性行为；更少人尝试自杀等。这种冒险行为的避免提高了年轻人在身体健康、心理健康中度过青少年期的可能性。

>> 青春期

在青春期发生的一项重要的躯体上的变化就是，一旦青春期来临，这个进程会导致性成熟或生育能力，即繁殖能力。**青春期**包括戏剧化的生物学的变化。在接下来的部分里，我们将讨论标志着青春期开始的荷尔蒙的变化，随后我们将集中注意于这个时期发生的变化。最后，我们将讨论早熟或晚熟对心理造成的影响。

青春期的开始：荷尔蒙的变化

萨拉在她的青春期的外部标志——胸部发育来临时，得到了她的第一件内衣。然而，这些变化只是历时较长的、复杂的，甚至从出生之前就开始的成熟进程中的一部分。

青春期是由于各种各样的激素的生产导致的（见图 14-1）。下丘脑中促性腺激素释放的激素，导致两个重要激素的繁殖，即促卵泡成熟激素和促黄体生成素。对女孩而言，促卵泡成熟激素水平的增加导致月经的到来。对男孩而言，促黄体生成素开始了睾丸素与雄烯二酮的分泌。有两个阶段标志着青春期：肾上腺的激活以及几年之后性器官的成熟。

青春期的第一个阶段发生在 6~8 岁。在这个阶段，位于肾脏上方的肾上腺逐渐增加雄性激素的分泌，主要是脱氢表雄酮。在 10 岁之前，脱氢表雄酮的水平是个体在 1~4 岁的 10 倍，它影响阴毛、腋毛、面部毛发的发育，同时也加快了身体发育，增加皮肤油性以及身体气味的增加。

性器官的成熟引发了脱氢表雄酮的第二次突发性生产，促进其上升到成人水平。在这个阶段，女孩的卵巢增加了雌性激素的产生。雌性激素能够促进女性生殖器以及阴毛和腋毛的成长。对男孩而言，睾丸增加了雄性激素的生产，特别是促进男性的生殖器、肌肉质量和体毛发展的睾丸素。男孩和女孩拥有相同类型的激素，但是女孩拥有更高水平的雌激素，男孩拥有更高水平的雄激素。对女孩而言，雄性激素影响阴蒂、骨骼、阴毛和腋毛的成长。

这些激素活动的突然增加的精确时间取决于人体是否达到了完成生产（生育）所需要的最低的脂肪量，

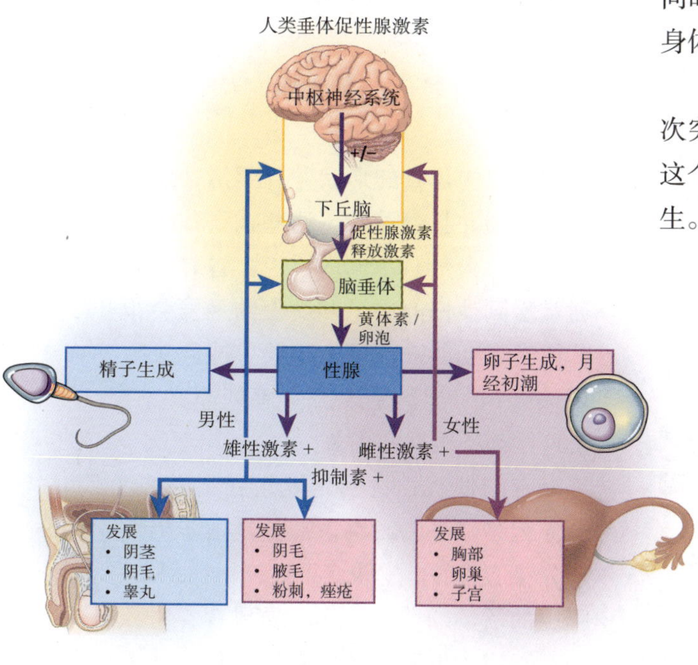

图 14-1　人类青春期开始与发展的调控

你知道吗？

阿帕契族用四天唱赞歌的仪式庆祝女孩的第一次月经。

至少对女孩来说是这样。因此，在早期童年中拥有更高水平的脂肪以及那些在 5~9 岁时肥胖的女孩，她们会表现出青春期发育的提前。研究表明，与肥胖有密切联系的一种激素——瘦素的积累，可能是体脂与早熟的桥梁。瘦素的增加标志着脑垂体和性器官分泌激素的增加。

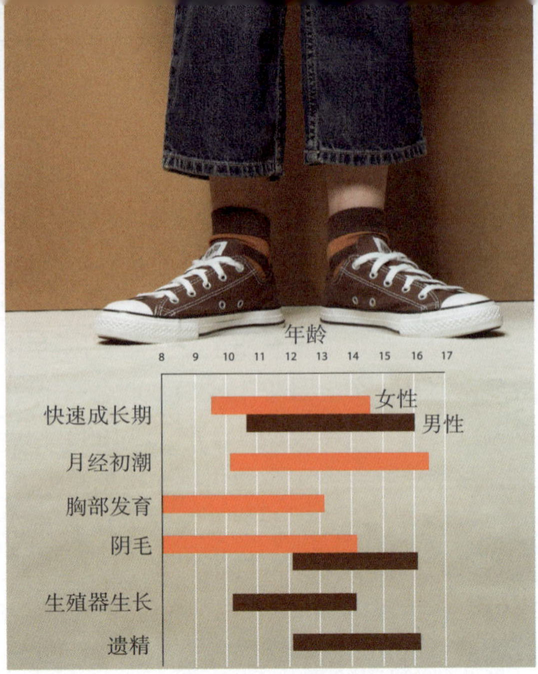

图 14-2　典型的青春期标志出现的时间

青春期与性成熟的时机、标志和结果

标志青春期来临的变化，对于女孩来说通常开始于 8 岁，而男孩开始于 9 岁，但是在一个较大的年龄段中，也会存在多种多样的变化（见图 14-2）。近期，儿科医生发现了数量可观的女孩 8 岁以前胸部开始发育。青春期发育对男孩和女孩而言，都需要花费 1~4 年的时间。一般而言，非裔美国女孩和墨西哥裔美国女孩进入青春期比白种人要早一些。一些非裔美国女孩最早在 6 岁就会经历青春期变化。

第一性征与第二性征

第一性征是繁殖的必需器官。对女性而言，性器官包括卵巢、输卵管、阴蒂和阴道。对男性而言，性器官包括睾丸、阴茎、阴囊、精囊和前列腺。在青春期，这些器官开始发育和成熟。

第二性征（见表 14-1）是性成熟（不直接包括性器官）的生理标志。例如，女性乳房的发育和男性肩膀的变宽。其他第二性征表现在声音、皮肤结构、肌肉发育、阴毛、胡须、腋毛和体毛的变化等方面上。

表 14-1　第二性征

女孩	男孩
胸	阴毛
阴毛	腋毛
腋毛	肌肉发展
变声	胡须
皮肤触感变化	变声
骨盆加深加宽	皮肤触感变化
肌肉发展	肩膀变宽

我们只可以描述某些青春期事件发展的大致平均年龄，没有办法描述具体年龄。

青春期的标志

青春期典型的第一个外部标志是女性乳腺组织和阴毛，男性睾丸的变大。女孩乳头的变大和凸起，有颜色的乳房晕环绕在乳头周围并扩大；胸部呈现圆锥形，之后变成圆形。

阴毛起初是直的形状并且柔滑，最终呈现黑色粗糙并且卷曲状。这些在男孩和女孩身上出现时会带来不同的反应。青春期的男孩通常看到他们的脸上和胸上的毛发会很开心，但青春期的女孩则会对脸上或乳头附近出现的哪怕一丝丝毛发都会感到非常不安，即使这些都是正常的现象。

声音的低沉，特别是发生在男孩身上，部分原因是喉头的发育，部分是由于男性荷尔蒙分泌造成的。皮肤变得更加粗糙和油滑。皮脂腺的活动的增加可能会导致青春痘和黑头。青春痘多见于男孩，它可能与睾丸素数量的增加有关。

青少年的生长陡增

女孩的青少年生长陡增通常开始于9~14岁半，平均在10岁，而男孩开始于10岁半至16岁，平均在12岁、13岁左右（见图14-3）。青少年的生长徒增通常会持续2年，在结束后不久，年轻人便达到了性成熟。性成熟通常是以有机体可以繁殖的年龄来定义的。生长激素和性激素、雄性激素和雌性激素，都导致了正常的青春期成长。

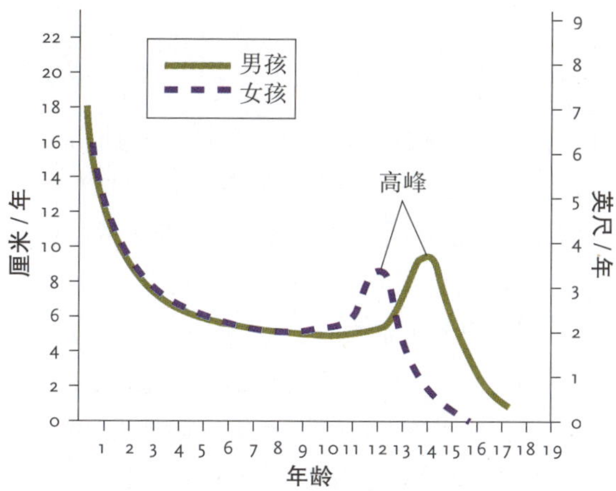

图 14–3　青少年生长图表

由于女孩的生长陡增期通常比男孩早2年，因此女孩在11~13岁身高、体重、健壮程度都会高于同龄男孩。经历过生长陡增期之后，男孩会像之前那样更加强壮。女孩通常在15~17岁身高达到最高值。男孩和女孩的成长是不同的，不仅表现在成长的速度上，而且也表现在成长的形式和形状上。男孩整体都会变得更加强大：拥有更宽的肩膀，腿相对于躯体而言变得更长，前臂相对于上臂和身高而言变得更长。女孩的骨盆为了顺利分娩变得更宽，皮下脂肪层开始积累，这让她拥有一个更圆润的外表。女孩的脂肪积累比男孩要快2倍。

由于每个变化都有其时间表，因此一段时间里身体的一些部位可能会不成比例。结果造成了青少年一些常见的笨拙现象，这个现象伴随着不平衡的、快速的成长。

青少年突出的身体变化影响其心理变化。大多数青少年对自己外表的关心要比自己的其他方面更强烈，甚至一些青少年个体不喜欢在镜子中看到的自己。正如我们在接下来的部分讨论的一样，青少年的这种态度可能会导致饮食失调。

性成熟的标志

性器官的成熟导致女孩月经的开始以及男孩开始产生精子。男孩最主要的性成熟标志是产生精子。第一次**射精**平均发生在13岁。男孩可能醒来发现在床单上有一块湿的或已经干了变硬的斑点，这就是夜间进行的无意识的射精（通常是指梦遗）。

女孩性成熟最主要的标志是月经，即子宫内膜每个月的脱落。女孩的第一次月经叫作**初潮**，它发生在女性一系列发展之后，通常在10岁至16岁半（见表14-2）。平均而言，黑人女孩的初潮发生时间紧接着12岁生日，而白种女孩则大约在12岁半以后。

青春期到来时间的影响因素

基于对史料的追踪，发展心理学家发现，青春期开始的时间与个体达到成人身高与性成熟年龄之间的相关有降低的趋势。这个趋势也包含了成人身高和体重在100年来的增加现象，美国、西欧和日本都存在此现象。

对这种长期趋势的存在，一种解释即人们的生活水平不断提高。更健康、更好地被养育和照顾的儿童，也可能更多被期望成熟的更早，成长的更强大。因此性成熟的平均年龄在发达国家要比发展中国家更早。因为体脂可能是20世纪后期美国年轻女孩肥胖的

你知道吗？

一些研究者提出了对双酚A的关心，它是一种在许多塑料制品中发现的类似雌激素的物质。有些研究发现双酚A会影响人类内分泌的功能，尽管这种研究结果还是有争议的。一些研究者猜测它可能是导致青春期早熟的一个因素。你可以通过确保购买那些无双酚A的产品，以避免这些潜在的风险。

重要原因。

遗传、物理、情绪和环境作用的结合可能会影响初潮的时间。双生子研究证明了初潮年龄的遗传性。其他研究发现，如果两代之间营养和生活水平相对比较稳定，那么女孩第一次月经的年龄就和她母亲类似。在一些研究中，家庭冲突和女孩的月经提前有密切的联系，而父母的温暖、和谐的家庭关系、父母对养育孩子的卷入程度则与月经推迟有联系。另一方面，家庭破裂与分居，以及儿童虐待都与月经提前存在联系。

家庭关系是怎样影响青春期发展的？一些研究者认为，释放一种有气味的化学物品以吸引异性，可能在此过程中起着作用，这种联系更可能是以压力为中介。换句话说，来自家庭关系不和谐的压力，可能激发了女孩子更早的青春发育。在较高压力水平的家庭里长大的女孩，无论压力的来源是什么，都倾向于更早有月经初潮。

你知道吗？

不仅青春期是受压力影响的一个发展方面。创伤性经历的压力也可能会造成个体黑暗的牙釉质，使其像树木的年轮，标志着过去的岁月。

早熟与晚熟的含义

青春期的到来的年龄在正常男孩和女孩身上有 5 年的波动。早熟增加了骨骼发育，同时也增加了与成人健康问题相联系的社会心理问题出现的可能性，如生殖系统癌症、肥胖、II 型糖尿病以及心血管疾病等。早熟与晚熟的其他影响对男孩和女孩有所不同，成熟的时间会影响青少年的心理健康，以及他们成年期的那些与健康相联系的行为。

对男孩早熟的研究有不同的结果。一些研究发现早熟的男孩倾向于比晚熟的男孩拥有更好的适应性。然而，其他的研究表明早熟的男孩可能比晚熟的男孩更焦虑、更具攻击性、对外貌更加焦虑，并受到各种规则制度的束缚。另外，早熟的男孩可能在物质使用和过失行为上存在更大的风险。早熟的男孩在青春期拥有更高的品行障碍，也更可能发生行为障碍。但是，晚熟的男孩被发现会有更多适应不足、自我意识、被拒绝、被控制等感受；他们的依赖性、攻击性、不安全感、抑郁情绪也更强烈；而且他们与父母也会有更多冲突，在学校会有更多的麻烦；社交处理技能也更差，并且很可能有攻击性行为。

女孩如果青春期发育时间与其他人一致，一般会更开心。早熟的女孩会更易感到焦虑与抑郁，表现破坏性行为、饮食失调、吸烟酗酒、药物滥用、过早的性行为、早孕以及尝试自杀。她们在处理拒绝的问题上通常有困难，并且倾向于比同伴使用更少的问题解决技巧。然而，这对于没有行为问题历史的女孩来讲，发生的可能性很低。对男孩和女孩而言，早熟的个体更倾向于受到行为问题以及偏轨同伴的影响。晚熟的女孩一般开始与异性约会的时间也更晚。通常来讲，比起“适时发育”的女孩，晚熟的女孩通常不会去承担那些自己还未拥有丰富心理能力应对的风险应对个人压力。要想概括青春期发育时期的心理影响很难，因为这取决于青春期的个体以及周围世界的人们如何解释这些伴随着的变化。诸如种族、学校、邻居等环境因素都可能造成影响。例如，非裔美国人和西班牙裔的晚熟者，就报告说对其身体拥有更少的满意度，但是对美裔亚洲人与美裔欧洲人的个体而言，青春期发育的时期似乎不会影响他们的躯体意象。并且，普通学校中早熟的女孩比女子学校中的会拥有更多的行为问题，这个现象在贫困的都市群体中要比郊区或中级都市中的群体更严重。

>> 大脑

萨拉写道：“今天我遇到了一个大麻烦。平时我表现都很良好，但今天西沃恩让我和她一起逃课，尽管我知道这会让我惹上麻烦，但我不管怎样我还是做了。我不知道我在想什么。”

不久之前，许多科学家坚信大脑在青春期之前已经得到充分的成熟了。现在影像学的研究揭示，青春期的大脑仍然是一个半成品。大脑中引人注目的变化包括情感、判断、行为组织、自我控制，这些均发生在青春期至成年早期。

你知道吗？

由于大脑在持续发展，最高法院可以对违反宪法的 17 岁甚至更小的凶手判处死刑。

额叶皮层

青少年加工信息的方式与成人不同。为了理解青少年大脑的不成熟，我们需要了解前额叶在结构和成分方面的变化。首先，联结大脑不同部位的神经纤维，即白质有了稳定的增加，它们增加了大脑中的信息传递速度。对青少年而言，这个过程在大脑额叶继续发展。同时，前额叶灰质的数量也飞速增加。其次，童年时期还不起作用的树突联结在青少年期会被修剪，这导致灰质密度的减少，使神经细胞因此增加了大脑的活动效率。这个进程开始于大脑背部，并且逐步向前移。因此，青少年发育的中晚期会拥有更少，但是更加强壮平滑且更有效率的神经联结，这会使其认知加工的效率更高。然而，这个进程需要花费时间，而且大多数情况下它在青年期之前还不能到达额叶。处于发展状态的额叶皮质系统与动机、冲动型、成瘾行为相联系，因此，我们可以从这些现象中理解为什么青少年倾向于寻求刺激与新颖，以及为什么多数人认为集中注意于长期目标会很困难。

环境影响

认知刺激会使青少年的大脑发展有所变化。这个过程是双向的，青少年的活动和经验决定了哪些神经联结被保留下来并且增强，相反，神经联结也在支持脑区的进一步发展。经常通过学习活动控制自己的想法、理解抽象的概念、控制冲动行为等，可以反复“练习”自己的大脑，这样的青少年其实在为其以后科学地使用大脑奠定基础。与之不同的是，药物使用会对青少年造成毁灭性的影响，当然这还取决于药物与正在发育的大脑怎样相互作用。

生理与心理健康

萨拉在日记中写道：“我真的喜欢踢足球，但是不知道我是不是再也不想玩了。我担心如果停下来不再踢足球了，我可能会变胖。但是，我又讨厌周六早起。现在我在早上经常会感到疲倦。我不知道，我想我会看看朋友们是不是也会这样。”

一些类似萨拉记录的生活方式，会在许多年后表现出它们的影响。许多健康问题都源自生活方式或贫穷，这都是可以预防的。与青少年相联系的健康问题包括身体健康、睡眠需要、饮食失调、药物滥用、抑郁，以及各种造成青少年死亡的原因。

你的工作是什么?

体育老师

体育老师教授学生如何照顾他们自己的身体和躯体健康，同时在运动课上对他们进行指导。最基本的，体育老师集中注意于发展学生的技巧和团队能力。其次，体育老师也提供一些明确的项目来吸引学生的兴趣，包括团队运动与个体的运动。这些项目包括身体的运动，例如瑜伽和普拉提课程。通常而言，体育老师也作为学校体育代表队的教练。要成为一个体育老师，你需要健康与体育教育的学士文凭。不同地位的教师有不同的许可证。你可以访问 www.aahperd.org 来了解更多的关于如何成为体育老师的信息。

躯体活动

锻炼或缺乏锻炼都可能影响个体的身体和心理健康。定期的运动有助于提高强壮力与耐受力，使个体拥有更健康的肌肉和骨骼，而且可以控制体重，减少焦虑与压力，同时还能提高个体的自尊，以及在学校中的地位和个体的主观幸福感。运动也能降低青少年参与冒险行为的可能性。适当定期的躯体活动，每天至少 30 分钟，可以获得健康。一个久坐的生活习惯可能会导致青少年患 II 型糖尿病概率的增加。同时，也可能导致成年时期心脏病和癌症患病率的增加。

不幸的是，美国高中生仅有 1/3 的个体完成推荐数量的躯体活动，高中学校中不活动的青年人的比例正在不断增加。

进入青春期之后，青少年表现出躯体活动明显下降，从 9 岁时平均每天 3 个小时下降到 15 岁时平均每天 49 分钟。美国青少年现在的运动比之前更少了，比大多数工业化国家也更少了。富裕家庭的青少年倾向于拥有更健康的生活习惯，并且拥有更多的体育活动。

睡眠需要与问题

青少年的睡眠剥夺是一种流行病。近期国家睡眠基金会的一项研究发现，美国几乎一半的青少年每天晚上睡眠时间都低于 8 个小时，超过一半的个体称白天觉得瞌睡。在一项对 28 个工业化国家进行的研究中，发现平均 40% 的青少年（大多数是男孩）一周至少一次早上瞌睡，22% 的个体觉得他们大多数时候觉得困。

儿童随着年龄的增加，在上学的时候通常睡得更晚并且睡得更少。平均在 9 岁时晚上睡觉超过 10 个小时的青少年，在 16 岁时每天睡觉会少于 8 个小时。事实上，青少年比他们小的时候需要更多的睡眠。周末的睡眠并不能弥补平时上学时缺乏的睡眠。晚睡晚起的生活模式可能会导致失眠症，它通常开始于儿童晚期或青少年早期。

你知道吗？

躺着是一种更宁静的方法，尽管趴在桌上睡觉同样能为大脑的运作提供某些好处，但通常情况下，老师都不允许学生这样做。

睡眠剥夺可能伤害动机，导致过敏，并影响青少年的注意力和学校表现。青少年司机更是迫切需要睡眠。研究表明，16~29 岁的年轻司机最可能由于睡着而撞车。

为什么青少年通常熬夜？他们可能需要写作业与朋友交谈或上网，或者是单纯地想

表现得像个大人。睡眠专家现在意识到，生物学的变化可能是由于青少年的睡眠问题引起的。褪黑激素分泌的时机就像是一个衡量大脑是否准备好要睡眠的计量器。青春期过后，这些激素在晚上就开始分泌。但是青少年仍然需要像以前那么多的睡眠，所以当他们比以前睡得晚的时候，他们需要比以前起的更晚。然而许多中学比小学上课的时间更早。学校的时间表并不与学生的生理节奏同步。青少年早上一般警觉性最低并且压力最大，在下午警觉性最高。上学时间晚一些，或者至少将困难的课程安排得晚一些，有助于提高学生的注意力。

营养和饮食失调

充足的营养对青少年的加速成长提供了支持，而且对于建立一直持续至成年期的良好饮食习惯是重要的。不幸的是，美国的青少年比其他工业化国家的青少年吃的蔬菜与水果少，但却消费更多的高胆固醇、高脂肪、高热量、低营养的食物。

在世界范围内，在经济萧条或是边远地区，更容易发生营养不良情况。同时，营养不良也可能是由于身体意象和控制体重引起的。饮食失调，包括肥胖在内，在工业化社会是很流行的。在这些社会中，虽然食物很充足，但苗条的身材相当于具有吸引力。当然，这些失调在非西方国家同样会出现。

肥胖

根据对超过 29 000 个 13~15 岁男孩和女孩的身高与体重的统计，美国青少年肥胖的可能性是其他 14 个工业化国家青少年的 2 倍。大约 34% 美国青少年的身体质量指数相对于他们的年龄或性别而言，都处于或高于 85%。美国青少年的身体质量指数位于 95% 以上，是 1980—2006 年的 3 倍以上，从 5% 增长到将近 18%。在年纪较大的青少年中，超重 50% 以上的青少年在家庭条件不好的个体中非常普遍。相对而言，通常较贫穷的墨西哥美裔青少年和非西班牙裔的黑人青少年，更可能比非西班牙白人青少年肥胖。

> **你知道吗**
>
> 在一项研究中，超重的青少年通常比正常体重的青少年睡得更少。

超重的青少年倾向于比其他同伴的身体健康状况更差，同时在学校表现、做家务、做费力的活动以及照顾自己方面都有困难。他们在高胆固醇、高血压、糖尿病上具有高风险。他们也更可能成为肥胖的成年人，在日后具有诸多躯体、社会、心理的易感风险。

遗传、新陈代谢不良以及抑郁症状都能够提高青少年肥胖的可能性。然而，一项针对加利福尼亚 878 名 11~15 岁儿童的研究表明，缺乏运动对男孩和女孩来说是超重的最主要的风险因素。

减肥项目是采用行为矫正技术帮助青少年改变饮食与运动习惯的方法，这些项目已经取得了一定的成效。对许多青春期前或正处于青春期的个体而言，饮食控制可能会适得其反。在一个历时 3 年的、针对 9~14 岁、共有 8203 名女孩与 6769 名男孩参与的研究中，控制饮食的个体比那些未控制的个体增加了更多的体重。

躯体意向与饮食失调

有时候，不想超重的决定可能比超重本身更能导致严重的问题。对躯体意象的关心，可能导致体重控制上强迫自己的努力。这个现象在女孩中更常见。

由于女孩在青春期会发生正常的脂肪增加，许多女孩对此非常不开心。这反映出了文化对女性身体属性的强调。女孩对她们躯体状况的不满意，增加了其提早进入青春期中期的可能，男孩则相反，他们在这个时候肌肉更加发达，对自己的身体外表也更加满意。15 岁之前，过半的女孩（在 16 个国家取样）都在进行节食或认为自己应该节食，美国位于这个名单的前列。

根据一项同期的群体研究，父母的态度和媒体宣传的形象，在促进关心体重的问题上，比同伴的影响更大。很多女孩试图变成传媒中的不现实的过瘦的模特，因而过度关心体重，这可能会让她们出现饮食失调。并且，认为变瘦是很重要（特别是对他们父亲而言）的男孩和女孩，都倾向于成为减肥者。然而，饮食失调也是文化压力的结果，有些文化认为变瘦是非常简单的事情。但其实生理因素，包括遗传因素在这个过程中起着同等重要的作用。

对体重控制与躯体意象的过分关心，可能是神经性厌食症与神经性贪食症的表现，二者都有不正常的摄食模式。这些慢性的失调在世界范围内都有发生，特别是在青少年女孩和年轻女性当中。

神经性厌食症。在西方国家的青少年女孩与年轻女性中，大约有 0.3%~0.5% 的个体，以及一小部分逐渐增加的男性，患有**神经性厌食症**。患有厌食症的个体的躯体意象通常比较扭曲，尽管自己的体重非常低，但他们依旧认为自己太胖了。他们通常是好学生，但是可能由此孤僻抑郁，从事一些完美主义行为。他们极度恐惧失去自我控制而变得超重。早期的警示是下定决心秘密节食，减肥后还对自己不满意，在达到最初期望的体重后进而再制定新的减肥目标，过度运动，打破例假周期等。

与厌食症相矛盾的是深思熟虑而又无意地咀嚼食物，受到某些影响的个体更可能会不停地这样做，甚至当他们受到奖励或惩罚时也如此。这些行为模式可以追溯到中世纪，而且在世界范围内都存在。因此，厌食症可能是面对变瘦的社会压力的一种反应，但并不仅仅受到这一个必要因素的影响。

神经性贪食症。**神经性贪食症**在人群中大约占 1%~2%，这些个体也患有饮食障碍。患贪食症的个体会定期摄入大量食物，短暂的大吃大喝（在 2 小时或更少的时间内），他们可能尝试采用导泻的方法排泄所摄入的过高卡路里，同时坚持节食或禁食、过度运动，或者采用泻药、灌肠剂、利尿剂进行排泄。这些情况一周至少发生两次并持续 3 个月以上。贪食症的个体通常在正常体重范围内，但是他们强迫自己减肥。他们通常拥有低自尊，可能觉得羞愧，自我轻视与抑郁。

厌食症与贪食症存在相似性，厌食症的一些个体也拥有贪食症的症状，一些贪食症的个体过度减肥。与厌食症不同，在受西方影响的文化和历史中，几乎没有贪食症的证据存在。

饮食失调的治疗与结果。厌食症治疗的短期目标是让病人吃饭并增加体重，让病人获得他们身体的信念的力量则通常较难。一个广为使用的方法是家庭治疗，由父母控制孩子的饮食模式。当孩子开始听从父母的饮食安排后，基本上才可以给予他们适合年龄的自我治疗。在此过程中，寻求对扭曲的躯体意象的改变，让孩子自己做出起床与离开房间的决定，都可以作为对其吃饭的一种奖励，这些也都是认知行为疗法的一部分。过度营养不良的病人，会对治疗表现出抵抗，如果病人在门诊时不能得到改变，就应该送到医院，给予其 24 小时的看护。一旦他们的体重得到稳定，即可减少对他们的看护时间。

对于贪食症患者而言，认知行为疗法是最好的方法。可以鼓励病人写下他们饮食模式的日记，以此教会他们避免大吃大喝。无论是个体还是群体，家庭心理治疗都能帮助厌食症和贪食症的患者，通常在其接受行为疗法后能够控制某些症状。由于这些病人有较大的抑郁与自杀的风险，抗抑郁药物也会经常被结合在心理疗法中使用，但是治疗厌食症和贪食症的长期效果依旧缺乏证据。

受厌食症和贪食症影响的死亡率占 10%。在存活的厌食症病人中，有少于一半的个体得到治愈，1/3 得到了改善，20% 的人依旧处于慢性病的状态。1/3 的个体在得到正常体重之前放弃治疗。贪食症的痊愈率稍高一些，他们在接受认知行为疗法后平均有 30%~50% 的痊愈率。

药物使用

尽管绝大多数青少年没有滥用药物，但仍有一部分青少年在这样做。物质滥用是指对酒精和其他药物的有害使用。它可能导致物质依赖或成瘾，生理的或心理的或二者兼有的原因都可能造成物质滥用，而且还可能持续到成人期。

你的立场是什么?

青少年的乱吃药物现象非常常见。你知道这个现象后，认为它是有害的吗？在青少年乱吃药物与物质滥用之间该如何划分出一条界限？

药物使用趋势

超过 35% 的美国青少年在他们高中毕业前尝试过使用违法药物。药物滥用的急剧增加是在 20 世纪 90 年代中期至后期，这与青少年对药物滥用有害性知觉的减少，以及青少年同伴的赞同有关。然而，这个趋势已经开始反转了（见表 14-2）。学生对某种药物的使用，特别是对中枢神经系统有刺激性的药物（如冰毒与可卡因）的使用，已表现出逐渐下降的趋势。对麦角酸二乙基酰胺，致幻剂以及兴奋剂，如维柯丁保持稳定趋势，大麻、合成类固醇的使用却表现出增加的趋势。

这些发现源自最近一系列全美国年度政府的调查结果，该调查针对 410 个学校的 48 460 名 8 年级、10 年级、12 年级学生。但是，这些调查可能低估了青少年药物的使用情况，因为这是基于自我报告的方法获得的数据，而且研究者也没有对可能发生药物滥用的辍学的个体进行调查。要想排除药物滥用的连续性进展是缓慢的，因为新的药物不断被介绍或被个体发现。年轻人并未意识到药物的副作用也作用于其他的人。

酒精、大麻、烟草在美国青少年中的使用趋势大概与药物使用的趋势相对平衡，但 20 世纪 90 年代有了急剧的增加的态势，然后是略小的、逐渐的下降。

酒精

酒精是能有效改变意识状态的药物，使个体拥有身体的、情感的和社会的幸福感。它的使用在许多国家都是一个严重的问题。2006 年，美国 16% 的 8 年级学生，33% 的 10 年级学生，44% 的 12 年级学生，报告过去 30 天内至少有一次消费了酒精。大约有 25% 的高中生承认狂欢饮酒，一次消费 5 瓶或更多。最新的一项基于核磁共振的研究，揭示了青少年狂欢饮酒可能会损坏其大脑敏感的白质，进而影响思维与记忆。另一项全国性取样的研究发现，狂欢饮酒者更可能比其他学生报告更差的学校表现，并且也可能出现其他的风险行为。

大麻

尽管大麻的使用在 1996—1997 年有所减少，但目前为止在美国使用的非法药物中，大麻的使用仍是最广泛的。2007 年，10% 的 8 年级学生、25% 的 10 年级学生、32% 的 12 年级学生，承认自己在过去的一年里使用

你的工作什么?

酒精和药物顾问

酒精和药物顾问的工作是为有物质滥用问题的个体提供支持和治疗。成为一个酒精与药物顾问，需要高中文凭或普通教育文凭，接近 225 小时的咨询成瘾学习的经验。不仅拥有这些学术方面的资历，而且需要拥有 2 年或 4000 小时的工作经验，150 小时的工作督导经验，之后通过证书认证的考试。根据地位的不同，酒精和药物顾问们会拥有不同水平的许可证以及证书，一些需要硕士水平的教育。酒精和药物顾问在公共和私人行业可以工作。你可以访问 www.naadac.org 以获得更多的关于成为一个酒精和药物顾问的信息。

过大麻。

大麻包含400多种致癌物，它的功效在过去的25年中翻了一倍。过度使用大麻可以损坏大脑、心脏、肺、免疫系统，造成营养不良，呼吸感染和其他躯体问题。大麻可能削弱动机，加重抑郁，干扰日常活动，造成家庭问题。大麻使用也可能阻碍记忆、思维速度、学习和学校表现。它可以降低知觉、警觉性、注意广度、判断、驾驶车辆的运动技能，并因此造成车祸。尽管有这些消极影响，但大麻确实拥有一些药用功能，如对青光眼等疾病有治疗效果，并且对某些情况下的恶心也有治疗作用。

烟草

青少年的烟草使用，在美国并不比其他工业化国家更为广泛。美国8年级至12年级学生的吸烟率，从20世纪90年代中期的超过一半减少到现在的1/3。但是，约有7%的8年级学生，14%的10年级学生，22%的12年级学生目前（过去的一个月内）仍是抽烟者。黑人学生倾向于吸烟更少，但是他们对尼古丁的新陈代谢却比白人学生要慢，所以他们的身体要花费更长的时间戒烟，并且他们容易依赖烟草。一个随机控制的追踪研究发现，尼古丁替代疗法加上行为技巧训练对青少年戒烟有效。

你知道吗

尿素，尿液中的一种混合物可被用来给香烟增加香味。

开始药物使用的时间

物质使用通常是开始于儿童进入中学以后，此时学生更容易受到同伴的影响。青少年早期可能开始使用香烟、啤酒、吸入剂，随着他们长大，开始使用其他大麻或更严重的药物。如果青少年开始使用药物的时间更早，使用得越频繁，他们就越可能滥用药物。

青少年开始喝酒的平均年龄是13~14岁，一些人开始的更早些。喝酒早的年轻人倾向于有行为问题或有酒精依赖的兄弟姐妹。15岁之前开始饮酒的个体，通常要比直到21岁仍未开始饮酒的个体成为酒精依赖或酒精滥用者的5倍。

吸烟通常开始于青少年的早期，它标志着强壮，桀骜不驯，从儿童期过渡到了成年期。这些意象使得年轻人开始忍受最初不喜欢的烟雾缭绕，直到后来在尼古丁作用下开始维持这个习惯。在开始吸烟的一年到两年内，这些年轻人吸入了与成年人一样多的尼古丁，当他们戒烟时会体会到同样的抵抗作用。被吸烟所吸引的年幼青少年的家里、学校、邻居，通常都有人吸烟。他们通常也是

表14-2 物质滥用趋势，1991—2007年

	1991	1995	1999	2003	2007	变化
每月至少吸一次烟	28%	35%	35%	22%	20%	跌8%
每月至少喝醉一次	51%	52%	50%	45%	45%	跌6%
每月至少使用兴奋剂一次	无数据	无数据	9%	8%	4%	跌5%

资料来源：Adapted from NCHS Data Brief, 2009. From Fiore, LifeSmart, Table 8.3, p. 200.

超重的、低自尊的、在学校表现不成功的。在15岁之前接触酒精和药物的青少年，对物质使用失调存在较高的风险，更易发生过早的性行为，低教育成就以及犯罪。同伴对吸烟和饮酒的影响已被广泛证明。随着药物的使用，年长的兄长和他们朋友的影响也会增加个体对药物和酒精的使用。并且，拥有一位酗酒的家长，会显著增加个体提早使用酒精以及后来发生酗酒问题的可能性。媒体中普遍展示的物质使用，也是影响青少年物质滥用的重要原因。描述抽烟的电影提高了青少年早期接触烟草的可能性。

抑郁

正如图14-4呈现的那样，抑郁的流行在青少年时期有所增加。接近9%的12~17岁的个体，报告中显示他们一年中至少有一次较严重的抑郁，只有40%的个体被治愈。年轻人的抑郁不一定表现出悲伤，但是会表现出敏感、厌倦、对快乐的无能感。它之所以需要被重视，是因为存在自杀的危险。

青少年女孩，特别是早熟的女孩，更容易比男孩感到抑郁。这个性别差异可能是和那些与青春期有关的生理变化引起的。研究表明，在青春期早熟与抑郁症状之间存在相关。其他可能的因素是女孩社会化的方式以及社会关系压力造成的易感性。

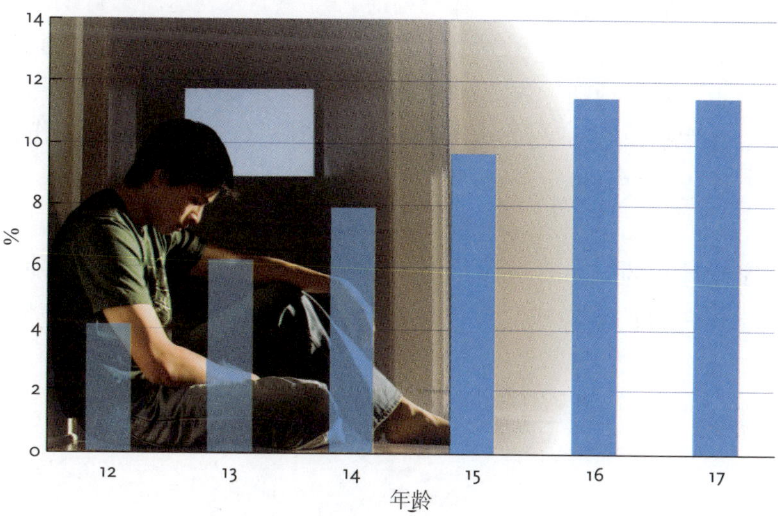

图14-4 抑郁发病率在青少年中随年龄的增加而增加

对女性而言，抑郁的风险因素包括焦虑、社会交往障碍、生活事件的压力、慢性疾病（如糖尿病、癫痫）、亲子冲突、遭虐待或忽视、酒精与药物滥用、过度的性活动、父母一方存在抑郁史等。酒精和药物使用以及性活动，对女孩而言，要比对男孩更容易导致抑郁。

得不到外界治疗、物质依赖、有精神疾病或者有自杀倾向的抑郁青少年需要住院治疗。通常来讲，他们需要服药治疗。选择性血清素再吸收抑制剂是一种目前对儿童和成人均能使用的唯一一种抗抑郁药物。然而，人们越来越关注儿童和青少年使用它们的安全问题。并不是所有的选择性血清素再吸收抑制剂都有效，它们与一些自杀风险存在相关。

还有一个方法就是心理疗法。对已有的有效研究的分析表明，最温和的短期有效的方法是认知或非认知心理治疗，持续效果不超过一年。考虑到最有效的抗抑郁药物，特别是氟西汀，青少年药物协会支持当临床授权与指导的时候，可以对青少年使用该药，而不考虑风险。

死亡

生命早期的死亡通常是不幸的，经常是意外事故引起的。在美国，75%的青少年死亡是由于车祸、其他非故意性伤害、杀人和自杀造成的，其他是医疗原因，如癌症、心脏病、先天畸形等。暴力死亡在青少年中频繁发生。例如，在15~24岁的个体中，凶杀是第二大死亡原因。对25~44岁的个体而言，凶杀是第五大死亡原因，45岁以后，它并未出现在前10名当中。在青少年群体中，暴力死亡的频率反映出暴力文化，青少年的缺乏经验、不成熟会导致其过于冒险与粗心。

车祸造成的死亡

在美国青少年中，车祸是造成死亡的主要原因，可以解释 35% 的青少年的死亡事件。16~19 岁青少年撞车的风险比其他年龄群体（特别是 16~17 岁刚开始驾驶）更大。当个体坐在车中时，撞车可能是致命的，而且青少年通常开车都比较莽撞。在美国，64% 的 15~20 岁司机或摩托车驾驶者会卷入车祸事件；如果血液中酒精含量超过 0.08，那么在车祸中会有更高的死亡率。尽管要求提高安全带在青少年中的使用，当局为此付出了许多努力，但 2006 年青少年群体中的安全带使用率仅为 76%，比起其他群体来讲，这是最低的。事实上，在 2006 年，58% 的 16~20 岁的个体卷入了重大车祸事件中。

与枪火有关的死亡

15~19 岁的个体与枪火有关的死亡包括凶杀、自杀、意外事故，这构成了约 1/3 的伤害性死亡。超过 85% 的凶杀发生在这个年龄阶段。这些冷酷的数据似乎成为美国持枪自由的主要原因。然而，青少年与枪火有关的死亡率从 1993 年开始下降，因为在这段时期，警察开始在街上没收枪支，使更少的青少年有权拥有它们。

自杀

萨拉写道："我们发现，丹上周持枪自杀了，他是我第四期接受导师指导的同伴。这让我很伤心，这件事情简直糟糕透了。尽管我知道他性格安静，有时候有点怪异，但他为什么自杀呢？这太糟糕了，我不能想象他是怎样度过的，我非常伤心，我之前没有给过他关心。"

自杀是美国 15~19 岁青少年死亡的第四大原因。青少年自杀率在 1990—2006 年下降了 34%，但在 2004 年，自杀率又增加了 8%，达到 15 年来的最高值，特别是青少年女孩自杀率有了明显的增加。女孩更倾向于持手枪自杀，但男孩更可能采用枪械。

尽管自杀现象发生在所有种族群体中，但美国男孩拥有最高的自杀率而非裔美国女孩的自杀率最低。经常会感到抑郁的男同性恋、女同性恋、双性恋的个体，通常有较高的自杀率，并且尝试自杀。

思考或尝试自杀的年轻人，一般可能有情感疾病的历史。他们更可能在暴力事件中是施暴者或受害者，在学校拥有学业的或行为的问题。许多个体在童年时期经受过虐待，并且在人际交往中拥有严重的问题。他们倾向于过分贬低自己、绝望、控制冲动的能力差、对沮丧和压力有着较低的耐受力。他们通常有过自杀尝试，或者家庭成员或朋友有过自杀行为。酒精在一半的青少年自杀事件中起着作用。

无论何时，当一个人表达出想自杀的想法时，一些最基本的陈述是要做的。例如，可以直接询问类似这样的问题"你想过你会怎么处理这个事情吗"，或者"你想过伤害自己吗"。如果对方做出了肯定的回答，那么必须采取急救措施。不要让他一个人独处，要立即向经过训练的专业机构（如急救房间）寻求帮助。

你的立场是什么？

高速公路安全保险协会提出驾驶员年龄应该在 18 岁以上，而且，车祸死亡率随着驾驶员年龄的增高而下降。如果驾车人的年龄确实能拯救生命，驾驶员的年龄应该被提高吗？

测试一下

CHAPTER 14 青少年的身体发育与健康

学习目的	自测	你在哪里可以找到答案
	□ LearnSmart □ connect+ Chapter 14 Quizzes	

学习目标 14.1
青少年期的界定

1. 青少年期最好被认为是（　）。
   a. 一个生理阶段
   b. 一个社会建构
   c. 成人期的第一个阶
   d. 一个发展的一般阶段
2. 写下青少年期成长的两个机会与风险：

____

____

____

青少年期
266~267 页

学习目标 14.2
总结青少年期的躯体变化和它们造成的心理影响

3. 青春期的两个阶段是什么？

____

____

4. 第二性征是什么？（　）
   a. 男性性征
   b. 女性性征
   c. 繁衍需要的性器官
   d. 不直接包括性器官的性成熟的躯体标志
5. 总之，早熟（　）。
   a. 对男孩女孩都有积极影响
   b. 对女孩是积极的，对男孩是有风险的
   c. 对男孩是积极的，对女孩是有风险的
   d. 对男孩女孩都是消极影响

青春期
267~270 页

connect+

MILESTONES

男孩的青春期

女孩的青春期

动作发展

学习目标 14.3

描述青少年期的大脑变化及它对行为的影响

6. 在青少年期发生连续发展的是（　　）。
   a. 额叶
   b. 颞叶
   c. 大脑灰质
   d. 女孩的大脑白质
7. 青少年药物使用可能对其大脑有毁灭性的影响，因为（　　）。
   a. 在青少年期，大多数人的胼胝体纤维在生长
   b. 年轻人的活动和经验决定了哪些神经联结会被保留下来并增强
   c. 药物使用可能会阻止额叶的发育
   d. 这是一个谜，药物使用相当于终生损害大脑

大脑

270~271 页

connect+

视频链接

Influence of Brain Development on Puberty

学习目标 14.4

总结青少年常见的健康问题与风险

8. 运动的三大好处是什么？

____

____

____

9. 为什么一些心理学家建议青少年的课程应该上午晚一点再开始？

____

____

____

10. 厌食症和贪食症的区别是什么？（　　）
   a. 厌食症存在对食物不健康的关注，而厌食症没有
   b. 厌食症多见于女孩，贪食症多见于男孩
   c. 厌食症与体重降低有关，贪食症的女孩更可能是典型的超重者
   d. 厌食症在工业化国家更常见，贪食症在非工业化国家更常见

生理与心理健康

271~278 页

connect+

MILESTONES

对待吸烟的态度

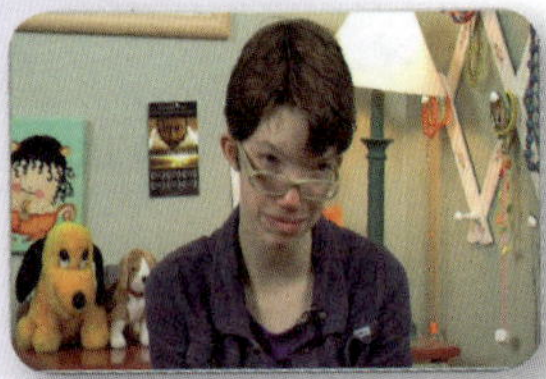

对待喝酒的态度

对待滥用药物的态度

11. 使用药物或酒精的青少年更具风险性，如果他们（　）。
    a. 是女孩
    b. 是男孩
    c. 很早的年龄开始使用
    d. 对他们的父母诚实说明
12. 与抑郁症风险增加有关的三大因素是什么？

    ____

    ____

    ____

13. 青少年中最重要的死亡原因是什么？（　）
    a. 交通事故
    b. 与枪火有关
    c. 自杀
    d. 药物过量

视频链接

Body Image and Eating Disorders

视频链接

Drugs

视频链接

Over-Scheduling Our Adolescents

答案

1.b

2. 成长的机会：躯体成长，认知和社会竞争，自制，自尊，亲密感；风险：事故、杀人、自杀、酒精和药物使用、交通事故、冒险性行为。

3. 主要包括：(1)肾上腺活动的增加；(2)性器官的成熟。

4.d

5.d

6.a

7.b

8. 定期运动的好处包括：力量和忍受力的增强，更健康的骨骼和肌肉，体重控制，焦虑和压力的减少，自尊的提高，学习成绩的提高，幸福感，风险行为的减少。

9. 心理学家建议青少年晚点开学由于青少年分泌黑色素（与睡眠有关的一种激素）比儿童更晚，这使得他们比儿童熬夜更晚。但是，他们同样需要儿童那样多的睡眠，通常在早晨是无力的与睡意朦胧的。晚点开学会个体的生物钟保持一致，帮助他们提高注意力。

10.c

11.c

12. 抑郁的风险因素包括，性别是女性，对社会交往拥有高水平焦虑与担心，压力性生活事件，慢性疾病，亲自冲突，滥用或忽视，酒精与药物使用，性活动，一方家长拥有抑郁史。

13.a

第 15 章

青少年的认知发展

本章要点

>> 认知发展

>> 道德发展

>> 教育与职业问题

亚当今年 15 岁，有的时候他觉得父母不能理解如今的世界，他们眼中的世界已经过时了。例如，他们认为亚当过度使用手机，担心他玩电子游戏和看电视的问题。而亚当则开始质疑父母曾灌输给他的、他小时候坚信的道德信念问题，尽管他想让自己的观点尽量与父母保持一致。他说："我不确定自己真实的想法与感受是什么，我甚至不知道自己长大了要干什么。我现在仍在探索这个问题。我甚至不知道自己是否想上大学。"像大多数 15 岁的孩子一样，亚当处于进入成人期的风口浪尖上。在接下来的几年里，他如何处理这些问题，将会对他的人生轨迹产生深远的影响。

这一章里，我们验证了皮亚杰的形式运算阶段，在这个阶段，亚当思考不同的系统知识。我们关注青少年在信息加工方面的成长，包括记忆、知识、推理、词汇与言语技巧。我们记录了青少年思维的不成熟方面，同时也检验了青少年的道德发展问题。最后，我们探索了认知发展的实用方面——学校和职业的选择问题。

>> 认知发展

青少年不仅仅与儿童的长相有所不同，他们的思维方式和谈话方式也不同了。他们的信息加工的速度以及语言能力继续增强，尽管这种速度不像儿童中期那样引人注目。虽然这个时期他们表现出能力的提高，但仍保持着青春期特有的思想不成熟的方面。并且，这些变化也反映在大脑结构的变化中。在这一部分，我们会讨论这些变化及它们所产生的影响。

皮亚杰的形式运算阶段

青少年已进入了皮亚杰所说的思维发展的最高水平——**形式运算阶段**。个体在这个阶段发展出抽象思考的能力。这种发展通常发生在 11 岁左右，为青少年提供了新的、更加灵活的方式来加工信息。他们的思维不再局限于此时此刻，他们已可以理解历史时刻和地球以外的空间。他们可以使用符号，如用字母 x 代表一个未知数，然后学习代数学和微积分。他们可以更好地理解暗喻和预言，因此可以发现艺术中更丰富的含义。他们可以思考事物可能是什么，而不单单关注它是什么。他们可以设想各种可能性，可以构建并检验假设。处于形式运算阶段的个体，可以将他们过去所学到的与目前所面对的知识进行组合，从而对将来进行规划。

假设演绎推理

让我们跟随处理经典皮亚杰问题（钟摆问题）的儿童来理解形式推理的意义。给亚当呈现一个钟摆，即挂着绳子的一个物体。然后向他展示可以改变的四个因素：绳子的长度，物体的重量，物体被提高的高度，以

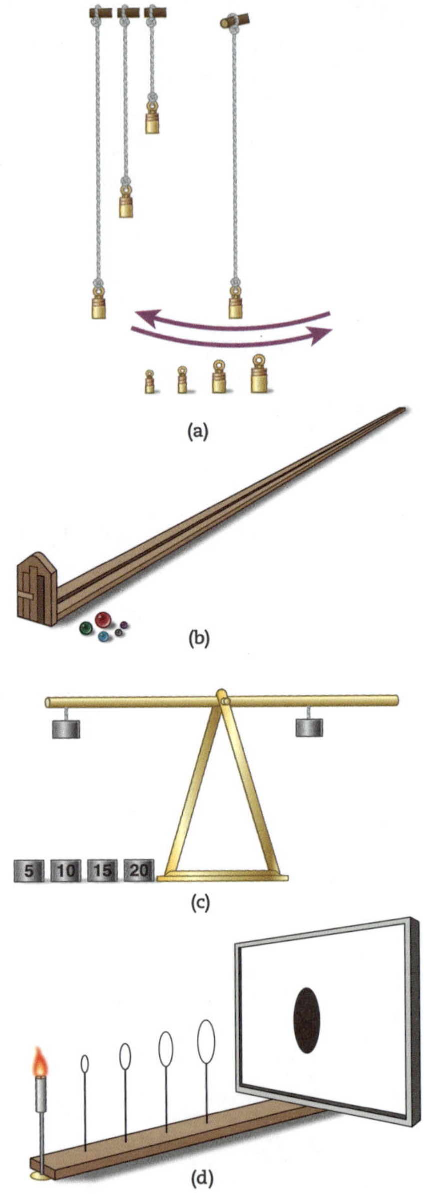

图 15-1 形式运算推理任务

注：(a) 钟摆。钟摆的线绳可以缩短或拉长，并连接不同大小的重物。学生要判断是哪些变量影响了钟摆摇摆的速度。

(b) 水平面的运动。弹簧装置发射出不同大小的球，在水平面上滚动。学生要推测它们的停靠点。

(c) 天平。天平上加入不同大小重物，可以沿横梁挂在不同的位置。学生要判断是什么因素影响了天平的平衡。

(d) 阴影。把屏幕的底座竖在含一排钉孔的板子上，在离屏幕不同距离的钉孔中放上一个光源和不同直径的环。学生要用不同尺寸的圆环制造出两个相同大小的投射在屏幕上的阴影。

多元化视角

文化与认知

皮亚杰最初发展其理论时，人们假定他的认知发展阶段代表了人类发展的普遍面貌，并且所有文化下的人类都会经历与西方文化下的人相同的认知发展过程。随着对不同的文化展开研究，人们发现，原始的概念过分简单化，文化深刻地影响了个体发展的路径。

例如，对新几内亚的青少年测试钟摆任务时，竟无人能够解决。在卢旺达和尼日利亚，仅有少数青少年能够充分解决这一难题。另外，曾经在英国读书的中国香港儿童，他们的成绩虽不如欧美儿童好，但也至少平齐。显然，形式推理是一项习得的能力，它并非在所有的文化中都同等需要和受重视，儿童所拥有的经历会塑造他们的发展能力。

那么这是否意味着非西方文化背景的成人，就处于更低的认知复杂性的水平呢？皮亚杰最终发现，事实并非如此。相反，成人会以文化需要的方式学习推理，并进行文化相关的活动。例如，来自科特迪瓦的非洲人玩一种叫作巴莱乌的棋类游戏，游戏双方要抓取对方手里的种子，他们会混合使用多种复杂的认知策略，包括复杂规则、攻守移动和抽象计算。

皮亚杰需要调整他的理论，但这并不意味着它们就是失败的。皮亚杰在我们今日熟知的认知和发展心理学的领域方面作出了很大贡献，也刺激了各式各样重要研究的产生。然而在今天看来，他的理论还需进一步修改。

及他推动物体的力量。然后我们让他指出是哪个因素或哪些因素的结合，决定了钟摆的速度（图 15-1 描述了这个问题以及其他的检验形式运算的皮亚杰任务）。

亚当第一次见到钟摆问题时还不到 7 岁，尚处于前运算阶段。亚当还不能制订出一个攻克该问题的计划，他随意地做着尝试。首先他在长线绳上挂上一个轻的重物并推动它；接着他又试着在短线绳上挂上一个重的重物；之后他完全撤掉了悬挂物。他采用的方法不仅随意，而且也不能理解或报告发生了什么。

亚当再一次遇到钟摆问题的时候是 10 岁，那时他处于具体运算阶段。这一次他发现，变换线绳的长度和物体的重量都能够影响摆动的速度。然而，同时变动两个因素，亚当还不能说清哪一个是关键因素，或者两个都是关键要素。

亚当在 15 岁时第三次面临钟摆问题。这一次他有条不紊地处理这项任务。亚当设计了一项实验来测试所有可能的假设，每次只变化一个因素：首先是线绳的长度；接着是物体的重量；然后是释放重物的高度；最后是使用的因素个数，每次都保持其他三个因素恒定。用这种方法，他对决定钟摆摆动速度的因素成功作出了判断——线绳的长度。

亚当解决钟摆问题这一现象表明，他已达到形式运算阶段。现在他能够进行**假设－演绎推理**：他可以提出一个假设并设计实验来检验它。他考虑所有能够想到的关系，并一个接一个地实施有序的检验，剔除错误，获得真知。

是什么促成了个体向形式推理的转变呢？皮亚杰将它归功为脑成熟和环境机遇的拓展的结合产物。两项都是非常必要的：即便年轻人的神经系统发育足够成熟，可以进入形式推理，也必须配合合适的环境刺激，才能达到这一阶段。

评价皮亚杰的理论

尽管青少年倾向于比儿童用更抽象的方式思考，但关于这个转变发生的精确年龄却依旧存在很大争论。皮亚杰的书中提供了很多前青春期的孩子科学思考的范例。同时，皮亚杰似乎过高估计了一些年长儿童的能力。很多青少年和成人（1/3~1/2）都不能像皮亚杰所定义的那样进行抽象思考，甚至那些拥有该项能力的人也并不经常使用这种能力。

皮亚杰在早期著作中，很少关注个体间的差异、同一儿童在不同性质的任务上表现的差异以及社会文化的影响。然而新皮亚杰学派研究发现，儿童的认知过程与他所思考的具体内容、问题背景、相关文化、信息，以及想法的类型都密切相关。

此外，皮亚杰的理论也不认为这些认知的进步是由于其信息处理能力的提高，特殊领域知识和经验的积累，以及元认知的作用。众所周知，元认知是个体对自己心理过程和策略的意识和自我调节。这种“思考个体思考内容”和管理个体心理过程的能力，可以说是提升执行功能的能力，也许就是青春期思维的主要进步，这种变化的结果正在青少年的大脑中体现出来。

青少年思想的不成熟特征

亚当认为，如果父母的毒品吸食检测结果呈阳性，那么他们的孩子就应该被永久隔离开他们的家庭。“但这些孩子该去哪里？”他的朋友玛丽亚问道，“我是说，当然，他们的父母很糟糕，但是还有更好的地方让他们去吗？如果他们的父母同意去接受治疗呢？”亚当停了下来，他还没考虑过这些问题。正如我们将会看到的，亚当开始关注一些问题的“大”的方面，却忽视了对这件事具体现实性细节的关注，这在他这样年纪的青少年中是十分典型的。我们已经看到，儿童是如何从自我中心发展为能解决抽象问题和描绘理想社会的个体。尽管在有些方面，青少年的思考看起来很奇怪且不成熟，但根据心理学家戴维•艾尔金德（David Elkind）的发现，这种行为源于从青少年不成熟的经历进入到形式运算思考的过渡。这种新的思维方式，从根本上改变着他们看待自己和世界的角度。世界对青少年来说是如此的不熟悉，就如同他们正在变化着的身体一样，这些变化使他们感到非常不适应。因此，他们在尝试新的能力时，就会像婴儿学步一样跌跌撞撞。

举例说明，除了他们的理想主义外，他们还会经常对成年人表现粗鲁，他们会为每天如何着装而纠结，并且表现得好像整个世界都在围绕着他们转。

艾尔金德认为，他们思想的不成熟性体现在以下六个方面。

1. 理想主义和批判性共存。由于青少年会想象出一个理想的世界，而他们发现现实世界与之相距甚远，而且现实世界里自己还得承担成人的责任，于是他们开始变得明显伪善。他们坚信自己比成年人更加了解如何掌控这个世界，会经常指出父母及其他权威人物的错误。

2. 好辩性。青少年不断地寻找实践他们推理能力的机会，他们会变得很好辩，以此为某件事构建一个理由，如在外过夜。

3. 犹豫不定。青少年可以同时在脑中保持很多选择，但可能缺乏从中进行选择的策略。他们也许会为了一个简单的决定而纠结，如是该做作业还是和朋友去逛商场。

4. 明显的伪善。青少年经常不能分辨表达理想化想法（如节约能源）和作出实际的牺牲（如少开车）之间的区别。

5. 自我觉知。青少年可以就自己或他人的想法进行思考。然而当青少年全神贯注于自己的思想状态时，他们常常假定其他人也在思考自己所关注的这件事，如他们自己。艾尔金德将这种现象称为**假想观众**，即青少年会想象出一位抽象的“观察者”，认为他总在注意着自己的想法和行为。每个人整天都在盯着自己脸上的小痘痘就是这个现象的典型例子。这种假想观众的想法在青少年早期尤其强烈，直到成年以后，此现象的程度才降低。

6. 特殊的一群人和刀枪不入。艾尔金德使用**个人神话**这一术语来描述青少年，他们是特殊的，他们的经历是独一无二的，他们不受支配世界的规则所限制。这种信仰可能鼓励青少年认为自己可以疯狂地开快车而不发生交通事故。艾尔金德指出，这种形式的自我中心主义会导致很多充满风险和自我毁灭的行为。和假想观众现象一样，个人神话的作用也会一直持续到成年期。

语言发展

儿童语言使用的水平通常可以反映他们认知发展的程度。学龄儿童已能熟练使用语言，而青少年期则又给个体的语言发展带来了进一步的细化。随着阅读材料的成人化，词汇量也在持续增长。16~18 岁的年轻人平均知道将近 80 000 个词汇。

随着抽象思维的发展，青少年可以定义和讨论各种抽象的词汇，如爱、正义、自由等。他们更频繁地使用"然而""否则""无论如何""因此""真的""并且"等词语表达逻辑关系。他们越来越能意识到单词符号可以含有多个含义，他们还乐于使用讽刺、双关语、隐喻。

青少年在社会观点采择方面也更加熟练。基于这种能力，他们能够调整自己的演讲去迎合另一个人的知识水平和观点。这种能力对于说服，甚至是礼貌性的谈话，都有着至关重要的作用。

词汇可能因性别、种族、年龄、地域、社区和学校类型的不同而不同，并且在不同的小团体之间也会有所差异。青少年的俚语是发展进程的一部分，他们会发展出独立于父母以及成年人世界的身份；当青少年期作为一种社会范畴出现时，这种现象存在于任何一种文化当中。

你知道吗？

38% 的青少年承认他们普遍在使用缩略词，例如在他们的作业中，很多人都会用"LOL"（大声笑的意思）；25% 的人在使用表情符号。

青少年期信息加工的变化

青少年处理信息方式的变化反映了其大脑额叶的成熟。这对于解释皮亚杰描述的认知进步的理论有一定的帮助。他们的实践经验使得一些神经联结发生了退化，而另一些联结则变得更为坚挺。因此，青少年认知加工方面的进步会因个体的不同而有很大差异。

研究人员已经确定了两类可量化的信息处理方面的变化：结构变化和功能变化。下面来看看这两个方面。

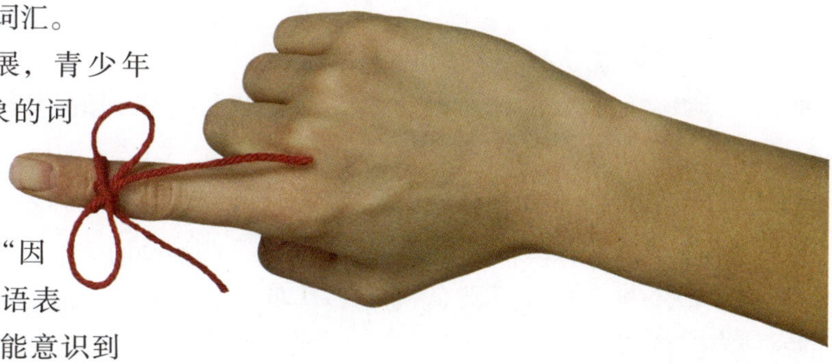

结构变化

青少年期的结构变化包括信息加工能力的提升和长时记忆存储量的扩大。工作记忆的容量在童年中期迅速扩大，在青少年期还会继续增加。工作记忆的扩大使得青少年在后期能够处理涉及多重决策信息的复杂问题。

储存在长时记忆中的信息可以是事实性的、概念性的或程序性的。

陈述性知识（"知道……"）通常由一个人已经获得的所有事实性知识构成（如知道 2+2=4，知道乔治 • 华盛顿是美国第一任总统）。

程序性知识（"知道如何……"）通常由

你知道吗？

我们对发生在青少年期的事情记得特别清晰，例如对那时所学的东西、所发生在自己身上的事情等的记忆要比生命中任何时候的事情都深刻。这种奇怪的记忆现象叫作记忆隆起。

一个人已经获得的所有技能组成，如能使用计算机，会打领带蝴蝶结。

概念性知识（“知道为什么……”）通常是一种理解能力，如理解为什么当两边都加减相同数目的时候一个代数方程仍然成立。

功能变化

获取信息、处理信息和保留信息等程序是认知的不同功能。其中包括学习、记忆和推理，所有这些都在青少年期有了长足的发展。

最重要的功能变化是持续提升的信息加工速度和进一步发展的执行功能，包括选择性注意、决策、对冲动反应的抑制性控制、工作记忆的管理等。这些技能以不同的速度发展着。尽管每个技能的发展相对独立，但一个方面的成熟会对另一方面的发展有所帮助。

然而，得到提升的信息加工技能并不一定能帮助青少年解决现实生活中的问题，现实中的行为在一定程度上取决于动机和情绪调节。许多年长的青少年比年幼的青少年在现实决策方面反而表现得更差。正如我们在第 14 章中讨论的，青少年鲁莽的判断可能与其大脑发育的不成熟有关，这可能也是其情感优于理智而存在的原因之一。

>> 道德发展

亚当的父母劝他感恩节期间在收容所工作一年，尽管他当时抱怨了好一阵，但这份经历对他来说很关键。在假期他想到自己是多么的幸运。他思考了很多：如果自己出生在一个截然不同的家庭，整个人生可能会是什么样子……有些人拥有很多东西，而另一些人却拥有得太少，这样是否公平？最终，作为他的新年愿望，他决定每周去收容所做志愿者。与同年纪的很多人一样，亚当正在逐渐显现他的道德发展方面的变化。

随着儿童年龄的增长和达到了较高的认知水平，他们开始能够应对更加复杂的、关于道德问题的推理。他们的利他主义和移情倾向也在增加。相对儿童来说，青少年能够更好地从别人的角度看问题、解决社会事宜、处理人际关系并视自己为社会人。所有这些倾向都促进了其道德水平的发展。

劳伦斯•科尔伯格的道德推理理论，卡罗尔•吉利根关于妇女和女童道德发展的极有影响力的工作，以及对青少年亲社会行为的研究，都为青少年道德发展的研究提供了洞见。

科尔伯格的道德推理理论

有一位妇女患了癌症，生命垂危。医生认为只有一种药才能救她。这种药是由一位药剂师研制的。这位药剂师对每一小剂量要价 2000 美元，而这个价格是其生产成本的 10 倍。病妇的丈夫海因兹到处向熟人借钱，最终总共才借到 1000 美元。他请求药剂师把药以 1000 美元的价格卖给他，但药剂师拒绝了，他说：“药物是我研制的，我要靠它赚钱。”海因兹走投无路，最终撬开了药店的门，偷走了药。你认为海因兹应该这样做吗？为什么应该？又为什么不应该？

“海因兹偷药”是劳伦斯•科尔伯格研究道德发展的方法中最为经典的案例。从 20 世纪 50 年代开始，科尔伯格和他的同事对 75 个 10 岁、13 岁和 16 岁的男孩提出类似这个问题的假设情境，并持续在之后的 30 多年中定期向他们提问。和皮亚杰相同的是，科尔伯格通过不断询问受访者是如何获得他们的答案这种方式进行研究，进而得出结论。他认为人们看待道德问题的方式反映了他们的认知发展。

科尔伯格道德发展的水平和阶段

科尔伯格基于在被试回答两难问题的思维过程，描绘了三种道德推理水平和六个发展阶段（见表 15-1）。

水平一：**前习俗道德水平**。人们根据外部的控制行事，他们顺从规则是为了避免惩罚或获得奖励，或者是为了自身的利益。4~10 岁的儿童是这个道德发展水平的典型代表。

水平二：**习俗道德水平**（或与传统角色保持一致性的道德水平）。处于这个水平的人会将权威人物的标准内化于心。他们关心自己能否成为“好人”，能否取悦他人并维护社会秩序。个体一般在 10 岁以后达到这个水平，而且很多人即使成年以后也没有超越这个水平。

水平三：**后习俗道德水平**（或自主道德原则的道德水平）。这个水平的人们会认识到道德标准和那些基于权利、公平、正义的决断之间的冲突。通常到青少年期早期，或者更常见的是在成年早期，才能达到这种道德推理水平。

科尔伯格认为，表明道德发展阶段的不是答案本身，而是个体回答道德困境的推理基础。两个给出相反答案的个体，如果他们的推理是基于类似的因素就可能正处于同一道德发展水平。举例来说，一个处于习俗道德水平的年轻人可能认为海因兹应该偷药，因为为挽救妻子的生命而做各种尝试是丈夫的责任。另一个人可能会说，尽管海因兹是被诱惑着偷了药物，但他不该这样做，因为偷盗总是错误的。尽管得到的答案不同，但两个年轻人都应当被归为道德发展的习俗水平，因为他们的推理同样关注的是社会关怀和良心。

有些青少年，甚至是成年人还停留在科尔伯格所说的第一水平。他们像年幼的孩子一样，盼望避免惩罚或满足需求。大多数青少年和成年人似乎已经发展到了第二水平的第三阶段。他们遵守社会习俗，维持现状，做“正确”的事情以取悦他人或顺从法律。青少年能达到维护社会规范的第四阶段的道德推理水平的还不多，但在青少年到成年早期这个阶段中，人数增长很快。当青少年从一个水平推进到另一个水平时，会表现出明显的不平衡。

科尔伯格在第二水平和第三水平之间添加了一个过渡水平，在这个水平中，人们不再受社会道德标准的约束，但尚未推理出他们自己的公正原则。相反，他们基于个人感情而作出道德决策。他强调，人们在可以开发一个完整的道德原则（第三水平）之前，先要认识到道德标准的相对性。许多年轻人在进入高中或大学，或者是职场之后，或者遇到在价值观、文化和种族背景方面不同于自己的人的时候，都会质疑自己早些时候的道德观念。尽管如此，很少有人能够自由选择不同道德标准的水平。事实上，科尔伯格曾经一度对第六阶段（即基于普世伦理原则的道德）的有效性提出质疑，因为很少有人能够达到这个阶段。后来，他提出第七阶段：“宇宙”阶段，这个阶段的人们会同时考虑他们的行为对他人和整个宇宙的影响。

后习俗道德水平（或自主道德原则的道德水平）科尔伯格道德推理理论的第三水平，这个水平的人会遵循内部的道德原则，并在各种互为冲突的道德标准之间作出选择。

评价科尔伯格的理论

科尔伯格使我们看待道德发展的方式发生了深刻的转变。最初的研究都支持科尔伯格的理论。科尔伯格和他的同事所追踪的一批美国男孩在整个成年期逐步通过不同的道德发展阶段，没有人跳过其中的某个阶段。他们的道德判断与年龄、教育经历、智商、社会经济地位呈正相关。然而，最近有更多的研究对科尔伯格某些阶段的界定提出了质疑。值得一提的是，虽然科尔伯格本人很少关注这些影响，但是父母和同龄伙伴却会影响个体的道德发展。

科尔伯格的方法存在的一个问题是，那些达到较高认知发展水平的人不一定也达到同等高的道德发展水平。一定程度的认知发展对于同等水平的道德发展是必需但并非充分的。因此，一定有除认知以外的进程在发挥作用。有研究人员指出，道德活动动机的激发，不仅是出于对正义的抽象考虑，还受到诸如移情、内疚、悲痛等情感以及亲社会规范内化的影响 。人们还在争论，科尔伯格的第五道德发展阶段和第六道德发展阶段不能被简单地称为道德发展的最成熟阶段，因为它们限制了一些特殊人群的道德成熟度，如那些进行哲学反思的人，以及持有道德相对主义价值观的人。

此外，道德推理和道德行为之间没有明确的关系。处于道德推理后习俗水平的人不一定比处于更低级水平的人行动得更道德。其他的因素，如身处特殊情况、对美德的概念，以及对他人的关心，也都会导致道德行为。但总体来说，道德推理更高级的青少年往往会做出更多的道德行为，且能够更好地适应社会，其社交能力也更强，而反社会的青少年所使用的道德推理则大多数都不太成熟。

最后，科尔伯格的理论体系似乎并不能涵盖非西方文化中的道德推理。对美国以外国家的老年人的测试发现，其得分显示的阶段水平往往高于年轻人。然而，非西方文化下的人们却很少取得第四阶段以上的分数，这表明科尔伯格理论体系的某些方面可能并不适合这些非西方社会的文化价值观。

你的立场是什么?

5%的网络用户曾花钱买“秘笈或代码”来帮助他们赢得游戏。他们这样做道德吗?

表 15-1　科尔伯格的道德发展六阶段

水平	阶段	对“海因斯”问题的经典回答
水平一： 前习俗道德水平 （4~10 岁）	阶段 1：惩罚与服从定向阶段。“在我身上会发生什么事情?”此阶段的儿童表现出遵守规则，避免惩罚的特点。他们忽略行为的动机，而关注于其形式（如谎言的大小）和后果（如损失的程度）。例如，他们常常说：“他造成了很大的损失，因为他偷了非常昂贵的药物。”	支持者：“他应该偷药。偷这点药并不算什么大不了的事，即便他最开始就没有提出要付钱。他拿走的药只值 200 美元，并不是真的值 2000 美元。”
		反对者：“他不应该偷药。这是一项很大的罪行，因为他没有得到允许，而且他还使用了暴力，破窗而入。”
	阶段 2：工具性的交换阶段。“你抓伤了我的背，我也要抓你的。”儿童出于对自己需要的满足和他人能为自己做些什么的考虑而遵守规则。他们依据能否满足人类的需要来评定行为，并将这种标准区别于行为的外部形式和后果。	支持者：“偷药这件事不算什么，因为他的妻子需要，他希望妻子能活下去。不是他想偷，而是他不得不这么做以挽救妻子的生命。”
		反对者：“他不该偷。药剂师没有错，他只是想要从中赚取利润。那就是做生意的目的——赚钱。”

（续表）

水平	阶段	对“海因斯”问题的经典回答
水平二：习俗道德水平（10~13 岁）	阶段 3：人际协调定向的阶段，支持他人是黄金法则。“我是个好孩子吗？”儿童想要取悦并帮助别人，他们能够判定他人的行为意图，发展出好人是如何行事的观点，并考虑环境的因素。	支持者：“他应该偷。他只是在做一个好丈夫应该做的事。我们不能指责他出于对妻子的爱而做的事情。”
		反对者：“他不该偷。他不会因妻子的死受到指责的。那并不是因为他很无情或者不够爱她。药剂师才是那个自私而无情的人。”
	阶段 4：社会关怀和良心阶段。“如果每个人都这样做呢？”这个阶段的人们开始关心履行自己的职责，尊重更高的权威并维持社会秩序。他们认为，如果某行为违背了规范、伤及他人，那么不管其动机怎样、所处环境如何，该行为都是错的。	支持者：“他应该偷。如果他什么都不做，他就是选择让妻子死。如果她死了，这就是他的责任。他有付钱给药剂师的想法，但他不得不偷。”
		反对者：“海因兹想要偷走药来挽救妻子这是很正常的，但偷盗总归是不对的。”
水平三：后习俗道德水平（青少年早期、成年早期之前或永远都达不到）	阶段 5：社会契约定向阶段。人们从理性的角度去考虑问题，重视多数人的意愿与社会福利。他们普遍认为，遵守法律就是最好的价值观。尽管他们明白有时会遇到个体需要和法律的冲突，但他们相信，从长远来看，遵守法律对整个社会是更好的。	支持者：“法律上并没有关于这种情况的规定。在这样的背景下偷药确实不对，但它事出有因，是合乎情理的。”
		反对者：“你不能完全责备偷盗者，但在极端的情境中，并不能证明法律在你的手里。在人们绝望的时候，你不能阻止他们偷盗。结局可能是好的，但是结局不能证明过程。”
	阶段 6: 普遍的道德原则定向阶段。人们超出世俗的法律限制与他人的选择，去做他们认为正确的事情。他们依照内化的标准行事，因为如果不这么做的话，他们就会谴责自己。	支持者：“这个情境迫使他在偷窃和让妻子死去这两项后果之间作出选择。如果必须要做出选择，道德上是允许偷窃的。他有必要以保护和尊重生命的原则来行动。”
		反对者：“海因兹面临的决定是，考虑是否有与妻子同样需要这个药的人。海因兹不能只凭他对妻子的感情行事，他应该考虑所有相关的生命的价值。”

资料来源：劳伦斯•科尔伯格，《阶段和顺序：社会化的认知发展途径》，载于《社会化理论和研究手册》，大卫•戈斯林主编，兰德麦克纳利出版社出版，1969 年。

吉利根的关怀理论

基于对女性的研究，卡罗尔•吉利根指出，科尔伯格的理论是以对男性更重要的价值为导向的。吉利根声称，女性看待道德的角度不是正义公平，而是给予关怀和避免伤害的责任。她们关注的是缩小人与人之间的距离，并非是否公平地对待别人。

没有研究发现能够支持吉利根指责科尔伯格道德发展阶段理论存在男性偏差的证据，自此她修正了自己的理论。但已有研究发现，道德推理在青少年群体中确实存在细微的性别差异。例如，美国青少年早期的女孩比男孩更多地强调对关怀的忧虑，或者她们选择的道德困境与自己的经验有一定程度的相关。这可能是因为女生普遍早熟，且有着更多亲密社会关系的缘故。

亲社会行为和志愿者活动

一些研究人员已经研究了亲社会推理，这类似于关怀、道德推理的形式，并将其作为科尔伯格公正系统的替代。亲社会道德推理是关于道德困境的推理，这种道德困境常常描述的是社会规范不清晰或不存在的情况下，个人的需求或欲望与他人的需求或欲望所发生的冲突情境。一项从儿童期追踪至成年早期的纵向研究发现，基于个人对后果的思考以及内化的价值观和规范的亲社会推理随年龄在逐渐增加，而基于如“助人是很好的品质”这种刻板印象的推理则从童年期到青少年后期逐步下降。

亲社会行为通常会从童年到青少年期逐渐增多。女孩更倾向于表现出比男孩更多的亲社会行为，这种差异在青少年期更为明显。与男孩相比，女孩更希望看到自己是移情的、亲社会的；比起男孩的父母，女孩的父母也更多地强调其社会责任。

大约一半的青少年都会参与一些社区服务或志愿者活动。这些公益活动使青少年参与成人社会，探索他们作为社区成员的潜在角色，将他们发展着的认同感与公民参与连接起来。青少年志愿者往往有着高度的自我理解和对别人的承诺。女孩比男孩更容易参与志愿工作，高社会经济地位的青少年比低社会经济地位的青少年成为志愿者的人数更多。比起不从事志愿活动的学生，那些在校外做志愿工作的学生，在成年后会更多地参与社区工作。

你知道吗？

研究表明，在参加志愿活动之后，人们会感到和他人有更多的联结、更具竞争力、更有控制感。此外，志愿活动还会降低人们在第二天工作中的消极情绪。

>> 教育与职业问题

学校生活是大多数青少年生活的主要经历。它提供了机会去学习信息、掌握新技能、改进旧技能；去参与体育、艺术和其他活动，去探索职业选择，以及与朋友在一起。它可以提高智力和拓宽社会视野。然而，有些青少年却不认为学校经历给自己提供了各种机会，而是将学校看成是自己成年道路上的一个障碍。那么，是什么因素可能会影响青少年的发展轨迹呢？

下一节，我们将关注影响学业成绩的因素，并讨论年轻人辍学的情况，然后我们会考虑更高级的教育和职业规划。

影响学业成绩的因素

从平均水平来看，美国青少年在学术成就测试上的表现要低于许多其他国家的青少年。育儿方式、社会经济地位、家庭环境质量等影响小学成绩的因素，都会影响青少年在校课程成绩。此外，其他影响因素还包括性别、种族、同伴影响，学校教育质量，学生对自己的信念。

学生的动机和自我效能感

在以美国为首的西方国家，教育实践是建立在学生有学习的动力这个假设的基础之上的。教育工作者强调内在动机的重要性：学生以学习为目的去学习的欲望。不幸的是，许多美国学生在进入高中后没有上进心，学习动机也在下降。

自我效能感高的学生，也就是那些相信自己能够掌控任务、管理自己学习的学生，很可能会在学校表现良好。一项含 140 名 8 年级学生的纵向研究中发现，在决定考试成绩，以及在年末被选入有竞争优势的高中

你的工作是什么？

青少年牧师

青少年牧师在很多个宗教教派中工作，为宗教机构中的青少年提供支持，他们组织和协调活动来吸引该机构中的青少年参与。例如，青少年牧师可能会安排每周的青少年团体会议，安排与社区青少年的演讲嘉宾，或规划背负特殊使命的出行。不同教派和社区对教育程度的要求也是各有差异的。某些职位可能需要某种学位，与教派中的青少年工作的经历也适合于另一些职位。想要了解更多关于成为一名青少年牧师的信息，请查找教派青年部。

你知道吗？

初中生喜欢与他们的朋友一起做家庭作业，而高中生则更愿意单独做这件事。

项目当中，学生自律能力的重要性是智商的 2 倍。

对许多文化而言，教育不是基于个人的动机，而是基于像责任（印度）、对权威的服从（伊斯兰国家）、在家庭和社区中的参与（撒哈拉以南的非洲国家）等这样的一些因素。东亚国家期望学生要学习，以满足家庭和社会的期望。人们期望学生为学习付出巨大的努力，那些失败或落后的学生会感到有义务再次尝试。这可能会有助于解释为什么在国际科学与数学竞赛中，东亚地区的学生总体上优于美国学生。

在发展中国家，动机问题在教育的社会经济障碍的光芒下显得苍白无力：不足或缺失的学校与教育资源、对支撑养家的童工的需要、阻止女童上学的障碍以及早婚。因此，正如我们讨论的教育成功的因素，这些因素在很大程度上基于美国和其他西方国家的研究，我们需要记住，它们并不适用于所有的文化。目前，已被发现的影响学习成绩的因素包括性别、科技、父母教养方式、种族、同伴、社会经济地位、家庭特征以及学校。

性别

根据一项对 43 个工业化国家的青少年国际测试，所有国家的女孩的阅读成绩都比男孩的好，而有大约一半的国家的男孩在数学素养方面领先于女孩。总体而言，从青少年期开始，女孩在涉及写作和语言使用的言语任务上表现更好；男孩在对数学和科学方面、涉及视觉和空间的功能活动中表现更好。

那么，导致这些性别差异的因素是什么呢？答案是复杂的。研究指出，这是生物因素和环境因素共同作用的产物。

正如我们在第 9 章中所述的，从生物学角度来看，男性和女性的大脑是不同的，而且它们随着年龄的变化而产生更多的差异。女孩有更多的灰质，神经元胞体和附近的连接；而男孩则有更多的连通性白质（髓鞘质）和脑脊液，它们为神经冲动铺垫较长的路径。这种更大的结缔组织的优势与视觉和空间性能相关，进而促进个体在数学和科学中的表现。此外，相比于男孩，女孩的大脑更加均匀而平衡地分布在两个半球，这允许女孩的大脑拥有更大范围的认知活动，然而男孩的大脑显得更特殊。男孩的大脑似乎在为每个半球内的活动进行优化。而女孩的大脑似乎在半球之间具有优化的活动，这使得女孩能够将语言和分析（左脑）任务与空间和整体（右脑）任务整合在一起。

影响性别差异的社会和文化因素包括以下几个方面。

家庭影响。在不同文化中，家长的受教育水平与孩子的数学成绩有着紧密的联系。除非是拥有极高天赋的孩子，家长在孩子学习中的参与程度也会影响孩子的数学成绩。

家长的性别态度和期望也对孩子的数学成绩有一定的影响。

学校影响。有文献记载，老师在教育男孩和女孩时存在细微的差异，这种现象在数学和科学课上尤为明显。

社区的影响。男孩从富裕的社区中受益更多，同时从贫穷的社区中得到更多的伤害。换句话说，他们对来自这种环境的影响更加敏感。社会男女性别角色帮助男孩和女孩塑造着他们对于课程和工作的选择。

文化的影响。跨文化研究显示，数学成绩的性别差异程度随不同的国家而有所变化，并在中学后期表现出最大化差异。这种差异与社会的性别平等程度有关。国家的性别平等观念越强，男孩和女孩在数学成绩上的差异越小。

总而言之，科学家正在继续探索这个复杂的问题：为什么男孩和女孩的学术能力表现不同？由于态度和观念的改变，这种差异正在逐渐缩小。美国女性占博士学位授予总人数的比例就是很好的例子：在 1970 年，只有 14% 的生物学博士学位和 8% 的数学与统计学博士学位颁发给了女性。到了 2006 年，这两项比例分别上升到了 46% 和 32%。

科技

科学技术的不断发展以及它在孩子们生活中扮演的主要角色，已经使孩子们的学习影响。调查表明，受计算机和电子游戏的影响，孩子们的批判性思维和分析能力被削弱，然而视觉能力得到了提高。学生们在视觉媒体的多任务处理上投入更多的时间，但更少有时间以阅读为乐。阅读可以扩充词汇、培养想象力和归纳能力，这些技能对于解决更复杂的问题都是极为关键的。多任务处理不利于对信息的深度解读。有研究发现，在课上有机会接触网络的学生，比那些没有上网机会的学生，其加工程度和课堂表现都更差。

育儿方式、种族和同伴影响

家庭和学校经历都会遭遇溢出现象，即在不同的背景情况下相互影响。家里的压力已被证明可以预测课堂参与和学习方面的问题；相反，后两者又会进一步增加家庭压力。

在西方文化中，权威型教养方式继续对青少年期的学业成绩起着积极的影响作用。权威的父母督促青少年从正反两方面看问题，欢迎他们参与家庭决策，并承认孩子有时比父母了解的更多。这些家长懂得提出要求和响应需求之间的平衡。他们的孩子会因好成绩得到赞扬和特权，也会因差成绩而被提供进一步努力的鼓励和帮助。相反，专制的父母则告诉青少年不要反驳成人或向成人发问。好成绩只会带来要做得更好的警告；而差成绩则可能会被处以缩减零花钱或其他方式的惩罚。放任型父母似乎对孩子的成绩漠不关心，对孩子看电视的行为毫无规则约束，不参与学校的功能，不帮助解决或检查孩子的作业。这些父母可能并不是忽略型的或无爱心的。事实上，他们有可能属于精心养育的父母，但也许他们只是单纯地相信青少年应该为自己的生活负责。

那么，什么因素能够解释在这种权威型教养方式下成长的青少年学术成功的现象呢？权威型父母对孩子学业更多的参与，他们指导工作的积极态度也可能成为影响因素。此外，父母会影响孩子设计自己学业的方式。在对涉及 50 000 多名学生的 50 项研究的检索后发现，那些强调教育的重要性、将学习成绩与未来目标联系起来和孩子们讨论学习策略的父母，都极大地影响着孩子们的学业成就。

在某些民族内部，育儿风格对动力的作用可能并不及同伴影响重要。在一项研究中，拉美裔和非裔美国青少年的学校表现不如欧裔美国学生，这显然是因为缺乏在学术成就上的同伴支持。另外，有时候，亚裔美国学生视他们的父母为专制型，他们在数学成就测验中取得的成绩和分数都比欧裔美国学生好，显然是因为父母和同辈都重视学业成绩。同伴影响可能也有助于解释很多学生自青少年早期开始所经历的学习动机和学业成就的下行趋势。在一项研究中，那些同龄群体中包括取得高成就者的学生，在学业成就和对学校的兴趣方面表现出很小的下降，而那些与低成就者相近的学生则显示出了更大程度的下跌。

社会经济地位和相关的家庭特征

社会经济地位是预测学术成功的一个重要指标。父母的教育水平和家庭收入通过影响教养方式、兄弟姐妹关系和青少年学术参与程度等因素间接影响了孩子的教育成就。根据一项对 20 个高收入的国家 15 岁人群的数学素养的研究，那些至少拥有一位受过高等教育家长的学生，其表现优于那些父母教育水平较低的学生。类似的差距也存在于父母有很高的职业地位和父母的职业地位中等或偏低的学生当中。

学校

学校的质量强烈影响着学生的成就。一所好的初中或高中应该是有着有序、安全的环境，充足的物质资源，稳定的师资队伍和积极的团结意识的场所。学校文化非常重视学业，并积极树立所有的学生都可以学有所成这样一种信念。它还能提供课外活动的机会，让学生参与进来，避免他们放学后惹麻烦。教师对学生的信任、尊重、关心、高期待以及对他们能力的信任，都能够帮助学生成功。

如果学校允许学生参与到规则制定的过程中，青少年能够感受到来自老师和其他学生的支持，如果课程与指导的设置都是有意义的、具有适度挑战性的、符合学生兴趣的、具有技能水平且满足学生需求的，青少年会感到更加满意。

学习动机和成就的下降通常发生在从小学到初高中的过渡阶段，前者氛围亲密、熟悉，后者的环境更大、充满了更多的压力和更少的支持。由于这个原因，一些城市试图通过将小学扩展至 8 年级，或将一些中学与小型高中学校合并的措施，以此消除中学阶段的过渡。像纽约、费城、芝加哥这些大城市的学校体制，基本都是小型学校的配备，其中学生、教师和家长在追求良好教育这一共同愿景的基础上形成一个学习型社区。另外，它们往往还关注特殊课程的建设，如音乐或民族研究。在芝加哥的一项对自发的小型校园计划的评价中，研究人员发现，上这种学校的学生更有可能上学并顺利毕业。

你知道吗？

近年推出的一项教育改革是把早期学院高中，（小型的、个性化的、高质量的高中）与就近的大学联合起来。通过这种结合，培养明确、严格的气氛标准，使得学生能够完成附加有两年大学初级课程的高中学业。

从高中辍学

与其他所有的工业化国家和某些发展中国家相同的是，相比以往，美国越来越多的学生完成了高中学业，许多人获得了更高层次的教育。2007 年，美国 18~24 岁人群中，有将近 73% 的人获得高中文凭或取得同等学历证书。此外，来自低收入家庭的学生辍学的可能性是来自高收入家庭的学生的 5 倍。

人种也是预测辍学的变量之一。黑人和西班牙裔人种的辍学率在 1987—2007 年持续下降；然而，他们辍学的比例（分别为 21.4% 和 8.4%）仍然比白人高（5.3%）。亚裔学生的辍学率最低（见图 15-2）。

那么，为什么穷人和少数民族青少年更容易辍学呢？无效的教育可能是原因之一：低教师期望和差别化对待；低于小学阶段的教师支持；认为弱势文化群体学习无关紧要等。在对那些低能力或没有上大学的学生的追踪中，少数民族的青年更可能被分配到教育经验不足的地方。一旦被放置到那些同样不合群的同龄人群体中，他们会更容易产生不胜任感和对学校的消极态度，并卷入到学校内外的问题行为中。

不能完成学业的年轻人会给社会带来很多问题。辍学更容易导致失业或低收入，最终只能依靠社会福利，甚至开始沾染毒品或出现违法犯罪的行为。他们的健康程度往往很差。

一项纵向研究对 3502 名学生展开从 8 年级一直到成年早期的长期跟踪，研究指出，高中阶段所取得的成绩对整个人生阶段而言意义非凡。作为年轻人，在高中时期取得成功的竞争者最有可能获得更高的教育，谋得更好的工作，保持长期接受雇用；而那些缺乏竞争力的人则恰恰相反。

为高等教育或工作做准备

亚当从高中毕业了。自从他自愿到收容所工作后，他意识到他想要的工作，就是以某种方式帮助那些不幸的人们。然而，他还想要拥有可以体面挣钱的职业。上大学是实现目标最好的道路吗？他是否应该先去工作，再去上大学呢？

在下一节中，我们将讨论职业目标的发展。我们也关注年轻人是怎样决定是否上大学的。如果不去上大学，他们又是如何进入工作领域的。这当中包含许多因素，如个人的能力和性格、教育经历、社会经济地位与种族背景、学校辅导员的建议、生活阅历和社会价值观等。

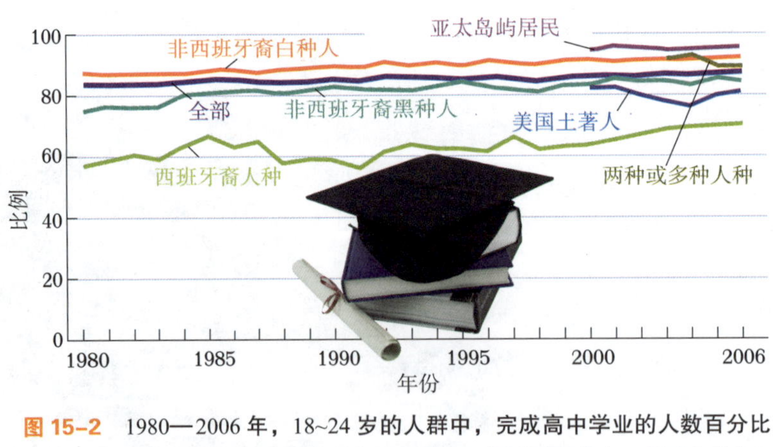

图 15-2 1980—2006 年，18~24 岁的人群中，完成高中学业的人数百分比

注：尽管完成高中学业的人数比例在逐年增加，但对于白种人、非西班牙裔和亚裔美国人以外的少数民族而言，这个比例还是偏低的。

资料来源：美国人口调查局（2007），当代人口调查，学业完成情况，1980-2006。

你的工作是什么？

大学辅导员

私立大学辅导员帮助学生和他们的家庭选择和申请大学。他们帮助学生确定基于个人目标的最佳项目，评估他们的优势和劣势，他们也可以在学校或自己的私人诊所工作。

成为一名大学辅导员通常需要取得硕士学位和国家特定的资格证。想要了解更多关于大学辅导员的信息，请访问 www.nacacnet.org。

影响学生愿望的因素

自我效能感能帮助学生塑造他们的职业选择，为他们的事业做准备。此外，父母对学业成就的价值观也会影响孩子的价值观和职业选择。

尽管现在对职业目标的选择更为灵活，性别和社会性别角色的定型也依然会影响职业选择。美国的男孩和女孩计划从事数学和科学的职业生涯的数量持平，但男孩更可能获得工程、物理和计算机科学的大学学位，而女孩则更可能进入护理、社会福利和教育等行业。其他很多工业化国家也是如此。

经济状况是当前影响年轻人的另一大要素。20 世纪末的次级抵押贷款危机导致了多个大型贷款机构的崩溃和全球经济的下滑。持续的经济危机使得大量的成年子女回到家里与父母同住。有 30% 的成年子女的父母称，孩子们之所以回家再次和他们一起居住是出于经济问题。

对不上大学的学生给予指导

大多数工业化国家会向没有上大学的学生提供指导。例如，德国就拥有一套学徒系统，高中生拿出一部分时间去学校上学，剩下的时间去接受由工作导师监督的职业培训。

美国缺乏协调一致的政策来帮助没有上大学的青年完成从高中到劳动力市场的成功过渡。通常，职业咨询只是面向大学生的。现存的任何职业培训项目都不如德国的全面，且更少能满足工商业的需求。这些年轻人必须接受工作培训或社区学院的课程。很多人并不了解就业市场，也没有获得他们所需要的技能。有的人从事着在自己能力以下的工作。还有一些人根本找不到工作。

一些社区的示范性项目帮助他们完成从毕业到就业的过渡。成功的项目为青少年提供关于基本技能、咨询、同伴支持、指导、学徒期、工作安排等方面的指导。1994 年，美国国会拨款 11 亿美元，以帮助州政府和地方政府与雇主合作建立“学校-工作”的计划。比起没有参加的学生，那些参与计划的学生，其学习成绩和毕业率都得到了提高，当他们进入劳动力市场时，也更容易找到工作，挣得更高的工资。

在工作场所的青少年

在美国，估计有 80%~90% 的青少年在高中时期从事工作，主要集中于服务业和零售业。关于兼职工作是否有利于高中生，不同的研究人员有着区别的看法。有人认为，兼职可以帮助他们培养实际的技能和职业道德，也有人指出，兼职会分散他们长期的教育和职业目标，因而是有害的。

研究表明，参与工作的学生又可划分为两组：一组是加速行驶在通往成年的道路上；另一组则是以相对悠闲的方式平衡学业、工作和课外活动这三者的关系。那些“加速器”们在高中期间，每周要工作 20 个小时以上，花很少的时间参与学校相关的休闲活动。接触成人的世界可能会带来酗酒、吸毒、性活动和违法行为。这些青少年的社会经济地位相对较低，他们在高中毕业后倾向于即刻寻找全职工作，而不是攻读大学学位。相比之下，“平衡器”拥有更加优越的背景。对他们来说，兼职工作可以帮助他们获得责任感、独立感和自信感，并欣赏工作的价值，但这并不妨碍他们的求学之路。

测试一下 CHAPTER 15 青少年的认知发展

学习目的	自测	你在哪里可以找到答案
	☐ LearnSmart ☐ connect+ Chapter 15 Quizzes	

学习目的 15.1

概括青少年在思考和语言的使用方面与儿童期的区别

1. 在一项研究中，给被试呈现一个天平和各种重量不同的砝码，这些砝码可以被悬挂在横梁的不同点上，要求被试指出是哪些因素影响了天平的平衡。处于发展的形式运算阶段的个体最有可能（　）。
   a. 随机改变砝码的重量和悬挂点，以全或无的方式解决问题
   b. 理解重物的大小和悬挂点是决定因素，但不能以系统的方式改变它们
   c. 拿起一种重量的重物，检查它在所有悬挂点的情况，接着选取一个悬挂的位置，变更所有的重物
   d. 回答这个问题先要知道被试的年龄
2. 青少年思维的六个不成熟的方面都有哪些？
   ____
   ____
   ____
3. 青少年语言运用的两个主要变化是什么？
   ____
   ____
   ____
4. 约翰能更好地专注于老师讲的内容，而忽略课堂捣乱的同学，这源于信息处理中的什么？（　）
   a. 结构性变化
   b. 陈述性记忆
   c. 程序性知识
   d. 功能性变化

认知发展

284~288 页

connect+

MILESTONES

皮亚杰的形式运算阶段

批判性思维

假想的观众

个人神话

学习目标 15.2
描述认知能力和道德判断的关系，以及亲社会行为在不同青少年之间的差异

5. 科尔伯格认为，道德发展依赖于（　）。
   a. 推理复杂性
   b. 这个人的道德是善还是恶
   c. 文化的影响
   d. 这个人的性别是男还是女
6. 吉利根认为，比起正义与公平，女性更关注____________。
7. 以下哪两项因素与亲社会行为呈现正相关？（　）
   a. 男性，年长
   b. 女性，年长
   c. 自愿，男性
   d. 被迫，年轻

道德发展
288~292 页

学习目标 15.3
概括影响青少年学业成绩、教育规划和职业发展的因素

8. 克雷格说，“我甚至不知道我为什么去学习，这些测试太难了！”克雷格所表示的是（　）。
   a. 高自我效能感
   b. 低自我效能感
   c. 专制型教养
   d. 暂时性动机
9. 导致贫困青少年和少数民族青少年更容易辍学的两项原因是什么？
   ____
   ____
10. 下面哪位青少年最能被描述为“加速器”？（　）
   a. 詹妮，在高中时期从不参加工作
   b. 恩佐，每周工作五小时，田径队成员
   c. 萨拉，每晚放学后在当地饭馆做服务生
   d. 杰克，全部学业挂科，没有工作

教育与职业问题
292~298 页

答案

1. c
2. 青少年思想的不成熟方面包含：（1）理想主义和批判性共存；（2）好辩性；（3）犹豫不定；（4）明显的伪善；（5）自我觉知；（6）自我的特殊性和刀枪不入（个人神话）。
3. （1）随着抽象思维的发展，青少年可以定义和讨论各种抽象的词汇、表达逻辑关系、理解符号的意义、有效地使用讽刺、双关语和隐喻；（2）在社会观点选择方面变得更加熟练。
4. d
5. a
6. 表现关怀，避免伤害。
7. a
8. b
9. 导致贫困青少年和少数民族青少年更容易辍学的原因是：低教师期望、差别化对待、较少的教师支持、持有弱势文化群体的学习无关紧要的思想、少数民族的青年更可能被分配到教育经验不足的地方或被放置到不合群的同龄人群体中、产生不胜任感和对学校的消极态度。
10. c

第 16 章 青少年的心理社会性发展

本章要点

- 寻求自我认同
- 性别特征
- 与家庭及同伴的关系
- 反社会行为与青少年犯罪
- 成年初显期

当约翰把头发染成绿色，穿着黑色的衣服时，他的父母被吓坏了。但他们并未把这当回事，他们认为这只是一个十几岁孩子成长的必经阶段。约翰的父母知道，像很多青少年一样，约翰在尝试认清自己的身份，他想知道自己到底是谁。在未来的几年里，他不仅会关注自己的着装和未来，还会通过多种途径寻找自我。

在这一章，我们将讨论约翰在青少年阶段专注于自我认同的探索过程。我们将讨论青少年是如何接受自己的性取向的，以及他们是如何在与父母、兄弟姐妹和同龄伙伴的关系中展现自己蓬勃发展的个性的。我们还要探查反社会行为的根源，以及减少青少年阶段冒险行为的方式，以此最大限度地促进他们的积极成长。最后，我们要讨论后青少年期和成年初显期个体的特点。

>> 寻求自我认同

根据埃里克森的论述，自我认同是由一个人连贯的目标、价值观、信念等组成的概念，它常常在青少年时期成为关注的焦点。正如埃里克森在1950年强调的那样，努力获得自我的感觉是一个健康的过程，个体在早期阶段通过建立信任感、自主性、主动性实现这个健康的过程，这为个体应对成年期要面临的生活挑战奠定了基础。埃里克森和玛西娅都为青少年期这一自我认同的发展过程提出了见解，并指出这个过程的发展也受到个体性别和种族身份的影响。

埃里克森：认同与认同混淆

埃里克森指出，青少年时期的首要任务是面对**认同与认同混淆**这个危机，只有克服了这个危机，个体才能成为一个独立的成人，成为拥有一致的自我感觉和在社会中有价值的角色。青少年自我认同的形成需要解决三个问题，即职业选择、生活价值观的选择和形成稳定的性别认同感。

根据埃里克森所述，青少年时期存在一个**心理社会性发展**的暂停阶段，这个阶段可以使青少年考虑哪种承诺是自己所要寻找并忠诚一生的。例如，大学阶段可以使年轻人在承担成年人所要承担的责任之前去思索不同的职业道路及其发展。那些成功解决自我认同危机的青少年会发展出这样的道德品质：真诚、有信仰、对朋友和所爱的人或伙伴关系有归属感。忠诚也意味着对价值体系的认同，如形成某种意识形态、信仰某个宗教、参与某项政治活动、追求创新或归属某个族群。

埃里克森把这个阶段的主要危险称为认同混淆，他认为认同混淆会极大地延缓青少年到达心理上成年的时间。根据埃里克森的论述，发生在青少年期间的典型认同混淆可以解释成许多青少年的危机行为和痛苦的自我意识的实质。参与团伙活动和不能容忍差异，青少年时期的这两个典型特点都是源于他们对认同混淆的防御。

埃里克森的理论是以男性自我认同的发展为描述准则的。根据埃里克森的理论，男性青少年在获得稳定的自我认同之前还不能说是成熟的人。然而，女性青少年则是通过婚姻和作母亲的过程来确认自己的。埃里克森特意识到，比起他早年的理论，似乎今天的某些解释更为真切。于是，他指出，女性是通过亲密行为形成认同感的，没有亲密行为就不会有认同。正如我们看到的那样，埃里克森的这个以男性定向的理论已经遭到了很多批评。尽管如此，埃里克森关于自我认同危机的概念却已经启发了很多有价值的研究。

玛西亚：认同达成与认同危机，以及承诺

自我认同的形成过程到底是怎样的？是否存在个体差异？玛西亚的工作把埃里克森的理论观点进行了拓展。玛西亚根据危机和承诺的出现和缺失，区分了四种不同的自我认同状态，即自我认同的达成、自我认同的早闭、自我认同的停滞和自我认同的混淆。危机是指青少年在某个领域被激发要做出有意识的抉择阶段；承诺是指个体对某种职业或理想（信念系统）有投资的愿望。以下是对每种认同状态下典型的年轻人的描述。

认同混淆（没有承诺，也没有危机）。马克并没有认真考虑自己所面临的不同选择，然而他拒绝作出承诺。他不确定自己，也不愿意与人合作。他的父母没有和他讨论过未来，他们说这全由孩子自己决定。在此状态下的青少年一般都不太高兴并经常感到孤独。

通常来说，当中年人回顾他们的生命轨迹时，他们大多数会追溯出一条从早闭到延缓偿付，再到认同达成的路径。然而，这种情况并不是每个人都要经历的；不同的过程可能代表着青少年认同发展的不同时期，而且它们很可能会在青少年持续形成认同的过程中发生变化。我们来看下面的不同过程。

早闭（不经历危机就达成了认同）。安吉

拉已经作出承诺，她的承诺不是自己探索了所有可能选择之后的结果，而是接受了其他人对自己生活的计划。她很开心并且能肯定自我，即使作出的选择被质疑，她也仍然很开心。她的家庭关系紧密，她很孝顺，对妈妈这样的强势领导者非常顺从且毫无怨言。

停滞（面临无承诺的危机）。尼克正陷入危机之中，他为做决定而挣扎着。他虽然很活泼、健谈、自信、严谨，但也焦虑和恐惧。他对母亲亲近但又抵制她的权威。当他形成了作出承诺的能力，并达成认同的时候，他才能最终走出危机状态。

认同达成（经历危机并做出承诺）。卡特里娜已经解决了她的认同危机。在经历危机期间，她与许多思想和情感方面的重大问题进行了斗争。她现在获得了自己所坚信的结论，她对自己的信念表现出了坚定的承诺。父母鼓励她作出自己的决策；他们听取她的想法，提出他们对这些想法的意见，但并不强迫卡特里娜采用他们的意见。在大量文化背景中的研究发现，像卡特里娜这样的青少年更成熟，她比其他三类青少年拥有更多的社会能力。

认同形成中的性别差异

尽管大量研究支持埃里克森关于女性的认同形成与亲密关系的发展相伴，而不同于男性的发展常模的观点，但也有一些研究者认为这个观点是埃里克森理论的弱点，因为该观点基于以男性为中心的、西方的个体主义的、自主的和竞争的概念体系。根据卡罗尔·吉利根的理论，女性的自我感并不能通过像建立亲密关系那样的过程就可以获得独立的认同。吉利根说，女性是通过她们自己对责任掌控的判断，以及对自己是否拥有关爱别人就像关爱自己一样的能力的判断评价自己的。然而，在玛西亚的认同研究中，很少能看见性别差异的内容。

认同形成中的种族影响因素

如果你是主流文化的一部分，种族认同的形成就不会是你关注的主要问题。然而，对少数民族青少年来说，种族或种族认同却是他们自我认同形成中的核心议题。根据玛西亚的理论，一些研究已经确定了四个种族认同的状态。

混乱：胡安妮塔从未对她的种族特性进行过任何探索，也不能清楚地理解所有事情。

早闭：迦勒对于自己的种族也很少或没有进行探索，但却有清晰的种族感受。他关于种族的感受可以是积极的，也可以是消极的，这取决于他在家庭里得到了什么态度。

停滞：朝姗已经开始探索自己的种族了，但她对种族问题感到很困惑。

达成：迭戈通过自我认同的探索，理解并接受了自己的种族认同。

研究表明，那些获得了认同的人，更倾向于认为种族是他们自我认同的核心内容。

>> 性别特征

在约翰处于幼年期的时候，他常常困惑于自己是否与其他伙伴一样，“我总是感觉到有些特别，”他后来说，“但我却不知道我哪里与众不同。”直到进入青少年期，当他深深地、秘密地迷恋上了同班的同性同学时，约翰才意识到自己可能是同性恋。他害怕被嘲笑或戏弄，因而一直保守着这个秘密直到上了高中。

把自己看成是某个性别的人、了解自己的性取向、出现性意识的萌发以及形成浪漫的或性的依恋等，都是性别认同达成的重要内容。对性的意识是自我认同形成的一个重要方面，它深刻地影响着个体的自我形象和人际关系。

20世纪，美国和其他工业化国家对性和性行为的态度发生了重大变化，这带来了人们对婚前性行为、同性恋，以及其他类型的以前不被赞赏的性活动被接受。然而，这种自由也伴随着一些风险的提高。在下面的章节中，我们将讨论影响性别认同的形成和性行为的重要因素，并对今天青少年所面临的风险进行集中探讨。

性取向和认同

性取向虽然在年幼的孩子身上有所表现，但它通常在青少年期才会成为一个亟待解决的问题，青少年必须认识自己是始终被异性所吸引（异性恋），还是被同性所吸引（同性恋），或者既被异性吸引也被同性吸引（双性恋）。在全球范围内，在任何一个为人所知的文化背景中，异性恋都是主流的性取向。而同性恋性取向的流行情况则因不同的定义和测评方法有很大的差异。依据它是与性有关的还是与浪漫关系有关的，是仅仅指相互吸引的还是有性唤起的，是真正发生性行为的还是仅仅为性认同的等不同的评价方式，同性恋性取向在美国的发生率通常浮动在1%~15%。

性取向的起源

很多针对性取向的研究都集中于对同性恋的解释方面。尽管同性恋曾一度被认为是一种心理疾病，但是数十年的研究并未发现同性恋性取向与情感或社会问题之间有关联，除了那些显然是由同性恋者遭受的社会对待所引起的问题之外。这些结果使心理治疗专业从1973年起，就不再将同性恋作为心理障碍了。

性取向看起来至少与遗传有部分关系。研究发现，在第7、第8、第10个染色体中，至少有3个DNA片段涉及男性的性取向。一项研究表明，34%的男性变异和18%的女性变异可以由基因解释。然而，两个同卵双胞胎却不完全具有一致的性取向，所以非遗传性因素也在性取向中起着一定的作用。

脑成像研究还发现了同性恋者和异性恋者的脑结构之间的相似性。例如，男同性恋和异性恋女性的大脑更对称，而女同性恋者与男异性恋者的大脑右半球则略大于一般人。同时，无论是男同性恋者还是女同性恋者，其杏仁核的连接处（参与情感活动的区域）是如同典型的异性的状态。一位研究人员报告了异性恋者与同性恋者在下丘脑大小方面的差异，以及在支配与性相关的活动方面的大脑结构上的差异。对生化信息素的脑成像研究发现，吸引配偶的气味，如男性汗水的气味可激活男同性恋者的下丘脑活动，就如同可激活女异性恋者下丘脑活动一样；类似的效果也在女同性恋者身上发现了。然而，这些差异也可能是同性恋导致的结果，而不是造成同性恋的原因。

同性恋和双性恋认同的发展

尽管美国对于同性恋的接受程度在增加，许多青少年公开承认自己是同性恋者，但仍有许多同性恋者或双性恋者恐惧公开自己的性取向，甚至是向他们的父母公开。他们也感到很难遇到潜在的同性恋伴侣。因此，同性恋者的识别和性取向的表达是比异性恋

你知道吗？

同性恋行为也广泛存在于动物王国中，例如斑胸草雀、海豚、倭黑猩猩中都存在同性恋现象。

的认同更复杂的过程，一些人经历着认同混淆。那些不能建立与自己共享性取向经验的男同性恋、女同性恋和双性恋青少年，常常挣扎于同性认同与吸引的痛苦之中。

你知道吗？

许多年轻人在成长的过程中，都感到曾有过一次或更多的同性恋经历，但孤立的这种经历，或者是偶尔被同性所吸引的经验或幻想，并不能确定一个人的性取向。

性行为

一般女孩在 17 岁，男孩在 16 岁左右发生第一次性交，大约有 25% 的男孩和女孩报告他们的第一次性交发生在 15 岁。黑人和拉丁裔青少年通常比白人青少年更早开始性活动。在 2007 年，48% 的 12 年级的男孩和 57% 的同年龄女孩报告其参与过性活动；到了 20 岁，有 77% 的年轻人有过性经验。

过早性活动及其面临的危险

对青少年性活动的两个主要关注是，同性恋者感染传播性性病以及异性恋者怀孕。最大的风险是，年轻人开始性活动的早期通常有多位性伴侣，还不习惯使用避孕药具，也缺乏正确的关于性的信息或拥有错误的信息。其他风险因素包括，生活在社会经济不利的社区中、滥用毒品、从事反社会行为，以及与问题或不良同伴接触。父母的监控有助于降低这些风险。

那么，为什么有些青少年会过早开始性活动呢？其影响因素包括较早进入青春期、贫困、学习成绩差、缺乏学业和职业目标、有性虐待或被父母忽视的历史，以及文化或家庭中有过早从事性活动的经历等，这些都可能是部分原因。没有父亲，特别是在生命早期没有父亲，这是一个很重要的因素。与其母亲拥有亲密关系的青少年，或知道母亲不赞成过早性活动的青少年，更可能在较晚的时候才开始性活动。另一些使青少年不过早发生性活动的原因是受制于宗教或道德的约束，以及不想怀孕。

最具有影响力的是青少年对同伴群体规范的感知。当年轻人还没有做好准备从事某种活动之前，他们常常感到处于某种压力之下。一个全国范围的有代表性的调查发现，近 1/3 的 15~17 岁的孩子，尤其是男孩，他们经历过源于性活动的压力。最近一项研究发现，随着青少年亲密朋友开始性活动的人数增长，青少年自身从事性活动的人数也在增长。

非性交的性行为

美国青少年已经越来越意识到性行为的风险，性交的百分比已有所下降，尤其是在男孩中。然而，非生殖器性交的性活动，如口交和肛交以及相互手淫却很常见。一个全国性的调查发现，超过一半的青少年男孩和女孩都报告自己给予或接受过口交，其次数超过阴道性交的次数。但很多异性恋青少年并不认为这些活动是真正的性活动。

表 16-1　青少年对于性活动的态度

15~17 岁的青少年对以下观点表示“强烈同意”或“有些同意”的百分比

	男	女	参与性活动	不参与性活动
延迟性行为是一种不错的观点，但是没有人真正去这么做	66%	60%	69%	59%
到一定年龄会有种压力参与性活动	59%	58%	58%	59%
一旦有了第一次性行为，你很难拒绝下一次	56%	47%	54%	50%
如果你持续注视某人 段时间，预示你将会和他有性行为	50%	27%	52%	31%
口交跟性行为比就不算什么了	54%	38%	52%	42%

资料来源：Kaiser Family Foundation et al., National Survey of Adolescents and Young Adults: Sexual Health Knowledge. Attitudes and Experiences, 2003, Table 8, p. 12, and Table 33, p. 39。

此外，许多青少年通过电子资源从事性行为。例如，根据不同的定义，有1%~2.5%的10~17岁的青少年用自己的手机发送过裸体或近乎裸体的照片。有过这些行为的青少年的人数随着年龄的增长也在增长；8%的17岁青少年还从事过发送色情短信的行为，而且青少年如果自己能为手机付费，这个比例将会上升到17%。大量的原因使我们对这些现象感到不安，其中最重要的原因是青少年的裸体照片的电子传输要被关于儿童色情的法律进行诉讼。例如，2008—2009年，执法机构处理了大约3477例由青少年制作的性图像。虽然一些案件涉及的参与者是成人或是与恶意或欺凌事件相关；18%的非恶意事件是青年独自制作的，其中包括寻求性注意的体验式或浪漫事件，而这些也都将被监禁。此外，监禁并不是唯一的结果，这样的照片一旦被发布到互联网上就可能被任意使用，那么青少年在以后找工作、求学或建立浪漫的伴侣关系等过程必将受到影响。

避孕药的使用

自20世纪90年代以来，青少年中避孕药具的使用量有所增加。在一项调查中，91%的男孩和83%的女孩报告说，他们在最近性交中曾使用避孕药具。那些在他们第一次与异性接触的关系中能延迟性交，或者在性交前能与对方讨论避孕药具，或者使用更多其他方法避孕的青少年，通常会在一生的与异性交往中持续地使用避孕药具。

对于性活跃的青少年，最好的安全保障是使用避孕套，这种方法可以保护青少年免遭性病并避免怀孕。安全套的使用在最近几年有所增加，如同避孕药片和新式的激素注射方法的使用一样，多种避孕方法也会被联合使用。但在2007年，仅有62%的性活跃高中学生报告说，他们在最近一次性交中使用过避孕套。青少年开始使用处方避孕药以后，经常会停止使用避孕套，在某些情况下，他们并没有意识到自己正处于不安全的、感染性传播疾病的情况下。

性教育

综合性的性教育包括防止怀孕和性传播疾病的信息，这些项目所产生的积极影响的证据是强有力的：60%以上的项目强调禁欲和使用避孕套，它们的确起到了积极的效果，一方面延迟或减少了性活动，另一方面使避孕套或避孕药的使用量增加了。

然而，一些学校的项目是将促进禁欲作为唯一的性教育方法，但是，这种单纯强调禁欲的课程却没有被证明可以延迟青少年的性活动。同样，呼吁保持贞洁的宣传对于青少年性行为也没有影响，在性活动中，这种宣传并不能使青少年采取更谨慎的方法。

性传播疾病

当约翰告诉父母他是同性恋时，父母经历了最初的震惊与调整后接受了他的性取向。然而，他们担心他会有危险的性行为，他们告诉约翰，不管他有多么尴尬，在发生性行为时一定要使用安全套。"这并不仅仅是避孕的问题，"他的妈妈说，"这意味着避免性带来的风险。"

性传播疾病（STIs）是通过性接触传播的。美国估计有3200万名青少年女孩，大约1/4的、年龄在14~19岁的女孩中至少有一个患性传播疾病。青少年中性传播疾病蔓延的

你知道吗？

在一项对超过3000个青少年及其家庭的长达10年的研究中，研究者发现，家庭活动，诸如一起吃饭、一起运动等，可以作为预防危险的性行为的一种方式。

主要原因是过早的性行为，其增加了拥有多个高危性伙伴的可能性；不用避孕套或不规律、不正确地使用避孕套，以及女孩与年长的异性发生性行为。

你知道吗？

青少年经常观看与性有关的电视节目，其怀孕的可能性要比一般的青少年高出两倍。

人乳头状瘤病毒

影响着 18.3% 的 14~19 岁年轻人的最常见性传播疾病是生殖器疣，它是由人类乳头状的病毒（HPV）引起的。HPV 病毒大约有 40 种不同的 HPV 病毒类型，其中一些已被确定为导致妇女宫颈癌的主要原因。疫苗能有效防止 HPV 型病毒导致大多数宫颈癌和生殖器疣。该疫苗已被推荐给 11~12 岁的女孩，以及 13~26 岁的未接种过的女孩或成人女性使用。

你的立场是什么？

如果科学证据表明学校关于性节欲教育的工作不起作用，学校的性教育该转换到其他的关注点上吗？

衣原体，生殖器疱疹，淋病及滴虫病

最常见的可治愈的性传播疾病是衣原体感染和淋病。这些疾病如果未被发现和治疗，可导致严重的健康问题，包括女性的盆腔炎症性疾病，是一种严重的腹腔感染疾病。在美国，大约有 1/10 的青少年女孩和 1/5 的青少年男孩感染过衣原体或淋病，或者两种疾病都感染过。尽管青少年倾向于认为口交比性交风险低，但口交却能传染喉咽淋病。

生殖器疱疹是一种慢性的、可反复发作的、痛苦的、高度接触性的传染病。其发病率在过去 3 年大幅增加。乙型肝炎仍然是一种严重的可由性传播的疾病，尽管预防性疫苗都已经被使用 20 多年了。此外，滴虫病在年轻人中也很普遍，这种寄生虫感染疾病也很可能通过潮湿的毛巾或泳衣来传播。

人体免疫缺陷病毒

人体免疫缺陷病毒（HIV）可以导致获得性免疫缺陷综合征（AIDS），这是通过体液进行传播的疾病。通常情况下，如果共用静脉针具或与感染者进行性接触都会被感染。如果人体的免疫系统遭受病毒攻击，人们就容易感染各种致命的疾病。艾滋病的症状包括极度疲劳、发烧、淋巴结肿大、消瘦、腹泻、盗汗等，这些症状一般在初次感染后 6 个月至 10 年内都可能出现。

在世界范围内，每年大约有新感染者 410 万人，其中大约一半是 15~24 岁的年轻人。美国估计有 103.9~118.5 万名感染者，其中艾滋病病毒携带者在其青少年阶段已经感染了艾滋病的患者数占 1/4。截至目前，艾滋病还不能被治愈，但由艾滋病感染致死的人数的增长已得到抑制，这是由抗病毒治疗而产生的效果。艾滋病的早期诊断是非常重要的，因为症状的潜伏期很长，可能直到疾病已发展到很严重的程度，或者出现慢性的长期并发症时才显现出症状。

青少年怀孕和生产

美国有超过 2/5 的少女在 20 岁前怀孕。超过半数（约 51%）的怀孕少女会把孩子生下来，35% 的怀孕少女会选择堕胎。约有 14% 的青少年怀孕最终会致使流产或死胎。

随着过早性交和拥有多位性伙伴的人数下降，以及避孕药具使用量的增加，少女怀孕比例已经大幅下降。2004 年，每 1000 名女孩中的怀孕比例已下降到了 72.2%，这是自 1976 以来报告的最低值。2007 年，美国 15~19 岁女孩所生的 1000 个孩子中有 42.5 个可以存活。

虽然青少年怀孕和生育率的下降在所有群体中都有出现，但出生率下降最为明显的是黑人青少年，下降了46%。尽管如此，黑人和西班牙裔女孩却比白人青少年、美国本土青少年、亚裔美国青少年女孩更可能怀孕。而美国的青少年怀孕和生产的比率又比其他大多数工业化国家的青少年高得多。

超过90%的怀孕青少年描述她们的怀孕是意外，50%的青少年怀孕发生在其最初出现性行为的6个月之内。十几岁就当父亲，通常会面临经济困窘、学习成绩不良和辍学。至少有1/3的青少年父母其本身就是青少年怀孕的后果。

少女怀孕的结果通常都不好。许多少女妈妈非常贫困，她们没有受到良好的教育，有些还是吸毒者。她们中的许多人吃不饱，非常瘦弱，不能有足够的或根本就没有产前检查。所以，婴儿可能会早产且伴随多种出生并发症等；在胎儿后期、新生儿期或婴儿期发生死亡；面临健康和学业问题；遭受虐待和忽视；在整个青少年阶段出现发展性的障碍等。

十几岁的未婚母亲及其家人也可能遭受经济重创。很多年轻的父亲根本就无力支付。此外，少女妈妈也很可能辍学并重复怀孕。她们及其伴侣都缺乏成熟的技能与社会支持，因此不能成为合格的父母。他们的孩子以后也倾向于面临发育问题和学业问题，这些孩子通常情绪沮丧、滥用药物、更早开始性活动、参与帮派活动、失业并成为青少年父母。

>> 青少年与家庭及同伴的关系

在青少年期，年龄成了具有强大力量的黏合剂。青少年大多数时间与同伴在一起，而和家庭成员在一起的时间很少。然而，大多数青少年的基本价值仍然接近他们的父母，这一点常常超出人们所认识到的。尽管青少年把同伴作为榜样，作为陪伴与亲密的对象，但他们仍然把父母作为他们试飞的安全基地。

青少年期的叛逆是个谜团吗

十几岁的孩子正处于青少年期的叛逆阶段，青少年往往出现情绪混乱、与家人发生冲突、反抗成人社会、不计后果地行动，并拒绝成人的价值观。这些都是青少年真实的特征吗？大多数年轻人觉得跟父母很亲近，而且关系很好，在重要问题上与父母意见一致，也赞赏父母的价值观。绝大多数青少年对自己的生活经历很适应。那些深深陷入困境的青少年往往来自问题家庭，当他们长大成人后通常也会有持续的、不稳定的家庭生活，并拒绝文化规范，但这样的青少年人数相对较少。

然而，青少年期的确是年轻人及他们的父母艰难度过的一段时间，家庭冲突、抑郁、冒险行为等都会比生命周期的其他阶段出现得更多。负面情绪和情绪波动在青少年早期最强烈，这或许与应对青春期到来的压力有关。青少年一定程度的叛逆行为也可能是正常发展的表现。在青少年后期，个体的情绪才趋于稳定。

青少年和其父母

青少年期带来了特殊的挑战。正如青少年感觉到依赖父母所带来的压力并想突破这种依赖一样，父母也希望孩子独立但又很难放手。这些紧张会导致家庭冲突，父母的教养方式和监控会影响事件发展的结果，也会影响青少年对父母自我表露的意愿。同时，青少年与父母的关系也被父母的生活状况所影响。例如，父母的工作和婚姻状况，以及社会经济地位等都会对此产生影响。

个性化和家庭冲突

个性化是青少年为获得自主性和区别性而抗争的过程，也是他们获得个人认同的过程。个性化的一个重要方面是清晰地规划自我和家长之间的控制界限，而这个过程可能充斥着家庭冲突。

无论是家庭冲突，还是与父母相互积极的认可，都是在 13 岁时达到最高峰，然后逐渐减弱，一直到 17 岁左右才平稳或略有增加。这种转变反映了独立的青少年独立决策机会的增加。

主要的冲突多发生于个人的日常生活事件中，如日常琐事、学业、着装、花钱、几点回家、约会、交友等，而不是发生在健康和安全问题上或对错问题上。这些冲突的情感强度与事件的主题常常是不成比例的，它可能反映着潜在的个性化过程。

尤其是对女孩来说，家庭关系会影响其心理健康。拥有更多自主决策机会的青少年比缺乏这样机会的青少年会有更高的自尊。此外，消极的家庭相互作用也与青少年抑郁有关。而且，有迹象表明，虐待尤其能产生深远的消极影响。例如，青少年虐待与刑事犯罪、暴力犯罪、酗酒及药物滥用、危险的性行为、自杀的念头等都有关。与之相对应的，健康的家庭相互作用则具有积极的效果。一项对 99 个家庭进行的纵向研究发现，青少年期个性化过程及家庭成员之间的相互关系可以预测出个体中年时的幸福感。

家庭教养方式

权威型的父母会坚持重要的规则、规范和价值观，但也愿意倾听、解释和协商。他们对于孩子的行为进行适当的控制（行为控制），但不忽略孩子的情感、信念和自我感受（精神控制）。权威性的教养方式能促进儿童的健康发展。然而，心理控制，如果将爱的撤销作为情绪操纵的手段，则能危害青少年的心理发展和心理健康。倾向于使用心理控制的父母一般不重视孩子的心理自主性成长，而更在意自己的思想和感受。

父母坚决执行行为规则的青少年，通常比那些父母更宽容的青少年有更多的自律和较少的行为问题。那些父母能给予心理自主

多元化视角

文化和自由支配的时间

评价青少年与其生命中重要他人的关系变化的一个方法，就是看他们如何度过他们的自由支配时间。在时间使用中的文化变量反映了不同的文化需求、价值观及实践要求。

部落或农业社会中的年轻人的大部分时间花在生产基本的生活必需品上，他们比技术先进地区的青少年有更少的时间用于社会交往。在一些后工业化社会中，如韩国和日本，学业压力和家庭责任都非常强，青少年拥有相对较少的自由时间。为了缓解压力，他们把时间都花在被动的活动中，如看电视或“啥也不做”。另一方面，印度是以家庭为中心的文化，城市中产阶级家庭的 8 年级学生会把 39% 的时间用于与家人在一起，美国的同样年级的青少年则只有 23% 的时间是与家人共度的，而且印度的青少年通常比美国同龄的青少年更多报告说与家人共度的时光是快乐的。对于这些年轻人来说，青少年期的任务不是从家庭中分离出去，而是要更融入家庭之中。类似的现象也在印度尼西亚、孟加拉国、摩洛哥、阿根廷等国家存在。相比之下，美国青少年有大量的自由时间，他们会与同伴在一起，与异性同伴在一起的时间越来越多。

种族也可能影响家庭关系。在一些研究中，非洲裔美国青少年倾向于与家人保持更亲密的家庭关系，而不像白人青少年那样有更强的同伴关系。另外，那些来自墨西哥和中国的家庭，特别是移民家庭的青少年，则报告自己有更强烈的家庭责任和对家庭的帮助义务，他们会花更多时间履行自己的家庭责任。

性的青少年，通常会更自信、也能更胜任学业和社会交往。

当父母超出了青少年认为的合理的管理界限时，问题就会出现。双方达成协议，承认双方各自的个人领域，在限定的领域中，青少年有权处理自己的事物。这个现象已被发现存在于许多不同的文化中，如从日本到巴西，在各个社会阶层中都有发现。一个人的领域会随着父母与青少年不断地协商，其边界也在逐步扩大。

父母的监控与青少年的自我表露

年轻人的自主性正在逐渐增长，同时他们感知到的父母具有权威性的范围却在逐渐缩小，所以青少年想向父母表露的行为类型也在发生变化。一般来说，被青少年和父母看作是与健康和安全有关的行为，如吸烟、饮酒、药物使用等，是他们最多表露给父母的行为；其次是道德观点，如撒谎；再次是习惯问题，如不礼貌或咒骂；以及其他多方面的或界限的问题，如观看限制级的电影等。青少年和父母都看作是私人的问题，如如何花钱和使用时间等，是青少年向父母最少表露的。然而，无论是对于上述哪种类型的行为，父母对青少年表露的期望都比青少年实际表露的要更多。在青少年 9 年级至 12 年级，这种差异会随着父母对自己的期望的修正而减小，这个阶段的家长要通过修正自己的期望适应青少年的逐渐成熟。此外，如果家长能够营造一个温暖的和负责任的家庭氛围，年轻人也会更愿意把自己情况表露给父母，在这样的家庭环境里，青少年会被鼓励坦诚地表达自己，而父母也能提供明确的期望而不是过于严厉的控制。但是，如果父母是绝对权威的话，情况就相反了。青少年，尤其是女孩，往往与其母亲拥有更紧密、更支持的关系，青少年女孩更信任其母亲。

家庭结构和家庭气氛

青少年和年幼的儿童一样，对家庭的气氛是很敏感的。一项针对 451 名青少年和他们父母的纵向研究发现，父母婚姻压力和婚姻冲突方面的变化可以预测相应的青少年调整方面的变化。其他研究也发现，青少年男孩和女孩在其父母离婚后显示的学业问题、心理问题、行为问题都比父母离婚前更多，也比父母没有离婚的青少年的问题更多。

青少年与他们的一直有稳定婚姻关系的家长一起生活，要比其他家庭结构类型，如单亲家庭、非婚同居家庭、继父母家庭的青少年有明显少的行为问题。生活在父母非婚同居家庭中的青少年，与年幼的孩子一样，往往比生活在父母结婚家庭中的青少年有更严重的行为和情绪问题。

母亲的就业和经济压力

通常情况下，单亲妈妈必须在外工作从而避免陷入经济困境。她的工作如何影响其青少年孩子，就要看她还留有多少时间和精力陪伴孩子，她如何让孩子的生活步入正轨，以及她为孩子提供了什么样的榜样。母亲外出工作的风险包括孩子酗酒、滥用药物和在校行为不良。然而，如果父母能够监控孩子的活动，并且邻居也都积极参与，这种风险就不太可能发生。

如前面所讨论的，许多单亲家庭面临的主要问题是经济问题。一项全国性的纵向研究发现，低收入单身母亲的工作不稳定，以及失业两年都会对其青少年孩子产

你的工作是什么？

艺术治疗师

艺术治疗师将艺术用于治疗过程的一部分，针对有情感问题、能力缺失、患有急性或慢性健康问题的人们开展治疗。通过艺术创作的过程，艺术治疗师帮助来访者更好地了解他们的思想和情感。艺术治疗师通常工作在与健康有关的非营利性组织，也可以私人开业。要成为一位艺术治疗师，获得艺术治疗方面的硕士学位或得到该领域的相关学位是必须的。此外，美国各州还有其自己的执照要求。了解更多关于成为艺术治疗师方面的信息，请浏览 www.atcb.org and www.arttherapy.org。

生消极影响。这样家庭的青少年很更可能辍学、自尊和自控下降。而且，青少年时期的家庭经济困难还会影响成年时的幸福感。

青少年和其兄弟姐妹

由于青少年花更多的时间与同伴在一起，因此他们没有时间从兄弟姐妹那里获得情感上的满足。青少年与兄弟姐妹的关系并不比与父母或与朋友的关系更亲密，他们更少受兄弟姐妹的影响，甚至在青少年时期与兄弟姐妹的距离更遥远。进入高中以后，个体与兄弟姐妹的关系逐渐变得平等，他们在能力和独立性方面的差异也缩小了。

一般来说，姐妹之间比兄弟之间或兄弟姐妹之间的关系更亲密。同性兄弟姐妹之间的亲密水平比较稳定，而异性兄弟姐妹之间的亲密则倾向于随时间而变弱。兄弟姐妹间的冲突在青少年中期以后逐渐减少。

兄弟姐妹之间的关系所产生的正面或负面影响，依赖于他们的生活环境。例如，在单亲家庭，与年长的姐姐形成贴心的和相互照顾的关系，可以减少妹妹陷入药物滥用和危险的性行为的可能性。相反，一位盛气凌人的姐姐可能会增加年幼兄弟姐妹的高冒险性行为，年长的兄姐也可能会影响弟弟妹妹抽烟、喝酒或吸食毒品等行为。

同伴和朋友

“我先得离开父母，”约翰说，“我的意思是，我知道父母会永远爱我。但是，朋友们太厉害了，我不知道他们将要做什么。我还算幸运，朋友们知道我是同性恋以后，多数人是支持我的。”

在青少年的复杂多变阶段，一个重要的情感支持源就是同伴群体。同伴群体是感情、同情、理解、道德指导等方面的源泉；是尝试的基地；是实现自主和独立于父母的机构。

在童年时代，大多数同伴互动是一对一的，虽然童年中期时已经开始形成一些较大的群体了。后来到了从儿童期向青少年期过渡的阶段，就开始形成党朋了，即聚集在一起做事的朋友形成的结构化群体。而且，党朋变得越来越重要。到了青少年期，集群开始出现。集群成员是一种社会建构，是用一个标签来代表一群人，如“篮球人”“学霸”“溜冰大侠”等。上述同伴形式的三个水平可以同时存在，有时可能也相互重叠，随时间的变化而变化。无论是党朋关系，还是集群关系，都会随着青少年期的发展而变得越来越松散。

同伴正常影响的高峰通常发生在12~13岁，随后，这种影响在青少年中晚期开始下降。青少年在同伴情境下比单独情况下更可能采取风险行为，年幼的青少年尤其会这样做。然而，青少年早期对同伴的依恋不一定就能预测出以后的真正麻烦。

友谊

青少年阶段对友谊的重视程度以及和朋友共处的时间，大概高于生命长河中的任何一个阶段。青少年的友谊倾向于更加互惠、平等、稳定。那些不太令人满意的关系就会变得不重要或被废弃。

更为亲密的、忠诚的、共享的朋友标志着向成人期友谊的过渡。青少年开始更依赖朋友，以此获得亲密和支持，而不像以前那样依赖于父母。他们比年幼时更信任朋友。女孩的友谊往往比男孩的更亲密，彼此更为信任。从青少年早期到中期，与同性朋友的亲密呈上升趋势，之后与同性朋友的亲密会下降，而与异性的亲密则会上升。

青少年友谊关系逐渐提高的亲密性反映了其认知和情感的发展，与其心理调整能力及社交能力有关。拥有密切的、稳定的、支持的友谊关系的青少年，通常也拥有较强的自我观念；在学校表现良好；与人为善；不太可能是敌意的、焦虑的和抑郁的。友谊与青少年发展的关系是双向的过程：良好的友谊关系促进了青少年的心理调适，而心理调适反过来又促进了友谊的良好发展。

在线交流的社会后果

在线交流技术，如电子邮件和社交网站的激增，已经改变了许多青少年的交流方式。作为一个群体，青少年是这些技术的主要使用者。他们比成人在线的时间更长，他们主要的在线时间是用于互联网沟通。超过99%的青少年在使用互联网。一般来说，基于屏幕的媒体使用都会对身体健康、生活质量、家庭关系质量有不良影响。然而，使用什么类型的媒体似乎也是一个重要问题。例如，研究表明，即时通信和视频游戏的使用与抑郁有关，而电视与肥胖、社会情感问题、低自尊有关。

由于进入互联网的通路增加，技术愈发成熟，使用更为方便，互联网的使用所造成的影响已经从消极的转为积极的。最近的研究表明，在线交流刺激了而不是减少了社会联系。例如，研究发现，即时在线交流的使用对青少年期的关系质量具有积极的影响，孤独的青少年的社交能力可以通过加强利用互联网与他人沟通，并体验他们的认同。

通过在线交流提高网络自我表露的能力，已被确定为是改善社会关系和幸福感的一个主要原因。在互联网环境下，个体往往会变得异常亲密，可以自由地表达自己。由于青少年的自我表露与其友谊质量相关联，因此在网络环境中自我表露水平的提升与其友谊质量和友谊形成相关，进而提升其社会联结与幸福感。

提高社会联系的在线交流特点——匿名性——使得在线交流常常引发电子欺凌现象。如前所述，欺负是一种意在伤害的攻击。

你知道吗？

Facebook可以是一个很好的社交渠道，但它对学生的学业成绩也有消极影响。经常使用Facebook的学生与不常使用的学生相比，学业成绩要低20%。

初中生中的网络欺凌和受害率据报告已达25% 左右。

你知道吗？

57.1% 的青少年博主们说他们在博客上“从未说过谎”。

浪漫关系

浪漫关系是多数青少年社会世界的核心部分。浪漫关系有助于青少年亲密与认同的发展。随着青春期的开始，大多数异性恋的男孩和女孩开始思考并与异性开始更多的交往。典型的做法是，他们会从性别混合的群体或群体约会中退出，开始一对一的、涉及激情与承诺的浪漫关系。

浪漫关系在整个青少年期会变得越来越强烈和亲密。青少年早期的个体仅仅认为浪漫关系会影响他们在同龄群体中的地位，他们很少或根本不注意到依恋或支持的需要。他们对性需求的注意也很有限，只是注意如何进行性活动，以及可以参与什么样的性活动。

青少年中期，大多数青少年至少有过与某一位异性伙伴长达数月乃至一年左右的关系，选择交往对象而产生的对自己在群体中地位的影响已经不再那么重要了，男孩似乎比女孩对早期的浪漫关系更少一些信心。

16 岁的青少年与其浪漫伴侣的互动及对浪漫伴侣的思念，远远超过他们对于父母、朋友和兄弟姐妹。这种状况一直持续到青少年期后期或成年早期。浪漫关系开始满足青少年情感需求的全部，而这样的关系只能在相对较为长期的关系中存在。

约会暴力

约会暴力是美国的一个重大问题。常见的约会暴力形式主要有以下三种：

身体动作的：打约会的伴侣，掐、推搡或踢；

情感的：威胁或语言侮辱约会伴侣；

你知道吗？

异性之间的相互关系能影响认知过程，但是这种影响仅对男性才有。

性的：强迫约会伴侣发生非自愿的性行为。

统计数据表明，约 10% 的学生报告曾遭受过约会中的身体伤害，但实际发生率可能更高。多达 3/10 的青少年报告曾遭受过口头的或心理的侮辱。总而言之，每年有 1/4 的青少年报告了语言的、身体的、情感的或性的约会暴力。虽然男孩和女孩报告的遭受约会暴力的整体数据大体相当，但男孩报告的受害程度略高，而女孩在严重暴力案件中的受害则更严重。

除了所造成的身体伤害以外，约会暴力中的青少年受害者还更有可能在学校表现不好，更有可能从事诸如吸食毒品、酗酒等行为。这些学生更可能饮食失调、抑郁、自杀等。

可以预测暴力的风险因素包括物质滥用、家庭冲突或家庭虐待、和反社会的同伴在一起、居住在高犯罪率或高毒品吸食率的社区中。不健康的关系可以持续一生，一种关系中的受害者也可能成为未来另一种关系中的施害者。

>> 反社会行为与青少年犯罪

约翰一直是个“好孩子”，但有一天晚上，他的家人接到了警察局的电话。约翰正在上

高中，却已发生了闯入当地商场行窃的行为。约翰的父母大发雷霆，约翰感到尴尬和羞愧。“我们养育你不是希望你这样的，”父母严厉地告诉他，“汽车、电视机、手机，你都没有使用权了。”

约翰这种使父母震怒的行为，并不是正常青少年的行为。许多青少年从事过某种程度的反社会和犯罪行为。在这一节里，我们列出了影响这些行为的因素。

生物影响

反社会行为倾向于源于家庭。许多研究已经得出结论，基因对反社会行为的影响达40%~50%，60%~65%的变异来自于反社会情境中的因素。然而，基因并不能单独预测反社会行为。最近的研究结果表明，基因和环境共同影响着反社会行为的表达。

神经生物学方面的缺陷，尤其是大脑中调节应激反应的缺陷，可能有助于解释为什么一些孩子会成为反社会的青少年。由于这些神经功能障碍，孩子可能接受不到或不能正常听取预警信号，进而抑制冲动或鲁莽的行为。有注意力缺陷多动症（ADHD）的儿童，伴发的行为障碍（CD）和抑郁的风险较高，而它们又会促进反社会行为。同时，对移情反应的核磁公振成像的初步研究结果表明，具有攻击性行为障碍的青少年在看到别人的痛苦时，会产生非典型的反应。

一个可以解释的关键变量是开始反社会行为的年龄。研究人员已经确定了两种类型的反社会行为：一种是早发型，在11岁的时候开始，这往往导致整个青少年期持续的青少年犯罪；另一种是中后期的晚发型，开始于个体进入青春期之后，这类反社会行为往往会暂时的出现于青少年期。晚发型的青少年通常做出的反社会行为相对更轻微，他们往往来自于拥有正常家庭背景的家庭。

家庭影响

权威型教养方式可以帮助年轻人内化，使他们隔离同伴消极影响而接受同伴积极影响。那些让父母知道自己在哪里和做什么的青少年，从事犯罪行为或参与有偏差行为的同伙活动的可能性更小。

相反，那些成为持续的反社会的儿童的父母，在儿童早期可能没有很好地强化孩子的好行为，而对不良行为采取的是过于粗暴严厉而又不一致的方法。持续不断的批评或愤怒影响了亲子之间的互动，使孩子倾向于表现攻击性行为问题。在青少年早期，公开的敌意可能存在于父母和孩子之间。

环境影响

反社会的同伴选择主要受环境影响。年轻人会被与自己相似的声称喜欢他们的人所吸引。反社会的青少年倾向于拥有反社会的朋友，当他们在一起时，反社会行为就会增加，这个过程有时候类似于不良行为的训练。

家庭经济情况也可能会影响反社会行为的发展。贫穷的孩子比其他孩子更可能从事反社会行为，家庭持续贫困的孩子会越来越反社会。相反，当家庭摆脱贫困时，孩子并不比从未贫困过的孩子更有可能发展出行为问题。

集体效能，即社区内居民监督或指导孩子的社会关系的强度和程度，能够积极影响孩子们的发展后果。各方面力量的结合，包括家庭教育与社区的集体效能，可以阻止青少年参与不良同伴群体的活动。

青少年犯罪的治疗和预防

由于青少年犯罪的根源在于儿童早期，因此应以预防为主。最成功的方法是致力于可以导致青少年犯罪的多种因素的干预。

参加过某些干预项目的儿童，比与之同样条件、但之前从未有过干预体验的儿童更可能避免麻烦，并接受较好的教育。针对高风险的城市儿童的有效干预项目在孩子生命的第一个五年中至少应持续两年。这样的项目通过高质量的日间护理和教育直接影响儿童，同时也通过为其家庭提供经济援助和支持满足家庭需求，间接地影响儿童。

这些项目通过操控微观系统，影响了家庭和学校或儿童护理中心之间的相互作用。这些项目也通过创建支持性的父母网络，将父母与社区服务联系起来，通过对产前和产后护理、教育和职业咨询等方面的干预，将其作用往前推进了一大步。

你的工作是什么？

青少年行为矫正顾问

青少年行为矫正顾问为个人和团伙形式的青少年犯罪者提供矫正指导，帮助他们成为有用的公民。他们由政府雇用，通过拘留中心或其他政府代理机构开展工作。青少年行为矫正顾问通常会经过青少年行为咨询、公众服务或心理学的高度训练，需要拥有行为科学或犯罪学的学士学位。另外，青少年行为矫正顾问也必须通过如心理学考试等书面考试。想要了解如何成为一名青少年矫正顾问的更多信息，请访问 www.aca.org。

孩子一旦进入青少年期，尤其是在贫困的、犯罪猖獗的社区里，干预就需要把重点放在发现问题青少年和预防其参加不良团伙活动上。成功的干预项目通过监控、行为管理、社区的社会支持等手段促进了父母的育儿技巧。

幸运的是，绝大多数青少年不会变成成年罪犯。青少年犯罪高峰期通常发生在 15 岁左右，然后，青少年的犯罪率逐渐下降。然而，表现出问题行为的青少年却仍然需要得到帮助。有了爱、正确的指导和支持，青少年可以规避风险、建立其优势，并探索其接近成年生活的可能性。

你知道吗？

把有问题的青少年聚集在一起或通过夏令营来进行的干预项目常常没有好的收效，因为把问题孩子集中在一起，他们会相互强化不良行为。更有效的干预项目是把问题青少年整合到未表现问题的主流青少年之中。

>> 成年初显期

在现代西方社会，进入成年期比过去需要更长的时间，也有了更多样化的途径。20 世纪中叶以前，一位刚从高中毕业的年轻人，在很短的时间和过程里就可以获得一份稳定的工作，然后结婚并开始家庭生活。对于年轻的女性来说，到达成年的主要途径是婚姻，她只要能找到合适的伴侣即可。现在，科技革命已经使得高等教育或专业培训成为基本的要求。性别革命将更多的妇女带进了劳动力市场，并扩展了女性角色。如今，到达成年的道路可能会由多种里程碑——上大学（全日制的夜大）、参加工作（全职工作或兼职工作）、从家里搬出去住、结婚、生育等，以及这些转折发生的时间和顺序来标记。因此，一些发展心理学家认为，从青少年时期到 20 几岁的中后期，已经成为一个独特的生命历程中的时期——成人初显期。这个阶段的个体不再是青少年，但又未完全成熟。今天，在许多人的心目中，成年期的开始并没有那么多的外部指标，而是通过自主意识、自我控制和个人责任感实现的。

生命早期的正常发展变化是显而易见的和引人注目的成长标志。躺在摇篮里的婴儿也可以成为活跃的、探索性的孩子。年幼的孩子进入学校并在学校成长；青少年带着崭新的认识，为进入成年期做着准备。

生长和发展永远不会戛然而止。人们通过整个成年期在重要的方面发生着改变。他们继续塑造自身的发展，就如同他们自出生以后就发生的一样。孩子世界里发生的一切都是有意义的，但这却不是故事的全部。只要我们活着，每个人就都在书写着自己和社会的人类发展历史。

你知道吗？

成年初显期的美国人认为，进入真正成年阶段的最主要的三个标准是：为自己承担责任、独立做决策、经济独立。这反映出美国文化的个体主义和自我功效的价值观。

测试一下

CHAPTER 16 青少年的心理社会性发展

学习目的	自测	你在哪里可以找到答案
	☐ LearnSmart ☐ connect+ Chapter 16 Quizzes	

学习目标 16.1

描述自我认同形成的过程，并总结性别与种族对其的影响

1. 关于埃里克森提出的自我认同形成过程需要解决的三个问题是什么？

____

____

____

2. 尼克正苦苦思索自己的未来，他不能决定自己是该去社区学院呢，还是还去参军呢。这最符合玛利亚所描述的自我认同发展的哪个阶段？（　）
   a. 认同混淆期
   b. 延缓偿付期
   c. 早闭期
   d. 认同达成期
3. 根据吉利根的理论，认同可以通过亲密关系而得到更大程度的发展的是（　）。
   a. 女性
   b. 男性
   c. 出身困难家庭环境的青少年
   d. 无性别差异，对两性都很重要
4. 种族认同的形成对哪个阶段的青少年是更重要的（　）。
   a. 达到成年的时候
   b. 开始全职工作的时候
   c. 对来自多数人文化群体的青少年
   d. 对来自少数人文化群体的青少年

寻求自我认同
304~305 页

connect+

MILESTONES

宗教

动机取向

情绪表现

学习目标 16.2

简述青少年时期性取向对通常性行为的影响，以及相关的风险

5. 影响性取向的两个因素是什么？

____

____

6. 感染性传播疾病或者导致青少年怀孕的四个风险因素是什么？

____

____

____

7. 典型的性传播疾病是什么？（　）
   a. 艾滋病（HIV）
   b. 生殖器疱疹
   c. 梅毒
   d. 人乳头状瘤 HPV

8. 总的说来，青少年怀孕的结果是（　）。
   a. 中性的
   b. 消极的
   c. 积极的
   d. 可变的，取决于种族或民族

性别特征

305~310 页

connect+

MILESTONES

性别意识

对约会的看法

视频链接：Sexuality

视频链接：Teen Pregnancy

视频链接：Teen Pregnancy and Parenthood

学习目标 16.3

简述家庭、兄弟姐妹、同伴对青少年发展的影响

9. 把青少年期定义为是具有反叛和异化特点是时期，正确吗？（　）
   a. 正确，虽然大多数人可以摆脱掉这些，但相当多的人真的有这样的特征
   b. 正确，青少年的叛逆和异化在过去 20 年里不断攀升
   c. 不正确，只有少数青少年反叛或偏离
   d. 不正确，因为在现代化的世界中，并没有什么要反抗的

10. 什么是个体化？______________________________

____

____

11. 一般来说，在青少年期报告更高水平的亲密关系是（　）。
   a. 同性兄弟姐妹
   b. 异性的兄弟姐妹
   c. 超过 4 年间隔的兄弟姐妹
   d. 年龄间隔小于 2 年差距的兄弟姐妹

青少年与家庭及同伴的关系

310~315 页

connect+

MILESTONES

12.“我想我会把自己描述成一个运动员，”约翰说。他指的是什么样的同伴群体？（　）

a. 朋友
b. 党朋
c. 集群
d. 个人的特点

视频链接
Adolescent and Parents

视频链接
Adolescents and Peers

学习目标 16.4
概括反社会行为的原因，如何减少青少年犯罪的风险

13. 如果柯林在 9 岁开始入店行窃，在 17 岁的时候武装抢劫和滥用药物，我们可能将柯林定性为（　）。

a. 早发性行为不良
b. 一个气质偏差
c. 后晚期行为不良
d. 对不良行为的模仿

14. 对青少年早期犯罪干预计划的四种有效特征是什么？

____

____

____

反社会行为与青少年犯罪
315~317 页

connect+
MILESTONES
冲动行为

学习目标 16.5
描述青少年期到成年期的转折标志

15. 今天大多数年轻人进入成年期的标志是什么？（　）

a. 得到一个稳定的工作
b. 结婚
c. 形成自主意识、自我控制和个人责任
d. 能够投票

成年初显期
317~319 页

答案

1. 职业选择，生活价值观的选择和形成满意的性别认同感。
2. b
3. a
4. d
5. 影响性取向的因素包括基因，亲生的兄长（同性恋倾向）以及脑结构差异。
6. 风险因素包括年轻人过早开始性活动，有多个性伴侣且不习惯使用避孕药具，缺乏正确的关于性的信息或者获取了错误的信息，生活在社会经济不利的社区中，滥用毒品，从事反社会行为，与不良同伴接触，缺少父母监控。
7. d
8. b
9. c
10. 个性化是青少年为获得自主性和区别性而抗争的过程，也是他们获得自我认同的过程。
11. a
12. c
13. a
14. 有效的方案包括在高风险的城市儿童生命的第一个五年中，至少应该连续干预两年，提供高质量的日间护理或教育，以及提供家庭帮助。
15. c

版权声明

Gabriela Martorell

CHILD

978-0-07-803551-7